Periodensystem der Elemente

Periode Schale		Hauptgruppen I	II	Nebengruppen III	IV	V	VI	VII	VIII	VIII	VIII	I	II	Hauptgruppen III	IV	V	VI	VII	VIII	Periode Schale	
1		1,01 $_{1}$**H**																	4,0 $_{2}$**He**		1
	K	1																	2	K	
2		6,94 $_{3}$**Li**	9,01 $_{4}$**Be**											10,81 $_{5}$**B**	12,01 $_{6}$**C**	14,01 $_{7}$**N**	16,0 $_{8}$**O**	19,0 $_{9}$**F**	20,18 $_{10}$**Ne**		2
	K	2	2											2	2	2	2	2	2	K	
	L	1	2											3	4	5	6	7	8	L	
3		22,99 $_{11}$**Na**	24,31 $_{12}$**Mg**											26,98 $_{13}$**Al**	28,09 $_{14}$**Si**	30,97 $_{15}$**P**	32,07 $_{16}$**S**	35,45 $_{17}$**Cl**	39,95 $_{18}$**Ar**		3
	K	2	2											2	2	2	2	2	2	K	
	L	8	8											8	8	8	8	8	8	L	
	M	1	2											3	4	5	6	7	8	M	
4		39,10 $_{19}$**K**	40,08 $_{20}$**Ca**	44,96 $_{21}$**Sc**	47,88 $_{22}$**Ti**	50,94 $_{23}$**V**	52,0 $_{24}$**Cr**	54,94 $_{25}$**Mn**	55,85 $_{26}$**Fe**	58,93 $_{27}$**Co**	58,69 $_{28}$**Ni**	63,55 $_{29}$**Cu**	65,39 $_{30}$**Zn**	69,72 $_{31}$**Ga**	72,61 $_{32}$**Ge**	74,92 $_{33}$**As**	78,96 $_{34}$**Se**	79,90 $_{35}$**Br**	83,80 $_{36}$**Kr**		4
	K	2	2	2	2	2	2	2	2	2	2	2	2	2	2	2	2	2	2	K	
	L	8	8	8	8	8	8	8	8	8	8	8	8	8	8	8	8	8	8	L	
	M	8	8	9	10	11	13	13	14	15	16	18	18	18	18	18	18	18	18	M	
	N	1	2	2	2	2	1	2	2	2	2	1	2	3	4	5	6	7	8	N	
5		85,47 $_{37}$**Rb**	87,62 $_{38}$**Sr**	88,91 $_{39}$**Y**	91,22 $_{40}$**Zr**	92,91 $_{41}$**Nb**	95,94 $_{42}$**Mo**	(98) $_{43}$**Tc**	101,07 $_{44}$**Ru**	102,91 $_{45}$**Rh**	106,42 $_{46}$**Pd**	107,87 $_{47}$**Ag**	112,41 $_{48}$**Cd**	114,82 $_{49}$**In**	118,71 $_{50}$**Sn**	121,75 $_{51}$**Sb**	127,60 $_{52}$**Te**	126,90 $_{53}$**J**	131,29 $_{54}$**Xe**		5
	K	2	2	2	2	2	2	2	2	2	2	2	2	2	2	2	2	2	2	K	
	L	8	8	8	8	8	8	8	8	8	8	8	8	8	8	8	8	8	8	L	
	M	18	18	18	18	18	18	18	18	18	18	18	18	18	18	18	18	18	18	M	
	N	8	8	9	10	12	13	13	15	16	18	18	18	18	18	18	18	18	18	N	
	O	1	2	2	2	1	1	2	1	1		1	2	3	4	5	6	7	8	O	
6		132,90 $_{55}$**Cs**	137,33 $_{56}$**Ba**	138,90 $_{57}$**La**	178,49 $_{72}$**Hf**	180,95 $_{73}$**Ta**	183,85 $_{74}$**W**	186,21 $_{75}$**Re**	190,2 $_{76}$**Os**	192,22 $_{77}$**Ir**	195,08 $_{78}$**Pt**	196,97 $_{79}$**Au**	200,59 $_{80}$**Hg**	204,38 $_{81}$**Tl**	207,2 $_{82}$**Pb**	208,98 $_{83}$**Bi**	(209) $_{84}$**Po**	(210) $_{85}$**At**	(222) $_{86}$**Rn**		6
	K	2	2	2	2	2	2	2	2	2	2	2	2	2	2	2	2	2	2	K	
	L	8	8	8	8	8	8	8	8	8	8	8	8	8	8	8	8	8	8	L	
	M	18	18	18	18	18	18	18	18	18	18	18	18	18	18	18	18	18	18	M	
	N	18	18	18	32	32	32	32	32	32	32	32	32	32	32	32	32	32	32	N	
	O	8	8	9	10	11	12	13	14	15	17	18	18	18	18	18	18	18	18	O	
	P	1	2	2	2	2	2	2	2	2	1	1	2	3	4	5	6	7	8	P	
7		(233) $_{87}$**Fr**	226,03 $_{88}$**Ra**	227,03 $_{89}$**Ac**																	
	K	2	2	2																	
	L	8	8	8																	
	M	18	18	18																	
	N	32	32	32																	
	O	18	18	18																	
	P	8	8	9																	

Lanthaniden (58 bis 71) und Actiniden (ab 90) siehe erweitertes PSE (S. XII u. XIII)
(relative Atommassen nach IUPAC-Standardwerten von 1985)

Paul Scheipers (Hrsg.)
Volkher Biese
Uwe Bleyer
Manfred Bosse

Chemie

Grundlagen, Anwendungen, Versuche

2., verbesserte und erweiterte Auflage

Mit 135 Bildern

Vieweg & Soha

Braunschweig / Wiesbaden

CIP-Titelaufnahme der Deutschen Bibliothek

Biese, Volkher:
Chemie: Grundlagen, Anwendungen, Versuche /
Volkher Biese; Uwe Bleyer; Manfred Bosse.
Paul Scheipers (Hrsg.). – 2., verb. u. erw. Aufl. –
Braunschweig; Wiesbaden: Vieweg, 1990
(Viewegs Fachbücher der Technik)
1. Aufl. u. d. T.: Chemie
ISBN-13: 978-3-528-14609-2 e-ISBN-13: 978-3-322-85457-5

DOI: 10.1007/ 978-3-322-85457-5
NE: Bleyer, Uwe:; Bosse, Manfred:

1. Auflage 1988
2., verbesserte und erweiterte Auflage 1990

Das Buch erschien zum ersten Mal 1981 unter der Herausgeberschaft von Wolfgang Weißbach.

Der Verlag Vieweg ist ein Unternehmen der Verlagsgruppe Bertelsmann International.

Umschlaggestaltung: Hanswerner Klein, Leverkusen

Vorwort

Dieses Lehrbuch wurde auf der Grundlage von Weißbach, Chemie, völlig neubearbeitet und für folgende Schulformen des beruflichen Schulwesens (Ausbildungsrichtung Technik) konzipiert:

- Berufsfachschulen,
- Berufsaufbauschule,
- Fachschule für Technik,
- Fachoberschulen.

Das Buch eignet sich außerdem für Kurse, zur Unterstützung von Fernstudien und zum Selbststudium.

Ziel des Buches ist es, chemisches Grundwissen in enger Beziehung zu Erfahrungen in der Alltags- und Berufswelt und zu Erkenntnissen in der Wissenschaft anschaulich und verständlich zu vermitteln.

Aus methodischen Gründen hat eine Buchseite zwei Spalten.

Die linke Spalte enthält im wesentlichen den erforderlichen Lehrtext (Lehrspalte).

Die rechte Spalte (Ergänzungsspalte) bleibt Beispielen, Bildern, Vertiefungen, Hinweisen und Versuchen vorbehalten, die den nebenstehenden Text ergänzen.

Diese Trennung in Lehr- und Ergänzungsspalte führt zu einer übersichtlichen Systematik, die dem Schüler das Lernen erleichtert.

Chemische Versuche werden in der Ergänzungsspalte oder am Ende eines Abschnittes bzw. Kapitels beschrieben.

Aufgaben dienen der Wiederholung und Vertiefung. Sie haben unterschiedliche Schwierigkeitsgrade.

Naturwissenschaftler und Pädagogen sowie engagierte Befürworter und Gegner der Kernenergie fordern seit geraumer Zeit, Grundlagenwissen über Kernchemie in naturwissenschaftliche Bücher aufzunehmen.

Die Autoren des Buches kommen diesem Wunsch nach, um besonders für Diskussionen über die Kernenergie grundlegendes Sachwissen bereitzustellen.

Die überarbeitete 2. Auflage enthält neben Korrekturen und Verbesserungen wichtige Ergänzungen, die sich vor allem mit dem Umwelt- und Arbeitsschutz befassen (Umweltchemikalien; Gesetze und Vorschriften zum Gesundheits- und Arbeitsschutz, wie z. B. „Technische Richtlinienkonzentrationen", TRK, und „Maximale Arbeitsplatzkonzentrationen", MAK).

Für Verbesserungs- und Ergänzungsvorschläge sind die Autoren dankbar.

Wiesbaden, im August 1989 *Herausgeber und Autoren*

Inhaltsverzeichnis

3 Atomlehre

4 Periodensystem der Elemente (PSE)

5 Chemische Bindung und Struktur

6 Chemische Reaktionen

7 Chemisches Gleichgewicht und Massenwirkungsgesetz

8 Oxidation und Reduktion (Redox)

9 Säuren, Basen, Salze, pH-Werte, Elektrochemie

10 Der Kohlenstoff und seine Verbindungen

11 Kunststoffe

12 Kernchemie

Formelzeichen und Abkürzungen

A_r	relative Atommasse
C	elektrochemisches Äquivalent
c	Konzentration
c	Lichtgeschwindigkeit
Δc	Konzentrationsänderung
E	Energie
E_A	Aktivierungsenergie
EN	Elektronegativität
e^-	Elektron
F_p	Schmelzpunkt
F	Faraday-Konstante
F	Kraft
F_r	relative Formelmasse
H	Heizwert
ΔH_B	Bildungsenthalpie
ΔH_R	Reaktionsenthalpie
ΔH_V	Verbrennungsenthalpie
I	Stromstärke
K, K_c	Gleichgewichtskonstante, konzentrationsbezogen
K_p	Gleichgewichtskonstante, druckbezogen
K	Siedepunkt
I	Länge, Abstand
M	molare Masse
m	Masse
m_a	absolute Atommasse
M_{eq}	Äquivalentmasse
M_r	relative Molekülmasse
N_A	Avogadro-Konstante
n	Stoffmenge, Anzahl
n	Neutron
p	Druck
p	Proton
Q	elektrische Ladung, Ladungsmenge
ρ	Dichte
RG	Reaktionsgeschwindigkeit
T	Temperatur
t	Zeit
Δt	Zeitänderung
u	atomare Masseneinheit
Δu	Reaktionsenergie
V	Volumen
V_{mn}	molares Normvolumen
υ	Gasvolumen
X_A	Molenbruch
X_m	Konzentration (Massenverhältnis)
X_v	Konzentration (Volumenverhältnis)

Periodensystem der Elemente

Haupt-		
Ia	IIa	**Periodensystem**

Erläuterungen:

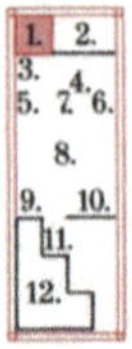

1. Ordnungszahl
2. Atomgewicht, bezogen auf 1/12 der Masse des Kohlenstoffisotops $^{12}_{6}C$ der auf der Erde vorkommenden Isotopenmischung.
3. Die Punkte machen Angaben über die Dichte der Elemente: $^{\bullet}$: $\varrho<5$; $^{\bullet\bullet}$: $5<\varrho<10$; $^{\bullet\bullet\bullet}$: $10<\varrho<15$; $^{\bullet\bullet\bullet\bullet}$: $15<\varrho<20$; $^{\bullet\bullet\bullet\bullet\bullet}$: $20<\varrho$ (jeweils in kg/dm^3).
4. Ein* bedeutet, daß das Element nur künstlich erzeugt werden kann.
5. Siedepunkt in °C
6. Schmelzpunkt in °C (**As** sublimiert bei 613 °C und 760 Torr)
7. Ist das Elementsymbol farbig eingetragen, so sind alle Isotope radioaktiv.
8. Ist der Name des Elementes farbig gedruckt, so handelt es sich um ein Edelmetall: (**Cu, Hg**: Halbedelmetalle).
9. Es bedeutet:
   B (B): Elemente mit (stark) basischen Oxiden
   S (S): Elemente mit (stark) sauren Oxiden
   BS : Elemente mit basischen und sauren bzw. amphoteren Oxiden
10. Die Punkte bedeuten Wertigkeiten, und zwar ein schwarzer Punkt eine Hauptwertigkeit, ein farbiger die wichtigste Wertigkeit. Die Striche dienen nur dem Abzählen: Vom größeren mittleren Strich aus ist nach oben positiv, nach unten negativ zu zählen.
11. Elektronegativität (nach L. Pauling)
12. Elektronenverteilung. Sie entspricht dem Grundzustand. Farbig angegebene Elektronen sind für das chemische Verhalten maßgeblich.
13. Die schwarze Linie bedeutet die Grenze zw' chen Metallen und Nichtmetallen. Sie spaltet sich bei den Halbmetallen auf. Angegeben sind jeweils die wichtigsten Modifikationen (z. B. gilt für **C**: Graphit: Halbmetall, Diamant: Nichtmetall).
14. Die farbige Linie bedeutet die Grenze zwischen (bei 20 °C) gasförmigen und festen Elementen (mit zwei Ausnahmen: **Br, Hg** sind flüssig).

Neben- IIIb

Nr.	Atomgewicht	Symbol	Name	Siedepunkt	Schmelzpunkt	Oxide	Elektronegativität	Elektronenverteilung (s p d f)
1	1,00797	H	Wasserstoff	−252,7	−259,2	BS	2,1	1
3	6,939	Li	Lithium	1330	180,5	B	1,0	2 / 1
4	9,0122	Be	Beryllium	2770	1277	BS	1,5	2 / 2
11	22,990	Na	Natrium	892	97,8	B	0,9	2 / 2 6 / 1
12	24,312	Mg	Magnesium	1107	650	B	1,2	2 / 2 6 / 2
19	39,102	K	Kalium	760	63,7	B	0,8	2 / 2 6 / 2 6 / 1
20	40,08	Ca	Calcium	1440	838	B	1,0	2 / 2 6 / 2 6 / 2
21	44,956	Sc	Scandium	2730	1539	B	1,3	2 / 2 6 / 2 6 1 / 2
37	85,47	Rb	Rubidium	688	38,9	B	0,8	2 / 2 6 / 2 6 10 / 2 6 / 1
38	87,62	Sr	Strontium	1380	768	B	1,0	2 / 2 6 / 2 6 10 / 2 6 / 2
39	88,905	Y	Yttrium	2927	1509	B	1,3	2 / 2 6 / 2 6 10 / 2 6 1 / 2
55	132,90	Cs	Cäsium	690	28,7	B	0,7	2 / 2 6 / 2 6 10 / 2 6 10 / 2 6 / 1
56	137,34	Ba	Barium	1640	714	B	0,9	2 / 2 6 / 2 6 10 / 2 6 10 / 2 6 / 2
57	138,91	La	Lanthan	3470	920	B	1,1	2 / 2 6 / 2 6 10 / 2 6 10 / 2 6 1 / 2

Lanthanide und Actinide

Nr.	Atomgewicht	Symbol	Name	Siedepunkt	Schmelzpunkt	Oxide	Elektronegativität	Elektronenverteilung (s p d f)
58	140,12	Ce	Cer	3468	795	B	1,1	2 / 2 6 / 2 6 10 / 2 6 10 2 / 2 6 / 2
59	140,91	Pr	Praseodym	3127	1024	B	1,1	2 / 2 6 / 2 6 10 / 2 6 10 3 / 2 6 / 2
60	144,24	Nd	Neodym	3027	1024	B	1,2	2 / 2 6 / 2 6 10 / 2 6 10 4 / 2 6 / 2
61	–	Pm*	Promethium	–	–	B	–	2 / 2 6 / 2 6 10 / 2 6 10 5 / 2 6 / 2
62	150,35	Sm	Samarium	1900	1072	B	1,2	2 / 2 6 / 2 6 10 / 2 6 10 6 / 2 6 / 2
63	151,96	Eu	Europium	1439	826	B	–	2 / 2 6 / 2 6 10 / 2 6 10 7 / 2 6 / 2
64	157,25	Gd	Gadolinium	3000	1312	B	1,1	2 / 2 6 / 2 6 10 / 2 6 10 7 / 2 6 1 / 2
65	158,92	Tb	Terbium	2800	1356	B	1,2	2 / 2 6 / 2 6 10 / 2 6 10 9 / 2 6 / 2
66	162,50	Dy	Dysprosium	2600	1407	B	–	2 / 2 6 / 2 6 10 / 2 6 10 10 / 2 6 / 2
67	164,93	Ho	Holmium	2600	1461	B	1,2	2 / 2 6 / 2 6 10 / 2 6 10 11 / 2 6 / 2
68	167,26	Er	Erbium	2900	1497	B	1,2	2 / 2 6 / 2 6 10 / 2 6 10 12 / 2 6 / 2
69	168,93	Tm	Thulium	1727	1545	B	1,2	2 / 2 6 / 2 6 10 / 2 6 10 13 / 2 6 / 2
70	173,04	Yb	Ytterbium	1427	824	B	1,1	2 / 2 6 / 2 6 10 / 2 6 10 14 / 2 6 / 2
71	174,97	Lu	Lutetium	3327	1652	B	1,2	2 / 2 6 / 2 6 10 / 2 6 10 14 / 2 6 1 / 2
87	–	Fr	Francium	–	27	B	0,7	2 / 2 6 / 2 6 10 / 2 6 10 14 / 2 6 10 / 2 6 / 1
88	–	Ra	Radium	–	700	B	0,9	2 / 2 6 / 2 6 10 / 2 6 10 14 / 2 6 10 / 2 6 / 2
89	–	Ac	Actinium	–	1050	B	1,1	2 / 2 6 / 2 6 10 / 2 6 10 14 / 2 6 10 / 2 6 1 / 2
90	232,04	Th	Thorium	3850	1750	B	1,3	2 / 2 6 / 2 6 10 / 2 6 10 14 / 2 6 10 / 2 6 2 / 2
91	–	Pa	Proctatinium	–	–	B	1,5	2 / 2 6 / 2 6 10 / 2 6 10 14 / 2 6 10 2 / 2 6 1 / 2
92	238,03	U	Uran	3818	1132	BS	1,7	2 / 2 6 / 2 6 10 / 2 6 10 14 / 2 6 10 3 / 2 6 1 / 2
93	–	Np*	Neptunium	–	–	BS	1,3	2 / 2 6 / 2 6 10 / 2 6 10 14 / 2 6 10 4 / 2 6 1 / 2
94	–	Pu*	Plutonium	3235	640	BS	1,3	2 / 2 6 / 2 6 10 / 2 6 10 14 / 2 6 10 5 / 2 6 1 / 2
95	–	Am*	Americium	–	–	–	–	2 / 2 6 / 2 6 10 / 2 6 10 14 / 2 6 10 7 / 2 6 / 2
96	–	Cm*	Curium	–	–	–	–	2 / 2 6 / 2 6 10 / 2 6 10 14 / 2 6 10 7 / 2 6 1 / 2
97	–	Bk*	Berkelium	–	–	–	–	2 / 2 6 / 2 6 10 / 2 6 10 14 / 2 6 10 8 / 2 6 1 / 2
98	–	Cf*	Californium	–	–	–	–	2 / 2 6 / 2 6 10 / 2 6 10 14 / 2 6 10 9 / 2 6 1 / 2
99	–	Es*	Einsteinium	–	–	–	–	2 / 2 6 / 2 6 10 / 2 6 10 14 / 2 6 10 10 / 2 6 1 / 2
100	–	Fm*	Fermium	–	–	–	–	2 / 2 6 / 2 6 10 / 2 6 10 14 / 2 6 10 11 / 2 6 1 / 2
101	–	Md*	Mendelevium	–	–	–	–	2 / 2 6 / 2 6 10 / 2 6 10 14 / 2 6 10 12 / 2 6 1 / 2
102	–	No*	Nobelium	–	–	–	–	2 / 2 6 / 2 6 10 / 2 6 10 14 / 2 6 10 13 / 2 6 1 / 2
103	–	Lw*	Lawrencium	–	–	–	–	2 / 2 6 / 2 6 10 / 2 6 10 14 / 2 6 10 14 / 2 6 1 / 2

s p d f

der Elemente

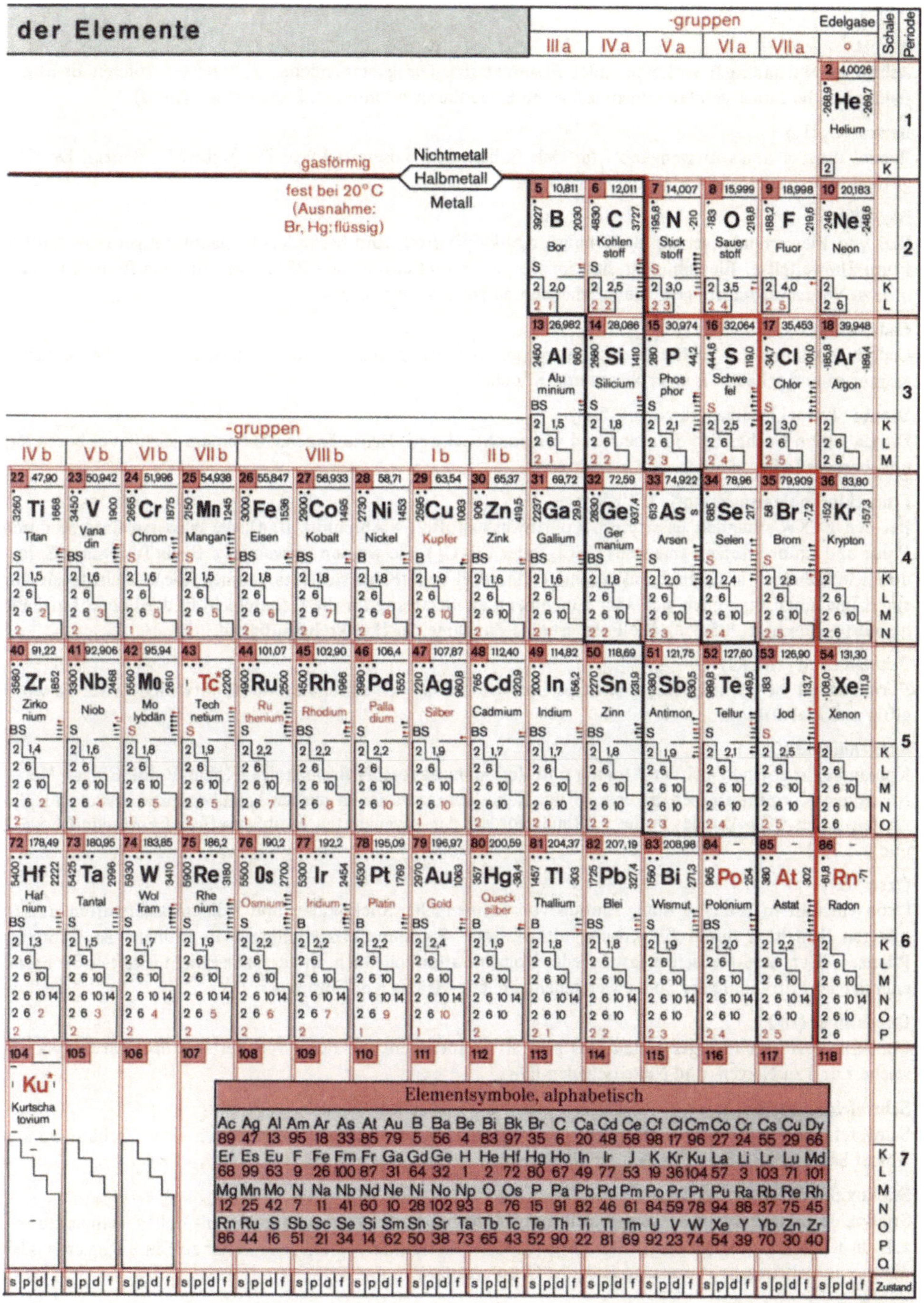

Elementsymbole, alphabetisch

Ac	Ag	Al	Am	Ar	As	At	Au	B	Ba	Be	Bi	Bk	Br	C	Ca	Cd	Ce	Cf	Cl	Cm	Co	Cr	Cs	Cu	Dy
89	47	13	95	18	33	85	79	5	56	4	83	97	35	6	20	48	58	98	17	96	27	24	55	29	66
Er	Es	Eu	F	Fe	Fm	Fr	Ga	Gd	Ge	H	He	Hf	Hg	Ho	In	Ir	J	K	Kr	Ku	La	Li	Lr	Lu	Md
68	99	63	9	26	100	87	31	64	32	1	2	72	80	67	49	77	53	19	36	104	57	3	103	71	101
Mg	Mn	Mo	N	Na	Nb	Nd	Ne	Ni	No	Np	O	Os	P	Pa	Pb	Pd	Pm	Po	Pr	Pt	Pu	Ra	Rb	Re	Rh
12	25	42	7	11	41	60	10	28	102	93	8	76	15	91	82	46	61	84	59	78	94	88	37	75	45
Rn	Ru	S	Sb	Sc	Se	Si	Sm	Sn	Sr	Ta	Tb	Tc	Te	Th	Ti	Tl	Tm	U	V	W	Xe	Y	Yb	Zn	Zr
86	44	16	51	21	34	14	62	50	38	73	65	43	52	90	22	81	69	92	23	74	54	39	70	30	40

nach Rainer Engelhard

Gefährliche Umweltchemikalien (Auswahl)

Asbest
Asbest ist ein natürlich vorkommendes Fasermaterial. Die gebräuchlichen Asbestarten können als Staubteilchen in die Lunge geraten und zu schweren Erkrankungen führen (z. B. Asbestose, Krebs).

Benzol (C_6H_6)
Benzol dient u. a. als Ausgangsstoff für viele Substanzen, Lösemittel und Zusatzstoff im Benzin. Es wirkt giftig und krebserregend (→ Abschnitt 10.4.2).

Blei (Pb)
Blei und Bleiverbindungen (z. B. Mennige, Antiklopfmittel) sind besonders in staubförmiger oder gelöster Form Umweltgifte. Blei sammelt sich im Körper an und erhöht den Bleispiegel. Bleivergiftungen können u. a. zu Verdauungsstörungen, Nierenschäden und Hirnschäden führen.

Cadmium (Cd)
Cadmium kommt u. a. in Batterien, Legierungen und Farbpigmenten vor. Es reichert sich im menschlichen Körper an und schädigt Lunge, Nieren und Knochen.

Dioxin (Tetrachlordibenzdioxin, TCDD)
Dioxin ist ein hochgiftige Substanz und verursacht schwere Hautschäden. Außerdem schädigt es besonders ungeborenes Leben.

Fluorchlorkohlenwasserstoffe (FCKW)
Bei den FCKW's handelt es sich um Kohlenwasserstoffe (→ Abschnitt 10.4), die Wasserstoffatome durch Fluor und Chlor ersetzen (meistens $CFCl_3$ oder CF_2C_2). Sie werden verwendet z. B. als Treibgas in Spraydosen, Kältemittel in Kühlschränken und Treibmittel beim Kunststoffverschäumen. Sie sind chemisch sehr stabil und ungiftig, stellen sich aber zunehmend als Belastung für die Ozonschicht in der hohen Lufthülle heraus (→ Abschnitt 8.5.3.1). Die Folge ist eine Zunahme der Hautkrebshäufigkeit.

Formaldehyd (HCHO)
Formaldehyd ist ein stechend riechendes Gas, das für viele chemische Produkte verwendet wird. Es wirkt giftig und krebserregend.

Kohlendioxid (CO_2)
Kohlendioxid entsteht bei der Atmung und Verbrennung fossiler Brennstoffe (Kohle, Erdöl, Erdgas, Holz). In kleinen Konzentrationen ist es ungiftig. Hohe Konzentrationen wirken betäubend und erstickend. Ein Ansteigen des CO_2-Anteiles in der Lufthülle fördert den sogenannten Treibhauseffekt (→ Abschnitte 8.5.2 und 9.1.7.3).

Ozon (O_3)
Ozon entsteht in Erdnähe unter Einfluß von Sonnenlicht, Stickoxiden und Kohlenwasserstoffen und in höheren Schichten durch Einwirkung ultravioletter Strahlung (Ozonschicht). In Erdnähe ist Ozon für Pflanzen, Tiere und Menschen fast in jeder Konzentration schädlich. In der Ozonschicht filtert es die harte, energiereiche Strahlung der Sonne weitgehend ab. (Vergleiche Kohlendioxid)

Quecksilber (Hg)
Quecksilber ist ein flüssiges Metall, das sich als Element oder in Form von Verbindungen im Körper anreichert und zu Nerven- und Nierenschäden führt.

Schwefeldioxid (SO_2)
Schwefeldioxid entsteht vor allem bei der Verbrennung von Kohle. Es bildet nach einer Verbindung mit Wasser Säure, die als Saurer Regen für Waldschäden mit verantwortlich ist.

Stickoxide (NO_x)
Stickoxide bilden sich besonders in Mikroorganismen und bei Verbrennungen mit hohen Temperaturen, z. B. in Kohlekraftwerken und Automotoren. In der Atmosphäre können sie weiter zu Säure reagieren oder durch photochemische Prozesse in Erdnähe Ozon erzeugen.

1 Einleitung

1.1 Allgemeine Einführung

Die Chemie ist für die Menschheit von überragender Bedeutung.

Sie kann dem Menschen das Leben erleichtern, z. B. durch Fortschritte bei der Entwicklung neuer Medikamente und Werkstoffe, aber auch die Gesundheit gefährden und der Umwelt Schaden zufügen.

Mit Hilfe der Chemie ist es gelungen:

- daß Menschen den Mond betraten,

Beispiele:

Neue Antriebsaggregate und hitzebeständige Werkstoffe für die Kapsel

- Ernährungsprobleme besser zu lösen,

Erforschung der Zusammensetzung der Böden und Pflanzen, Einsatz von Düngemitteln.

- Einzelheiten der Lebensvorgänge auf der Erde zu erfassen,

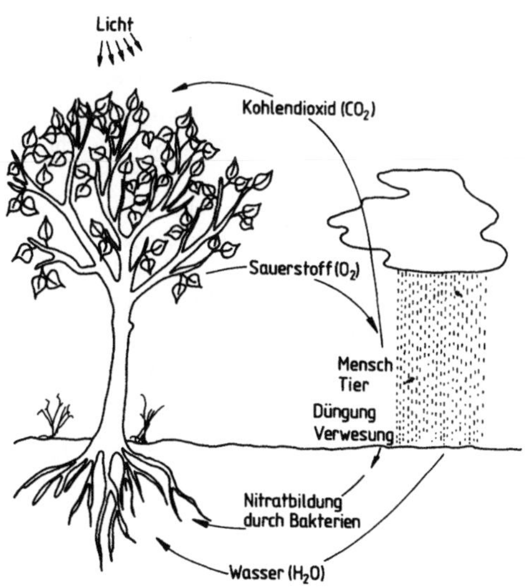

Kreislauf von Sauerstoff und Kohlendioxid in der Natur

Auf der Erde gibt es etwa 380 000 verschiedene Tierarten. Wasser, Land und Luft sind von ihnen belebt. Sie nehmen eine Unzahl von Stoffen auf, wandeln um und scheiden aus, wachsen, pflanzen sich fort, entwickeln Abarten, töten und werden getötet. Alle diese Erscheinungen des Lebens beruhen auf einer großen Fülle chemischer Reaktionen.

Biochemiker versuchen, die Gesetze dieser Reaktionen zu entdecken und für die Versorgung der Menschheit nutzbar zu machen, z. B. für die

- Zerlegung des Wassers durch das Sonnenlicht (Fotosynthese) zur Wasserstoffgewinnung,
- Synthese des Zuckers aus Wasser und Kohlendioxid,
- Anreicherung seltener chemischer Elemente durch Pflanzen und Mikroorganismen,
- Hilfe bei stoffwechselbedingten Krankheiten.

- neue Energien zu erschließen.

Die begrenzten Vorräte an fossilen Brennstoffen (Kohle, Erdöl, Erdgas, Holz) zwingen die Menschheit, neue Energiequellen zu suchen (Sonnenenergie, Windkraft, Kernspaltung, Kernfusion u. a.).

Eine besondere Bedeutung hat die Chemie als angewandte Wissenschaft für die Entwicklung der Technik im Maschinenbau, in der Elektrotechnik und im Bauwesen. Dies wird besonders in den folgenden Ausführungen am *werkstoffkundlichen Aspekt* der Chemie verdeutlicht.

Bauteile in technischen Produkten müssen bestimmte Aufgaben erfüllen, dazu muß ihr Werkstoff besondere Eigenschaften besitzen. Solche Eigenschaften sind zum Beispiel:

- Festigkeit,
- Verschleißfestigkeit,
- Gießbarkeit,
- Schweißbarkeit,
- elektrische Leitfähigkeit,
- Wärmeleitfähigkeit,
- Korrosionsbeständigkeit,
- Hitzebeständigkeit.

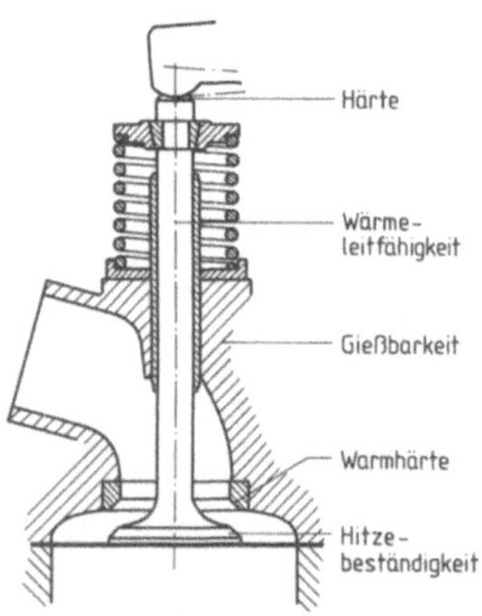

Auslaßventil, Kfz-Motor

Beispiele:

Elektrischer Kontakt

Ein elektrischer Kontakt hat die Aufgabe, Stromkreise zu öffnen und zu schließen. Er soll die *gleiche elektrische Leitfähigkeit* haben wie der übrige Leiter. Je nach Einsatzgebiet können folgende Eigenschaften verlangt werden, um die Funktionsfähigkeit zu wahren:

- Korrosionsbeständigkeit,
- Abbrandfestigkeit,
- geringe Schweißneigung.

Mauerwerk für Außenwände

Beim Baustoff eines Mauerwerks für Außenwände muß vor allem auf folgende Eigenschaften geachtet werden:

- Druckfestigkeit
- Witterungsbeständigkeit
- Wärmedämmung
- Atmungsaktivität
- Luftschalldämmung
- Wärmespeicherfähigkeit

Auslaßventil eines Verbrennungsmotors

Am Ventilsitz wird der Werkstoff durch heiße Gase oxidiert und mit großen Kräften schlagartig belastet.

Die Wärme muß aus dem Teller durch den Schaft abgeführt werden, der sich jedoch nur gering dehnen soll, damit das Ventil schließt und die Schließzeiten möglichst konstant bleiben.

Der Zylinderkopf mit seinen Gas- und Wasserkanälen kann nur durch Gießen hergestellt werden.

Die Natur liefert uns in den meisten Fällen nur Stoffe, die die geforderten Eigenschaften nicht voll erfüllen.

Beispiele:

Technisch benötigte Metalle kommen fast nur als chemische Verbindungen in der Natur vor (Erze).

Naturkies hat selten die gewünschte Kornzusammensetzung.

Deshalb müssen diese Naturstoffe zu Werkstoffen weiterverarbeitet werden. Dazu sind *chemische* und auch *physikalische Verfahren* erforderlich. Für die Verwendung der Werkstoffe müssen die Eigenschaften gewährleistet werden.

Beispiel: Stahlgewinnung

Eisenerze werden angereichert, d.h. sie werden von taubem Begleitgestein abgetrennt. Im Hochofen werden sie zu Roheisen weiterverarbeitet. Durch das nachfolgende Sauerstoff-Aufblasverfahren wird Stahl mit ganz bestimmten garantierten Eigenschaften hergestellt.

Durch die Entwicklung neuer Analysenmethoden (Spektralanalyse) kann heute die Zusammensetzung des Werkstoffes *schnell* ermittelt werden. Das ist notwendig, um geforderte Toleranzen einhalten zu können.

Beispiele:

Qualitätsstähle dürfen nur geringe Gehalte an Verunreinigungen (z.B. Schwefel und Phosphor) aufweisen. Aus diesem Grunde ist es notwendig, während der Stahlgewinnung Proben zu entnehmen und zu analysieren. Dies muß kurzfristig geschehen.

Halbleiterwerkstoffe haben das Leben der Menschen einschneidend verändert.

Voraussetzung für den Einsatz der Halbleiterwerkstoffe war ein extrem hoher Reinheitsgrad. Auf 10^{10} Eigenatome durfte nur ein Fremdatom kommen. Heute ist der realisierbare Reinheitsgrad wesentlich höher (z. B. 10^{15}).

Nach der Herstellung werden manche Werkstoffe einer mehr oder weniger „feindlichen" Umwelt ausgesetzt. Es zeigt sich sehr schnell, daß viele Metalle und Legierungen nicht ausreichend beständig sind gegenüber der umgebenden Luft oder anderen Stoffen, mit denen sie in Berührung kommen. Es entsteht im Laufe der Zeit eine Abtragung, die *chemischer* und *elektrochemischer* Art ist. Man bezeichnet sie als *Korrosion.*

Man schätzt, daß etwa 1/3 der jährlichen Stahlproduktion durch Korrosion verlorengeht. Aber nicht nur der Stahl, sondern auch NE-Metalle wie Kupfer, Zink, Blei und viele Legierungen, fallen der Korrosion zum Opfer.

Die ökonomische Bedeutung der Korrosion stellt eine große Herausforderung für Chemiker und Ingenieure dar. Deshalb war bzw. ist es notwendig, das Wesen der Korrosion zu erforschen und die Ergebnisse bei der Konstruktion von Bauteilen zu berücksichtigen.

Beispiel:

Korrosion, die überall beobachtet werden kann, ist das Rosten von Stahlteilen. Wenn der Lack eines Autos beschädigt ist, fehlt der Schutz gegenüber aggressiven Stoffen wie Sauerstoff, Wasser, Salzen usw. Dadurch wird der Werkstoff unaufhaltsam zersetzt, seine Festigkeit und Zähigkeit gehen verloren.

Noch gefährlicher sind Korrosionen, die an den Übergangsstellen verschiedener Metalle auftreten, z.B. Chromteile und Stahl. Der Werkstoff wird elektrochemisch zersetzt.

Der Bedarf der Industrie an den verschiedenen Naturstoffen ist in den letzten Jahren stetig gewachsen. Andererseits wiesen Naturwissenschaftler schon frühzeitig den *begrenzten Vorrat* von Naturstoffen nach.

Beispiele:

Gummiwaren werden aus Kautschuk hergestellt. Der Kautschuk wird aus der Milch des Kautschukbaumes gewonnen. Der Bedarf der Industrie an Kautschuk konnte mit fortschreitender technischer Entwicklung bei weitem nicht gedeckt werden.

Der schöpferischen Kraft des Menschen ist es zu verdanken, wenn neue Stoffe entwickelt werden konnten, die teilweise herkömmliche Werkstoffe ersetzen, teilweise sogar bessere Eigenschaften haben und nicht selten wirtschaftlicher zu fertigen und daher billiger sind.

Chemiker analysierten den Aufbau des Kautschuks und waren bald in der Lage, ähnliche Stoffe *synthetisch* herzustellen. Die Weiterentwicklung führte schließlich zu vielen *Kunststoffen* mit den unterschiedlichsten Eigenschaften. Sie werden zum Beispiel zunehmend für Teile an Kraftfahrzeugen eingesetzt.

Mit Beginn der wissenschaftlichen Chemie erkannte man, daß jede chemische Reaktion nach ganz *bestimmten Gesetzmäßigkeiten* abläuft und mit einer Energieumsetzung verknüpft ist. Sie sind mathematisch erfaßbar und bilden die Berechnungsgrundlage für chemische Prozesse in technischen Anlagen, Geräten und Aggregaten. Es können z.B. die Stoffmassen der miteinander reagierenden Stoffe, der Energiebedarf, oder die frei werdende Energie bestimmt werden.

Beispiel: Heizungsanlage

Maßgebend für die Auslegung einer Heizungsanlage ist der *Wärmebedarf*. Nach den gegebenen Gesetzmäßigkeiten kann daraufhin die *erforderliche* Brennstoffzufuhr berechnet werden. Um einen hohen Wirkungsgrad zu erzielen, muß die Sauerstoffzufuhr in einem *bestimmten* Verhältnis zur Brennstoffzufuhr stehen. Außerdem entstehen bei Sauerstoffmangel *unvollständig* verbrannte Stoffe, z.B. Kohlenmonoxid (sehr giftig) oder Ruß.

Unsere Energieversorgung erfolgt zum weitaus größten Teil durch chemische Reaktionen. Die bei der Verbrennung der sogenannten Betriebsstoffe frei werdende Energie wird nach Bedarf in die verschiedensten Energieformen umgewandelt.

Betriebsstoffe sind z.B. Erdöl, Erdgas, Benzin, Dieselöl, Kohle u.a.

Die Wärmeenergie kann in verschiedene Energieformen, z.B. in elektrische Energie und mechanische Energie, umgewandelt werden.

Auch die Betriebsstoffe kommen in der Natur nur teilweise gebrauchsfähig vor. Die Erforschung der Betriebsstoffe, insbesondere ihrer Struktur, ermöglichte es, Verfahren für die großtechnische Erzeugung, Umwandlung und Verbesserung zu entwickeln.

Beispiel: Benzin

Nur 20 % des rohen Erdöls bestehen aus leicht siedenden Anteilen, die zu Benzin verarbeitet werden können. Dieser Anteil reicht bei weitem nicht aus, um den Brennstoffbedarf für den Kraftwagenverkehr zu decken. Chemiker entdeckten, daß schwere Öle zerlegt werden können. Großtechnisch wird heute im sogenannten Crackverfahren die Benzinausbeute des Erdöls erhöht. Darüber hinaus wird die Qualität des Benzins erheblich verbessert.

Im Berufsleben kommt man mit den verschiedensten Stoffen in Berührung. Viele von ihnen sind

– ätzend,
– explosionsgefährlich,
– giftig,
– gesundheitsschädlich.

Das Arbeiten mit gesundheitsschädlichen Stoffen führt sehr häufig zu ganz bestimmten *Berufskrankheiten*. Um diese Gefahr zu begrenzen, sind Vorschriften für den Umgang mit solchen Stoffen erforderlich.

Beispiele:

Quecksilber und Quecksilberverbindungen sind hoch giftige Stoffe. Schon geringste Mengen des frei werdenden Quecksilberdampfes führen zu Kopfschmerzen, Müdigkeit, Gedächtnisschwäche und zu Zahnausfall.

Ammoniak ist ein farbloses Gas, das ätzend auf Schleimhäute und Haut wirkt.

1.2 Wichtige Gesetze und Vorschriften zum Gesundheits- und Arbeitsschutz

Chemikaliengesetz (1985)

Prinzipien des Gesetzes:

Verursacherprinzip

Das Risiko trägt grundsätzlich der Hersteller oder Vertreiber.

Prüfung

Zur Risikoabschätzung müssen die Stoffe bestimmten Mindestprüfungen unterworfen werden.

Informationspflicht

Zuständige Behörden müssen über die Eigenschaften gefährlicher Stoffe unterrichtet werden. Ein gefährlicher Stoff muß spätestens 45 Tage, bevor er in den Verkehr gebracht wird, angemeldet sein.

Verpackung und Kennzeichnung

Geeignete Verpackungen und Kennzeichnungen sollen Anwender und Verbraucher über vorhandene Gefahren informieren.

Überwachung

Zuständige Behörden haben zur Abwehr möglicher Gefahren Eingriffsrechte.

Gefahrstoff-Verordnung (1986)

Die Gefahrstoff-Verordnung will die im Chemikaliengesetz gestellten Forderungen im einzelnen regeln.

Vierzehn Richtlinien der EG werden in bundesdeutsches Recht umgesetzt.

U. a. enthält die Gefahrstoff-Verordnung Anforderungen an die Verpackung und Kennzeichnung gefährlicher Stoffe sowie Vorschriften über Beschäftigungsbeschränkungen, ärztliche Überwachung von Beschäftigten und den Umgang mit gefährlichen Arbeitsstoffen.

Technische Regeln für Gefahrenstoffe (TRGS)

Die Technischen Regeln für Gefahrenstoffe behandeln Einzelheiten, die über die Gefahrenstoff-Verordnung hinausgehen.

Beispiele:

TRGS 100 Auslöseschwellen für gefährliche Stoffe
TRGS 500 Besondere Schutzmaßnahmen im Umgang mit krebserregenden Stoffen

Sie werden von Kommissionen erarbeitet und schneller als auf dem Gesetzeswege umgesetzt. Durch Veröffentlichung des Bundesministers für Arbeit und Sozialordnung bekommen sie Gesetzeskraft.

Technische Richtlinienkonzentration (TRK)

Bestimmte krebserzeugende oder erbgutändernde Stoffe kommen natürlich vor oder sind technisch noch nicht zu vermeiden.

Um für die Praxis des Arbeitsschutzes und für meßtechnische Überwachungen Richtwerte zu bekommen, legt ein Ausschuß für gefährliche Arbeitsstoffe TRK-Werte fest.

Die TRK-Werte sollen das Risiko einer Beeinträchtigung der Gesundheit am Arbeitsplatz vermindern, ohne es jedoch vollständig auszuschließen.

Maximale Arbeitsplatzkonzentrationen (MAK-Werte)

Der MAK-Wert ist die höchstzulässige Konzentration eines Stoffes als Gas, Dampf oder Schwebstoff in der Luft am Arbeitsplatz, die nach dem gegenwärtigen Wissensstand auch bei wiederholter und langfristiger Aufnahme im allgemeinen die Gesundheit des Beschäftigten nicht beeinträchtigt.

Die MAK-Werte gelten für reine Stoffe, nicht jedoch für Stoffgemische, die bei einer Arbeitszeit von täglich 8 und wöchentlich 40 Stunden wirken.

Sie dienen dem Schutz der Gesundheit am Arbeitsplatz.

Die Einhaltung der MAK-Werte entbindet nicht grundsätzlich von der ärztlichen Überwachung betroffener Personen.

Die MAK-Werte werden regelmäßig nach dem neuesten Stand der Erkenntnisse von der Deutschen Forschungsgemeinschaft zur Prüfung gesundheitsschädlicher Arbeitsstoffe herausgegeben.

In Mischungen kann sich die Gefahr eines Stoffes vermindern oder vergrößern.

MAK-Werte werden in der von Zustandsgrößen unabhängigen Einheit Milliliter je Kubikmeter (ml/m^3, ppm) gemessen.

Die Bezeichnung ppm bedeutet dabei "parts per million" (Anteile je Million).

Als Einheit gilt auch die von Zustandsgrößen abhängige Einheit Milligramm des Stoffes je Kubikmeter Luft (mg/m^3) für 20 °C und 1013 Millibar (mbar).

Beispiele für MAK-Werte

Stoff	ml/m^3 oder ppm	mg/m^3
Aceton	1000	2400
Ammoniak	50	35
Blei		0,1
Chlor	0,5	1,5
Chlorwasserstoff	5	7
Essigsäure	10	25
Ethanol	1000	1900
Fluor	0,1	0,2
Formaldehyd	1	1,2
Kohlenmonoxid	30	33
Kupfer (Staub)		1
Mangan (Staub)		5
Methanol	200	260
Nikotin	0,7	0,5
Nitrobenzol	1	5
Octan	500	2350
Ozon	0,1	0,2
Pentan	1000	2950
Phenol	5	19
Phosphorpentoxid		1
Platinverbindungen		0,002
Propan	1000	1800
Quarzhaltiger Feinstaub		4
Quecksilber	0,1	0,1
Salpetersäure	10	25
Schwefeldioxid	2	5
Schwefelsäure		1
Schwefelwasserstoff	10	15
Silber		0,01
Stickstoffdioxid	5	9
Styrol	100	420
Tantal		5
Terpentinöl	100	560
Tetrachlormethan	10	65

1.3 **Gefahrensymbole** (Auswahl)

Symbol	Bedeutung
 Giftig (toxisch) T	Stoffe, die durch Einatmen, Verschlucken oder Hautresorption (Aufnahme durch die Haut ohne Hautverletzung) *zu erheblichen sofortigen oder chronischen Gesundheitsschäden* oder sogar zum Tode führen können
 Ätzend C	Stoffe, die *bei Berührung* lebende Gewebe *zerstören* können
 Gesundheits-schädlich Xn	Stoffe, die Gesundheitsschäden *mit beschränkter Wirkung* hervorrufen
 Reizend Xi	Stoffe, die *ohne direkte Gewebezerstörung* sofort oder durch wiederholte beziehungsweise längere Berührung der Haut oder der Schleimhäute Entzündungen bewirken können
 Explosions-gefährlich E	Stoffe, die durch Wärmeeinwirkung (Flamme, glühender Stoff) oder mechanische Beanspruchung (Reibung, Schlag) zur *Explosion* gebracht werden
 Brandfördernd O	Stoffe, die zum Beispiel durch Abgabe von Sauerstoff *Verbrennungen fördern*
 Leicht endzündlich F	Stoffe mit *niedrigem* Flammpunkt
 Radioaktiv	Stoffe, die α-, β- oder γ-Strahlen aussenden (→ Kernchemie)

Nähere Erläuterungen in der Gefahrstoff-Verordnung TRGS 450.

1.4 Gefahrenklassen

Für die *Beförderung* gefährlicher Güter gibt es besondere Gefahrenklassen.
Fahrzeuge, die solche Güter transportieren, tragen *orangefarbene Warnschilder* (30 X 40 cm), auf denen in der oberen Hälfte die Gefahrenklasse (als Gefahrennummer) und in der unteren Hälfte die jeweiligen Stoffe durch Zahlen (als Stoffnummer) gekennzeichnet sind.

Beispiele:

30	*Gefahrennummer:* Entzündbare Flüssigkeit (Flammpunkt über 21 °C)
1202	*Stoffnummer:* Dieselkraftstoff, Heizöl
33	Sehr leicht entzündbare Flüssigkeit (Flammpunkt unter 21 °C)
1203	Benzin
336	Sehr leicht entzündbare Flüssigkeit mit giftigen Eigenschaften
1131	Schwefelkohlenstoff
23	Brennbares Gas
1965	Propan, Butan
68	Giftiger und ätzender Stoff
1671	Phenol

Klassen der gefährlichen Güter (in den Gefahrennummern enthalten)
(Verordnung über die Beförderung gefährlicher Güter auf der Straße, GGVS)

Klasse 1a	Explosive Stoffe und Gegenstände
1b	Mit explosiven Stoffen geladene Gegenstände
1c	Zündwaren, Feuerwerkskörper und ähnliche Güter
Klasse 2	Verdichtete, verflüssigte oder unter Druck gelöste Gase
Klasse 3	Entzündbare flüssige Stoffe
Klasse 4.1	Entzündbare feste Stoffe
4.2	Selbstentzündliche Stoffe
4.3	Stoffe, die in Berührung mit Wasser entzündliche Gase entwickeln
Klasse 5.1	Entzündend (oxidierend) wirkende Stoffe
5.2	Organische Peroxide
Klasse 6.1	Giftige Stoffe
6.2	Ekelerregende oder ansteckungsgefährliche Stoffe
Klasse 7	Radioaktive Stoffe
Klasse 8	Ätzende Stoffe
Klasse 9	Sonstige gefährliche Stoffe und Gegenstände

1.5 Umweltbelastungen

Neue Aufgaben erwachsen dem Chemiker heute zunehmend aus den „ungewollten Nebenwirkungen“ der so stark von der chemischen Forschung und ihrer Anwendung bestimmten Zivilisation.

Beispiele:

Stickoxide und chemisch beständige Fluorchlorkohlenwasserstoff-Treibgase (FCKW) wirken zerstörend auf die Ozonschicht in der Stratosphäre.

Stickoxide aus den Abgasen der Kraftfahrzeuge und auch Bleiverbindungen wirken auf Boden und Pflanzen nahe den Verkehrswegen.

Säurebildende Schwefeloxide greifen einmalige historische Baudenkmäler an.

Dünger und Schädlingsbekämpfungsmittel wirken auf die humusbildenden Bodenlebewesen.

1.6 Zusammenfassung

- Die wenigen Beispiele haben uns die enge Verknüpfung der Chemie mit den Ingenieurwissenschaften verdeutlicht. Für die in der Industrie, im Betrieb oder im Bereich der Konstruktion tätigen Facharbeiter, Techniker und Ingenieure ist es unerläßlich, fundierte Grundlagenkenntnisse aus dem Gebiet der Chemie zu erarbeiten.
- Dies befähigt sie, vor allem Werkstoffe entsprechend ihrem Verwendungszweck sachgemäß und wirtschaftlich einzusetzen, erwünschte Eigenschaftsveränderungen durchzuführen und Schutzmaßnahmen gegenüber unerwünschten Veränderungen vorzunehmen. Darüber hinaus sind sie in der Lage, die Berechnungsgrundlagen für die Auslegung von Aggregaten, Geräten und Anlagen, in denen chemische Prozesse durchgeführt werden, zu bestimmen.
- Eine große Bedeutung muß der Kenntnis der Gefahren beim Umgang mit Stoffen beigemessen werden, um Gesundheitsschäden und Unfälle zu begrenzen.

Mit diesen Beispielen konnte nur der wichtigste Teil des großen Aufgabengebietes der Chemie in der Technik angedeutet werden.

1.7 Aufgaben

1. Wodurch können giftige Stoffe gefährlich werden?
2. Vergleichen Sie ätzende und reizende Stoffe.
3. Was versteht man unter explosionsgefährlichen Stoffen?
4. Fahrzeuge, die gefährliche Güter transportieren, tragen orangefarbene Warnschilder. Welche Auskünfte geben die obere und untere Hälfte dieser Schilder?

2 Grundlagen

2.1 Aufgaben der Chemie

Der Aufgabenbereich der Naturwissenschaft Chemie betrifft alle *Stoffbeschreibungen* und *Stoffveränderungen*.

Stoffveränderungen treten unabhängig vom Menschen „in der Natur" – und abhängig vom Menschen – bei technischen Vorgängen – auf.

Beispiele:
In der Natur: Stoffwechsel der Lebewesen, Verbrennen infolge Blitzschlags, Entstehen der Braun- und Steinkohle, des Erdöls und Erdgases.
In der Technik: Eisengewinnung im Hochofen, Herstellen von Kunststoffen, Medikamenten u.v.a.

Chemische Aufgaben werden in vielen Teilbereichen wissenschaftlich verfolgt.

Beispiele:
Geochemie, Biochemie, Elektrochemie, Kernchemie, Astrochemie, Lebensmittelchemie, organische Chemie, anorganische Chemie, ökologische Chemie, chemische Technologie.

Alle Stoffveränderungen, also chemische Vorgänge, werden von Änderungen des Energiegehaltes der Stoffe begleitet.

Die Beschreibung von Energiezuständen und deren Veränderungen ist der Bereich der Physik.

Physikalische Vorgänge können ohne chemische (stoffliche) Veränderungen auftreten.

Beispiele:
Erwärmen, auch Verdampfen von Wasser, Verformen eines Werkstückes mit dem (Schmiede-)Hammer, Zertrümmern von Gestein. (Jeder Zustand ist ein Energiezustand.)

Die begriffliche Trennung der Wissenschaften Chemie und Physik erfolgt durch die folgenden Definitionen:

(Definition = Abgrenzung)

Die *Chemie* befaßt sich mit Stoffen und Stoffveränderungen.

Die *Physik* befaßt sich mit Zuständen und Zustandsänderungen.

2.2 Chemische und physikalische Vorgänge

In der Praxis des Chemikers wie auch des Physikers begegnen diesen die beiden Wissenschaften ständig gemeinsam.

Beispiel:
Die Kohle verbrennt mit Licht- und Hitzeentwicklung zu Kohlendioxid und Wasserdampf.

Mittels der obigen Definitionen lassen sich die Bereiche von Chemie und Physik gesondert betrachten.

Das Ur-Kilogramm in Paris besteht aus einer Platin-Iridium-Legierung, weil es sich an der Luft nicht verändern darf.

Man stellt eine Mischung aus Eisenpulver und Schwefel her.

Sieben Teile Eisenpulver sind mit vier Teilen Schwefel zu mischen.

Trotz bester Durchmischung kann man mit der Lupe Eisen- und Schwefelteilchen unterscheiden.

Es liegt ein Gemisch aus beiden Stoffen vor.

Bei einer Probe des hergestellten Gemisches läßt sich Eisenpulver mit Hilfe eines Magneten teilweise trennen.

Reines Eisen ist *magnetisch*.

Bei einer zweiten Probe ist eine Trennung der beiden Stoffe mittels Schwefelkohlenstoff möglich.

Schwefel besitzt die Eigenschaft, sich in Schwefelkohlenstoff zu *lösen*.

Beide Versuche machen deutlich, daß die Stoffe ihre Eigenschaften im Gemisch *beibehalten*. Das wird schließlich zur Trennung ausgenutzt.

Das Gemisch aus Eisen und Schwefel kann demnach durch einen *physikalischen Vorgang* in seine Ausgangsstoffe zerlegt werden.

Bei einem physikalischen Vorgang liegt eine Zustandsänderung vor.

Erhitzt man eine dritte Probe an einer Stelle, so erfolgt dort ein Aufglühen. Es setzt sich dann schnell über das Gemisch fort.

Die Wärmeabgabe weist darauf hin, daß eine *chemische Reaktion* eingetreten ist.

Untersucht man die entstandene Substanz unter der Lupe, so erkennt man weder Eisen- noch Schwefelteilchen.

Es ist ein einheitlich grauschwarz aussehender neuer Stoff entstanden.

Der Versuch, Eisen mit einem Magneten herauszuholen, scheitert.

Obwohl das entstandene Produkt magnetische Eigenschaften hat, ist eine Trennung nicht möglich.

Ebensowenig ist es möglich, den Schwefel mit Hilfe des Schwefelkohlenstoffs abzutrennen.

Schwefel hat in dem neuen Produkt seine Lösungsfähigkeit im Schwefelkohlenstoff verloren.

Es muß also ein *neuer Stoff mit anderen Eigenschaften* entstanden sein.

Beim Aufglühen hat offensichtlich eine Stoffveränderung, ein chemischer Vorgang (Reaktion) stattgefunden.

Bei einem chemischen Vorgang liegt eine *Stoffänderung* vor.

Jeder Stoff hat ganz bestimmte Eigenschaften, z.B.

- Farbe,
- Dichte,
- Schmelzpunkt,
- Siedepunkt,

durch die er eindeutig beschrieben werden kann.

Beispiel:

Das Wasser ist eine farblose Flüssigkeit. Die Dichte beträgt bei einer Temperatur von 4 °C 1 kg/dm³. Schmelz- und Siedepunkt liegen bei einem Druck von 1,013 bar bei 0 °C bzw. 100 °C.

Diese Eigenschaften verändern sich gewöhnlich bei einer *Druck- oder Temperaturverschiebung*. Der Stoff bleibt jedoch erhalten.

Wird die Temperatur erhöht oder gesenkt, so nimmt mit zunehmender Änderung die Dichte ab. Wasser hat bei 4 °C seine größte Dichte, das heißt gefrorenes Wasser (Eis) ist „leichter“ und schwimmt auf.

Wasser steht mit diesem Verhalten (Anomalie des Wassers) im Gegensatz zu den meisten anderen Stoffen, die beim Erstarren eine höhere Dichte annehmen.

Eine Änderung des *Aggregatzustandes* ist demnach ein *physikalischer Vorgang*. Es verändert sich dabei lediglich der *Zustand* eines Stoffes.

Verdampft man Wasser, so ändern sich die Eigenschaftswerte. Stoffe im gasförmigen Zustand zeigen ein ganz anderes Verhalten als im flüssigen Zustand. Jedoch ist der Stoff der *gleiche* geblieben. Jederzeit läßt sich durch Veränderung der Temperatur der gleiche Ausgangszustand herstellen.

Zur vollständigen Kennzeichnung der Eigenschaften eines Stoffes benötigt man die Angabe der *Meßbedingungen*. Das sind als wichtigste veränderliche Größen der *Druck* und die *Temperatur*.

Unterscheidung chemischer und physikalischer Vorgänge

Chemischer Vorgang	Physikalischer Vorgang
Bei chemischen Vorgängen liegen Stoffänderungen vor. Im Verlaufe von chemischen Reaktionen entstehen neue andere Stoffe, die sich von den Ausgangsstoffen unterscheiden. Jeder chemische Vorgang ist mit einem physikalischen Vorgang, einer Abgabe oder Aufnahme von Energie, verknüpft.	Bei physikalischen Vorgängen liegen keine Stoffänderungen vor. Es ändert sich lediglich der Zustand eines Stoffes. Der Zustand eines Stoffes ist stets ein Energiezustand, im Besonderen gekennzeichnet durch Aggregatzustand, Form, Volumen, Masse.
Beispiele: Rosten und Anlaufen von Metallen, Verbrennung des Benzin-Luft-Gemisches im Otto-Motor, Beseitigung der Oxidschicht beim Löten, Bildung einer Zunderschicht bei der Warmverformung von Stahl, chemische Vorgänge in der Batterie zur Erzeugung elektrischer Energie, Gewinnung von Eisen aus Eisenoxiden im Hochofen, Herstellen von Kunststoffen, Abbinden von Beton.	*Beispiele:* Verdampfen von Wasser, Verflüssigung von Luft, Zerspanen eines Werkstückes, Erhitzen eines Werkstückes beim Zerspanen. Gemischbildung im Otto-Motor, Auflösen von Zucker oder Salz im Wasser, Mischen von Gasen, Trennung der metallischen Bestandteile vom tauben Gestein durch Magnetabschneiden bei der Erzaufbereitung.

2.3 Materie (Stoff)

Materie kann bei chemischen Abläufen weder entstehen noch vernichtet werden.

„Gesetz von der Erhaltung der Masse“

Sie kommt in verschiedenen Aggregatzuständen vor.

Aggregatzustände:
fest, flüssig, gasförmig. Zusätzlich ist auch der *Plasmazustand* (Gasatome bei hohen Temperaturen ionisiert) als Aggregatzustand anzuführen.

2.3.1 Materie (Stoff) – Energie (Arbeitsvermögen)

Materie nimmt einen Raum ein und besitzt eine Masse. Sie unterliegt somit der Schwerkraft. Nach heutigem Kenntnisstand ist Materie aus *Elementarteilchen* aufgebaut (→ Kapitel 12).

Nach DIN 1305 (1977) wirkt Masse ortsunabhängig als Trägheitswirkung gegenüber einer Änderung des Bewegungszustandes. Außerdem äußert sie sich durch Anziehung auf andere Körper.

Auch *strahlende Energie* (z.B. Licht) besitzt eine *Masse*.

Materie läßt sich in strahlende Energie umwandeln und umgekehrt, strahlende Energie in Materie.

Materie ist eine Form von Energie.

Der Betrag der Masse, der zu einer bestimmten Energie gehört, ist durch folgende Gleichung (Einstein-Beziehung) gegeben:

$$E = mc^2$$

E	m	c
J	kg	m/s

E Energiemenge
m Masse
c Lichtgeschwindigkeit ($c = 2{,}998 \cdot 10^8$ m/s)

Beispiel:

Bei der Detonation der Atombombe am 6. August 1945 über Hiroshima wurden $m_1 = 2$ kg Uran 235 zur Kernspaltung verwendet. Es wurden $1{,}646 \cdot 10^{14}$ J Energie in Form von Strahlungsenergie und Wärme freigesetzt.

Da Materie und Energie Masse besitzen, und Masse in Energie und umgekehrt zu verwandeln sind, versteht man unter dem Begriff der Masse sowohl die Masse der Materie als auch die der Energie.

Die ursprünglich in den Naturwissenschaften verwendeten Gesetze von der *Erhaltung der Materie* und von der *Erhaltung der Masse* sind zu *einem* Gesetz vereinigt, dem Gesetz von der *Erhaltung der Masse.*

Zusammenfassend kann man Materie und strahlende Energie wie folgt definieren:

Materie ist jegliche Art von Masse, die sich langsamer als Licht fortbewegt.

Strahlende Energie ist jegliche Art von Masse, die sich mit Lichtgeschwindigkeit bewegt.

2.3.2 Materiesorten – Körper

Die uns umgebenden Gegenstände haben eine bestimmte *Form* und sind von *begrenzter Ausdehnung*. Man bezeichnet sie als *Körper*. In der Chemie interessiert man sich weniger für die Körper, sondern vielmehr für die *Materiesorten*, aus denen sie bestehen. Das Interesse gilt den *Eigenschaften* des Materials, die *nicht* von der *Form des Körpers* abhängig sind.

Beispiel:

Die folgenden Maschinenteile, Zahnräder, Kurbelwellen, Pleuelstangen,

unterscheiden sich in Gestalt, Masse, Oberfläche.

Sie können aber aus der gleichen Materiesorte „Stahl" bestehen.

Anmerkung des Herausgebers: Wird der Hinweis (→) auf ein Gesamtkapitel gegeben, erscheint das Wort Kapitel. In anderen Fällen wird das Wort Abschnitt genommen, z. B. (→ Abschnitt 5.8 oder 7.13.5).

2.4 Heterogene und homogene Stoffe

Um die stoffliche Umwelt zu untersuchen, betrachtet man zweckmäßig jeweils nur einen begrenzten Teil der Materie, der alles enthält, was *stofflich* und *energetisch* mit dem zu untersuchenden Problem im Zusammenhang steht. Dieser begrenzte Teil der Materie wird als *System* bezeichnet.

Systeme lassen sich unter anderem nach ihrem Aussehen beurteilen. Dabei stellt man häufig auf den ersten Blick fest, daß Systeme *homogen* (einheitlich) oder *heterogen* (uneinheitlich) erscheinen. Nach diesen beiden Unterscheidungsmerkmalen kann man eine erste Klassifizierung von Systemen vornehmen.

Heterogene Systeme:

Bei einem Stück Terrazzo erkennt man mit dem bloßen Auge an der unterschiedlichen Farbe von Teilchen *verschiedene* Bestandteile; bei Eisenerzen unterscheidet man Teilchen mit metallischem Glanz und taubes Gestein.

Homogene Systeme:

Regenwasser erscheint selbst unter dem Mikroskop *einheitlich*; das gleiche gilt für eine Salzlösung.

Heterogene Systeme müssen *nicht* aus *verschiedenen* Stoffen bestehen.

Beispiel:

Das *heterogene* System Eis-Wasser besteht nur aus *einem* Stoff. Eis und Wasser sind verschiedene Zustandsformen des gleichen Stoffes.

Homogene Systeme müssen nicht aus nur *einem* Stoff bestehen.

Beispiel:

Kochsalz löst sich bis zu einem bestimmten Massenverhältnis vollständig im Wasser. Das System Wasser-Kochsalz erscheint selbst unter den besten Mikroskopen *einheitlich*, obwohl es aus *zwei* Stoffen besteht.

Phasen

Systeme werden durch die *Phasen* gekennzeichnet, aus denen sie bestehen. Eine Phase ist ein homogener Teil des Systems, der sich von anderen Teilen durch eine sichtbare *Grenzfläche* abhebt.

Zu *einer* Phase gehören alle Anteile mit gleichen Eigenschaften und Zusammensetzungen.

Beispiel:

Ein Gemisch aus Eisen und Schwefel besteht aus den Phasen Eisen und Schwefel. Es ist demnach *zweiphasig*. Alle Schwefel- bzw. Eisenteilchen zusammen bilden *je eine Phase*, die sich durch Grenzflächen unterscheiden. Dabei ist es gleichgültig, ob die beiden Phasen fein verteilt sind oder aber nur *eine einzige Berührungsfläche* besitzen (z.B. Ölschicht auf Wasser oder Öltröpfchen fein verteilt in Wasser: Emulsionen).

> Eine Phase eines Systems ist ein homogener Teil mit gleichen Eigenschaften und gleicher Zusammensetzung. Sie unterscheidet sich von anderen Teilen des Systems durch eine Grenzfläche.

[V] In einem Reagenzglas werden Wasser und Benzin vermischt (Schütteln!).

[VE] Die vermischten Stoffe trennen sich nach kurzer Zeit wieder.

2.5 Gemische (Mischungen)

2.5.1 Homogene und heterogene Gemische

Kommen zwei oder mehr Stoffe zusammen, *ohne chemisch miteinander zu reagieren*, so bilden sie ein Gemisch. Festgelegte Mengenverhältnisse sind dabei nicht erforderlich.

Die *Eigenschaften* der einzelnen Komponenten *bleiben bestehen*.

Dagegen ändern sich die physikalischen Eigenschaften des Gemisches mit dem Mischungsverhältnis (Beispiel: Je nach Temperatur mehr oder weniger Tausalz).

Gemische lassen sich in homogene und heterogene Systeme unterteilen.

Ein Gemisch ist *homogen*, wenn die Komponenten sehr klein sind ($< 10^{-7}$ cm) und gleichmäßig verteilt einen Raum ausfüllen.

Heterogene Gemische werden als *Gemenge* bezeichnet. Sie haben mehrere Phasen.

Gemenge werden nach dem Verteilungszustand (Dispersionsgrad) der vermischten Stoffe unterteilt in *kolloiddispers* und *grobdispers*.

In *kolloiddispersen* Gemengen liegt die maximale Teilchengröße zwischen 10^{-7} und 10^{-5} cm.

Das entspricht Atomansammlungen von etwa 10^3 bis 10^9 Atomen. Diese Teilchen sind in Lichtmikroskopen nicht erkennbar, wohl aber im Lichtstrahl (z.B. tanzende Staubteilchen im Sonnenstrahl).

Bei einigen Unterteilungen werden die kolloiddispersen Gemenge auch als selbständiges System zwischen homogen und heterogen betrachtet.

In *grobdispersen* Gemengen haben die Bestandteile Mindestgrößen von 10^{-5} cm.

Sie sind lichtmikroskopisch erkennbar.

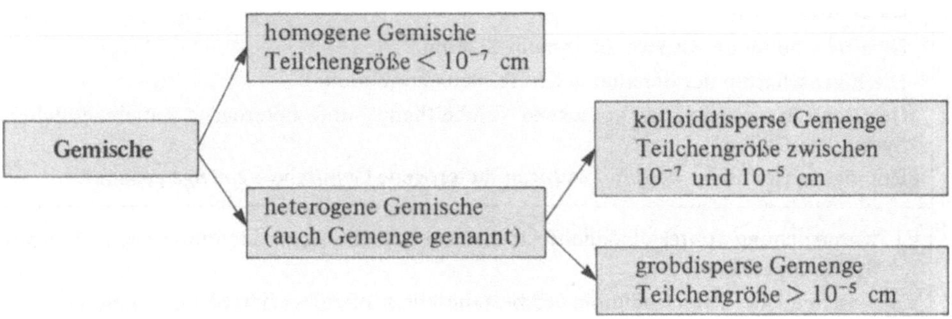

Ordnet man Gemische nach beteiligten Aggregatzuständen, ergeben sich folgende *Kombinationsmöglichkeiten:*

Aggregatzustände der beteiligten Stoffe	homogene Gemische Beispiele:	heterogene Gemische *kolloiddispers* Beispiele:	 *grobdispers* Beispiele:
fest/fest	Legierung aus Kupfer und Nickel	Metallisches Natrium in Steinsalz	Gußeisen (Eisen und Graphit) Granit: Feldspat, Quarz, Glimmer
fest/flüssig	Wäßrige Kochsalzlösung, Zuckerlösung	Mineralien mit flüssigen Einschlüssen, z.B. Silber- oder Goldlösungen	Trübes Wasser: Wasser und Feststoffe (Suspension)
fest/gasförmig	Wasserstoff oder Sauerstoff in Metallen	Kunststoff-Schäume mit sehr feinen Gaseinschlüssen	Rauch, poröse Feststoffe (z.B. Bimsstein)
flüssig/flüssig	Alkoholische Getränke, mit Wasser verdünnte Säure	Emulsionen wie Milch, Bohrwasser (sehr kleine Fetttröpfchen im Wasser)	Fetttropfen im Wasser
flüssig/gasförmig	Kohlendioxid oder Sauerstoff im Wasser gelöst	Seifenschaum, Nebel, Sprays	Wassertröpfchen in der Luft: Nebel
gasförmig/ gasförmig	Gasmischungen, z.B. Luft	Keine Beispiele Gase mischen sich homogen	

Zusammenfassung

Gemische bestehen aus zwei oder mehr Stoffen.

Die Eigenschaften der beteiligten Stoffe bleiben erhalten.

Gemische lassen sich in homogene (einheitliche) und heterogene (uneinheitliche) Systeme aufteilen.

Homogene Gemische werden *Lösungen,* heterogene Gemische *Gemenge* genannt.

[V] Untersuchung unterschiedlicher Gemische unter dem Lichtmikroskop (eventuell Stereomikroskop).

[VE] Anschauliche Unterscheidung der Bestandteile zahlreicher heterogener Gemische.

2.5.2 Legierungen

Legierungen sind Gemische von Metallen, seltener von Metallen und Nichtmetallen.

Sie spielen in der Technik eine überragende Rolle.

Reine Metalle erfüllen nicht alle praktischen Erfordernisse:

Sie können u.a. zu weich sein, zu hoch oder zu niedrig schmelzen, die Wärme gut oder schlecht leiten.

Beispiel:

Reines Eisen hat einen hohen Schmelzpunkt und ist sehr weich.

Metalle lassen sich *mit anderen Metallen oder Nichtmetallen* legieren.

Durch zahlreiche Kombinationsmöglichkeiten werden sehr viele Eigenschaften erzielt.

Beispiele:

Messing ist ein Gemisch aus Kupfer (Metall) und Zink (Metall). Im *Grauguß* gibt es neben dem Eisen (Metall) auch den Legierungsbestandteil Kohlenstoff (Nichtmetall).

Durch Veränderung der Mischungsverhältnisse können die Eigenschaften der Werkstoffe verändert werden.

Beispiel:

Nichtrostende Stähle (Fe, C, Cr, Ni).

Mischbarkeit im flüssigen Zustand

Da Metalle im festen Zustand nicht mischbar sind, müssen sie geschmolzen werden.

Aber auch im flüssigen Zustand lassen sich nicht alle Metalle mischen.

Beispiel:

Eisen und Blei verhalten sich im geschmolzenen Zustand wie Öl und Wasser, sie lassen sich nur durch Umrühren mischen.

Metallische Werkstoffe, die in der Technik genutzt werden, müssen im allgemeinen aus Komponenten (stoffliche Bestandteile) bestehen, die sich im flüssigen Zustand mischen lassen.

Beispiele:

Eisen – Kohlenstoff,
Kupfer – Zinn,
Eisen – Nickel,
Blei – Zinn,
Kupfer – Nickel.

Mischbarkeit im festen Zustand

Die meisten Legierungen sind im flüssigen Zustand *echte Lösungen*. Für einige Legierungen trifft das auch im festen Zustand zu. Sie bilden dann ein homogenes System.

Bei der Erstarrung ergeben sich bei Zweistoffsystemen *drei Möglichkeiten*. Alle drei haben in der Technik eine große Bedeutung. Sie sind mit dafür verantwortlich, daß es Werkstoffe mit den unterschiedlichsten Eigenschaften gibt.

Die Komponenten sind:

1. Gegenseitig *löslich im festen Zustand*; sie bilden ein *homogenes Stoffsystem*, welches auch als *feste Lösung* bezeichnet wird. Nur wenige Legierungen erstarren in jedem beliebigen Mischungsverhältnis nach diesem System.

Beispiel:

Die Legierung Kupfer–Nickel bildet im festen Zustand in jedem beliebigen Mischungsverhältnis ein homogenes System (unbegrenzte Mischbarkeit).

2. *Unlöslich im festen Zustand*; sie bilden ein *heterogenes Stoffsystem*. Die meisten Legierungen erstarren nach diesem System.

Beispiel:

Blei/Zinn (u.a. Lötzinn)

3. Gegenseitig begrenzt oder *teilweise löslich*; sie bilden ein *heterogenes Stoffsystem*. Im Unterschied zu unlöslichen Komponenten bestehen die beiden Phasen aus:
   a) Teilchen mit inniger Mischung beider Komponenten,
   b) Teilchen mit nur einer Komponente.

Beispiel:

Bei der Legierung Aluminium–Kupfer sind die Komponenten im festen Zustand teilweise ineinander gelöst.

Bildung neuer Stoffe

Legierungen zwischen Metallen können teilweise neue Stoffe mit bestimmten Massenverhältnissen bilden.

Sie werden als intermetallische Verbindungen bezeichnet.

Bei Legierungen zwischen *Metallen* und *Nichtmetallen* entstehen sehr häufig *neue Stoffe* (chemische Verbindungen mit bestimmten Massenverhältnissen). Diese treten dann als *selbständige Komponenten* in der Legierung auf.

Beispiel:

Stahl ist im flüssigen Zustand ein System aus Eisen und Kohlenstoff. Bei der Erstarrung verbinden sich Eisen und Kohlenstoff zu einem neuen Stoff Eisencarbid (chemischer Vorgang). Da der Anteil des Kohlenstoffs im Stahl nur sehr gering ist (max. 2 %), besteht die Legierung aus Eisen und Eisencarbid.

Zusammenfassung

Legierungen sind Stoffgemenge, die aus einem Gemisch eines Metalles mit einem oder mehreren Metallen oder Nichtmetallen bestehen. Je nach Verwendungszweck können Massenverhältnisse in Grenzen geändert werden. Die Verunreinigungen werden in garantierten Grenzen gehalten. Sehr häufig entstehen bei Legierungen zwischen Metallen und Nichtmetallen und auch zwischen Metallen neue Stoffe (chemische Verbindungen bzw. intermetallische Verbindungen). Es liegen dann neue Phasen innerhalb des Gemenges vor. Dadurch entstehen völlig neue Eigenschaften.

[V] Untersuchung von Schliffproblem unterschiedlicher Legierungen mit dem Metallmikroskop.

[VE] Bei Legierungen mit Mischkristallen sind die einzelnen Phasen nicht erkennbar. Heterogene Gefüge (Kristallgemische) zeigen deutlich verschiedene Phasen.

2.5.3 Lösungen

Lösungen sind in der Natur und in Forschung und Technik *sehr wichtig für chemische Reaktionen* und für die Trennung von Gemischen.

Wasser nimmt als Lösungsmittel eine Sonderstellung ein.

Beispiel:

Ohne die Löslichkeit von Salzen und Sauerstoff im Wasser wäre das Leben nicht möglich.

Viele chemische Reaktionen kommen nur zustande, wenn die Stoffe in wäßriger Lösung vorliegen. Das Wasser ist imstande, eine große Zahl von festen, flüssigen und gasförmigen Stoffen zu lösen. Darin unterscheidet es sich auffällig von anderen Flüssigkeiten wie Benzin, Quecksilber, Äther usw.

Viele Säuren, Alkohol usw. (Flüssigkeiten) lösen sich in Wasser.

Gase, wie Ammoniak, Sauerstoff-Kohlendioxid u.a. lösen sich ebenfalls in Wasser. Bekannt ist, daß Selterwasser aus Wasser mit gelöstem Kohlendioxid besteht.

Begriff „Lösung“

Lösungen sind homogene (einphasige) Stoffgemische. Es können ein oder mehrere feste, flüssige oder gasförmige Stoffe gelöst werden.

In allen oben genannten Beispielen liegen homogene Stoffgemische vor.

Der Hauptbestand des Stoffgemisches wird als *Lösungsmittel*, die anderen Bestandteile als *gelöste Stoffe* bezeichnet.

Im Gemisch Meerwasser ist Wasser das Lösungsmittel und Salz der gelöste Stoff.

Diese Unterscheidung ist häufig nicht möglich. In diesen Fällen spricht man von einer homogenen Mischung der Bestandteile.

Beispiel:

Alkohol und Wasser vermischen sich in jedem beliebigen Verhältnis zu einem homogenen Stoffgemisch.

> Lösungen sind homogene Gemische die aus einem festen, flüssigen oder gasförmigen Stoff (Lösungsmittel) und einem oder mehreren darin gelösten ursprünglich festen, flüssigen oder gasförmigen Stoffen bestehen.

Jeder Volumenteil der Lösung besitzt eine gleichartige Zusammensetzung.

Lösungen von Gasen in Gasen (z.B. Stadtgas), Gasen in Flüssigkeiten (z.B. Sauerstoff in Wasser), Gasen in festen Stoffen (z.B. Wasserstoff in Metallen). Flüssigkeiten in Flüssigkeiten (z.B. Alkohol in Wasser), Feststoffen in Feststoffen (z.B. Mischkristalle bei Legierungen), Feststoffen in Flüssigkeiten (z.B. Zuckerwasser).

Löslichkeit

Unter Löslichkeit versteht man die größtmögliche Menge eines Stoffes, die vom Lösungsmittel bei einer bestimmten Temperatur aufgenommen wird.
Dabei entsteht eine *gesättigte Lösung*.

Die Löslichkeit für Kaliumnitrat in 100 g Wasser beträgt bei einer Temperatur von 20 °C 32 g. Die Lösung ist *gesättigt*. Wird darüber hinaus Kaliumnitrat zugefügt, bildet sich ein Bodenkörper.

Die Löslichkeit von Stoffen in verschiedenen Lösungsmitteln ist sehr unterschiedlich. Sie hängt in erster Linie von den *Wechselwirkungskräften* der beteiligten Lösungsmittel und gelösten Stoffe ab.

Wechselwirkungskräfte sind Kräfte verschiedener Stoffe, die aufeinander wirken (→ Kapitel 5).

Beispiel:

Wasser löst die meisten anorganischen Verbindungen, z.T. allerdings in schwer nachweisbaren Anteilen.
Einfaches Glas geht im Wasser in Spuren in Lösung. Deshalb sind für Analysen Geräte aus speziellen Glassorten erforderlich.

Allgemein kann man sagen, daß sich Stoffe am leichtesten in Lösungsmitteln lösen, die ihnen *chemisch ähnlich* sind.

Beispiel:

Öle und Fette (Kohlenwasserstoffe) lösen sich nicht in Wasser, dagegen in Lösungsmitteln wie Alkohol, Äther oder „Tri“ (Trichlorethen), die selbst Abkömmlinge (Derivate) der Kohlenwasserstoffe sind.

Jeder Lösungsvorgang ist mit einer *Energieumsetzung* verbunden. Es wird Wärme entweder der Umgebung *entzogen* oder an diese *abgegeben*.

Beispiel:

Der *Wärmeentzug* beim Lösungsvorgang wird bei Kältemischungen ausgenutzt. So ergibt Wasser von 15 °C mit Ammoniumchlorid und Kaliumnitrat zu gleichen Masseteilen eine Lösung von −25 °C.

Wird beim Lösen von Stoffen in einem Lösungsmittel der Umgebung Wärme *entzogen*, so steigt die Löslichkeit mit steigender Temperatur (Prinzip des kleinsten Zwangs (→ Abschnitt 7.2.1).

Für *feste Stoffe*, z.B. Salze, kann man allgemein feststellen:

> Die Löslichkeit von festen Stoffen in einem Lösungsmittel steigt im allgemeinen mit zunehmender Temperatur.

Umgekehrt sinkt die Löslichkeit bei Abkühlung.

Ist in einem Lösungsmittel mehr von einem Stoff gelöst, als es der Löslichkeit bei der betreffenden Temperatur entspricht, ist die Lösung *übersättigt*.

Dieser Zustand ist nicht im Gleichgewicht, das heißt seine Zustandsgrößen, Temperatur und Konzentration, liegen nicht auf der Löslichkeitskurve. Übersättigte Lösungen sind deshalb nicht stabil, sondern *metastabil* (instabil). Sie streben langsam oder schneller den Gleichgewichtszustand an.

Die Wärmeabgabe ist beim Verdünnen von konzentrierter Schwefelsäure zu beobachten. Wassertropfen auf die Säure gegeben, verdampfen spontan, dadurch Gefahr durch mitgerissene Säure.

! Schwefelsäure zum Verdünnen stets in das Wasser gießen

Bei einer Temperatur von 20 °C werden 32 g Kaliumnitrat in 100 g Wasser gelöst. Bei 80 °C erhöht sich die Löslichkeit auf 168 g.

Beispiel:

Bei 80 °C lösen 100 g Wasser 168 g Kaliumnitrat. Kühlt man die Lösung auf 20 °C ab, müßten mit abnehmender Temperatur 136 g Kaliumnitrat ausscheiden.

Tatsächlich kann man zunächst keine Kristallisation feststellen. Die Lösung ist dann übersättigt. Erst durch Einbringen eines Kristallisationskeims kristallisiert Kaliumnitrat aus.

Sind dagegen in der Lösung noch Kristallreste enthalten, kristallisiert der Überschuß von 136 g mit sinkender Temperatur kontinuierlich aus.

In 100 g Wasser lassen sich nach Diagramm bei 80 °C etwa 150 g Natriumnitrat lösen. Die Lösung ist dann gesättigt.

Bei Abkühlung auf 10 °C beträgt die Löslichkeit nur noch 80 g.

Die Differenz von 150 g − 80 g = 70 g setzt sich in Form von Kristallen am Boden ab.

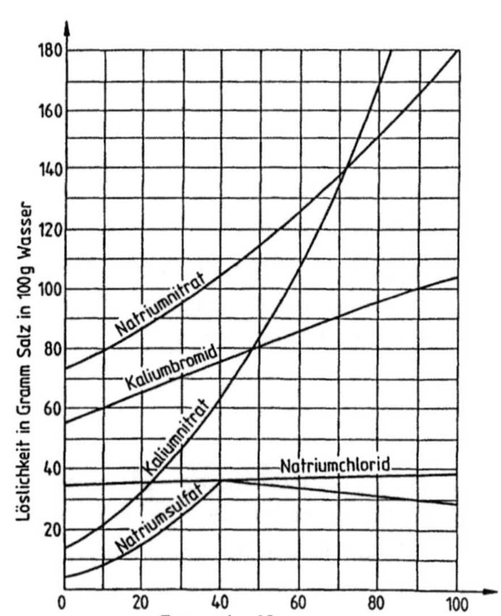

Die Löslichkeit von Gasen in einem Lösungsmittel sinkt im allgemeinen mit zunehmender Temperatur.

Beispiele:
Bei geringer Temperaturerhöhung von Leitungswasser beobachtet man, daß sich kleine Gasbläschen bilden; ausgeschenktes Bier erwärmt sich und gibt das gelöste Kohlendioxid nach und nach ab (abgestandenes Bier schmeckt deshalb schal).

Darüber hinaus ist die Löslichkeit von Gasen in einem Lösungsmittel vom *Druck* abhängig.

Beispiele:
Öffnet man eine Sektflasche oder eine Flasche Selterswasser, so nimmt der Druck ab. Es bilden sich Gasbläschen, Kohlendioxid entweicht.

Die Löslichkeit von Gasen in einem Lösungsmittel nimmt im allgemeinen mit steigendem Druck zu.

Taucherkrankheit: In größeren Meerestiefen löst sich bei höherem Druck Stickstoff im Blut. Beim schnellen Aufsteigen entweicht es in Bläschen und verstopft Blutgefäße. Als Folge treten u. a. Lähmungen auf.

2.5.4 Trennung von Stoffgemischen

In der Natur liegt die Materie überwiegend *nicht in Form reiner Stoffe*, sondern als Gemisch vor.

Luft, Meerwasser, Gesteine, Erdboden usw. sind Mischungen. Rohstoffe, wie Erze, Kohle, Erdöl, Salze usw. können in der Regel nicht direkt genutzt werden.
(Ausnahmen: Diamant, bestimmte Graphit- und Schwefelvorkommen.)

Durch sogenannte *Aufbereitungsverfahren* werden, oft in mehreren Schritten, Stoffe gewonnen, die je nach Verwendungszweck einen mehr oder weniger hohen Reinheitsgrad erhalten müssen.

Der erforderliche *Reinheitsgrad* richtet sich nach
- technologischen,
- wirtschaftlichen und
- gesundheitlichen Erfordernissen.

Beispiel:
Autobenzin wird durch *Erdöldestillation* und *Benzinraffination* in mehreren Schritten gewonnen. Bei der Erdöldestillation verdampfen die Anteile des Erdöls, Leichtbenzin, Schwerbenzin, Leuchtöl, Gasöl, Schmieröl und Bitumen, bei verschiedenen Temperaturen. Die erhaltenen Stoffe sind keineswegs reine Stoffe, sondern ebenfalls Gemische. Bei der nachfolgenden Benzinraffination werden schädliche Stoffe, wie Schwefelverbindungen, Blei, Harzbildner und Geruchsstoffe entfernt, da sie zur Korrision im Motor und zur Umweltbelastung führen. Das schließlich verwendete Autobenzin ist kein reiner Stoff (geeignetes Gemisch verschiedener Kohlenwasserstoffe). Die Grenzen des Reinheitsgrades ergeben sich aus der Forderung nach Wirtschaftlichkeit des Verfahrens.

Da in einem Gemisch die Stoffe ihre Eigenschaften beibehalten, müssen sie sich in mindestens einer Eigenschaft unterscheiden.

Das wird bei *Trennung* des Gemenges ohne Stoffänderung ausgenutzt.

Sie ist also *auf physikalischem Wege* möglich.

Beispiel:

Bei der Erdöldestillation (siehe oben) werden die unterschiedlichen Siedetemperaturen der beteiligten Stoffe zur Trennung ausgenutzt.

Eine Stoffänderung findet dabei nicht statt.

> Die Trennung eines Stoffgemisches in seine stofflichen Bestandteile erfolgt in der Regel auf physikalischem Wege.

Großtechnische Aufbereitungsverfahren verlaufen in mehreren Stufen und sind meistens eine Kombination der erwähnten physikalischen mit chemischen Verfahren.

Beispiel:

Bauxit-Aufbereitung

Zur Trennung des wasserunlöslichen Aluminiumoxids von Begleitstoffen wird es zunächst mit Natronlauge in eine wasserlösliche Aluminiumverbindung umgewandelt, wobei das abzutrennende Eisenoxid unlöslich bleibt. Dann kann die Trennung durch Filtrieren erfolgen (Bayer-Verfahren).

Entsprechend den verschiedenen Eigenschaften der an Stoffgemischen beteiligten Stoffe gibt es die unterschiedlichsten Verfahren zur Trennung:

Verfahren	Beschreibung – physikalische Eigenschaft, die zur Trennung ausgenutzt wird, Anwendung
1. Trennung fester Stoffe	
Extrahieren	Herauslösen einzelner *löslicher* Bestandteile mit Hilfe eines Lösungsmittels. *Beispiel:* Gewinnung von Zucker aus Zuckerrüben, Öl aus Preßrückständen von Ölfrüchten.
Flotation	Das *wasserfreundliche* und *wasserfeindliche* Verhalten einzelner Bestandteile wird zur Trennung ausgenutzt. *Beispiel:* Aufbereitung der Erze von Nichteisenmetallen.
Magnetabscheiden	*Magnetische* und *unmagnetische* Stoffe werden voneinander getrennt. *Beispiel:* Eisenerze, unmagnetische Verunreinigungen werden von magnetischen Stoffen getrennt.
Sieben (Klassieren)	Trennung mit Hilfe der unterschiedlichen *Teilchengröße* der Bestandteile *Beispiel:* Herstellung einer Kiesfraktion mit Korngrößenbereich.
Schlämmen	Es wird die unterschiedliche *Sinkgeschwindigkeit* der beteiligten Bestandteile auf Grund ihrer unterschiedlichen *Dichte* ausgenutzt (z. B. Goldwäsche).

2. Trennung fester und flüssiger Stoffe	
Abdampfen	Abtrennung der Flüssigkeit durch *Verdampfen.* *Beispiel:* Gewinnung von Steinsalz aus der Sole durch Verdampfen des Wassers.
Destillieren	Verdampfen und anschließendes Verflüssigen (*Kondensieren*).
Dekantieren	Die unterschiedliche *Dichte* der Stoffe führt zum Absetzen der festen Phase als Bodenkörper. Durch Abgießen oder Ablassen der Flüssigkeit erfolgt die Trennung.
Filtrieren	Die unterschiedliche *Teilchengröße* von Festkörper- und Flüssigkeitsteilchen wird zur Trennung ausgenutzt. Mit Hilfe einer *porösen Schicht* (Filter) erfolgt die Trennung. *Beispiel:* Abscheiden von Metallspänen aus Kühlemulsionen.
Seigern	Entmischung einer Schmelze im Verlaufe der Erstarrung, z. B. durch die Schwerkraft.
Zentrifugieren	Die unterschiedliche *Dichte* führt wie beim Dekantieren zur Trennung, jedoch wird der Trennvorgang beschleunigt, da die *Zentrifugalkräfte* erheblich größer sein können als die konstante Schwerkraft. *Beispiel:* Trennung der Zuckerkristalle vom Saft, oder der Metallspäne vom Schneidöl.
3. Trennung fester und gasförmiger Stoffe	
Elektrofiltireren	In einem *elektrostatischen Feld* werden die elektrisch geladenen Festkörperteilchen abgetrennt. *Beispiel:* Abgasentstaubung in Kraft- und Stahlwerken.
Filtrieren (s. oben)	*Beispiel:* Filtertüte im Staubsauger.
4. Trennung mehrerer flüssiger Stoffe	
Absetzenlassen	Infolge unterschiedlicher *Dichte* setzt sich die dichtere, unmischbare Flüssigkeit unter einer dünneren ab. *Beispiel:* Ölabscheider im Gully von Kfz-Waschplätzen.
Adsorbieren	Einer der flüssigen Stoffe wird an der Oberfläche eines festen Körpers, dem sogenannten *Adsorbtionsmittel* durch physikalische Wechselwirkungskräfte gebunden (besonders Alkohole). *Adsorption:* Anlagerung eines Stoffes an die Phasengrenze eines anderen Stoffes.
Destillieren	Infolge ungleicher *Siedepunkte* verdampft bei der niedrigeren Siedetemperatur zunächst überwiegend der niedriger siedende Stoff und wird durch Kühlung kondensiert. *Beispiel:* Branntweinherstellung, Zerlegung des Erdöls in Anteile mit unterschiedlichen Siedepunkten (Fraktionen).
Extrahieren (s. oben)	
Zentrifugieren (s. oben)	*Beispiel:* Trennung von Sahne und Milch.

5. Trennung flüssiger und gasförmiger Stoffe	
Absorbieren	Der gasförmige Stoff wird durch einen festen oder flüssigen Stoff *physikalisch gelöst* oder auch *chemisch gebunden*. *Beispiel:* Trocknen von Gasen mit hygroskopischen Stoffen, z.B. $CaCl_2$. *Absorption:* Aufnahme eines Stoffes in einem anderen (Diffusion) durch die Phasengrenze hindurch und seine homogene Verteilung.
Abtreiben	Die *Löslichkeit* des Gases in der Flüssigkeit ist vom Druck und von der Temperatur abhängig. Durch Veränderung dieser physikalischen Größen wird das Gas abgetrieben. *Beispiel:* Vakuumentgasung von Metallschmelzen.
Adsorbieren (s. oben)	*Beispiel:* Gasmaskenfilter gegen Dämpfe.
Auswaschen	Mit Hilfe einer anderen Flüssigkeit wird das Gas *herausgelöst*.
6. Trennung gasförmiger Stoffe	
Absorbieren (s. oben)	*Beispiel:* Gasreinigung: aus dem Kokereigas wird Ammoniak mit Wasser und Benzol mit Öl ausgewaschen (Lösung), Schwefelwasserstoff an festes Eisenhydroxid chemisch gebunden.
Adsorbieren (s. oben)	*Beispiel:* Gasmaskenfilter.
Kondensieren	Die *unterschiedlichen Verflüssigungstemperaturen* der beteiligten Stoffe werden überwiegend im Zusammenhang mit Destillation zur Trennung ausgenutzt. Die Abkühlung wird durch Temperaturänderung oder Druckänderung erreicht.

[V] Einige der oben erwähnten Trennverfahren labortechnisch durchführen: Destillieren (z.B. gefärbtes Wasser), Dekantieren (z.B. durch Sand verunreinigtes Wasser), Abdampfen (z.B. Kochsalzlösung auf einer Glasschale erhitzen), Extrahieren (z.B. Tee oder Kaffee in heißes Wasser geben).

2.6 Reinstoffe

2.6.1 Reinheitsgrad

Mit Hilfe der dargestellten Aufbereitungsverfahren werden Stoffe erzeugt, die je nach Verwendungszweck einen mehr oder weniger hohen *Reinheitsgrad* haben. Für chemische Versuche, bei denen man das Verhalten bestimmter Stoffe untersuchen will, benötigt man weitgehend reine Stoffe. Selbstverständlich können auch diese Stoffe nicht absolut rein sein.

Beispiel: „Schwefelsäure zur Analyse" (Etikett mit Typenanalyse: „Garantieschein").

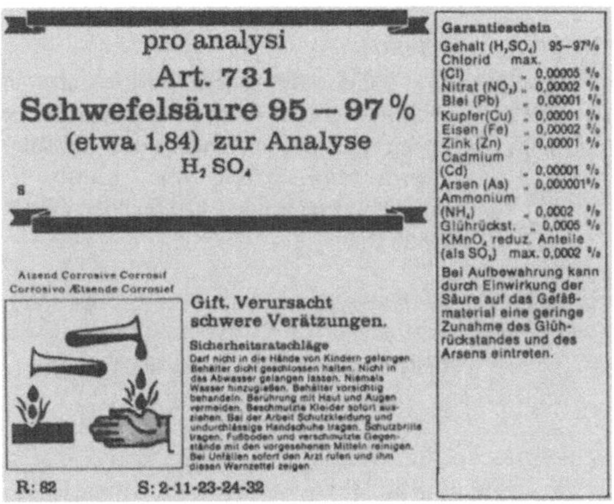

Dem Reinheitsgrad eines Stoffes sind nicht nur durch die bei der Erzeugung geforderte Wirtschaftlichkeit, sondern auch durch die Genauigkeit der Analyse Grenzen gesetzt.

Der Genauigkeitsgrad der Reinheitsbestimmung ist bis zu einem Fremdatom unter 10^{15} Eigenatomen möglich. Allerdings wird nur ganz selten ein so hoher Reinheitsgrad notwendig sein.

Beispiel: Halbleiterstoffe Silicium (Si) und Germanium (Ge).

„Rein" ist eine Frage der Anforderungen.

Beispiele:

Al99,5 H	Hüttenaluminium	99,5 % Al
Al99,99R	Reinstaluminium	99,99 % Al

2.6.2 Physikalische Eigenschaften von reinen Stoffen

Jeder Stoff ist durch bestimmte ihm eigentümliche Eigenschaften charakterisiert.

Beispiel:

Natriumchlorid (Kochsalz); salziger Geschmack; Löslichkeit in Wasser, bei 18 °C lösen sich in 100 g Wasser 35,86 g Kochsalz; Dichte 2,163 g/cm^3.

Diese Eigenschaften sind unabhängig von den jeweiligen *Erscheinungsformen* der Stoffe. Sie werden als *spezifische Eigenschaften* bezeichnet.

Natriumchlorid gibt es in verschiedenen Erscheinungsformen; als Tafelsalz in *sehr feinen* Körnern; als natürliches Steinsalz in *sehr groben* Körnern. Trotz dieses Unterschiedes haben diese Kochsalzproben die *gleichen* Eigenschaften.

Eigenschaften von Stoffen, die nicht merklich von der Größe der Proben oder ihrem Verteilungsgrad abhängen, nennt man spezifische Eigenschaften.

Die Kennzeichnung eines Stoffes erfolgt zunächst durch Eigenschaften, die sich messen und als physikalische *Größe* angeben lassen.

Meßbare Eigenschaften:

Dichte, Schmelzpunkt, Siedepunkt, elektrische Leitfähigkeit, Wärmeleitfähigkeit usw.

Darüber hinaus gibt es interessante physikalische Eigenschaften, die ihrem Wesen nach *nicht so einfach erfaßbar* sind, wie z.B.:

- Härte,
- Verformbarkeit,
- Farbe.

Beispiel:

Die Farbe eines Stoffes wird stark vom *Verteilungsgrad* beeinflußt.

Die physikalischen Größen Dichte, Siedepunkt, elektrische Leitfähigkeit, Härte, Verformbarkeit usw. sind *keine Konstantwerte*, sondern unterliegen dem Einfluß der Zustandsbedingungen.

Beispiele:

Die Dichte der meisten Stoffe sinkt mit steigender Temperatur, Siedepunkte erhöhen sich unter Druck, der elektrische Oberflächenwiderstand von Kunststoffen sinkt mit steigender Luftfeuchte (Wassergehalt).

Zur vollständigen Beschreibung der Eigenschaften eines Stoffes gehört deshalb auch die Angabe der *Meßbedingungen*.

Als wichtigste veränderliche Größen werden *Temperatur* und *Druck* angegeben. Bei Bedarf können weitere hinzukommen.

Es heißt dann:

> Alle Proben eines Stoffes haben unter den gleichen äußeren Bedingungen dieselben spezifischen Eigenschaften.

Treten gleiche Stoffe in verschiedenen Formen auf, spricht man von *Modifikationen*.

Beispiele:

Phosphor:	weiß	($1{,}82\ g \cdot cm^{-3}$)
	rot	($2{,}36\ g \cdot cm^{-3}$)
	schwarz	($2{,}69\ g \cdot cm^{-3}$)
Kohlenstoff:	als Graphit	($2{,}26\ g \cdot cm^{-3}$)
	als Diamant	($3{,}51\ g \cdot cm^{-3}$)

2.6.3 Chemische Eigenschaften von reinen Stoffen

Zu den physikalischen Eigenschaften der Stoffe kommen die chemischen.

Beispiel:

Natrium hat die Eigenschaft, an der Luft und noch heftiger mit Wasser zu reagieren. Deshalb wird es in geschlossenen Gefäßen unter Petroleum aufbewahrt.

Sie beziehen sich auf die Fähigkeit der Stoffe, chemische Reaktionen einzugehen.

Chemische Eigenschaften werden in der Chemie unter anderem für Zwecke der Stofferkennung ausgenutzt (Analyse).

Beispiel:

Nachweis von Chloriden; Chloride haben unter anderem die Eigenschaft, einen weißen Niederschlag zu bilden, wenn man ihrer wäßrigen Lösung eine Lösung von Silbernitrat zugibt.

In der Technik haben die chemischen Eigenschaften eine überragende Bedeutung, wie die nebenstehenden Beispiele erkennen lassen.

Beispiele:

Eisen hat die Eigenschaft, sich schnell an feuchter Luft mit Sauerstoff zu einem neuen Stoff zu verbinden, Rost zu bilden. Eine Legierung aus Eisen, Chrom und Nickel dagegen rostet nicht.

Brennbarkeit von Stoffen: Kohle, Holz, Benzin, Öl, Erdgas usw. haben die Eigenschaft, sich nach Entzünden mit Sauerstoff zu verbinden, zu verbrennen.

2.6.4 Zerlegen von reinen Stoffen

Auf der Entdeckungsreise, die Materie zu erkennen, ergeben sich zwangsläufig folgende Fragen:
Lassen sich reine Stoffe in weitere stoffliche Bestandteile zerlegen?

An einigen Beispielen haben wir schon erfahren, daß es durchaus möglich ist, einen Stoff in weitere Stoffe zu zerlegen. Die neuen Stoffe haben dann *ganz andere Eigenschaften* als der Ausgangsstoff. Demnach kann die Zerlegung eines Stoffes nur durch *chemische Reaktion* erfolgen.

Reine Stoffe, die sich durch chemische Reaktionen in weitere stoffliche Bestandteile zerlegen lassen, nennt man chemische Verbindung.

Dieses Beispiel und zahlreiche weitere Beispiele zeigen, daß die meisten Stoffe sich in weitere stoffliche Bestandteile zerlegen lassen. Diese Stoffe müssen demnach *Verbindungen „elementarer" Stoffe* sein.

Beispiel:

Natriumchlorid läßt sich durch Elektrolyse (→ Abschnitt 9.8.2) in Natrium und Chlor zerlegen. Die nachfolgende Übersicht zeigt die unterschiedlichen Eigenschaften der Stoffe:

	Natriumchlorid	Natrium	Chlor
Beschreibung	farblose Kristall-Würfel	stark silberglänzendes, weiches Metall	gelbgrünes, gefährliches Giftgas
Aggregatzustand bei 20 °C	fest	fest	gasförmig
Schmelzpunkt °C	801	97,9	− 102
Dichte in g/cm^3	2,163	0,97	1,41 (flüssig)

2.7 Unterscheidung von Stoffgemischen und chemischen Verbindungen

Chemische Verbindungen bestehen, wie Stoffgemische, aus weiteren stofflichen Bestandteilen. Sie unterscheiden sich jedoch durch Charakteristika, die in einer folgenden Übersicht zusammenfassend gegenübergestellt sind.

Beispiel für
chemische Verbindungen:

Wasser besteht aus Wasserstoff und Sauerstoff.

Stoffgemenge:
Eine Salzlösung besteht aus Salz und Wasser.

Auf der Suche nach dem „Elementaren" der Stoffe stellt sich die Frage:

Sind Stoffe durch chemische Reaktionen *unbegrenzt zerlegbar?*

Um diese Frage vollständig zu beantworten, bedurfte es der geschichtlichen Entwicklung und Erfahrung von zwei Jahrtausenden bis in unser Jahrhundert hinein. Unzählige chemische Reaktionen zur Trennung der Stoffe waren notwendig bis zur Ermittlung einer bestimmten, begrenzten Anzahl von „elementaren" Stoffen. Diese *Elemente* lassen sich durch *chemische Reaktionen* nicht mehr in leichtere und kleinere Bestandteile zerlegen.

Beispiel:

Lassen sich die aus Natriumchlorid durch chemische Reaktionen entstandenen Stoffe Natrium und Chlor in weitere stoffliche Bestandteile zerlegen?

Alle Versuche, Natrium und Chlor auf chemischen Wege in weitere stoffliche Bestandteile zu zerlegen, scheitern. Natrium und Chlor gehören zu der begrenzten Anzahl von *Elementen* (Grundstoffe).

Aus den chemischen Elementen (→ Kapitel 4 und 5) entstehen die derzeit bekannten mehr als 4 Millionen Verbindungen.

Reine Stoffe, die sich auf chemischen Wege nicht mehr in andere Stoffe zerlegen lassen, nennt man Elemente (Grundstoffe).

Kriterium	Gemische	Chemische Verbindungen
Zerlegung	in seine stofflichen Bestandteile (Elemente, chemische Verbindungen) durch *physikalische Verfahren.*	in ihre stofflichen Bestandteile (Elemente) durch *chemische Reaktionen.*
Entstehung	durch *physikalische Vorgänge* (Mischen von Stoffen).	durch *chemische Reaktionen* aus Grundstoffen (Elemente).
Massenverhältnis	Die beteiligten reinen Stoffe (Elemente, chemische Verbindungen) können in einem *beliebigen* Massenverhältnis vorliegen.	Die beteiligten Grundstoffe (Elemente) treten stets in einem *bestimmten* Massenverhältnis auf (→ Abschnitt 6.4.1).
Eigenschaften	Die Eigenschaften der Stoffe (Elemente, chemische Verbindungen), aus denen sich das Stoffgemenge zusammensetzt, *bleiben erhalten.*	Die Eigenschaften der Stoffe (Elemente), aus denen sich die chemische Verbindung zusammensetzt, bleiben *nicht erhalten.*

2.8 Analyse - Synthese

Die *Zerlegung* einer chemischen Verbindung in stoffliche Bestandteile wird als *Analyse* bezeichnet.

Der Vorgang kann durch eine *Reaktionsgleichung* (→ Abschnitt 2.8) einfach beschrieben werden.

Beispiel:

Natriumchlorid	→ Natrium	+ Chlor
chemische Verbindung	Element	Element
2 NaCl	→ 2 Na	+ Cl_2

Die Analyse ist die Zerlegung einer chemischen Verbindung in stoffliche Bestandteile durch chemische Reaktionen.

Umgekehrt kann auch eine chemische Verbindung aus den Elementen *aufgebaut* werden. Diesen chemischen Vorgang nennt man *Synthese*.

Auch dieser Vorgang kann einfach durch die Reaktionsgleichung beschrieben werden.

Beispiel:

Wasserstoff	+ Sauerstoff	→ Wasser
Element	Element	chemische Verbindung
$2\,H_2$	$+\,O_2$	$\rightarrow 2\,H_2O$

Die Synthese ist der Aufbau einer chemischen Verbindung durch chemische Reaktionen

Analyse und Synthese sind einander *entgegengesetzte chemische Reaktionen*

Wasser läßt sich aus Wasserstoff und Sauerstoff erzeugen (Synthese), umgekehrt aber auch wieder in seine Ausgangsstoffe zerlegen (Analyse).

$$\text{chemische Verbindung} \underset{\text{Synthese}}{\overset{\text{Analyse}}{\rightleftarrows}} \text{Element} + \text{Element}$$

$$2\,H_2O \underset{\text{Synthese}}{\overset{\text{Analyse}}{\rightleftarrows}} 2\,H_2 + O_2$$

Die Begriffe Analyse und Synthese werden in der Chemie darüber hinaus häufig im *erweiterten Sinne* wie folgt verwendet:

Analyse	Synthese
Unter der Analyse versteht man auch die Ermittlung der Zusammensetzung einer *chemischen Verbindung* oder eines Gemisches, *ohne* daß einzelne Elemente isoliert werden.	Unter der Synthese versteht man auch den Aufbau von chemischen Verbindungen, *ohne* daß dabei Elemente verwendet werden.

Zusammenfassung

Reine Stoffe lassen sich durch einfache physikalische Verfahren nicht in leichtere, kleinere Bestandteile zerlegen. Sie sind durch bestimmte, ihnen eigentümliche Eigenschaften charakterisiert und ihrer Natur nach homogen. Reiner Stoff kann eine chemische Verbindung oder ein Element sein.

[V] Magnesiumband wird in einer Brennerflamme entzündet. Vorsicht: grelles Licht!
[VE] Durch Synthese entsteht ein weißes Pulver (Magnesiumoxid).
[V] Quecksilberoxid wird im Reagenzglas erhitzt.
[VE] Es entsteht silbrigglänzendes Quecksilber. Vorsicht: Quecksilberdämpfe sind giftig! Abzug nutzen!

2.9 Aufgaben

1. Wodurch unterscheiden sich physikalische und chemische Vorgänge?
2. Weshalb sind Änderungen des Aggregatzustandes keine chemischen Abläufe?
3. Was versteht man unter Phasen?
4. Erklären Sie den Unterschied zwischen homogenen und heterogenen Gemischen.
5. Was bedeuten die Bezeichnungen „kolloiddispers" und „grobdispers"?
6. Nennen Sie Beispiele für folgende Gemische:
   a) homogen: fest/flüssig
   b) heterogen: fest/fest
   c) homogen: flüssig/flüssig
   d) heterogen: fest/gasförmig
   e) homogen: gasförmig/gasförmig
7. Was versteht man unter Legierungen?
8. Wovon hängt die Löslichkeit verschiedener Stoffe ab?
9. Vergleichen Sie jeweils folgende Trennverfahren:
   a) Flotation und Schlämmen
   b) Dekantieren und Filtrieren
   c) Destillieren und Extrahieren
   d) Absorbieren und Adsorbieren
10. Unterscheiden Sie physikalische und chemische Eigenschaften von reinen Stoffen.
11. Beschreiben Sie die Begriffe „Analyse" und „Synthese" anhand von Beispielen.

3 Atomlehre

3.1 Bedeutung der Atomlehre für die Chemie

Das Vordringen der Forscher bis in die Welt der Atome hat das Leben der Menschen sowie Wissenschaft und Technik erheblich beeinflußt.

In der Chemie wurden die Erkenntnisse über Atome zum Schlüssel für ein besseres Verständnis chemischer Vorgänge.

3.2 Entwicklung der Atomvorstellungen

Bereits im Alterum war *Demokrit* (400 v. Chr.) der Ansicht, daß die gesamte Materie aus sehr kleinen, unteilbaren Teilchen aufgebaut sei.

Die ersten naturwissenschaftlich begründeten Vorstellungen über kleinste Materieteilchen kamen von *Dalton* (1766–1844).

Er formulierte unter anderem folgende Annahmen:

- Atome bilden die kleinsten Teilchen der chemischen Elemente.
- Sie sind kugelförmig, fest und unzerteilbar.
- Atome einer Atomart, nämlich die Atome eines Elements, sind untereinander gleich.

Daltons Theorie erwies sich später nur teilweise als richtig. Über den inneren Aufbau der Atome sagte er nichts aus.

Zahlreiche Vorgänge, wie zum Beispiel die Elektrolyse oder das Verhalten von radioaktiven Elementen, konnten mit seinem Modell nicht erklärt werden.

Erst 1911 gelang es *Rutherford* (1871–1937) nach experimentellen Untersuchungen, Theorien über die Feinstruktur der Atome aufzustellen, die *Bohr* (1885–1962) weiterentwickelte (1913).

Durch intensive Atomforschungen kam es zu immer neuen Erkenntnissen und Modellvorstellungen.

Seit einigen Jahren gibt es besonders gründliche Forschungen über die letzten Grundbausteine (Quarks), aus denen die atomaren Bausteine ihrerseits aufgebaut sind.

3.3 Atommodelle (allgemein)

Durch intensive Forschungen sind im Laufe der Zeit sehr viele Meßwerte über den Aufbau und die Verhaltensweisen der Atome zusammengetragen worden. Immer wieder versuchten Forscher, aus der vorhandenen Datenfülle *anschauliche Atommodelle* zu entwickeln.

Die Modelle können *nur gedachte Bilder* sein.

Besonders im Zusammenhang mit der Elementarteilchenforschung ist das Wissen über Atome lawinenartig angestiegen. Durch aufwendige Forschungsvorhaben wird seit Jahrzehnten versucht, die Geheimnisse der Materie nunmehr innerhalb des Atoms immer mehr zu entschleiern, um es besser verstehen zu lernen.

Bisher kann kein Modell die *Vielfalt* aller Atomarten erfassen.

Modelle haben die Aufgabe, z.B. den Aufbau von Maschinen und die Wirkungsweise technischer Abläufe vereinfacht darzustellen. Die Wirklichkeit ist meist komplizierter.

> Jedes Atommodell ist ein Versuch, wichtige Aussagen über Atome und atomare Vorgänge in mehr oder weniger anschaulicher Form zu machen.

Dabei geht es nicht ohne, zum Teil erhebliche, *Vereinfachungen*.
Zahlreiche chemische Probleme lassen sich mit relativ einfachen Modellvorstellungen erklären und verständlich machen.

Beispiele:
Das Funktionsmodell eines Verbrennungsmotors kann keine verwertbare Motorleistung bringen. Dennoch bietet es einen besseren Einblick in die inneren Vorgänge als ein echter Motor oder eine Fülle von Meßdaten.

Die Wahl des jeweils günstigsten Modells richtet sich nach verschiedenen Kriterien.

Im verkleinerten Modell eines Hauses (z.B. 1 : 50) kann kein Mensch wohnen.

3.4 Aufbau der Atome

Vor der Erläuterung einzelner Atommodelle sollen zunächst einige allgemeingültige Aussagen über Atome gemacht werden.

3.4.1 Größen und Massen der Atome

Atome sind *unvorstellbar klein*. Die Durchmesser der Atome liegen zwischen 10^{-10} und 10^{-9} m.

Beispiele:
Auf 1 cm Länge befinden sich etwa 50 Millionen Schwefelatome (Durchmesser eines Schwefelatoms = $2{,}08 \cdot 10^{-10}$ m).

Die *Massen der Atome* liegen im Bereich zwischen 10^{-24} und 10^{-22} g.

Für 1 g Wasserstoff sind etwa $6 \cdot 10^{23}$ Atome erforderlich.

Mit Hilfe der *Raster-Tunnel-Mikroskopie* ist es inzwischen möglich, einzelne Atome sichtbar zu machen und die Abstände einzelner Atome an elektrisch leitenden Oberflächen zu vermessen.

Die Wissenschaftler Binnig und Rohrbach erhielten 1986 für die Entdeckung und Entwicklung der Raster-Tunnel-Mikroskopie *den Nobelpreis*.

3.4.2 Aufbau der Atome

Atome bestehen aus *Atomkern* und *Atomhülle* (auch Elektronenhülle genannt).

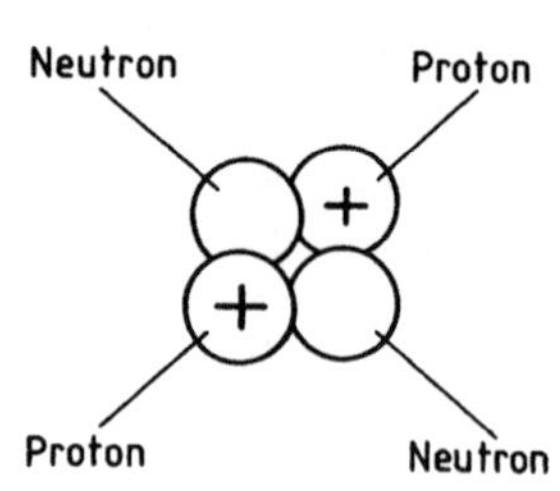

Der Atomkern wird aus Protonen und Neutronen (Ausnahme Wasserstoff) gebildet.

Die Atomhülle besteht aus Elektronen.

Wasserstoffatome haben in der Regel *keine Neutronen*. Es gibt aber H-Atome mit einem oder zwei Neutronen. Sie werden Deuterium beziehungsweise Tritium genannt.

Die positiv geladenen Protonen im Kern ziehen die negativ geladenen Elektronen der Atomhülle an. *Zu jedem Proton* paßt rechnerisch *ein Elektron*. Beide besitzen gleich große – jedoch entgegengesetzte – *elektrische Ladung*.

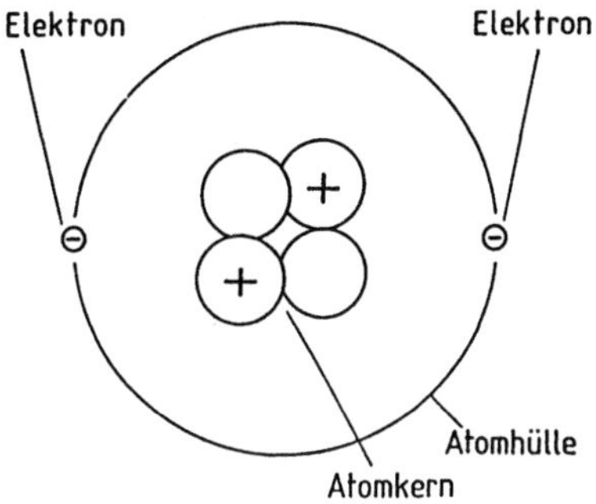

Der Atomkern läßt sich mit chemischen Mitteln *nicht verändern*.

Beispiel:

Helium (He)

Atomspaltungen, wie bei der Atombombe oder in Kernreaktoren, und *Atomverschmelzungen*, wie bei der Wasserstoffbombe oder in der Sonne, sind nicht als chemische Vorgänge zu bezeichnen.

Sie fallen in den Bereich der *Kernphysik* (→ Kapitel 12).

Die Atomhülle ist *veränderbar*. Alle chemischen Vorgänge hängen mit Veränderungen der Atomhülle zusammen.

Möglich sind Elektronenabgabe und -aufnahme, wodurch aus den Atomen Ionen (elektrisch geladene Atome) entstehen, sowie Elektronenverschiebungen zwischen Atomen.

Plus-Ionen (Kationen)	Atome, die ein oder mehrere Elektronen abgegeben haben
Minus-Ionen (Anionen)	Atome, die ein oder mehrere Elektronen aufgenommen haben

Protonen (p^+)

Protonen sind sehr stabile Bausteine der Materie.

Sie sind wie Neutronen aus *Quarks* (Elementarteilchen) aufgebaut.

Die Kernladungszahl eines Elementes ist seiner Protonenzahl gleich.

Sauerstoff hat 8 Protonen und damit die Kernladungszahl 8.

Chemische Elemente unterscheiden sich durch die Zahl ihrer Protonen.

Fluor hat 9 Protonen (ein Proton mehr als Sauerstoff).

Da die Protonenzahl der Atome chemisch nicht veränderbar ist, wird sie zum wesentlichen Faktor der Elemente. Bei Atomen, die nach außen elektrisch neutral sind, ist die Elektronenzahl der Zahl der Protonen gleich.

Im *Periodensystem der Elemente* sind die chemischen Elemente nach der Zahl ihrer Protonen (Kernladungszahl) geordnet.

Ein Proton hat die *Masse* von $1{,}6725 \cdot 10^{-24}$ g. Es ist fast so schwer wie ein Neutron. Die Masse ist 1836 mal so groß wie die eines Elektrons.

Die angegebene Masse ist für das menschliche Vorstellungsvermögen unvorstellbar klein.

Ein Proton hat die *positive elektrische Elementarladung* von $1{,}602 \cdot 10^{-19}$ Coulomb.

1 *Coulomb* ist die Ladungsmenge von $6{,}24 \cdot 10^{18}$ Elektronen.

1 Coulomb (C) = 1 Amperesekunde (As)

Neutronen (n)

Neutronen sind wie Protonen im Atom stabile Bausteine der Materie. Alle Atomkerne außer Wasserstoff enthalten Neutronen.

Entdeckung der Neutronen 1932

Lösen sich Neutronen als freie Teilchen aus dem Atomkern, so zerfallen sie im wesentlichen in Protonen und Elektronen (radioaktiver Vorgang).

Neutronen haben *keine elektrische Ladung*. Deshalb können sie sogar dicke Wände durchdringen.

Die entstehende radioaktive Strahlung kann Bleiwände bis 50 cm Dicke durchdringen.

Neutronen spielen bei der Kernspaltung und Kernfusion (→ Kapitel 12 Kernchemie) eine große Rolle.

Ein Neutron hat die Masse von $1{,}6749 \cdot 10^{-24}$ g (fast gleich schwer wie ein Proton).

Bei der *Kernspaltung* werden Neutronen freigesetzt, die Geschwindigkeiten zwischen 10 000 und 30 000 km/s haben.

Elektronen (e^-)

Elektronen sind stabile Elementarteilchen.

Sie bewegen sich in der *Atomhülle*.

Chemische Vorgänge hängen mit Veränderungen der Atomhüllen zusammen.

Elektronen lassen sich nach dem derzeitigen Kenntnisstand als *nicht mehr in andere Bausteine (Quarks) zerlegbare* Urbausteine ansehen.

Die Ruhemasse eines Elektrons beträgt $0.9109 \cdot 10^{-27}$ g. Ein Elektron hat die negative Elementarladung von $1{,}602 \cdot 10^{-19}$ Coulomb.

Masse eines Elektrons = $\frac{1}{1836}$ der Masse eines Protons.

1 C = 1 As

Zusammenfassung

Bezeichnung	Masse in g	relative Masse in u	elektrische Ladung (allgemein)	elektrische Elementarladung in Coulomb (= As)	Anordnung im Atom
Proton p^+	$1{,}6725 \cdot 10^{-24}$	1,007276	positiv +	positiv $1{,}602 \cdot 10^{-19}$	Atomkern
Neutron n	$1{,}6749 \cdot 10^{-24}$	1,008665	neutral	–	Atomkern
Elektron e^-	$0{,}9109 \cdot 10^{-27}$	0,000548	negativ –	negativ $1{,}602 \cdot 10^{-19}$	Atomhülle

u = $1{,}66 \cdot 10^{-24}$ g = atomare Masseneinheit u = 1/12 der Masse eines Atomes des Kohlenstoffisotops ^{12}C

3.4.3 Größen- und Massenvergleiche beim Atom

Im atomaren Vergleichsmaßstab ist der *Abstand zwischen Atomhülle* und *Atomkern* sehr groß. Der für uns schon kaum vorstellbare Durchmesser des Gesamtatoms (*D*) ist noch etwa 10 000 bis 100 000 mal größer als der des Atomkernes (*d*).

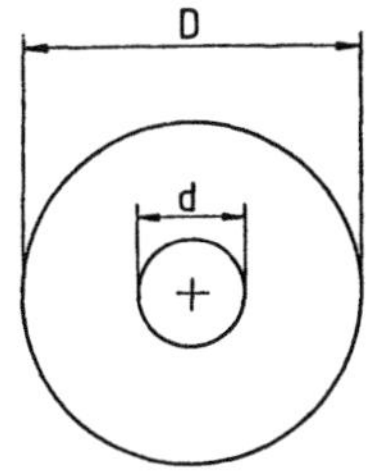

$$\frac{D}{d} \approx \frac{10\,000 \text{ bis } 100\,000}{1}$$

Beim *Vergleich* mit einem Proton oder Neutron hat ein Elektron nur eine verschwindend kleine Masse $\left(\frac{1}{1836}\right)$.

Deshalb befindet sich auch fast die gesamte Masse eines Atoms im Atomkern (99,9 %).

Könnte man die Elektronen zum Beispiel vollständig an den Atomkern drücken, würde das Atom nur noch etwa 1/10 000 des ursprünglichen Durchmessers besitzen.

Zu einer Änderung der Masse käme es dabei nicht.

Wäre es möglich, so „geschrumpfte" Atome wie Kugeln in einem Kasten dicht zusammenzulagern, bekäme man eine Dichte von etwa 10^8 Tonnen (100 000 000 000 kg) je Kubikzentimeter.

„Weiße Zwerge" haben eine Dichte von etwa 10^2 bis 10^4 kg · cm^{-3}.

Nach diesen Vergleichswerten müssen zum Beispiel beim Eisen die Leerräume noch ungeheuer groß sein, denn die Dichte von Eisen beträgt 7,85 · cm^{-3}, d.h. ein Kubikzentimeter Eisen hat eine Masse von nur 7,85 g.

Das Volumen des Leerraumes ist etwa 10^{12} bis 10^{15} mal so groß wie das Volumen des Atomkerns.

Aus den genannten Werten geht deutlich hervor, daß alle zeichnerischen Atommodelle die wirklichen Vergleichsgrößen im Atom nicht einmal annähernd richtig wiedergeben können.

Zeichnet man zum Beispiel an der Tafel einen Kreidepunkt (etwa 5 mm Durchmesser) als Atomkern, so müßte ein Elektron der Atomhülle mindestens 25 m entfernt dargestellt werden.

Dennoch müssen wir zum Verständnis atomarer Vorgänge Modellvorstellungen mit schematischen Größenvergleichen verwenden.

Das führt zwangsläufig zu Schwierigkeiten, wenn man sich zum Beispiel das Verhalten der Elektronen bei chemischen Reaktionen anschaulich vorstellen möchte.

3.5 Bohrsches Atommodell

Das Bohrsche Atommodell ist einfach und anschaulich.

Für die Entstehungszeit war es ein bedeutsamer Fortschritt in der Vorstellung vom Atom.

Es enthält aber *wesentliche Mängel*, da es die Unschärferelation von Heisenberg (→ Abschnitt 3.6) nicht berücksichtigt und auch nicht das chemische Verhalten der Elemente stets erklären kann.

Die Nutzung des Modelles beschränkt sich deshalb in der Regel auf die Vermittlung einfacher Grundlagenkenntnisse.

Entwicklung durch Niels Bohr 1913

Bohr übernahm wichtige Überlegungen von Rutherford und Planck.

Sein Modell erfuhr zahlreiche Verbesserungen und Ergänzungen durch z.B. Sommerfeld (1919) und Pauli (1925).

Diese *Erweiterungen* werden nicht gesondert erwähnt, sondern dem Bohrschen Atommodell zugeordnet.

Nach Bohr bewegen sich die Elektronen mit großer Geschwindigkeit (z.B. etwa 20 000 km/s) auf zulässigen *Kreisbahnen*, die bestimmten Energiestufen entsprechen.

Ein bestimmter Abstand vom Kern bedeutet eine bestimmte Energiestufe.

Durch Zufuhr von Energie (thermisch oder elektrisch) kann ein Elektron seine *Energie* nur um *ganz bestimmte Beträge* erhöhen. Zwischenwerte sind nicht möglich.

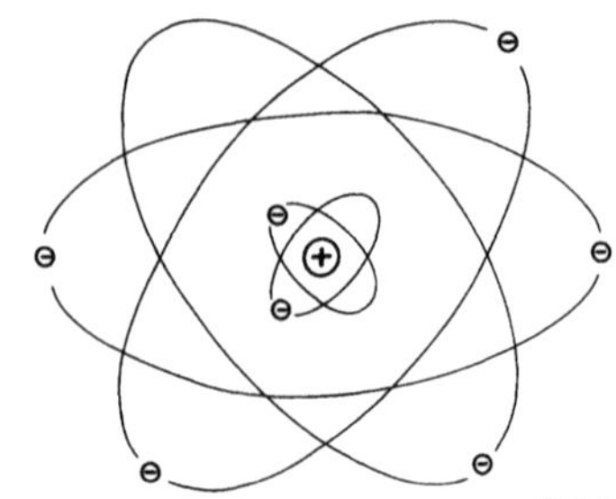

Stickstoff

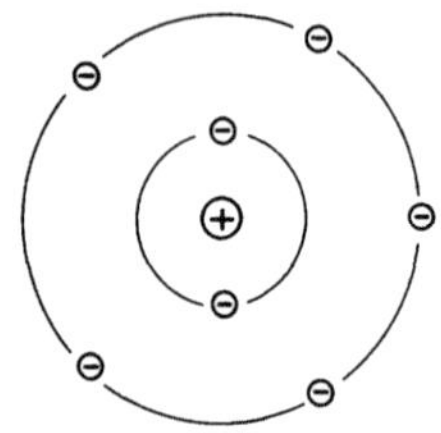

Das räumliche Planetenmodell wird meistens schematisch in einer Fläche dargestellt.

Das Elektron wird von einer kernnäheren auf eine kernferne Bahn gehoben (*angeregte Zustände*). Da diese Zustände sehr instabil sind, springt das Elektron schnell (nach etwa 10^{-8} s) auf den tiefstmöglichen Energiezustand zurück.

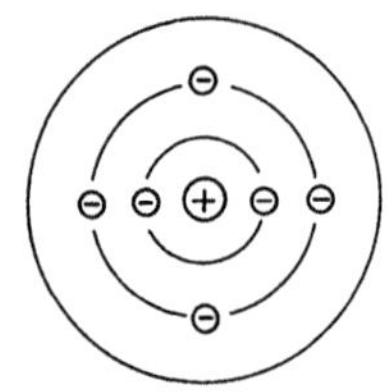

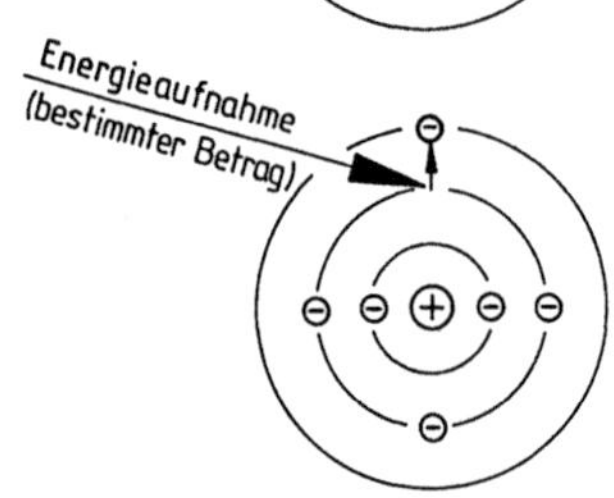

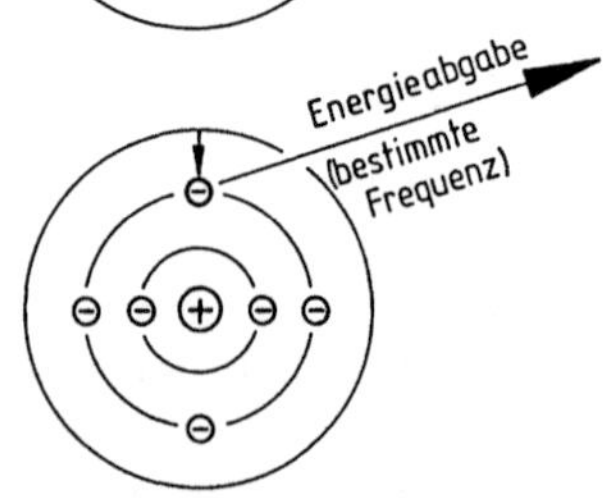

Die vorher aufgenommene Energie wird als *Licht mit einer bestimmten Frequenz* wieder abgegeben.

Die Frequenz dieser Energieausstrahlung ist als *Spektrallinie* erkennbar.

Jede Lichtfarbe (Spektrallinie) besitzt eine bestimmte Frequenz.

V Ein Magnesiastäbchen ausglühen, mit einigen Körnchen Kochsalz (NaCl) versehen und in eine Brennerflamme halten.

VE Natriumchlorid (NaCl) verdampft unter Aussendung des typischen gelben Natriumlichtes.

Es gilt die Beziehung zwischen Energie (E) und Frequenz (ν)

$$E = h \cdot \nu$$

$h = 6{,}626 \cdot 10^{-34}$ Js (Naturkonstante)
„Plancksches Wirkungsquantum"

Mit Hilfe eines Prismas läßt sich Licht in einzelne Wellenlängen (Farben) zerlegen, die als Spektrallinien sichtbar werden.

Sonnenlicht besitzt in einem bestimmten Bereich *alle* Spektrallinien.

Einzelne Atome können nach erfolgter Anregung nur Licht mit ganz bestimmten Wellenlängen aussenden.

Die Atome eines Elements strahlen ein für das Element typisches Wellenmuster (Spektrum) aus.

So besitzt *jedes* Element ein *eigenes* Linienspektrum.

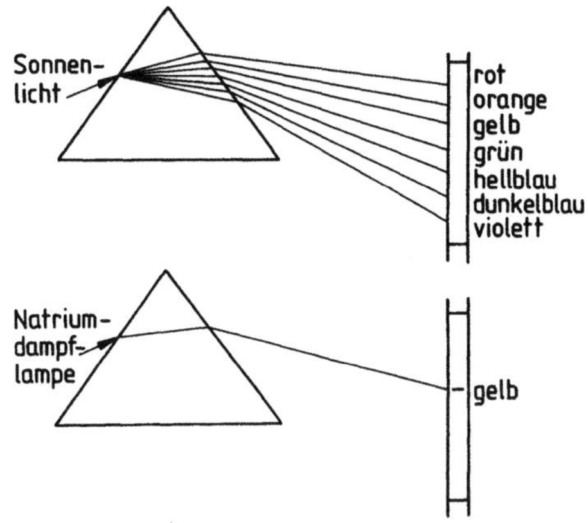

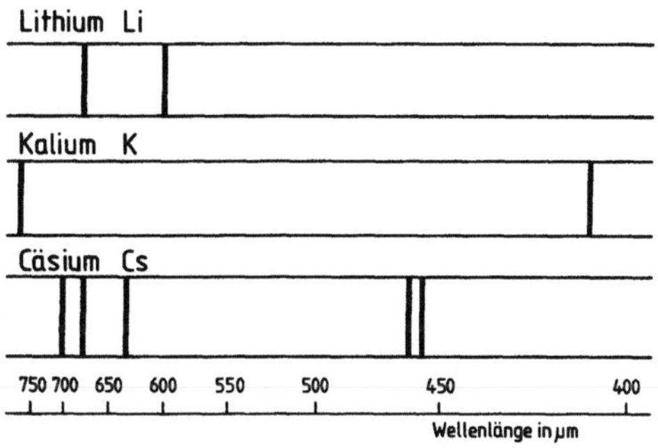

Beispiel:

Beim Natriumdampf erscheint ein gelbes Leuchten (Nutzung in Natriumdampflampen).

Anwendung:
Spektroskopie (→ Abschnitt 4.3)

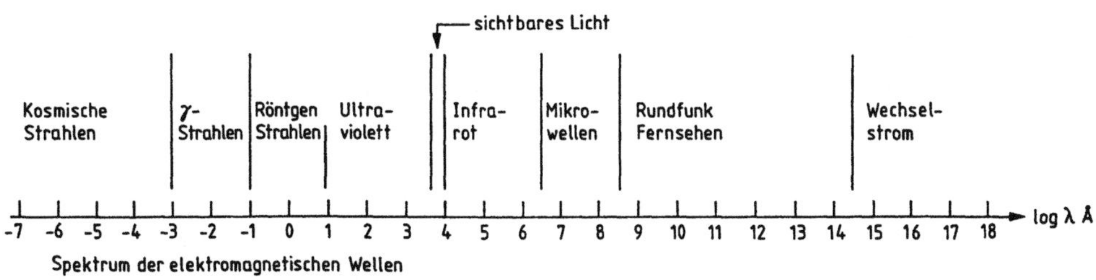

Die Untersuchung am Wasserstoffatom ergab *sieben Energiestufen*, die von Elektronen besetzt werden können.

Sie werden als Hauptenergieniveaus (Schalen) bezeichnet.

Die sieben Energiestufen stehen in enger Beziehung zum Periodensystem der Elemente. Zum Beispiel sind die Elektronen der Elemente der 5. Periode auf 5 Hauptenergieniveaus verteilt (→ Kapitel 4).

Bei der Spektralanalyse von Elementen, deren Atome mehrere Elektronen besitzen, stellte man fest, daß die Hauptenergieniveaus in *Unterenergieniveaus* aufgeteilt sind.

Die Symbole für die Unterenergieniveaus entstammen der Spektroskopie.

Es sind die *Anfangsbuchstaben* englischer Ausdrücke.

s	sharp (scharf)
p	principal (hauptsächlich)
d	diffuse (zerstreut)
f	fundamental (grundlegend)

Die 1. Schale hat nur ein s-Unterniveau.

Die 2. Schale besitzt ein s- und drei p-, die 3. Schale ein s-, drei p- und fünf d-, die 4. Schale ein s-, drei p-, fünf d- und 7 f-Unterniveaus.

Die folgenden Schalen 5, 6 und 7 haben auch nur die vier erwähnten Unterniveaus.

Unterenergieniveaus	maximale Elektronenzahl
s	2
p	6
d	10
f	14

Schreibweise:

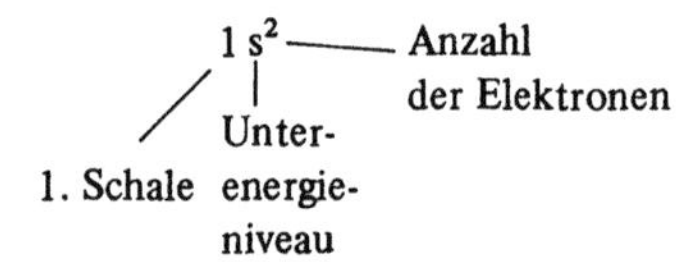

Schale	Aufteilung der Elektronen			
1.	$1\,s^2$			
2.	$2\,s^2$	$2\,p^6$		
3.	$3\,s^2$	$3\,p^6$	$3\,d^{10}$	
4.	$4\,s^2$	$4\,p^6$	$4\,d^{10}$	$4\,f^{14}$

Zusammenfassung

Von bleibender Gültigkeit sind u.a. folgende Aussagen des Bohrschen Atommodells:

Die Elektronen bewegen sich auf maximal *sieben Energiestufen* (Schalen) um den Kern.

Von der 2. Schale an sind mehrere *Energieunterniveaus* möglich (s-, p-, d- und f-Unterniveaus).

Wird ein Elektron auf eine *kernfernere* Energiestufe gehoben (angeregt), so versucht es, möglichst schnell wieder auf eine *kernnähere* zu springen.

Dabei strahlt das Atom *Energie* in Form von Licht bestimmter Frequenz ab. Dieses Licht ist eine Linie im Spektrum, genannt Spektrallinie.

Als *falsch* erwies sich die Vorstellung, daß Elektronen auf genau festgelegten Bahnen um den Atomkern kreisen (→ 3.6 siehe Unschärfebeziehung von Heisenberg).

Nach dem Bohrschen Modell müßte das Wasserstoffatom mit nur einem Elektron eine Scheibe sein. In Wirklichkeit ist die Atomhülle kugelförmig.

3.6 Orbitalvorstellungen

Wegen der Kompliziertheit der Orbitalvorstellungen können im Rahmen dieses Buches *nur einige wesentliche* Gedanken zu diesen Vorstellungen erläutert werden.

Beim Orbitalmodell geht man u.a. davon aus, daß Elektronen nicht nur Masseteilchen sind, sondern ***auch Wellencharakter*** haben (Dualismus: Teilchen-Welle).

Orbitale

Elektronen bewegen sich nicht auf Bahnen, sondern *mit hoher Wahrscheinlichkeit* in bestimmten Bereichen.

Diese Bereiche werden Aufenthaltswahrscheinlichkeitsräume oder Orbitale genannt.

Beispiel:

Orbital der 1. Elektronenschale (1 s)

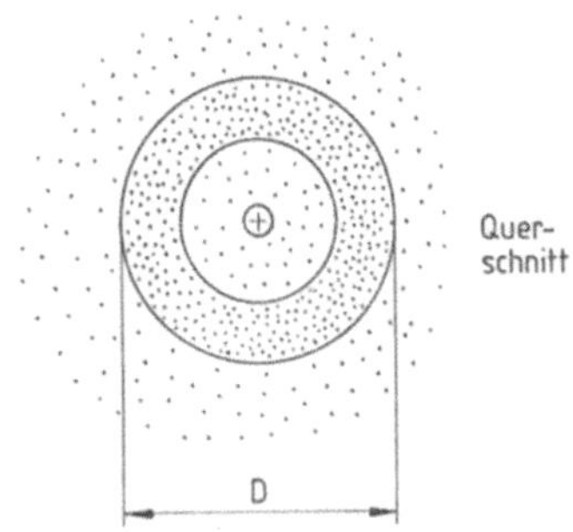

Angenommener Wahrscheinlichkeitsraum für Elektronen der 1. Schale, kugelschalenförmig.

Heisenbergsche Unschärferelation

Nach Heisenberg ist es *grundsätzlich unmöglich*, für ein Elektron gleichzeitig Ort und Geschwindigkeit zu bestimmen.

Damit können auch keine exakten Umlaufbahnen für Elektronen ermittelt werden (→ Bohrsches Atommodell).

Die Heisenbergsche Unschärferelation wurde in Experimenten häufig bestätigt. Widersprüche oder Ausnahmen ergaben sich nicht. Auch eine Verbesserung der Meßmethoden kann den Grundsatz nicht verändern.

Die Orbitalformen hängen von den Unterenergieniveaus (s-, p-, d- und f-Niveaus) ab.

In den verschiedenen Schalen verändert sich die Größe der Orbitale.

In der mit Linien abgegrenzten Kugelschalenform halten sich z.B. ein oder zwei Elektronen der 1. Schale mit hoher Wahrscheinlichkeit (etwa 90 %) auf.

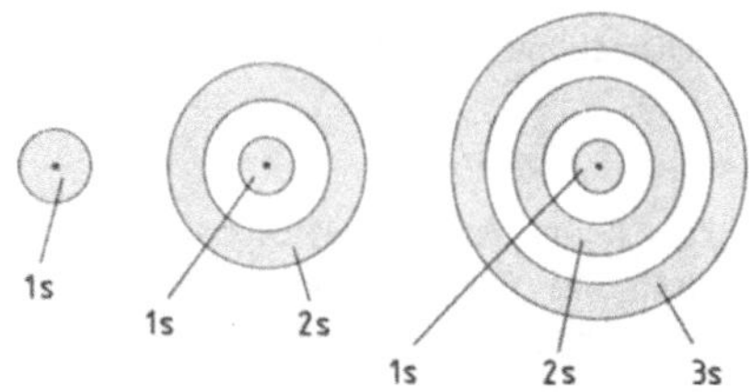

Das s-Niveau ist in allen Schalen *kugelförmig*. Es besitzt keine bevorzugte Richtung.

Schematische Darstellung der Orbitalformen von s-Niveaus

Die anderen Niveaus haben Orbitale mit *ausgeprägten Richtungen.*

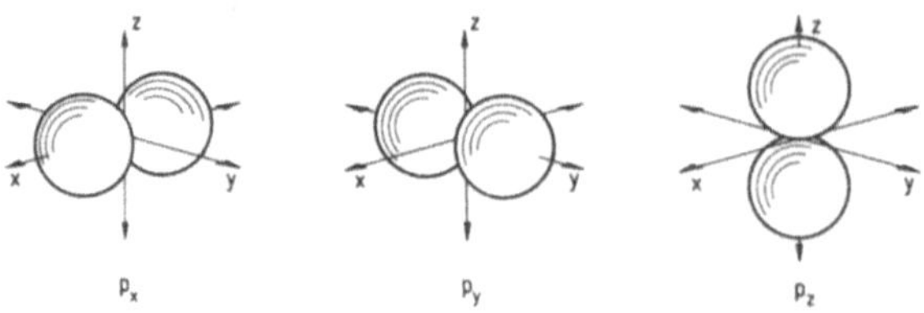

Schematische Darstellung der drei möglichen Orbitalformen des d-Niveaus.

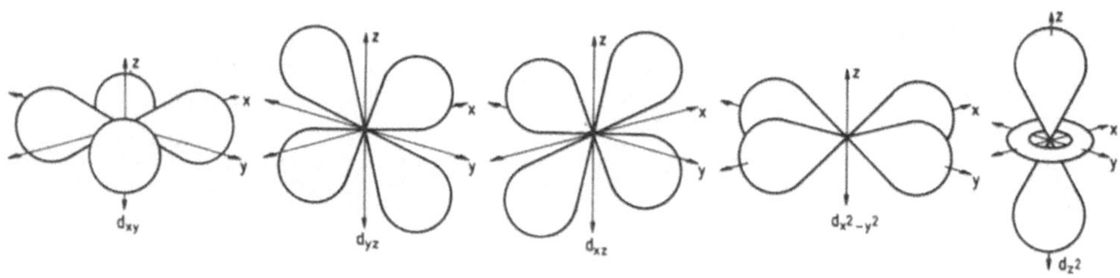

Schematische Darstellung der fünf möglichen Orbitalformen des d-Niveaus

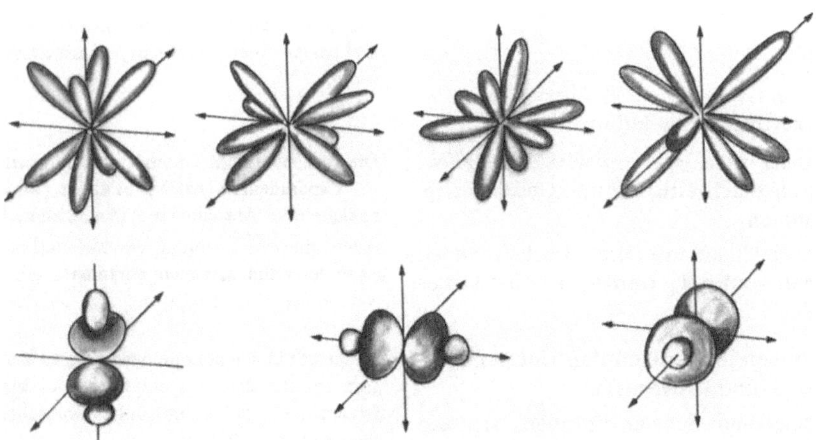

Schematische Darstellung der sieben möglichen Orbitalformen des f-Niveaus.

Das beim Wasserstoff erforschte Prinzip läßt sich auch bei Atomen mit mehr als einem Elektron anwenden.

Die strukturbedingten *Richtungen* bleiben. Allerdings treten *Wechselwirkungen* zwischen den Elektronen auf.

Im Grunde ist bei jedem Atom jedes mögliche Orbital vorhanden, auch wenn sich keine Elektronen darin aufhalten.

Vergleich:
In einem Parkhaus verändert sich die Zahl der Parkplätze nicht, wenn mehrere Plätze oder ganze Etagen unbesetzt sind.

> Allgemein läßt sich sagen, daß ein Orbital mit null, ein oder maximal zwei Elektronen besetzt sein kann.

Wenn ein Orbital mit zwei Elektronen besetzt ist, so sind beide Elektronen doch nicht im gleichen Energiezustand. Sie unterscheiden sich durch *entgegengesetzten* Spin.

Unter Spin versteht man bildhaft eine *Eigenrotation* des Elektrons, das dabei ein magnetisches Moment erzeugt.
(Spin: Eigendrehimpuls des Elektrons)

> In einem Orbital können sich nur Elektronen mit entgegengesetztem Spin aufhalten (Spinpaarung).

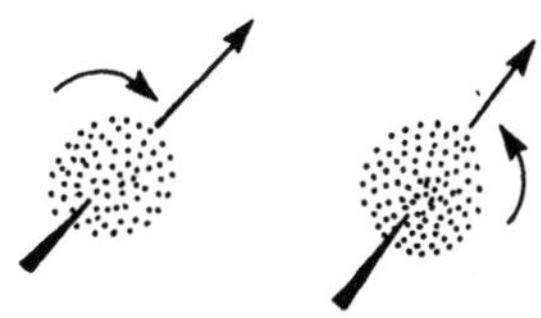

Durch diese Spinpaarung werden die *Abstoßkräfte* der Elektronen im relativ engen Bereich eines Orbitals überwunden.

Ein Elektronenpaar mit entgegengesetztem Spin ist bemüht, einem anderen Elektron beziehungsweise Elektronenpaar auszuweichen (Abstoßung negativer Ladung).

Beim Auffüllen einer Schale mit Elektronen verteilen sich die Elektronen eines Energieniveaus (p, d oder f) so, daß sie *möglichst lange* gleiche Spins behalten (Spin siehe auch Kugelwolkenmodell).

Solange zum Beispiel in einer Schale noch p-Orbitale vorhanden sind, wird *zunächst* jedes p-Orbital mit *einem* Elektron besetzt (parallele Spins).

Dieser Vorgang ist *energiegünstiger* als die sofortige Auffüllung eines Orbitals mit zwei Elektronen.

Das Orbitalmodell bietet die Möglichkeit, die *räumliche Anordnung* der Atome in Molekülen und Gittern erklären zu können.

Das ist mit der Bohrschen Modellvorstellung nicht möglich.

Beispiel:
Das Wassermolekül H_2O ist unsymmetrisch gebaut,

```
H
 \
  O   und nicht  H–O–H
 /
H
```

(→ Abschnitt 5.5.3)

Werden die Elektronen eines Atoms angeregt, können *veränderte Orbitalformen* entstehen.

Diesen Vorgang nennt man *Hybridisierung*.

Beispiel:
Kohlenstoff hat in der letzten Schale vier Elektronen. Davon sind zwei im s- und zwei im p-Zustand.

Durch Anregung (äußere Energiezufuhr) kommt ein s-Elektron in den einen noch freien p-Zustand. Durch weiteren Energieaufwand gehen das s-Elektron und die drei

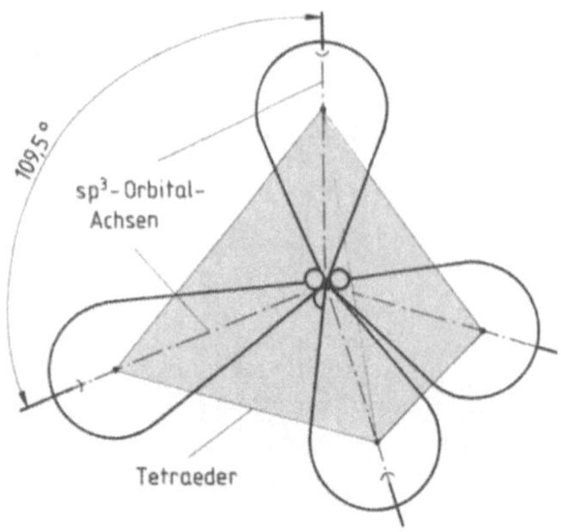

p-Elektronen der letzten Schale in einen *neuartigen* Zustand über, der für alle vier Elektronen gleich ist (Hybridisierung).

Aus einem s- und drei p-Orbitalen entstehen *tetraedisch* angeordnete sp^3-Hybridorbitale, die in ihrer Form besonders gut für Überlappungen mit den Orbitalen von vier anderen Atomen geeignet sind.

Durch diese Überlappungen wird erheblich *mehr Energie frei*, als zur Anregung und Hybridisierung nötig war.

Hybridisierung des C-Atoms (Tetraeder).
Die vier angeregten Zustände des C-Atoms können zum Beispiel mit vier H-Atomen die Verbindung Methan, CH_4, eingehen.

Zusammenfassung

Für Elektronen in der Atomhülle können *keine exakten Bahnen,* wohl aber *Aufenthaltswahrscheinlichkeitsräume* (Orbitale) mathematisch ermittelt werden. Die Orbitale der Energieniveaus besitzen bestimmte Formen.

In jedem Orbital halten sich *maximal zwei Elektronen* auf. Sie haben dann entgegengesetzten *Spin* (Eigenrotation).

Angeregte Atome können ihre Orbitalformen verändern (*Hybridisierung*).

Ein besonderer Vorteil des Orbitalmodells liegt darin, *räumliche Anordnungen* der Atome in Verbindungen verstehbar zu machen.

3.7 Energieschema für die Anordnung der Elektronen in der Atomhülle

Jedes Elektron in der Atomhülle besitzt *kinetische* und *potentielle Energie.*

Je kernnäher sich ein Elektron aufhält, umso schneller muß es sich bewegen (große kinetische Energie). Die potentielle Energie nimmt dabei ab.

Umgekehrt nimmt die potentielle Energie mit wachsendem Abstand vom Kern zu. Da die *Zunahme der potentiellen Energie größer* ist als die Abnahme der kinetischen, wächst somit die Gesamtenergie der Elektronen, je weiter sie vom Atomkern entfernt sind.

Die kinetische Energie hängt von der Elektronenbewegung ab.

Die potentielle Energie beruht auf dem Abstand des Elektrons vom Atomkern.

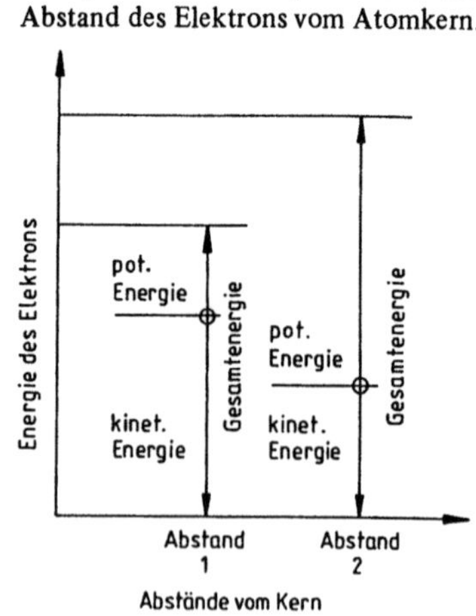

Aus energetischen Gründen ist es günstig, wenn die *Gesamtenergie möglichst gering* bleibt.

Deshalb suchen Elektronen immer möglichst energiearme Zustände.

Das *Energieschema* berücksichtigt die Energiezustände der Elektronen in den Atomhüllen.

Es ermöglicht damit ein tieferes Verständnis für den Aufbau der Atomhüllen und für wichtige Zusammenhänge im Periodensystem der Elemente (→ Kapitel 4 PSE).

Wie im Periodensystem der Elemente noch näher gezeigt wird, besetzen bei den *Hauptgruppenelementen* die Elektronen zuletzt jeweils s- und p-Zustände, während die *Nebengruppenelemente* jeweils d- und f-Zustände auffüllen.

Beispiel 1: Uranatom

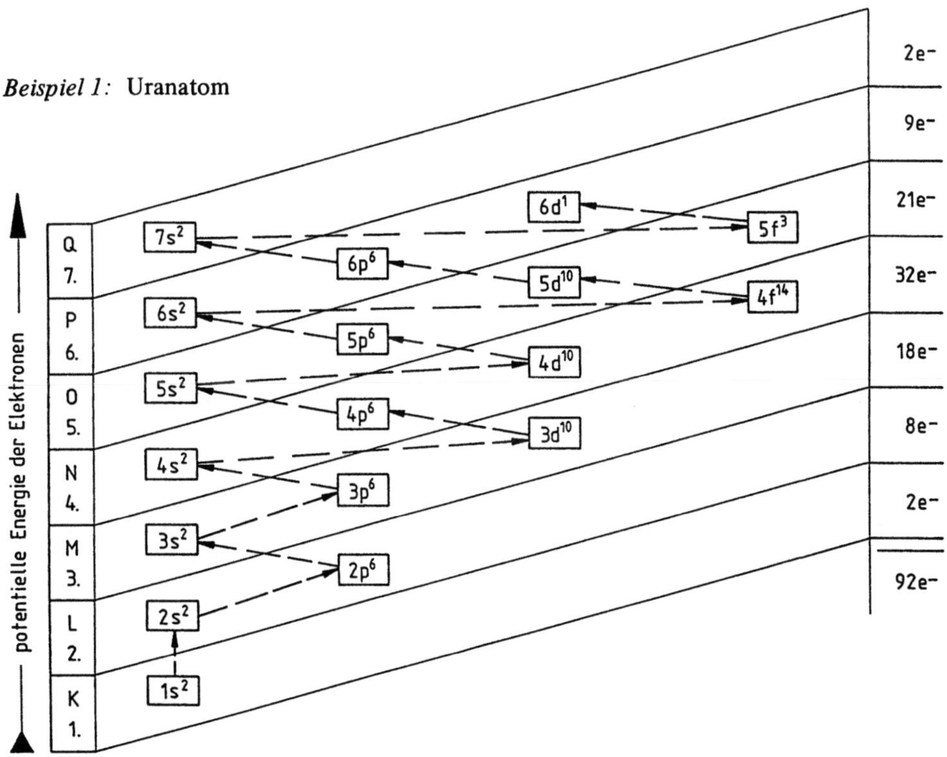

Energieschemata für Elemente mit weniger Elektronen können im allgemeinen aus diesem Schema entnommen werden.

Beispiel 2: Eisenatom

$Fe(26e^-)$: $1s^2$, $2s^2$, $2p^6$, $3s^2$, $3p^6$, $4s^2$, $3d^6$

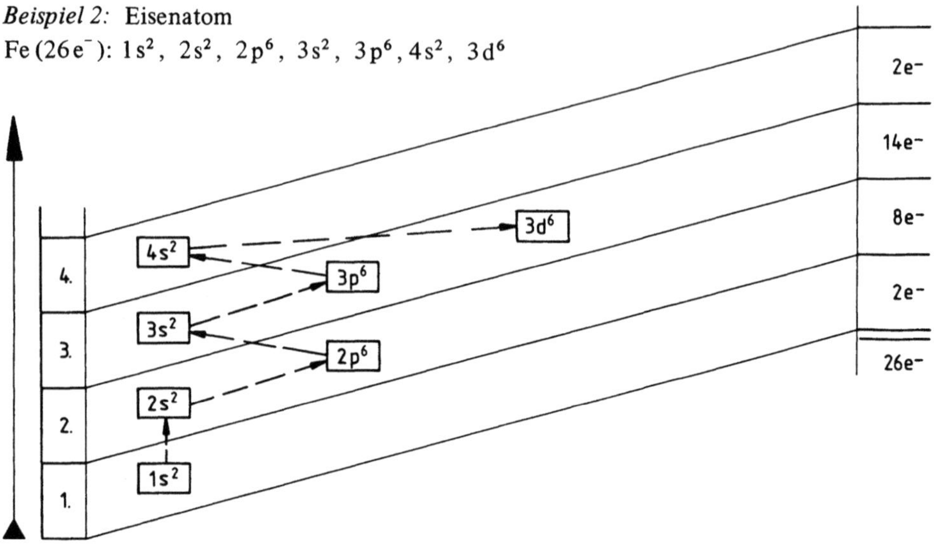

Die Auffüllung der inneren Schalen geschieht wie vorstehend beim Uranatom. Nachdem der Zustand 3p mit $6e^-$ gefüllt ist, wird als nächsthöherer 4s mit $2e^-$ besetzt. Erst dann kann der 3d-Zustand besetzt werden. Hierbei wird also zum Schluß die vorletzte Schale aufgefüllt (Kennzeichen der Nebengruppenelemente).

3.8 Kugelwolkenmodell (KWM)

Zwischen 1951 und 1959 entwickelte *Kimball* mit dem Kugelwolkenmodell eine *relativ einfache Modellvorstellung*. Das Kugelwolkenmodell berücksichtigt die Existenz von Wahrscheinlichkeitsräumen für Elektronen, ohne sich auf komplizierte Orbitalvorstellungen einzulassen.

Es eignet sich gut für die anschauliche Darstellung von Atomaußenschalen und für eine *einfache Beschreibung chemischer Bindungen*, besonders der *Atombindung* (u.a. auch Winkel).

Merkmale des Kugelwolkenmodells

- Wie beim Orbitalmodell wird von Wahrscheinlichkeitsräumen für Elektronen gesprochen.
- Während Orbitale innerhalb einzelner Schalen unterschiedliche Gestalt besitzen können, vereinfacht das Kugelwolkenmodell alle Aufenthaltswahrscheinlichkeitsräume zur Kugelform.
- Eine Kugelwolke kann mit null, ein oder zwei Elektronen besetzt sein.

Spin

Wird eine *Kugelwolke* mit zwei Elektronen aufgefüllt, besitzen nach *Pauli* beide Elektronen einen entgegengesetzten Spin.

Dieser Spin wird in anschaulicher Form als Eigenrotation der Elektronen im Uhrzeiger- und Gegenuhrzeigersinn gedeutet.

Besitzt eine Schale mehrere Kugelwolken (ab zweiter Schale möglich), wirken neben den Anziehungskräften des Kerns auch *Abschirmkräfte* durch tieferliegende Schalen und *Abstoßkräfte* der Kugelwolken innerhalb der Schalen.

Die Abstoßkräfte unter den Kugelwolken einer Schale führen mit dem Auftreten einer vierten Kugelwolke zu tetraedischer Anordnung der Kugelwolken.

Bei fünf, sechs und sieben Elektronen treten Verzerrungen der Tetraederform auf (in Modellzeichnungen nicht dargestellt).

Wahrscheinlichkeitsräume als Kugelwolken (KW):

 KW mit einem Elektron besetzt

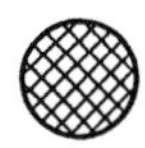 KW mit zwei Elektronen besetzt

Die Auffüllung der Elektronenschalen der ersten elf Elemente geschieht nach folgenden Gesichtspunkten:

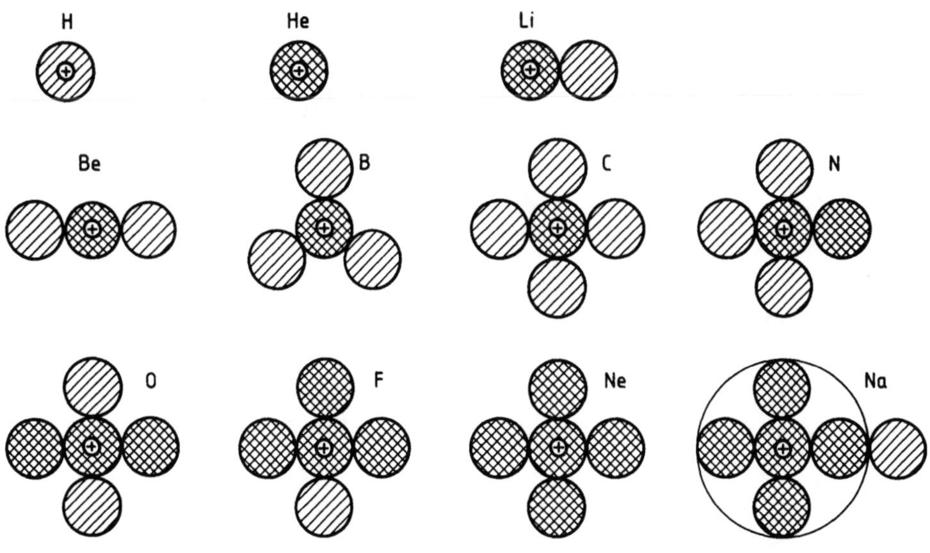

Kugelwolken, die möglich aber nicht besetzt sind, werden nicht gezeichnet.

Bei einer stabilen Besetzung der letzten Schale mit acht Elektronen gibt es nach dem KWM *vier doppeltbesetzte* Kugelwolken.

Vereinfachte Darstellung des KWM

Das KWM wird besonders zur Erklärung der chemischen Vorgänge und Strukturen verwendet, die mit den Elektronen der jeweils *letzten* Schale zusammenhängen.

Für die Beschreibung der Elemente der dritten bis siebenten Schale genügt deshalb in den meisten Fällen eine *vereinfachte Darstellung.*

Die *Schwäche* des KWM nach *Kimball* besteht darin, Elektronenschalen mit mehr als acht Elektronen kaum noch anschaulich darstellen zu können.

Die *vereinfachte* Darstellung löst das Problem und macht das KWM damit für alle Elemente nutzbar.

Die Vereinfachung ist möglich, da nur die Valenzelektronen für die chemischen Vorgänge von Bedeutung sind.

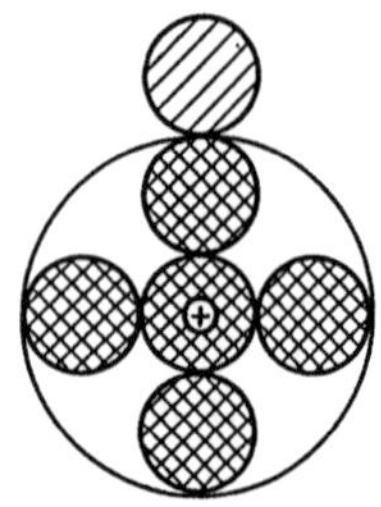

Übliche Darstellung nach dem KWM

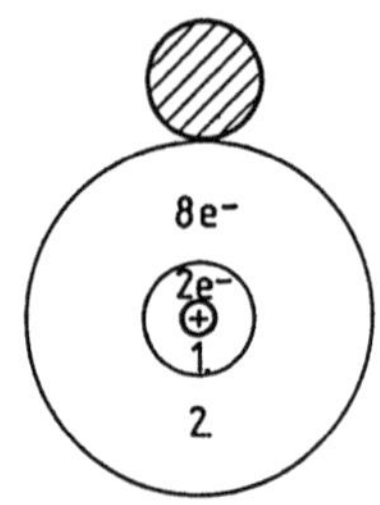

Vereinfachte Darstellung

Beispiele aus der 4., 5. und 6. Periode

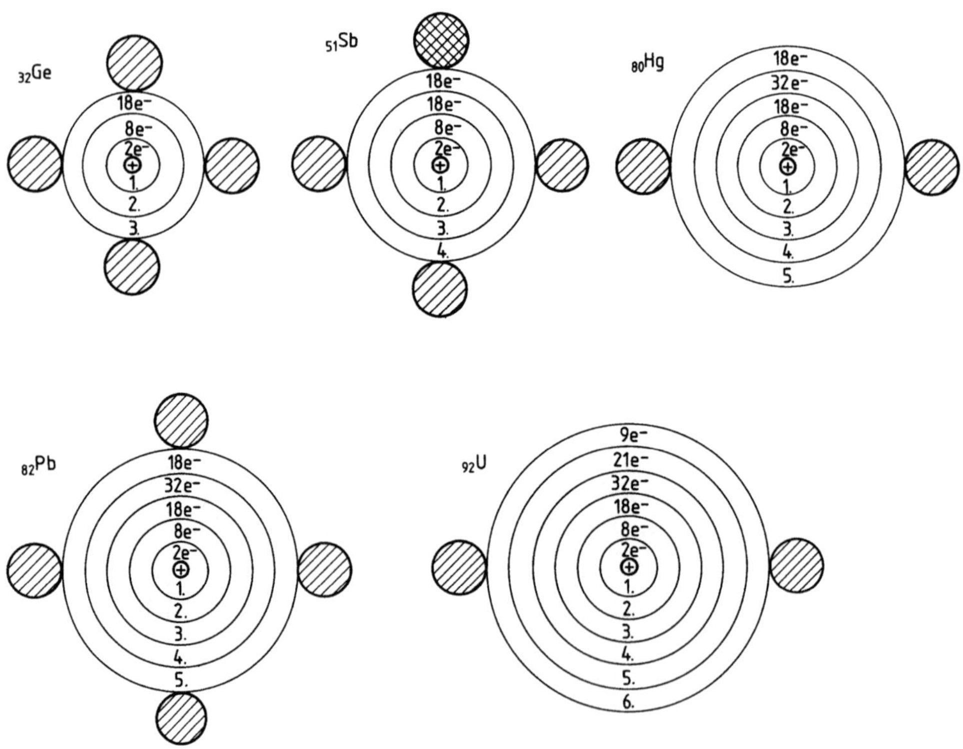

3.9 Übersicht über wichtige Atommodelle

Atommodell	Beispiel	Vorteile	Nachteile
Bohrsches Modell	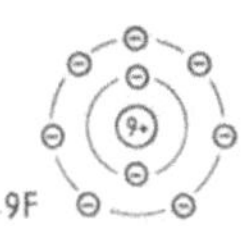	Allgemein bekannte und *sehr einfache* Darstellungsform der Verteilung von Protonen und Elektronen in Atomen	Nur beschränkte Hilfe zur Erklärung des Stoffverhaltens Starre Festlegung auf Elektronenbahnen oder Elektronenpaare
Orbitalmodell	Orbitalformen 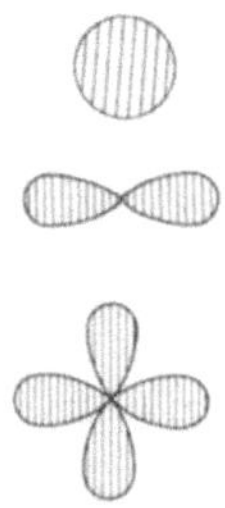	Relativ genaue *Wahrscheinlichkeitsräume* für Elektronen Berücksichtigung unterschiedlicher Energieniveaus in einer Schale Erklärungsmöglichkeiten für die *räumliche* Anordnung der Atome in Molekülen und Gittern	Relativ *kompliziertes* und unanschauliches Modell Häufig genügt ein einfacheres Modell
Kugelwolkenmodell		Erklärungsmöglichkeiten für die räumliche Anordnung der Atome in Molekülen und Gittern	Keine Berücksichtigung der feinen Energieunterschiede und verschiedenen Orbitalformen innerhalb der Elektronenschalen
Vereinfachte Form	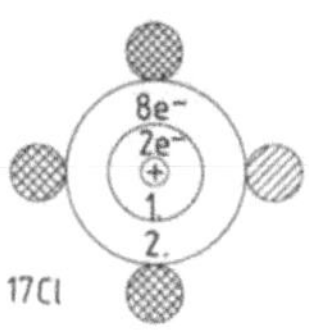	*Relativ einfache* Darstellungsformen	Wenig geeignet für die organische Chemie

3.10 Aufgaben

1. Erläutern Sie die Grenzen der Atommodelle.
2. Wieviele Atome würde eine Atomkette von 1000 m Länge haben?
3. Was kann durch chemische Reaktionen bei Atomen verändert werden?
4. Weshalb wirkt das Proton in der Chemie der Elemente als wesentlicher Baustein eines Atoms?
5. Bringen Sie die Massen eines Protons, Neutrons und Elektrons in ein Verhältnis zueinander.
6. Wie groß würde im Vergleichsmaßstab der Atomdurchmesser sein, wenn man sich den Kernradius mit
   a) 1 cm
   b) (Erdradius γ_E) $6{,}378388 \cdot 10^6$ m vorstellt?
7. Erläutern Sie den entscheidenden Mangel des Bohrschen Atommodells.
8. Wie lassen sich die verschiedenen Energiestufen für Elektronen nachweisen?
9. Was versteht man unter einem Orbital?
10. Welche Orbitalformen besitzen die Unterniveaus s, p, d und f?
11. Erklären Sie die Bezeichnung „Spin“.
12. Weshalb streben Elektronen in möglichst kernnahe Energiezustände?
13. Zeichnen Sie ein Energieschema für die Elemente Chlor (Cl), Wismut (Bi), Titan (Ti) und Wolfram (W).
14. Wodurch unterscheidet sich das Kugelwolkenmodell
    a) vom Bohrschen Atommodell und
    b) vom Orbitalmodell?
15. Zeichnen Sie in der vereinfachten Form das Kugelwolkenmodell für folgende Elemente:
    a) Magnesium,
    b) Aluminium,
    c) Silicium,
    d) Jod,
    e) Osmium.

4 Periodensystem der Elemente (PSE)

4.1 Allgemeines

Das Periodensystem der Elemente (PSE) gehört seit seiner zeitgleichen Veröffentlichung im Jahre 1869 durch die Chemiker *Mendelejew* und *Meyer* zu den wichtigsten Hilfsmitteln der systematischen Chemie.

Es ist ein ***Ordnungsprinzip***, das auf den ***ähnlichen Eigenschaften*** der Elemente beruht.

Es fiel den beiden Chemikern auf, daß die Elemente in bestimmten Abständen ähnliche Eigenschaften aufweisen, wenn man sie nach zunehmender Massenzahl anordnete. Sie stellten daher die Elemente so zusammen, daß z.B. die Alkalimetalle eine Gruppe bildeten.

Auch heute noch hat das PSE seine volle Gültigkeit.

Anstelle der Massenzahlen (relative Atommassen) bestimmt heute die Zahl der *Protonen im Kern* (und die gleichgroße Zahl Elektronen auf den Schalen) die Stellung der Elemente im PSE.

Mit Hilfe des PSE ließ sich das Vorhandensein noch unbekannter Elemente vorhersagen. Die Eigenschaften der unbekannten Elemente wurden häufig mit erstaunlicher Genauigkeit aus den Eigenschaften der bekannten benachbarten Elemente vorausgeschätzt.

4.2 Wichtige Aussagen zum PSE

4.2.1 Symbole und Ordnungszahlen (Kernladungszahlen)

Jedes Element besitzt ein eigenes Symbol.

Jedem Element ist eine Ordnungszahl (Kernladungszahl) zugeordnet.

Die Ordnungszahl gibt neben der Reihenfolge im PSE (Platznummer) vor allem die Zahl der Protonen im Kern und damit auch die Zahl der Elektronen in der Hülle an.

Beispiel:
Element Natrium, Symbol Na

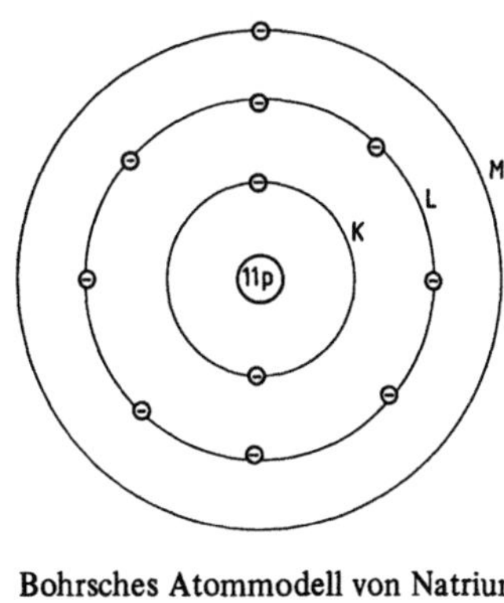

Bohrsches Atommodell von Natrium

4.2.2 Isotope

Im PSE sind die chemischen Elemente nach der Zahl der Protonen eingeordnet. Nun gibt es bestimmte Elemente, die zwar die *gleiche* Zahl von Protonen, jedoch *unterschiedliche* Neutronenzahlen im Kern haben. Diese Kernarten (Nuklide) stehen an der gleichen Stelle im Periodensystem. Sie werden daher mit einem aus dem Griechischen abgeleiteten Namen als Isotope eines Elementes bezeichnet.

griechisch:
isos = gleich; topos = Ort

Ein Nuklid ist eine Kernart mit bestimmter Protonen- und Neutronenzahl.

Isotope gehören zum gleichen Element. Sie unterscheiden sich nur in der Zahl der Neutronen.

Von den 105 bekannten chemischen Elementen zählen 20 zu den *Reinelementen*. Sie treten in der Natur nur in einer Kernart (Isotop) auf.

Die anderen setzen sich aus einer *Mischung* mehrerer Kernarten des gleichen Elementes zusammen. Sie werden daher als *Mischelemente* bezeichnet.

Beispiel für Reinelemente:
Beryllium, Natrium, Aluminium, Fluor, Jod, Gold, Phosphor

Wasserstoff z.B. tritt in 3 Kernarten auf:

1. als leichter Wasserstoff mit 1 Proton und keinem Neutron (Protium).
2. als schwerer Wasserstoff mit 1 Proton und 1 Neutron (Deuterium),
3. als überschwerer Wasserstoff mit 1 Proton und 2 Neutronen (Tritium).

Isotope des Wasserstoffs:

$^{1}_{1}H$

$^{2}_{1}H$ ← 2 Nukleonen (Massenzahl), ← 1 Proton (Ordnungszahl) (oder $^{2}_{1}D$)

$^{3}_{1}H$ (oder $^{3}_{1}T$)

Die unterschiedlichen Neutronenzahlen der Isotope haben keinen Einfluß auf die chemischen Eigenschaften.

In den physikalischen Eigenschaften, wie der relativen Atommasse A_r, unterscheiden sie sich selbstverständlich.

Ausnahme: Wasserstoffisotope.
Z.B. wird bei der Elektrolyse schweres Wasser (D_2O) im Rückstandswasser angereichert.

Das Vorkommen der Isotope wird mit der relativen Isotopenhäufigkeit bezeichnet. Für Quecksilber lassen sich die Werte aus der Tabelle entnehmen.

Beispiel:
Quecksilber, Hg
Hg-Atome haben 80 Protonen, die Zahl der Neutronen ist unterschiedlich.

Vorkommende Massenzahlen	196	198	199	200	201	202	204	200,59
Anteil der Isotope in %	0,146	10,020	16,840	23,120	13,220	29,800	6,850	(Mittelwert)

Werden die Kernarten *aller* Elemente angesprochen, so werden diese als *Nuklide* bezeichnet.

Jedes Isotop ist ein Nuklid

Die Isotope des Kohlenstoffs, Bors, Heliums und Wasserstoffs sind Nuklide, z.B.

$^{12}_{6}C$, $^{13}_{6}C$, $^{14}_{6}C$

$^{10}_{5}B$, $^{11}_{5}B$

$^{3}_{2}He$, $^{4}_{2}He$

$^{1}_{1}H$, $^{2}_{1}H$, $^{3}_{1}H$

Bei allen Elementen ist es möglich, im Zusammenhang mit Kernspaltungsprozessen künstlich Neutronen in die Atomkerne zu schießen. Die Atomkerne werden dadurch instabil (radioaktiv).

Beispiel aus der Nuklearmedizin: radioaktives Kobalt für die Krebsbehandlung

Radioaktive Atomkerne versuchen sich unter Aussendung von Strahlen zu stabilisieren.

> Atomarten mit derselben Ladung (*gleicher* Protonenzahl) jedoch *unterschiedlicher* Massenzahl nennt man Isotope.
>
> Isotope eines Elementes haben die *gleichen chemischen Eigenschaften*.
>
> Sie unterscheiden sich nur in der Anzahl der Neutronen.
>
> Elemente, die nicht radioaktiv sind, können durch Beschuß mit Neutronen künstlich radioaktiv gemacht werden.

Weitere Anwendung instabiler Isotope:

Da es relativ einfach ist, radioaktive Strahlung zu messen, werden diese Isotope vielfach benutzt, wie zum Beispiel:

- Strahlenquelle in der Werkstoffprüfung anstelle von Röntgenröhren,
- Markierung und Ortung von Wirkstoffen in Körpern und Pflanzen,
- Dickenmessung von Blechen, Folien und Überzügen (berührungslos).

4.2.3 Perioden

Die Elemente sind im PSE in waagerechten Perioden und senkrechten Gruppen angeordnet.

Periode: Umfaßt alle Elemente in einer waagerechten Zeile.

Gruppe: Umfaßt alle Elemente einer senkrechten Spalte.

Die Atome der Elemente *einer* Periode besitzen die *gleiche* Anzahl von Elektronenschalen (Hauptenergieniveaus).

Der *Atomdurchmesser* wird in einer Periode nach *rechts kleiner*, weil die steigende Kernladung die Elektronenhülle zunehmend anzieht. Nur die letzten Elemente einer Periode – mit einer stabilen Achterschale jeweils ein Edelgas – haben wieder größere Durchmesser.

Die Perioden werden mit den Zahlen 1 bis 7 bezeichnet, die Schalen mit den Buchstaben K bis Q.

Perioden	1	2	3	4	5	6	7
Schale	K	L	M	N	O	P	Q

> Jede *Periode* entspricht einer *Elektronenschale*. Insgesamt gibt es sieben Schalen.
>
> Die Schalen bedeuten bestimmte Energiestufen der Elektronen.

Periodennummer = Gesamtzahl der Elektronenschalen

4.2.4 Gruppen

Innerhalb einer Gruppe steigt die Zahl der Elektronenschalen von Element zu Element um 1 an. Damit wächst gleichfalls der Atomdurchmesser. Man unterscheidet:

- Hauptgruppenelemente und
- Nebengruppenelemente.

Die Atome der Elemente einer Hauptgruppe besitzen in ihrer Außenschale die gleiche Elektronenzahl.

Damit verhalten sich die Elemente einer Hauptgruppe chemisch ähnlich. Es gilt:

> Hauptgruppen-Nummer = Anzahl der Außenelektronen
>
> Die senkrechten Spalten werden als Gruppen bezeichnet.
>
> *Hauptgruppenelemente* füllen die jeweils *äußerste* Elektronenschale auf.
>
> Die Hauptgruppennummer gibt an, wie viele Elektronen in der jeweils äußersten Schale sind.
>
> *Nebengruppenelemente* besitzen in der äußersten Schale meistens zwei Elektronen. Sie füllen die jeweils *zweitäußerste* oder *drittäußerste* Schale auf.
>
> Die Übergangselemente reagieren zunächst mit den Elektronen der äußersten Schale, unter bestimmten Bedingungen zusätzlich mit Elektronen der zweitäußersten Schale.

Übersicht: Gruppen im PSE

Hauptgruppenelemente	Nebengruppenelemente	
	äußere Übergangselemente	innere Übergangselemente
	4. Schale 21Sc-30Zn	Lanthanide 6. Schale 57La-71Lu
	5. Schale 39Y-48Cd	Actinide 7. Schale 89Ac-103Lw
Auffüllung der letzten Schale	Auffüllung der vorletzten Schale von 8 auf 18	Auffüllung der vorvorletzten Schale von 18 auf 32
Metalle oder Nichtmetalle	nur Metalle	
	Nebengruppenelemente sind in der letzten Schale normalerweise mit zwei Elektronen, bei neun Elementen mit nur einem Elektron und bei einem Element (Palladium) mit keinem Elektron besetzt.	

4.2.5 Metalle – Nichtmetalle – Halbmetalle

Metalle

Die meisten chemischen Elemente sind Metalle.

Die *Eigenschaften* der Metalle hängen wesentlich von den locker gebundenen *Außenelektronen* ab. Sie haben überwiegend 1 oder 2 Elektronen auf der äußersten Elektronenschale.

Die Außenelektronen sind oft relativ weit vom Atomkern entfernt. Das führt dazu, daß die Elektronen nicht an die eigene Elektronenschale gebunden sind, sondern im Metallgitter, von den

Typische Metalleigenschaften:

- Metallischer Glanz
- Hohe Wärmeleitfähigkeit
- Hohe elektrische Leitfähigkeit, die mit steigender Temperatur abnimmt
- gute Verformbarkeit
- Undurchsichtigkeit
- Möglichkeit der Legierungsbildung.
- Möglichkeit der Basenbildung (→ Abschnitt 9.1.6).

Atomen entfernt, gemeinsam ein sogenanntes Elektronengas bilden.

Wie Teilchen eines Gases sind sie frei beweglich.

Allgemein läßt sich sagen, daß *Metallatome* zur *Abgabe von Elektronen* neigen. Sie werden dann zu positiv geladenen *Ionen* (Kationen).

Metalle sind elektropositive Elemente

Nichtmetalle

Für die Nichtmetalle sind *wenige gemeinsame Eigenschaften* zu finden.

Nichtmetalle stehen im rechten Teil des PSE.

Sie können in der äußeren Schale noch Elektronen aufnehmen. Diese sind nicht frei beweglich wie bei den Metallen, sondern lokalisiert. Daraus ergeben sich z.B. die typischen Molekülstrukturen.

Nichtmetallatome neigen zur *Aufnahme von Elektronen.*

Sie werden dann zu negativ geladenen Ionen (Anionen).

Gemeinsam ist allen Nichtmetallen das Fehlen der elektrischen Leitfähigkeit.

Nichtmetalle sind elektronegative Elemente.

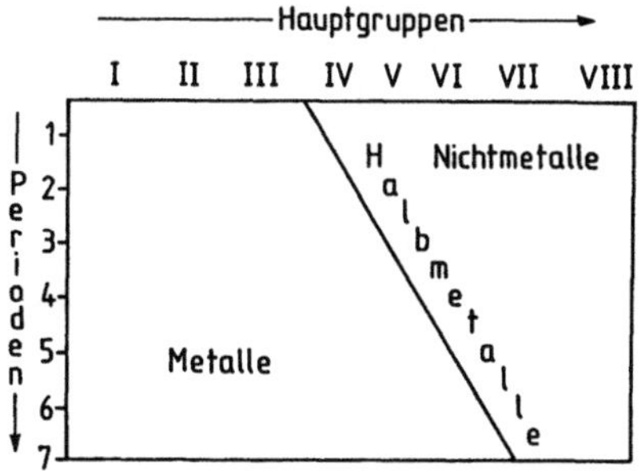

Schematisierte Darstellung des PSE

Halbmetalle

Halbmetalle stehen im PSE und auch in Hinblick auf ihre Eigenschaften *zwischen* den Metallen und den Nichtmetallen. Sie treten in halbmetallischen Modifikationen auf. Die elektrische Leitfähigkeit ist geringer als bei den Metallen. Sie nimmt z. B. bei Graphit mit steigender Temperatur zu. Bei Raumtemperatur ist nur eine sehr geringe elektrische Leitfähigkeit vorhanden.

Modifikation: Formart eines Stoffes, der durch bestimmte Eigenschaften ausgezeichnet ist.

Es läßt sich nicht genau angeben, welche chemischen Elemente zu den Halbmetallen gezählt werden. Mit einiger Sicherheit kann man Bor, Silicium, Germanium, Arsen und Tellur dazu zählen, zum Teil werden noch Antimon und Polonium dazugerechnet.

Eine *Erhöhung der elektrischen Leitfähigkeit* bei Halbleitern kann durch den Einbau (Dotierung) geringer Mengen anderer Elemente, wie Phosphor, Arsen, Gallium, erfolgen. Allerdings müssen die Stoffe dafür extrem rein sein.

In so präparierten Halbleitern sind dann mehr oder weniger Elektronen vorhanden als für die Bindung benötigt werden.

Die überschüssigen Elektronen bewegen sich durch die Halbleiter und können die elektrische Leitfähigkeit bis zum Tausendfachen erhöhen (*n*-Leiter).

Ein *Mangel an Elektronen* (Elektronenlöcher) bewirkt das Wandern von positiven Ladungen durch das Gitter (*p*-Leiter).

Dabei haben eingebaute Fremdstoffe wie Gallium weniger Außenelektronen und solche wie Arsen, Phosphor mehr Außenelektronen als die Atome des Halbleiters.

Der *Metallcharakter* nimmt innerhalb der Perioden von links nach rechts ab und in den Gruppen von oben nach unten zu.
Metalle geben relativ leicht Elektronen ab.
Nichtmetalle nehmen mehr oder weniger leicht Elektronen auf.
Halbmetalle stehen im PSE zwischen den Metallen und den Nichtmetallen.

4.3 Erkennen einzelner Elemente

Chemische und physikalische Methoden ermöglichen es, Elemente in reiner Form, in Mischungen oder Verbindungen zu erkennen.

Chemische Verfahren sind oft sehr aufwendig und langwierig.

Bei *physikalischen* Verfahren bleibt im Normalfall die zu untersuchende Substanz erhalten.

Erkennungsmethoden

chemische	physikalische
Behandlung mit Chemikalien (spezifische Nachweisreaktionen, z. B. Nachweis von Bariumionen durch Schwefelsäure: weißer Niederschlag)	Eigenschaftsbestimmung (Beispiele) • Schmelzpunkt, • Siedepunkt, • Dichte, • Spektren, usw.

Spektroskopie

Die Spektroskopie erweist sich als eine genaue Methode, die in relativ kurzer Zeit verläßliche Werte liefert.

Bei einer *Spektralanalyse* sendet jedes Element eines Gemisches oder einer Verbindung durch thermische Anregung Licht mit bestimmten Farbanteilen (Wellenlängen) aus. Dieses Licht wird durch ein Glasprisma in *Spektrallinien* zerlegt.

Jedes Element hat ein eigenes unverwechselbares *Spektrum*, einem Fingerabdruck des Menschen vergleichbar.

Aus dem Auftreten bestimmter Spektrallinien und aus ihrer Stärke lassen sich qualitative und quantitative Aussagen z.B. über Anteile von Legierungsbestandteilen in Edelstählen machen.

Spektralbereiche (s. Abschn. 3.5)	Erkenntnisse über
Mikrowellen	Bindungslängen und Winkel Schwingungen von Atomen und Ionen in Kristallgittern
Infrarot	(siehe Mikrowellen)
Sichtbares Licht	Art und Aufbau einiger Elemente und Verbindungen durch Farben
Ultraviolett	Energieniveaus von Elektronen und Bindungsenergien in Molekülen
Röntgen	Struktur von Gittern und Molekülen Verteilung der Elektronendichte in Molekülen Lage der Atome und ihrer Elektronenwolken

4.4 Kraftwirkungen auf Elektronen

Von überragender Bedeutung für chemische Reaktionen und Verbindungen sind die Kräfte und Energien, die auf Elektronen wirken.

- Ionisierungsenergie
- Elektronegativität

4.4.1 Ionisierungsenergien (gemessen in Elektronenvolt eV)[1]

1. Periode

Symbol		H	He
Gesamtzahl der Elektronen		1	2
Elektronenbesetzung der letzten Schale		1	2
Ionisierungsenergie für die Abspaltung von Elektronen	1	13,6	24,6
	2		54,4
	3		
	4		
	5		
	6		
	7		
	8		
	9		
	10		

2. Periode

Symbol		Li	Be	B	C	N	O	F	Ne
Gesamtzahl der Elektronen		3	4	5	6	7	8	9	10
Elektronenbesetzung der letzten Schale		1	2	3	4	5	6	7	8
Ionisierungsenergie für die Abspaltung von Elektronen	1	5,4	9,3	8,3	11,3	14,5	13,6	19,4	21,6
	2	75,6	18,2	25,1	24,4	29,6	35,2	35,0	41,0
	3	122,4	153,9	37,9	47,9	47,4	54,9	62,6	64,0
	4		217,7	259,3	64,5	77,5	77,4	87,2	97,1
	5			340,1	391,9	97,9	113,9	114,2	126,4
	6				489,8	591,9	138,1	157,1	157,9
	7					666,8	739,1	185,1	207,0
	8						871,1	953,6	238,0
	9							1100,0	1190,0
	10								1350,0

„Energiesprung"

3. Periode

Symbol		Na	Mg	Al	Si	P	S	Cl	Ar
Gesamtzahl der Elektronen		11	12	13	14	15	16	17	18
Elektronenbesetzung der letzten Schale		1	2	3	4	5	6	7	8
Ionisierungsenergie für die Abspaltung von Elektronen	1	5,1	7,6	6,0	8,1	11,0	10,4	13,0	15,8
	2	47,3	15,0	18,8	16,3	19,7	23,4	23,8	27,6
	3	71,6	80,1	28,4	33,5	30,1	35,0	39,9	40,9
	4	98,9	109,3	120,0	45,1	51,4	47,3	53,5	59,8
	5	138,6	141,2	153,8	166,7	65,0	72,5	67,8	75,0
	6	172,4	186,7	190,4	205,1	220,4	88,0	96,7	91,3
	7	208,4	225,3	241,9	246,4	263,3	281,0	114,3	124,0
	8	264,1	266,9	285,1	303,2	309,2	328,8	348,3	143,5
	9	299,4	328,2	331,6	349,0	380,0	379,1	398,8	434,0
	10	1460,0	367,0	399,2	407,0	433,0	459,0	453,0	494,0

Energie steigt sprungartig an, wenn Elektronen einer tieferen Schale abgespalten werden.

„Energiesprung"

[1] 1 eV ist die Energie, die ein Elektron gewinnt, wenn es in einem elektrischen Feld mit der Potentialdifferenz 1 Volt beschleunigt wird. 1 eV = $15{,}993 \cdot 10^{-23}$ kJ

Hauptgruppenelemente (ohne Francium und Radium)

Perioden		Hauptgruppen 1.	2.	3.	4.	5.	6.	7.	8.
1.	EN	2,1							0
	Atomradius	H 30							He 93
2.	EN	1,0	1,5	2,0	2,5	3,0	3,5	4,0	0
	Atomradien	Li 152	Be 112	B 88	C 77	N 70	O 66	F 64	Ne 112
	Ionenradien	Li^{+} 60	Be^{2+} 31				O^{2-} 140	F^{-} 136	
3.	EN	0,9	1,2	1,5	1,8	2,1	2,5	3,0	0
	Atomradien	Na 186	Mg 160	Al 143	Si 117	P 110	S 104	Cl 99	Ar 154
	Ionenradien	Na^{+} 95	Mg^{2+} 65	Al^{3+} 50			S^{2-} 184	Cl^{-} 181	
4.	EN	0,8	1,0	1,6	1,8	2,0	2,4	2,8	0
	Atomradien	K 231	Ca 197	Ga 141	Ge 137	As 121	Se 117	Br 114	Kr 169
	Ionenradien	K^{+} 133	Ca^{2+} 97	Ga^{3+} 62	Ge^{4+} 53		Se^{2-} 198	Br^{-} 195	
5.	EN	0,8	1,0	1,7	1,8	1,9	2,1	2,5	0
	Atomradien	Rb 244	Sr 215	In 162	Sn 161	Sb 141	Te 137	J 133	Xe 190
	Ionenradien	Rb^{+} 148	Sr^{2+} 113	In^{3+} 81	Sn^{4+} 71		Te^{2-} 221	J^{-} 216	
6.	EN	0,7	0,9	1,8	1,8	1,9	2,0	2,2	0
	Atomradien	Cs 262	Ba 217	Tl 171	Pb 175	Bi 146	Po 176	At 140	Rn 220
	Ionenradien	Cs^{+} 169	Ba^{2+} 135	Tl^{3+} 95	Pb^{4+} 84				

EN bedeutet Elektronegativität (→ Abschnitt 4.4.2).

Atom- und Ionenradien in Picometer (1 pm = 10^{-12} n = 10^{-6} μm) nach dem Internationalen Einheitensystem (SI).

Die Atomradien und die Ionenradien werden in relativer Größer dargestellt.

Bei der *Ionisierungsenergie* handelt es sich um die Energie, die nötig ist, um ein Elektron oder mehrere Elektronen aus einem Atom oder Molekül *vollständig* zu entfernen.

Zunehmende Abschirmwirkung durch jede neue Schale bedeutet Verringerung der Ionisierungsenergie

Keine Abschirmung zwischen Kernladung und Elektronenhülle

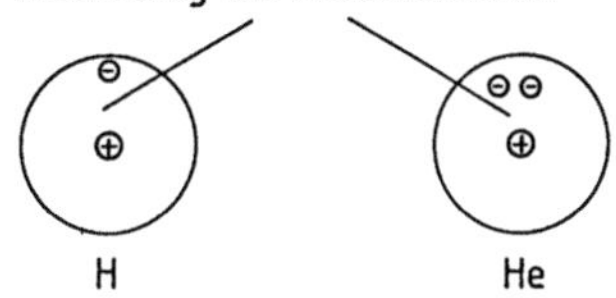

In der ersten Schale liegen die Ionisierungsenergien besonders hoch, weil hier die *Kernladung* (Protonenzahl) sich *ungehindert* auswirken kann.

Das ändert sich in den folgenden Schalen.

Die Elektronen der zweiten Schale werden durch die Elektronen der ersten Schale bereits stark *abgeschirmt*.

Mit jeder weiteren Schale vergrößert sich die Abschirmung durch die vorhergehenden Schalen.

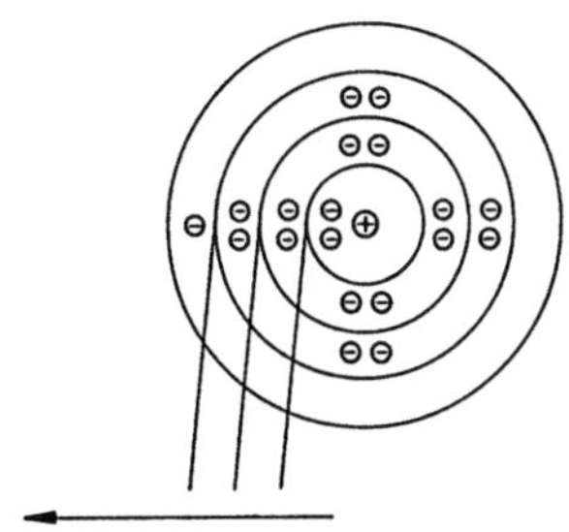

Zunahme der Abschirmwirkung

Entfernen eines Elektrons:

H 13,6 eV
Li 5,4 eV
Na 5,1 eV

Einige *Unstetigkeiten* der Ionisierungsenergien z. B. bei Beryllium-Bor, sind mit den behandelten Atommodellen nicht erklärbar.

Ionisierungsenergien, Zunahme des metallischen Charakters

Jede *zusätzliche* innere Elektronenschale schirmt die Außenelektronen weiter von der Kernladung ab.

Innerhalb einer Periode wächst von links nach rechts mit jedem weiteren Proton im Kern die Ionisierungsenergie an, weil die *Kernladung* immer weiter *steigt*, die *Abschirmwirkung* der vorhergehenden Elektronenschale(n) aber *nicht größer* wird.

Innerhalb einer Elektronenschale beeinflussen die Elektronen untereinander die *Abschirmwirkung* kaum.

Besonders interessant ist ein Vergleich der Energien, die nötig sind, um ein Elektron aus der jeweils äußersten Schale zu entfernen.

Perioden

Zunahme der Abschirmwirkung ↓

1	H 13,6	Zunahme der Kernladung und der Ionisierungsenergie → keine Abschirmung	He 24,6
2	Li 5,4	Zunahme der Kernladung und der Ionisierungsenergie → Abschirmwirkung nimmt *nicht* zu	Ne 21,6
3	Na 5,1	Zunahme der Kernladung und der Ionsisierungsenergie → Abschirmwirkung nimmt *nicht* zu	Ar 15,8

Keine Abschirmwirkung zwischen Kernladung und Elektronenhülle.

Zunehmende Abschirmwirkung durch jede neue Schale bedeutet Verringerung der Ionisierungsenergie.

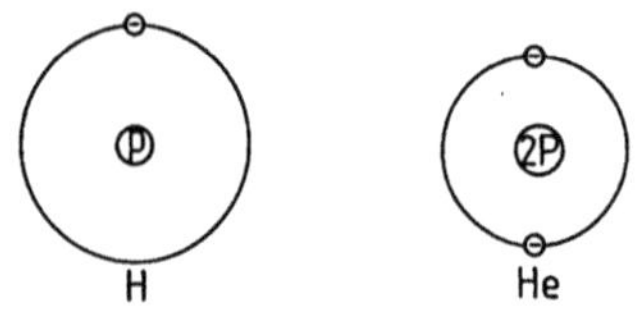

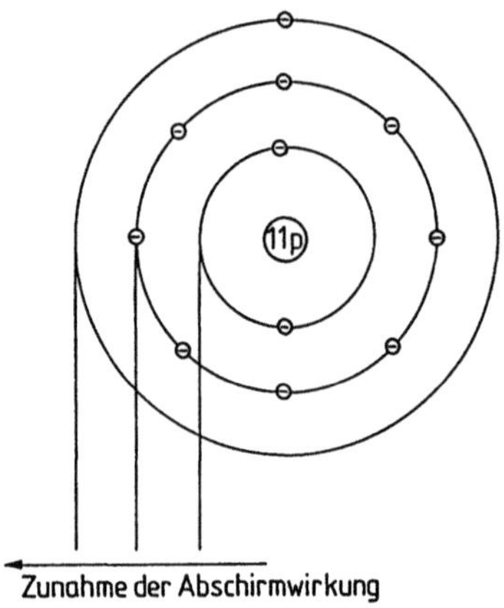

4.4.2 Elektronegativität (*EN*)

Die Elektronegativität hängt von den Faktoren ab, welche die Ionisierungsenergie bestimmen (Kernladung, Abschirmung der Kernladung).

Die Elektronegativität beschreibt die *Anziehungskräfte auf Elektronen* innerhalb von Bindungen.

> Die Elektronegativität ist die *relative Fähigkeit eines Atoms*, innerhalb einer Bindung Elektronen anzuziehen.

Die Differenz der Elektronegativitäten ΔEN ist ein geeignetes Mittel zur *Abschätzung des Bindungscharakters* in Verbindungen.

Die Elektronegativität steigt

- in den Perioden von links nach rechts,
- in den Hauptgruppen von unten nach oben.

Einige Unstetigkeiten lassen sich im Rahmen dieses Buches nicht erklären.

Die *EN*-Werte ermöglichen ein tieferes Verständnis für chemische Bindungen. Sie lassen brauchbare Vorhersagen über Struktur und Eigenschaften von chemischen Verbindungen zu.

Die *EN*-Werte sind relative Größen ohne Maßeinheit. Für Fluor wurde willkürlich der Wert 4 (Höchstwert) festgesetzt.

Bindungscharakter von Bindungen:

- reine Atombindung $\Delta EN = 0$
- Polarisierte Atombindung $\Delta EN \geqq 0{,}5$, $< 1{,}8$
- Ionenbindung $\Delta EN > 1{,}8$

Zunahme der Elektronegativität im PSE (*EN* in der Klammer angegeben):

Li (1,0) → F (4,0) 2. Periode
↑
Fr (0,7) 7. Periode
1. Hauptgruppe 7. Hauptgruppe

(→ Abschnitt 4.4)

Die Elektronen der zweiten Schale werden bereits im erheblichen Umfang durch die Elektronen der ersten Schale von den Kernladungen abgeschirmt.

Bei den Elementen der 2. Periode wird die Abschirmwirkung der Elektronen der ersten Schale nicht verändert, deshalb kann sich die zunehmende Kernladung in der 2. Periode von links nach rechts immer stärker auswirken.

Gleiches läßt sich zu den folgenden Perioden sagen.

Ein Vergleich der *EN*-Werte innerhalb einer Hauptgruppe zeigt deutlich die Zunahme der Abschirmwirkung durch jede neue Elektronenschale.

> Die Elektronegativität macht das Verhalten der Elemente bei chemischen Verbindungen leichter durchschaubar.

Fluor ist das Element mit der größten *EN* und dem kleinsten Atomdurchmesser (ohne Wasserstoff).

Beispiele hoher *EN* bei Fluor (4,0) und Sauerstoff (3,5):

- Fluor reagiert mit Wasserstoff noch bei Temperaturen von − 200 °C explosionsartig. Diese Reaktion ist für den Antrieb von Raketen interessant.
- Fluor reagiert bei höheren Temperaturen und hohem Druck mit den Edelgasen Krypton und Xenon.

Bei der Zersetzung von Wasserstoffperoxid H_2O_2 entsteht für kurze Zeit atomarer Sauerstoff. Dieser Sauerstoff ist sehr aggressiv und wird zum Bleichen und Desinfizieren genutzt (Ausdruck der hohen *EN*).

4.5 Ähnlichkeiten innerhalb der Gruppen

I. Alkalimetalle Li Na K Rb Cs Fr	große Ähnlichkeit der Eigenschaften weiche, metallisch glänzende Elemente hohe elektrische Leitfähigkeit heftige *Reaktionsfähigkeit* mit Wasser
II. Erdalkalimetalle Be Mg Ca Sr Ba	deutliche Abstufungen der Eigenschaften typische Eigenschaften: weich, gut reaktionsfähig Be zeigt nicht die typischen Eigenschaften der 2. Hauptgruppe (Neigung zur Atombindung)
III. Borgruppe B Al Ga In Tl	Abstufungen vom halbmetallischen Bor zum metallischen Thallium
IV. Kohlenstoffgruppe C Si Ge Sn Pb	stufenweise Übergänge vom Nichtmetall zum Metall Bildung von Dioxiden
V. Stickstoffgruppe N P As Sb Bi	stufenweise Übergänge vom Nichtmetall zum Metall
VI. Chalkogene O S Se Te Po	relativ hohe *EN*, stufenweise Übergänge von Nichtmetall zu Metall (Polonium) große *Reaktionsfähigkeit* gegenüber Metallen zahlreiche, teilweise sehr komplizierte Bindungsmöglichkeiten
VII. Halogene F Cl Br J At	große Ähnlichkeit der Eigenschaften hohe bis sehr hohe *EN* stark aggressive, ätzende und giftige Elemente
VIII. Edelgase He Ne Ar Kr Xe Rn	stabile Besetzung der Außenschale wenige chemische Bindungen unter besonderen Bedingungen *Beispiele:* XeF_4, KrF_4, XeO_3 (→ Abschnitt 4.4.2) elementare Edelgase nur in *atomarer* Form

4.6 Zusammenfassung

Jedes **chemische Element** hat ein eigenes **Symbol.**

Die **Ordnungszahl** gibt die Stellung des chemischen Elementes im PSE an.
Ordnungszahl = Protonenzahl = Elektronenzahl.

Isotope sind Kernarten eines chemischen Elementes mit der gleichen Protonenzahl, jedoch unterschiedlicher Neutronenzahl.

Isotope eines chemischen Elementes haben die gleichen chemischen Eigenschaften, die physikalischen Eigenschaften der Isotope sind unterschiedlich.

Das **PSE** hat 7 Perioden, 8 Hauptgruppen und 8 Nebengruppen.

Hauptgruppennummer = Anzahl der Außenelektronen.

Hauptgruppenelemente füllen die äußerste, Nebengruppenelemente die zweitäußerste und drittäußerste Elektronenschale auf.

Einteilung der chemischen Elemente in: Metalle – Halbmetalle – Nichtmetalle.

Der Metallcharakter der chemischen Elemente nimmt innerhalb der Perioden von links nach rechts ab.

Der Metallcharakter nimmt in den Gruppen von oben nach unten zu.

Ionisierungsenergie ist die Energie, die benötigt wird, um Elektronen aus dem Anziehungsbereich des Atomkerns zu entfernen.

Jede zusätzliche innere Elektronenschale schirmt die Außenelektronen zunehmend gegen den Kern ab.

Elektronegativität EN ist die **relative Fähigkeit eines Atoms** innerhalb einer Bindung Elektronen anzuziehen.

Mit der Elektronegativität EN läßt sich das **Verhalten der Elemente** bei chemischen Bindungen besser verstehen.

4.7 Aufgaben

1. Warum spricht man in der Chemie von einem Periodensystem der Elemente?
2. Wodurch wird das chemische Verhalten der Elemente bestimmt?
3. Nach welcher Eigenschaft wurden früher und nach welcher Eigenschaft werden heutzutage die Elemente eingeordnet?
4. Wie heißen die waagerechten Zeilen und wie die senkrechten Spalten im PSE?
5. Wie bzw. wonach werden die Gruppen im PSE benannt?
6. Wieviele Elemente sind zur Zeit offiziell bekannt?
7. Was versteht man unter Isotopen, Reinelementen und Mischelementen?
8. Skizzieren Sie das Bohrsche Atommodell für:
   a) Kohlenstoff,
   b) Kalium,
   c) Argon.

9. Tragen Sie in das Schema des PSE ein:
   a) Metalle und Nichtmetalle,
   b) elektropositive und elektronegative Elemente,
   c) Gruppen und Perioden.
10. Wodurch unterscheiden sich Metalle von den Nichtmetallen?
11. Warum zeigen die Elemente Lithium, Natrium, Kalium ähnliches chemisches Verhalten?
12. Welche der folgenden Reihen von Elementen zeigt ähnliche Eigenschaften?
    a) Lithium, Kohlenstoff, Sauerstoff, Neon,
    b) Jod, Chlor, Brom, Fluor,
    c) Scandium, Magnesium, Wasserstoff, Bor.
13. Der Schmelzpunkt für Lithium beträgt 180,5 °C, der für Kalium 63,7 °C. Welcher der folgenden Werte ist für Natrium zu erwarten und warum:
    210,5, 97,8, 43,2 °C?
14. Warum nimmt die Ionisierungsenergie z.B. für die Elemente der 2. Periode von Bor nach Neon hin zu?
15. Warum steigt die Ionisierungsenergie sprunghaft an, wenn z.B. beim Natrium nach dem äußersten Elektron auch noch eins der zweitäußersten Schale abgespalten wird?
16. Warum nimmt bei Natrium der Ionenradius gegenüber dem Atomradius ab, während es bei Chlor genau umgekehrt ist?
17. Welche Bedeutung hat die Elektronegativität für die chemischen Bindungen?
18. Untersuchen Sie mit Hilfe der *EN*-Differenz, ob es sich bei den folgenden Verbindungen um polarisierte Atombindungen oder um Ionenbindungen handelt:
    a) NaCl, b) HCl, c) MgO.

5 Chemische Bindung und Struktur

5.1 Allgemeines

In der *Natur* kommen Elemente *nur selten gediegen* (elementar) vor. Zu den wenigen gehören Gold, Silber, Schwefel, Kohlenstoff.

Doch auch diese Stoffe liegen nicht in Form von Atomen, sondern in Atomverbänden vor. *Isolierte Atome* treten nur bei den Edelgasen und in hocherhitzten Dämpfen der Elemente auf.

Elemente	Vorkommen
Gold	als Berggold in primärer Lagerstätte
Silber	selten gediegen, als Silberganz Ag_2S
Schwefel	in vulkanischen Gebieten
Kohlenstoff	Diamant, Graphit

Wenn Atome miteinander reagieren, so findet die Wechselwirkung nur *oberflächlich* statt. Gemeint ist damit, daß der Kern der Atome an der chemischen Reaktion nicht teilnimmt.

Daran sind in der Regel die Elektronen der äußeren Schalen beteiligt.

Im Kapitel 4 „Periodensystem" wurde erklärt, wie die *chemischen* und *physikalischen Eigenschaften der Elemente* mit ihrer *Stellung im Periodensystem* zusammenhängen. Sie sind eine Folge der Anzahl der Elektronen auf den Schalen und der Protonen und der Neutronen im Kern der Atome.

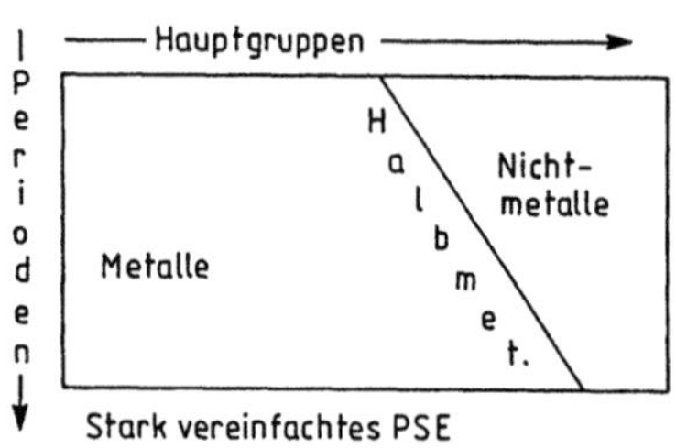

Stark vereinfachtes PSE

Die *Eigenschaften chemischer Verbindungen* ergeben sich nicht einfach als eine *Summe* der Eigenschaften der beteiligten Elemente. Vielmehr haben sie stets andere physikalische und chemische Eigenschaften als die sie aufbauenden Elemente.

Kochsalz NaCl bildet sich aus dem aggressiven Gas Chlor und dem reaktionsfreudigen Metall Natrium. Das Reaktionsprodukt Natriumchlorid NaCl hat die Eigenschaften der Ausgangsstoffe verloren. So ist NaCl z.B. ein wichtiger Bestandteil der menschlichen Nahrung.

Die Vereinigung chemischer Elemente zu Atomverbänden führt zu den 3 Hauptbindungsarten.

Hauptbindungsarten:

- Atombindung
- Ionenbindung
- Metallbindung

In einem Atomverband werden die Atome in der Regel durch *elektrostatische Kräfte* zusammengehalten. Diese Kräfte können gerichtet oder ungerichtet wirken.

Räumliche Struktur der Stoffe:
- Bergkristall
- Salzkristall
- Kandiszucker

Es entstehen dadurch bestimmte *räumliche Anordnungen* der Atome zueinander, die Strukturen.

Die *Wechselwirkung der Kräfte* innerhalb des Atomverbandes wird als *chemische Bindung* bezeichnet.

> Unter chemischer Bindung versteht man die Art des Zusammenhalts der Atomverbände, deren innere Kräfte und Energien, sowie ihre räumliche Gestalt.

5.2 Ursachen chemischer Bindung

Wenn Atome zu Atomverbänden reagieren, so liegt diesen Abläufen ein allgemeingültiges Naturgesetz zugrunde.

Es ist das Gesetz der *größten Wahrscheinlichkeit*.

Es läßt sich durch zwei Prinzipien verdeutlichen:

1. Prinzip des *Energieminimums:*
   Die Reaktionsteilnehmer versuchen von einem hohen zu einem niedrigen Energiezustand zu gelangen.

Für das Metall Eisen ist der „verrostete" Zustand der energieärmere und damit der wahrscheinlichere. In diesem Zustand entspricht es dem Eisenoxid in Erzlagerstätten.

2. Prinzip des *Entropiemaximums:*
   Die Reaktionsteilnehmer versuchen, den Zustand der größten Unordnung einzunehmen.

Salmiakgeist verteilt sich nach dem Öffnen der Flasche von allein im Raum. Es ist unwahrscheinlich, daß er wieder in die Flasche zurückkehrt.

Dabei ist zu beachten, daß die chemischen Reaktionen nicht immer spontan in Richtung auf ein niedrigeres Energieniveau verlaufen. Eine chemische Katastrophe wäre dann unausweichlich.

Die Natur hat deshalb eine „chemische Barriere" eingebaut, die als Aktivierungsenergie E_A bezeichnet wird (→ Abschnitt 6.14).

Die in der Natur vorkommenden beständigen Verbindungen (Oxide, Sulfide) der Metalle lassen sich deshalb nur durch Energiezufuhr zu den elementaren Metallen reduzieren.

So kommen energiereiche chemische Verbindungen, wie zum Beispiel
- Sprengstoffe,
- Calciumcarbid (Acetylenherstellung)

nicht in der Natur vor, sie müssen mit hohem Energieaufwand hergestellt werden.

Elementare Stoffe haben ein höheres Energieniveau. Durch chemische Bindung unter Energieabgabe gelangen sie auf ein niedrigeres Energieniveau mit höherer Beständigkeit.

Beispiele: Metallgewinnung

Metall-verbindung	Prozeß	Energiezufuhr
Eisenoxid	Hochofen	Verbrennung von Koks, 450 kg/t Fe
Aluminiumoxid	Schmelzflußelektrolyse	Elektrische Energie, 17 kWh/kg Al
Titantetrachlorid	Kroll-Verfahren	Aus der Oxidation von Magnesium, 1 kg Mg/1 kg Ti

5.3 Kräfte innerhalb eines Atomverbandes

Innerhalb eines Atoms besteht rechnerisch gesehen *Gleichgewicht* zwischen den anziehenden und abstoßenden Kräften. Sie ergeben sich aus der elektrostatischen Anziehung zwischen den Elektronen auf den Schalen und den Protonen des Atomkerns und können stark vereinfacht mit dem Coulombschen Gesetz beschrieben werden:

$$F = \frac{Q^+ \cdot Q^-}{l^2} \cdot k$$

Elektrostatische Kräfte, auch Coulombsche Kräfte genannt:

- Abstoßung gleichartiger Ladungen
- Anziehung ungleichartiger Ladungen

Q^+, Q^- Ladungen der Teilchen in As
l Abstand der Ladungsschwerpunkte in m
F Kraft in N
k Konstante

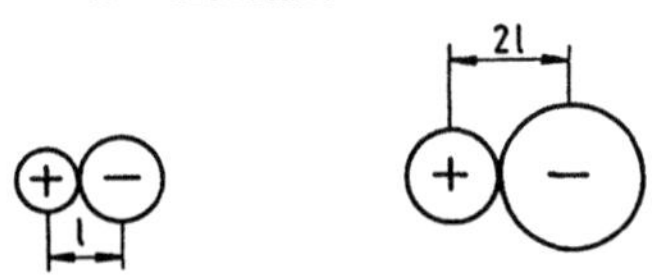

Beispiel:

Abstand l Abstand $2\,l$
Kraft F Kraft $0{,}25\,F$

Erklärung des Gesetzes:

Die Kraft zwischen zwei Bindungspartnern mit entgegengesetzter Ladung ist ihren Ladungen direkt und dem Quadrat des Abstandes umgekehrt proportional. Allgemein gilt:

Beispiel:

Das Fluor-Atom hat einen sehr kleinen Durchmesser.

Es kann dadurch sehr nahe an seinen Bindungspartner herantreten. Daraus folgt seine hohe chemische Reaktionsfähigkeit (Aggressivität), es hat die größte EN-Zahl (→ Abschnitt 4.4.2).

Atom- bzw. Ionenradius klein:

- Atomkern wirkt stark anziehend auf die Valenzelektronen des Bindungspartners
- Elektronegativität EN groß

Die EN ist eine relative Zahl, welche die Anziehungskraft eines Atomkerns auf die Elektronen innerhalb einer Bindung angibt (→ Abschnitt 4.4.2).

Atom- bzw. Ionenradius groß:

- Atomkern wirkt schwach anziehend auf die Valenzelektronen des Bindungspartners
- Elektronegativität EN klein

In einem Atomverband nehmen die Atome oder Ionen im Gleichgewicht solche Abstände a_{Gl} ein, daß die abstoßenden Kräfte F_{Ab} und die anziehenden Kräfte F_{An} von gleichem Betrage sind. Dann verläuft die resultierende Kurve aus den anziehenden und abstoßenden Kräften durch die Nullinie.

Mit Hilfe der EN-Differenz ΔEN läßt sich abschätzen, welche Bindungsart zwischen zwei Atomen vorliegen wird.

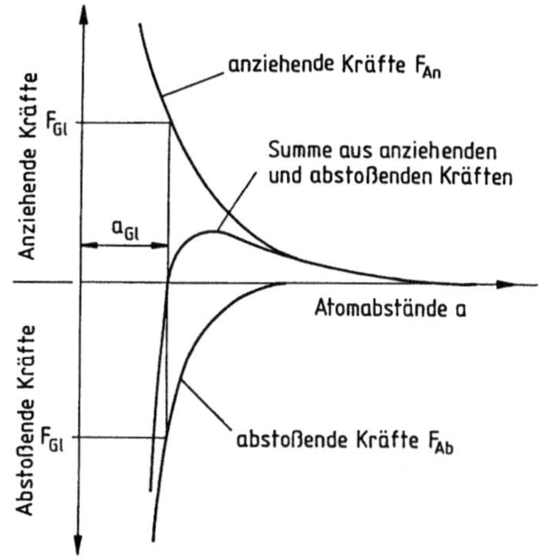

Kräfte innerhalb eines Atomverbandes

5.4 Die Bindungsarten und deren Übergänge

Zusammenhang der Bindungsarten

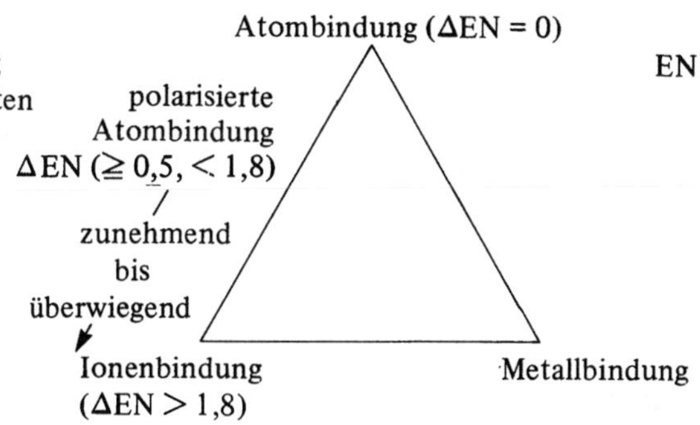

EN = Elektronegativität (→ Abschnitt 4.4.2)

Atombindung

Bei der Atombindung werden *Elektronen beider Bindungspartner gemeinsam* zur Bildung der Atomverbände herangezogen. Das *bindende Elektronenpaar* gehört beiden Bindungspartnern gemeinsam.

Allgemeine Bezeichnung der Atombindung:

- Homöopolare Bindung
- Kovalente Bindung
- Elektronenpaarbindung

Nachweis einer wichtigen Eigenschaft

[V] Überprüfung der elektrischen Leitfähigkeit von:

- Zuckerlösungen
- Benzin
- Motorenöl

[VE] Keine Leitfähigkeit, keine elektrisch leitfähigen Teilchen vorhanden

Ionenbindung

Bei der Ionenbindung werden ein *Elektron oder mehrere von einem Bindungspartner an den anderen* abgegeben. Dadurch erhalten beide Bindungspartner eine elektrische Ladung. Sie werden zu positiven und negativen Ionen.

Allgemeine Bezeichnung der Ionenbindung

– heteropolare Bindung
– polare Bindung

[V] Überprüfung der elektrischen Leitfähigkeit von

- Wäßriger Kochsalzlösung
- Natronlauge
- Salzsäure

[VE] Leitfähig, da freibewegliche Ionen in den Elektrolyten vorhanden.

Metallbindung

Bei der Metallbindung geben die beteiligten *Bindungspartner Elektronen* innerhalb ihres gemeinsamen *Metallgitters* ab.

Diese abgegebenen Elektronen bewegen sich frei zwischen den positiven Atomrümpfen (Elektronengas). Sie halten die positiv geladenen Atomrümpfe durch elektrostatische Anziehung fest.

[V] Überprüfung der elektrischen Leitfähigkeit von

- Kupferdraht
- Eisendraht

[VE] Leitfähigkeit vorhanden, da sich freibewegliche Elektronen in den Metallen befinden

Übergangsformen

Die Bedingungen für die Hauptbindungsarten werden von den meisten chemischen Verbindungen nicht voll erfüllt. Es treten *fließende Übergangsformen* zwischen den Hauptbindungsarten auf.

Verantwortlich hierfür sind unterschiedliche Atom- und Ionenradien, unterschiedliche Wertigkeiten und auch vielfältige Elektronegativitätsunterschiede (0,0 bis 3,3).

Polarisierte Atombindungen:

- Wasser
- Ammoniak

5.5 Nichtmetalle mit niedriger Siedetemperatur

5.5.1 Elektronenpaarbindung

5.5.1.1 Oktett/Dublett-Regel

Nach der Oktett/Dublett-Regel übernehmen bestimmte Elektronen eine Art von *Kupplungsaufgabe* beim Eingehen einer Bindung. Moleküle haben immer dann ein stabiles Energieniveau, wenn die äußersten Schalen der sie bildenden Atome vollständig gefüllt sind. Sie haben dann die Edelgaskonfiguration eingenommen. Jedes Atom hat im Bindungsfall auf der Außenschale 2 Elektronen (Dublett) oder 8 Elektronen (Oktett).

Einfachbindungen

H. + ·H → H:H

oder

H. + ·H → H–H

Doppelbindungen

:Ö· + ·Ö: → :Ö::Ö:

oder

|Ō· + ·Ō| → Ō=Ō → O=O

Ein bindendes Elektronenpaar gehört dann sowohl zur Elektronenhülle des einen Atoms als auch zur Elektronenhülle des anderen Atoms. Sie verkuppeln gewissermaßen die beiden Elektronenhüllen der Atome.

In der ersten (*K*-)Schale wird die Edelgaskonfiguration bereits erreicht, wenn 2 Elektronen auf der Außenschale vorhanden sind. Das ist beim Helium der Fall (Erfüllung der Dublettregel). Die Elektronenpaare, die an den Bindungen nicht teilnehmen, werden als *freie Elektronenpaare* bezeichnet.

Dreifachbindungen

:Ṅ· + ·Ṅ: → N ⋮⋮ N:

|Ṅ· + ·Ṅ| → |N≡N|

Bein Einfachbindungen werden die beiden Nichtmetallatome durch ein Elektronenpaar, bei Doppelbindungen durch zwei Elektronenpaare und bei Dreifachbindungen durch drei Elektronenpaare gebunden.

Beim Aufstellen der obenstehenden Formeln ist folgende Schreibweise üblich:

- Die Valenzelektronen (Bindungselektronen) werden als Punkte um das chemische Symbol des entsprechenden Elements herum angeordnet.
- Elektronenpaare werden vereinfacht als Striche wiedergegeben (1 Strich ≙ 1 Elektronenpaar).
- Elektronen, die nicht an der Bindung beteiligt sind, werden häufig aus Gründen der Übersichtlichkeit weggelassen.
- Die entstehenden Formeln heißen *Strukturformeln*.

5.5.1.2 Molekülstrukturen

Die bindenden Elektronenpaare und die freien Elektronen der äußeren Schale stoßen sich gegenseitig so weit ab, wie es der zur Verfügung stehende Raum erlaubt. Dadurch entstehen bestimmte zwei- und dreidimensionale Molekülstrukturen. Diese sind *symmetrisch*, wenn der Atomverband aus dem Zentralatom und zwei, drei oder mehr *gleichartigen Bindungspartnern* besteht.

Bestehen die Moleküle aus einem Zentralatom mit *ungleichartigen* und/oder mit ein, zwei oder drei freien Elektronenpaaren, so beeinflussen diese die Strukturen des Moleküls durch ihre gegenseitige Abstoßung. Die *freien Elektronenpaare nehmen mehr Raum* ein, weil ihre Ladung stärker wirkt als die der bindenden Elektronenpaare. Die Bindungswinkel zwischen dem Zentralatom und den Bindungspartnern verändern sich unter dem Einfluß der Anziehung der Elektronen durch die Kernladung.

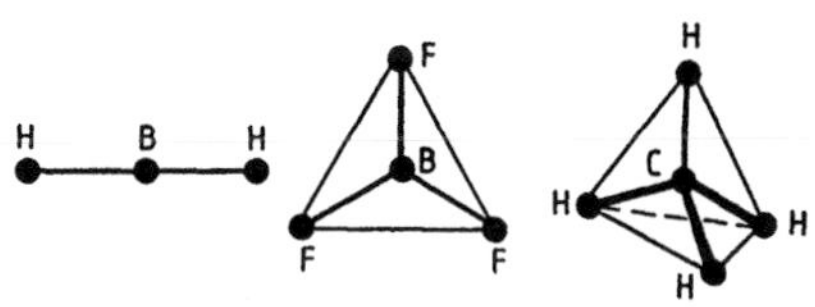

linear BeH_2 trigonal BF_3 tetraedrisch CH_4

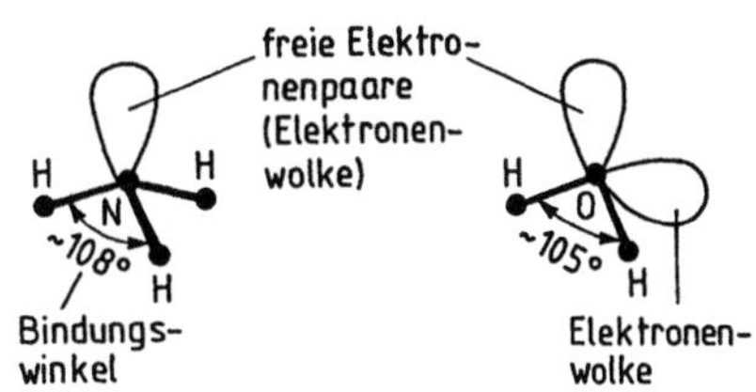

Ammoniak Wasser

5.5.2 Van-der-Waals-Bindungen

Auch *molekulare Gase* lassen sich verflüssigen und werden bei noch tieferen Temperaturen fest. Dabei ergeben sich Molekülgitter. Aus der Festigkeit dieser Gitter kann auf Anziehungskräfte zwischen den Molekülen geschlossen werden.

Diese *Anziehungskräfte* ergeben sich aus der ständigen Veränderung der Ladungsschwerpunkte infolge der *Wärme- und Elektronenbewegung.*

So kommt es im Zusammenwirken mit den eigenen und den Elektronen der Nachbaratome zur *Verschiebung der Ladungsschwerpunkte* innerhalb eines Moleküls.

Die an sich neutralen Atome weisen vorübergehend geladene Bereiche auf. Man bezeichnet sie als *induzierte Dipole,* die sich vorübergehend anziehen.

Bei unverzweigten Alkanen liegen die Van-der-Waals-Kräfte etwa bei 4 KJ · mol^{-1} für jedes Kohlenstoffatom in der Molekülkette. Weitere Vergleiche können der nebenstehenden Tabelle entnommen werden.

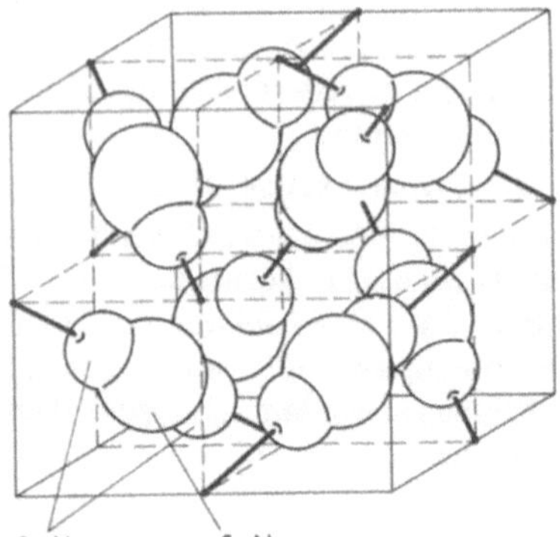

Molekülgitter des CO_2 im festen Zustand

Stoff	Formel	F_p °C	K_p °C	M_r
Wasserstoff	H_2	−259	−253	2
Sauerstoff	O_2	−219	−183	32
Stickstoff	N_2	−210	−196	28
Fluor	F_2	−220	−188	38
Chlor	Cl_2	−101	− 35	70
Brom	Br_2	− 7	+ 58	160
Jod	J_2	+114	−183	254
Wasser	H_2O	0	+100	18
Kohlendioxid	CO_2	− 79 sublimiert		44

zum Vergleich:

Kochsalz	NaCl	+ 801	+1465	58
Eisen	Fe	+1536	+3000	56

Während der Zusammenhalt *zwischen* den Molekülen relativ gering ist, sind die Zusammenhaltskräfte zwischen den Atomen *in* den Molekülen erheblich größer. Die nebenstehende Tabelle gibt eine Übersicht über die Schmelz-, Verdampfungs- und Bindungsenthalpien jeweils eines Mols von Stoffen an. Diese sind bei Umgebungstemperatur gasförmig.

E_{Schm} Schmelzenthalpie ist die Energiemenge, die benötigt wird, um 1 mol eines Stoffes bei Schmelztemperatur vom festen in den flüssigen Zustand zu bringen.

E_{Verd} Verdampfungsenthalpie ist die Energiemenge, die benötigt wird, um 1 mol eines Stoffes bei Siedetemperatur vom flüssigen in den gasförmigen Zustand zu bringen.

E_{Bind} Bindungsenthalpie ist die Energiemenge, die benötigt wird, um 1 mol eines molekularen Gases in Atome zu spalten.

Schmelz-, Verdampfungs- und Bindungsenthalpien einiger Gase

Molekül	E_{Schm} kJ/mol	E_{Verd} kJ/mol	E_{Bind} kJ/mol
H_2	0,12	0,92	436
J_2	15,9	85	152
O_2	0,45	6,8	495
N_2	0,73	9,9	943
F_2	1,43	6,1	159
Cl_2	13,4	18,4	243
Br_2	10,5	28,8	223

Die Bindungsenthalpie für Cl_2 ist um mehr als das 10fache größer als die Verdampfungsenthalpie. Anders ausgedrückt: Zur Trennung der Atome im Molekül wird mehr als 10mal soviel Energie benötigt als zur Trennung der Moleküle voneinander beim Verdampfen.

Die vorübergehenden Dipole werden als induzierte Dipole bezeichnet. Die von ihnen hervorgerufenen Kräfte heißen Van-der-Waals-Kräfte.

5.5.3 Polarisierte Atombindungen

Betrachtet man das nebenstehende Diagramm, so fällt auf, daß die *Siedetemperaturen* von Wasser, Fluorwasserstoff und Ammoniak *wesentlich höher* liegen, als aufgrund der relativen Molekülmasse zu erwarten wäre.

Weiterhin müssen die *zwischenmolekularen Anziehungskräfte* sicher größer sein, als durch die Van-der-Waals-Bindungen erklärbar wäre.

Es ist nun so, daß hier dauerhafte, sogenannte *permanente Dipole* (und nicht vorübergehend induzierte Dipole) vorliegen. Die polare Eigenschaft von Dipolmolekülen läßt sich mit Hilfe der Ablenkung eines frei ausströmenden Strahls durch einen statisch aufgeladenen Stab feststellen.

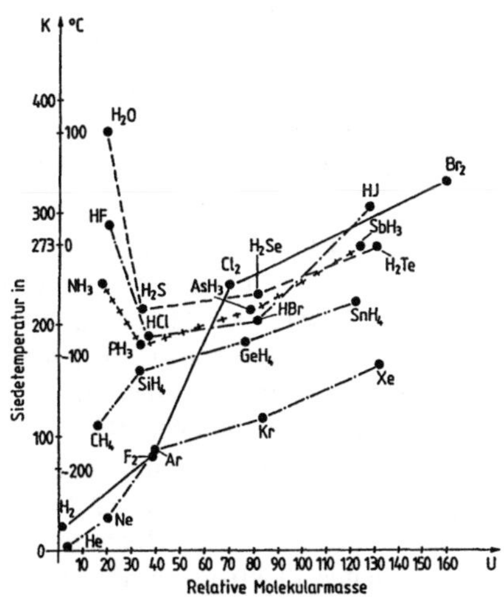

Abhängigkeit der Siedetemperaturen von der relativen Atommasse/Molekularmasse

[V] Aus einer Meßbürette fließt im freien Fall ein dünner Strahl Wasser aus. Dieser wird von einem statisch aufgeladenen Hartgummistab aus der Bahn abgelenkt.

[VE] Das Wassermolekül ist polar aufgebaut.

Besteht ein *Molekül aus zwei gleichartigen* Atomen, z. B. das Wasserstoffmolekül, so liegt das ***bindende Elektronenpaar symmetrisch*** zwischen den Wasserstoffatomen. Die bindenden Elektronen werden gleichmäßig von den beiden Atomkernen (je 1 Proton) angezogen. Die Ladungswolke des Wasserstoffmoleküls umschließt beide Atomkerne gleichmäßig.

Moleküle, die in einer exothermen Reaktion entstehen, haben ein geringeres Energieniveau als die Ausgangsstoffe. Das nebenstehende Bild soll den entsprechenden Reaktionsverlauf verdeutlichen.

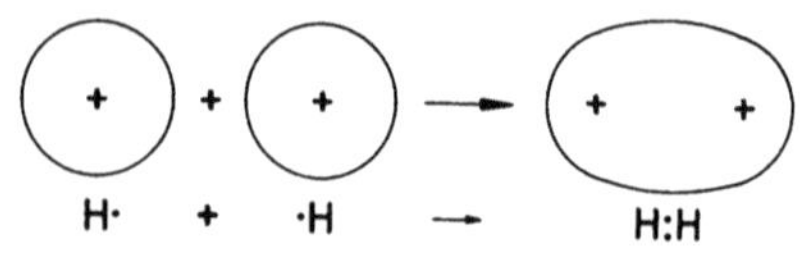

Wasserstoffatome Wasserstoffmolekül

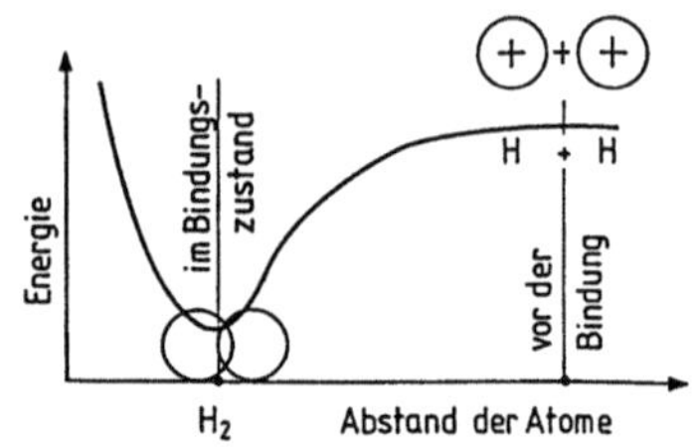

Energetischer Verlauf bei der Bildungs des Wasserstoffmoleküls aus den Atomen

Besteht das *Molekül aus zwei ungleichartigen Atomen,* z. B. das gasförmige Chlorwasserstoffmolekül, so wird das bindende Elektronenpaar von dem Element mit der größeren Elektronegativität (hier: Chlor) stärker angezogen.

Das Chloratom wird dadurch negativiert (δ^-), das Wasserstoffatom positiviert (δ^+).

Infolgedessen ist das *Chlorwasserstoffmolekül unsymmetrisch* geladen.

Solche Moleküle heißen Dipolmoleküle.

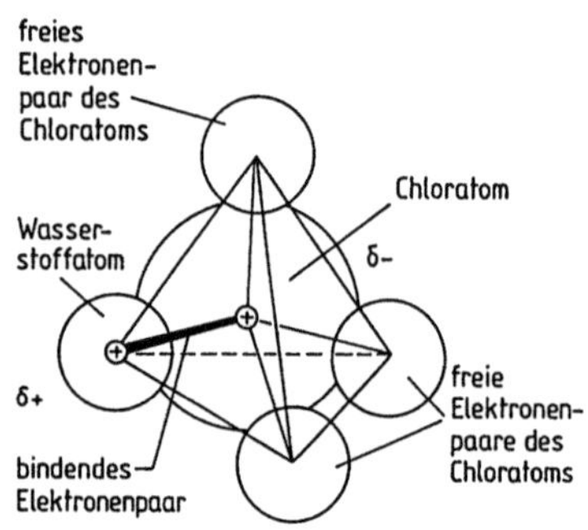

Kugelwolkenmodell des Chlorwasserstoff-Moleküls HCl

Ein wichtiges Dipolmolekül ist das *Wassermolekül.* Auf der 2. Schale hat das Sauerstoffatom 4 Kugelwolken, von denen zwei einfach und zwei doppelt besetzt sind. Wie beim Methanmolekül CH_4 befinden sich die Kugelwolken in den 4 Ecken eines *Tetraeders.* (Der Bindungswinkel C–H beim Methanmolekül beträgt ca. 109°).

Die höhere Elektronegativität des Sauerstoffs (3,5) gegenüber dem Wasserstoff (2,1) führt zu einer *Polarisierung der O–H–Bindung.* Dadurch wird das bindende Elektronenpaar zum Sauerstoff hin gezogen. Diese Seite des Wassermoleküls wird dadurch negativiert (δ^-), die Wasserstoffatome werden positiviert (δ^+). Die abstoßenden und anziehenden Kräfte stehen in einem Gleichgewicht, so daß ein Winkel von ungefähr 105° zwischen den Wasserstoffatomen entsteht.

Ein *permanenter Dipol* ist die Folge.

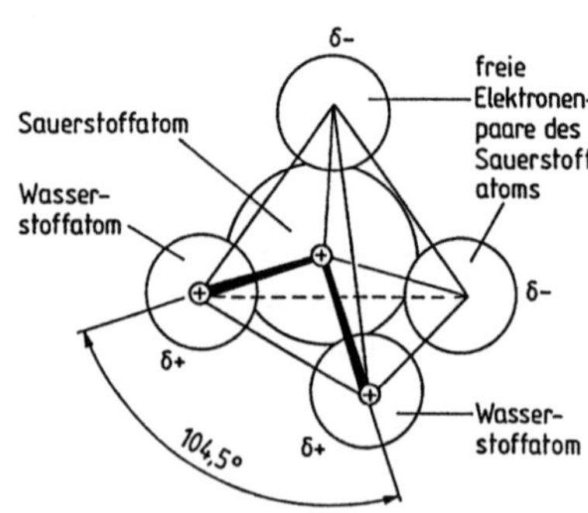

Kugelwolkenmodell des Wassermoleküls H_2O

Der polare Bau von *Ammoniak* läßt sich ebenso beschreiben. Die sieben Protonen des Stickstoffatoms ziehen die bindenden Elektronen näher an sich heran, so daß das Stickstoffatom negativiert (δ^-) und Wasserstoffatome positiviert (δ^+) werden. Das Ammoniakmolekül bildet räumlich ein *Tetraeder*, in dessen Mitte das Stickstoffatom sitzt. In den Ecken der unteren Tetraederfläche befinden sich die Wasserstoffatome, während die Spitze von dem freien Elektronenpaar besetzt wird.

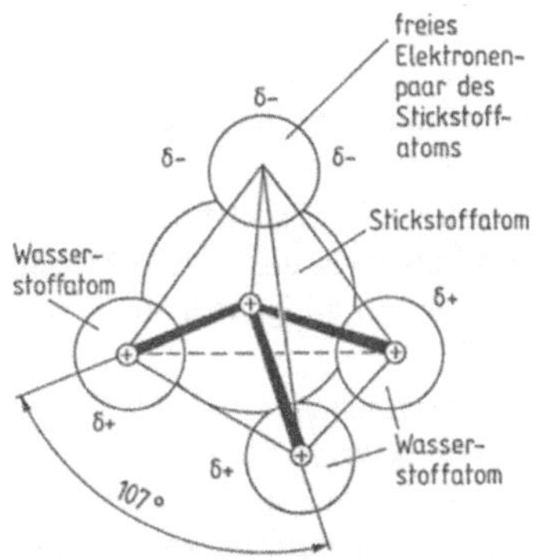

Kugelwolkenmodell des Ammoniakmoleküls NH_3

> Dipolmoleküle sind Moleküle mit zwei elektrisch entgegengesetzt geladenen Seiten.

Polarität von Atombindungen

Die Fähigkeit der Atomkerne, Elektronen anzuziehen, wird als *Elektronegativität* EN bezeichnet. Mit Hilfe der EN-Werte läßt sich die Polarität von Atombindungen bestimmen.

Verbindung	EN	ΔEN	Polarisierung	Bindungsart
NaCl	Na 0,9 Cl 3,0	3,0–0,9 = 2,1	abnehmende Polarisierung ↓	Überwiegend Ionenbindung
$MgCl_2$	Mg 1,2	3,0–1,2 = 1,8		↓
$AlCl_3$	Al 1,5	3,0–1,5 = 1,5		
$SiCl_4$	Si 1,8	3,0–1,8 = 1,2		Polarisierte Atombindung
PCl_3	P 2,1	3,0–2,1 = 0,9		
SCl_2	S 2,5	3,0–2,5 = 0,5		↓
Cl_2	Cl 3,0	3,0–3,0 = 0		Reine Atombindung

Anmerkung: Die vorliegende Berechnung gilt für eine binäre Bindung, zum Beispiel im $AlCl_3$ für die Bindung Al–Cl. Die Elektronegativitäten werden mit Hilfe der Bindungsenergien der betreffenden chemischen Verbindungen berechnet. (Tafel der EN-Werte siehe Abschnitt 4.4.1 oder PSE S. XII)

5.5.4 Nichtmetalle mit hoher Siedetemperatur – Atomgitter

Nur wenige Stoffe treten im festen Zustand in Form von Atomgittern auf. Es sind Stoffe, die durch hohe Härte und hohe Schmelz- und Siedetemperaturen auffallen. Zu ihnen gehören der Kohlenstoff in der Modifikation als Diamant, Silicium, Bor und Germanium und deren Verbindungen Siliciumcarbid SiC, Bornitrid BN (Diamantgitter) und Borcarbid B_4C.

Fäden aus Kohlenstoff finden wegen ihrer Festigkeit und ihres geringen Gewichtes Verwendung in Luft- und Raumfahrt.

Im *Diamantgitter des Kohlenstoffs* (→ Abschnitt 10.3.2) ist jedes Kohlenstoffatom durch bindende Elektronenpaare an vier benachbarte Kohlenstoffatome gebunden.

Die bindenden Elektronenpaare ordnen sich räumlich so an, daß die abstoßenden Kräfte zwischen ihnen möglichst klein und gleich groß werden.

Aus den *geringen Atomabständen* und den *gleichstarken Bindungen* zu den vier Nachbaratomen ergeben sich die große Härte und die hohe Schmelz- und Siedetemperatur des Diamanten.

Nach dem Diamanten heißt die Stoffklasse *diamantartiger* Stoffe.

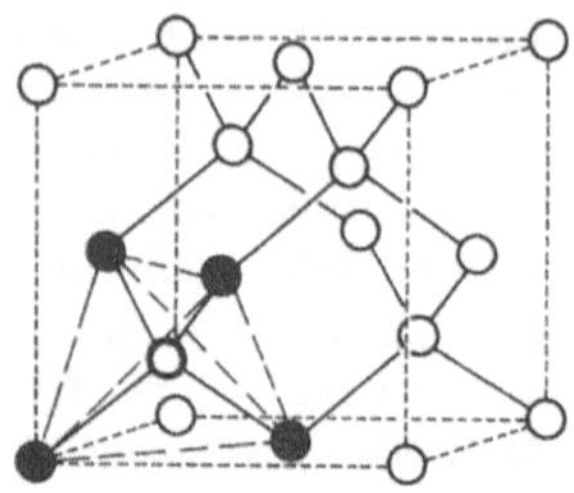

Elementarzelle des Diamantgitters

Anwendung von Diamanten:

- Schleifen
- Bohren von Gesteinen
- Schneiden von Gesteinen

Neben dem Diamantgitter tritt Kohlenstoff mit *hexagonaler Elementarzelle* als Graphit auf.

Im Graphit (→ Abschnitt 10.3.1) sind nur *drei* der vier Valenzelektronen *kovalent* gebunden. Das *vierte* Elektron ist *ähnlich beweglich* wie bei den Metallen. Daraus ergeben sich eine erheblich geringere Härte und eine fast metallische elektrische Leitfähigkeit parallel zu den Schichten. Die Bindungskräfte innerhalb einer Schicht sind im Vergleich zu denen zwischen den Schichten sehr groß. Unter Schubeinfluß gleiten die Schichten leicht aufeinander ab.

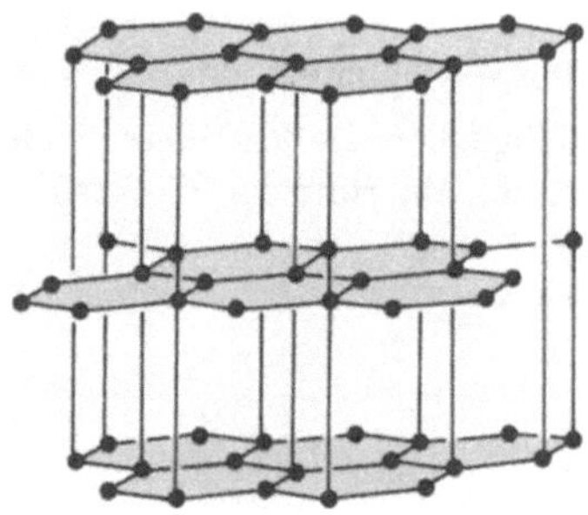

Hexagonaler Graphit
Graphit dient als Schmiermittel

Diamantartige Stoffe haben wegen der geringen Atomabstände und der gleichgroßen Bindungskräfte:

- hohe Schmelztemperaturen
- hohe Siedetemperaturen
- hohe Härten

Nichtmetalle mit extrem hohen Siede- und Schmelztemperaturen

Element	Schmelztemperatur °C	Siedetemperatur °C
Bor	2030	3927
Kohlenstoff	3727	4830
Silicium	1410	2680
Germanium	937	2830

Werte nach Engelhard

5.6 Bildung und Verhalten von Ionen

Verbinden sich Metallatome mit Nichtmetallatomen, z. B. Natrium mit Chlor zu Natriumchlorid, so bildet sich zwischen den Bindungspartnern eine *Ionenbindung* aus.

V Verbrennung von:
a) Magnesiumdraht
b) Stahlwolle

VE Bildung der Oxide
a) MgO
b) Fe_2O_3
Es handelt sich um Ionenverbindungen, auch Salze genannt.

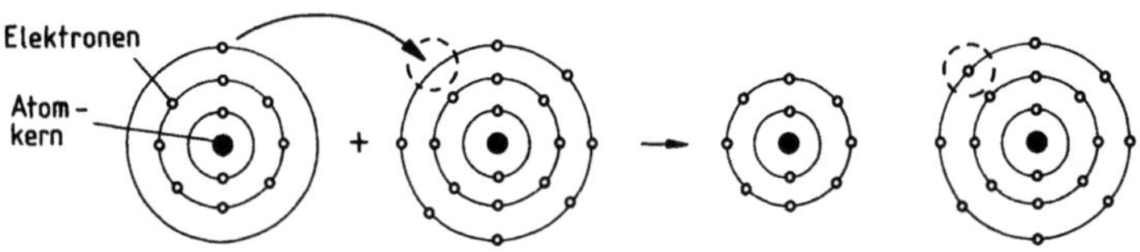

	Na-Atom	Cl-Atom	Na^+-Ion	Cl^--Ion
p	11	17	11	17
e^-	11	17	10	18

p Zahl der Protonen e^- Zahl der Elektronen

Beispiel:
Na + Cl ⟶ NaCl

Die *Voraussetzungen* für eine Ionenbindung sind folgende:

- Ein *Atom* hat nur *wenige Elektronen* auf der Außenschale ⟶ *Metall* (elektropositiv)
- das andere *Atom* hat *viele Elektronen* auf der Außenschale ⟶ *Nichtmetall* (elektronegativ)
- die Differenz der Elektronegativitäten ΔEN beträgt $> 1{,}8$.

Im *Bindungsfall reißt das stärker elektronegative Atom die Außenelektronen des elektropositiveren Atoms an sich.*

So entstehen aus elektrisch *neutralen Atomen* elektrisch *geladene Teile*, die Ionen.

Die Elektronen auf den äußeren Schalen weisen damit energetisch stabile Zwischen- oder Endzustände auf.

Die aufgenommenen oder abgegebenen Elektronen gehören zu den Bindungs- oder Valenzelektronen.

Die entgegengesetzt geladenen Ionen ziehen sich im Kristallgitter elektrostatisch an.

Durch die *Aufnahme* oder *Abgabe* von *Elektronen* gehen elektrisch neutrale Atome in elektrisch geladene *Ionen* über.

Dabei entstehen:

- positive Ionen (Kationen) durch die Abgabe von Elektronen
- negative Ionen (Anionen) durch die Aufnahme von Elektronen

5.6.1 Ionenwertigkeit

Die Anzahl der bei der Bildung von Ionen abgegebenen oder aufgenommenen Elektronen bestimmt die Größe der elektrischen Ladung eines Ions.

Sie wird als *Ionenwertigkeit* bezeichnet. Die Anzahl der abgegebenen Elektronen wird durch die entsprechende Ziffer und das Pluszeichen, die Anzahl der aufgenommenen Elektronen durch die entsprechende Ziffer und das Minuszeichen oben rechts am Symbol des Elementes gekennzeichnet. Es gibt also eine positive oder eine negative Ionenwertigkeit.

Die maximale Ionenwertigkeit eines Elementes gegenüber Sauerstoff steigt mit den Gruppennummern I bis VII von 1 bis 7, gegenüber Wasserstoff mit den Gruppennummern I bis IV von 1 bis 4 und nimmt bei den Gruppennummern V bis VII von 3 auf 1 wieder ab.

Beispiel: Ionisierte Atome

	Elemente	Gruppe PSE
1-wertig	Na^+, K^+, Li^+ F^-, Cl^-, Br^-	I VIII
2-wertig	Mg^{2+}, Ca^{2+}, Ba^{2+} O^{2-}, S^{2-}, Se^{2-}	II VI
3-wertig	Al^{3+}, B^{3+}, Sc^{3+} N^{3-}, P^{3-}, As^{3-}	III V

Beispiel: Ionenwertigkeit und Gruppennummern in der 3. Periode des PSE gegenüber Wasserstoff

	I	II	III	IV	V	VI	VII	0
4				Si^{4+}				
3			Al^{3+}		P^{3-}			
2		Mg^{2+}				S^{2-}		
1	Na^+						Cl^-	
0								Ar

Elektronen werden abgegeben ← | → Elektronen werden aufgenommen

Bei *Nebengruppenelementen* können auch Elektronen geringeren Energieniveaus (also der zweit- und der drittäußersten Schale) als Valenzelektronen auftreten. Daher sind unterschiedliche Wertigkeiten möglich. Die Ionenwertigkeit der Nebengruppenelemente liegt im allgemeinen jedoch bei zwei.

Beispiel:
Eisen(II)-oxid, FeO → Fe^{2+}
Eisen(III)-oxid, Fe_2O_3 → Fe^{3+}

Die *Metalle* werden als *elektropositiv* bezeichnet, weil durch die *Abgabe* von Elektronen Atome positiv geladen werden. Sie werden damit zu *positiven* Ionen (Kationen).

Nichtmetalle werden als *elektronegativ* bezeichnet, weil durch die *Aufnahme* von Elektronen Atome negativ geladen werden. Sie werden zu *negativen* Ionen (Anionen).

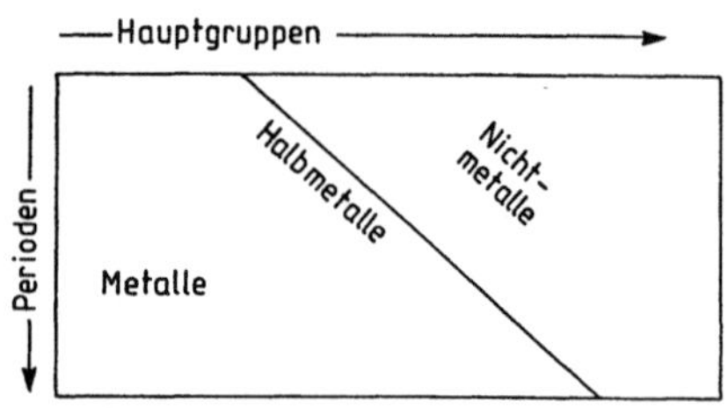

Stark verkürztes PSE

> Metalle sind elektropositiv. Sie bilden positive Ionen.
> Nichtmetalle sind elektronegativ. Sie bilden negative Ionen.

Positive Ionen sind daneben auch:
Wasserstoff H^+
Ammonium $[NH_4]^+$

Negative Ionen sind auch größere Atomverbände (Komplex-Ionen) wie Säurereste und auch die OH-Gruppe (→ Säuren 9.2).

> - *Positive Ionenwertigkeit* entspricht der Zahl der *abgegebenen* Elektronen,
> - *negative Ionenwertigkeit* entspricht der Zahl der *aufgenommenen* Elektronen.

5.6.2 Grundsätze zur Bildung von Ionen

- Zur Veranschaulichung der Verhältnisse werden die Valenz- oder Bindungselektronen als *Punkte* um die chemischen Symbole herum angeordnet.
- Im Bindungsfall muß das Nichtmetall die vom Metall abgegebenen Elektronen vollständig aufgenommen haben.
- Die Ionen werden mit positiven (+) oder negativen (−) Zeichen oben rechts am chemischen Symbol gekennzeichnet. Zusätzlich kann eine eckige Klammer [ ] zur Verdeutlichung des Ionenzustandes verwendet werden.
- Eine Ionenbindung tritt also ein, wenn die *Elektronegativitätsdifferenz* der Bindungspartner mehr als $\Delta EN = 1{,}8$ beträgt.
  (Tabelle der Elektronegativitäten → Abschnitt 4.4.2)

Beispiele:

$Na\cdot + \cdot\ddot{\underset{..}{Cl}}: \longrightarrow Na^{+} + :\ddot{\underset{..}{Cl}}:^{-}$

$\ddot{Ca} + \cdot\ddot{O}: \longrightarrow Ca^{2+} + :\ddot{\underset{..}{O}}:^{2-}$

$2\,\ddot{Al}\cdot + \dot{3}\cdot\ddot{O}: \longrightarrow$

$:\ddot{\underset{..}{O}}:^{2-} + Al^{\dot{3}+} + :\ddot{\underset{..}{O}}:^{2-} + :\ddot{\underset{..}{O}}:^{2-}$

Bindungs-partner	EN	ΔEN
Na Cl	0,9 3,0	2,1
Mg O	1,2 3,5	2,3
Al O	1,5 3,5	2
Zn O	1,6 3,5	1,9

Die Ionenwertigkeit entspricht im Betrag der *stöchiometrischen Wertigkeit.*

> Die stöchiometrische Wertigkeit eines Elements ist durch die Zahl der Wasserstoff-Atome festgelegt, die das betreffende Element binden oder in einer Verbindung ersetzen kann.

> In einer Ionenverbindung ist die Zahl der abgegebenen Elektronen gleich der Zahl der aufgenommenen Elektronen.

Beispiele:

Ionen	stöchiometrische Wertigkeit	Ionen-wertigkeit
H^{+}	1	+1
Na^{+}	1	+1
Ca^{2+}	2	+2
Al^{3+}	3	+3
Cl^{-}	1	−1
O^{2-}	2	−2

5.6.3 Struktur von Ionenverbindungen

Im *festen Zustand* ordnen sich die entgegengesetzt geladenen Ionen zu einem *Ionengitter* an.

In diesem wirken die elektrostatischen Anziehungskräfte (sog. Coulombsche Kräfte) gleichmäßig nach allen Seiten. Dadurch kommt es zu dieser regelmäßigen räumlichen Anordnung. (→ Abschnitt 5.3)

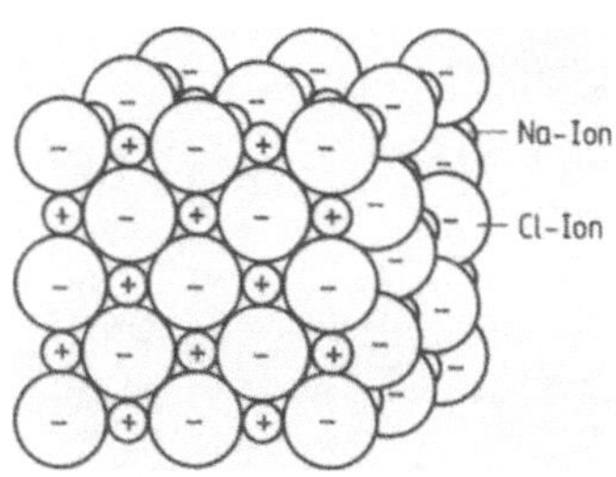

Modell des Steinsalzgitters (Kochsalz, Natriumchlorid)

Die Zahl der Ionen, die einem entgegengesetzt geladenen Ion benachbart sind, wird als *Koordinationszahl* bezeichnet. Die Ursache liegt im Bestreben der entgegengesetzt geladenen Ionen, möglichst dicht aneinander zu rücken.

Koordinationszahlen

$NaCl$: 6
ZnS : 4
$CsCl$: 8

Man unterscheidet drei Gittertypen. Es sind:

- Zinkblende-Typ
- Natriumchlorid-Typ
- Cäsiumchlorid-Typ

Die Gittertypen ergeben sich aus dem Verhältnis der Ionenradien der Gitterbausteine.
Die Kennzeichnung der einzelnen Gittertypen erfolgt durch die *Elementarzelle*. Es handelt sich um Ausschnitte aus den betreffenden Gittertypen.

Die Elementarzellen werden nach folgenden Anforderungen ermittelt:

- höchste Symmetrie der Elementarzelle
- möglichst rechte Winkel innerhalb der Elementarzelle
- kleinstes Volumen der Elementarzelle

Am Beispiel folgender 2-Stoff-Verbindungen sollen die Gittertypen verdeutlicht werden:

Gittertyp, Koordinationszahl	Polyeder	Radienverhältnisse r_A/r_B
Zinkblende ZnS 4	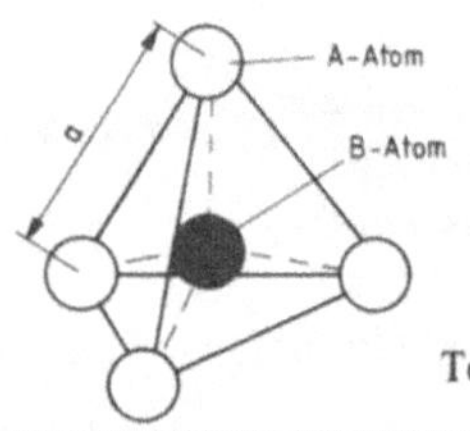 Tetraeder	0,22 ... 0,41
Natriumchlorid $NaCl$ 6	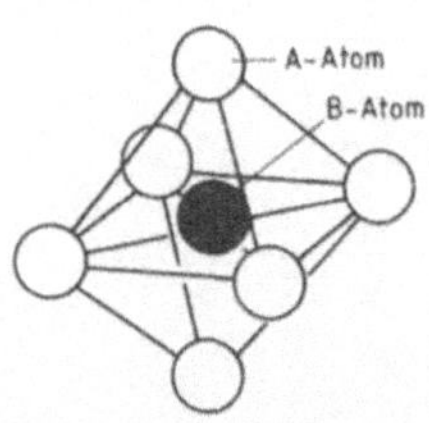 Oktaeder	> 0,41 ... 0,73
Cäsiumchlorid $CsCl$ 8	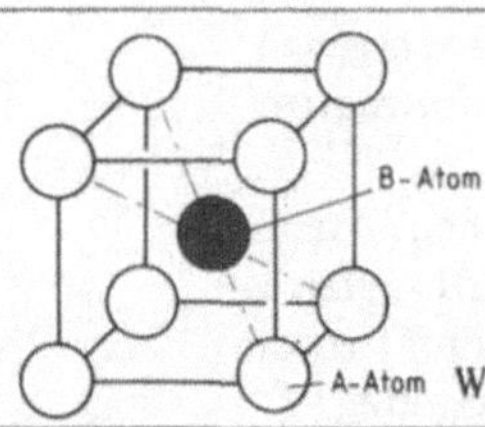 Würfel	> 0,73

Die Länge der Kante einer Elementarzelle wird als *Gitterkonstante a* bezeichnet. Sie liegt in der Größenordnung von 10^{-10} m.

5.6.4 Eigenschaften von Ionenverbindungen

Ionenverbindungen haben folgende Eigenschaften:

a) **kristalliner Aufbau,**
b) **hohe Schmelztemperaturen F_p,**
c) **hohe Siedetemperaturen K_p,**
d) **mechanische Festigkeit**

Ionenverbindungen treten immer im *festen Zustand* auf. Die Ursache liegt in der Polarität der entgegengesetzt geladenen Bindungspartner. Sie werden durch starke elektrostatische Kräfte zusammengehalten. Die Ionen ordnen sich so zu Verbänden an, in denen sich entgegengesetzt geladene Ionen abwechseln. Aus dieser Anordnung entstehen *regelmäßig aufgebaute Strukturen.*

Verbindung	F_p °C	K_p °C
NaCl	800	1440
CaO	2572	2850
$MgCl_2$	712	1418
$PbCl_2$	498	954

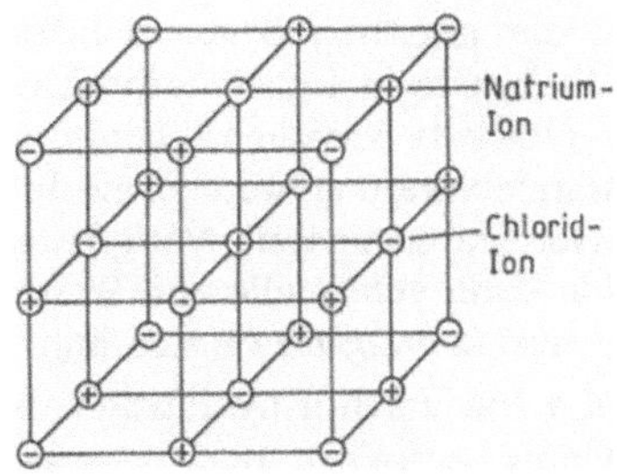

Ionengitter des Natriumchlorids

e) **Sprödigkeit und Spaltbarkeit**

Durch *Schlageinwirkung* kann ein Kristallgitter gespalten werden. Es sind nur geringe Verschiebungen der Ionen innerhalb des Kristallgitters nötig, damit sich gleichnamig geladene Ionen gegenüberstehen und das Gitter an dieser Stelle gespalten wird.

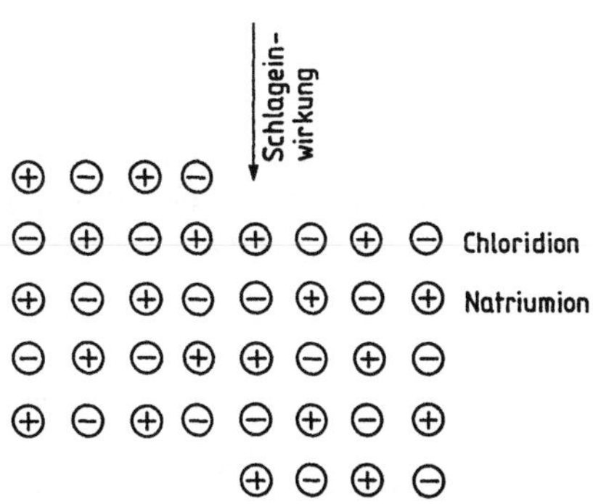

Bruch des Ionengitters unter Schlageinwirkung am Beispiel des Natriumchlorids (nach dem Schlag)

f) **elektrische Leitfähigkeit**

Ionenverbindungen weisen im *festen Zustand keine elektrische Leitfähigkeit* auf. In *wäßrigen Lösungen* und in ihren *Schmelzen* zerfallen viele Ionenverbindungen in ihre Kationen und Anionen. Der Zerfall von Stoffen im Wasser zu einzelnen Ionen heißt elektrolytische Dissoziation. Dadurch leiten sie den elektrischen Strom, bei *Gleichstrom* bis zu ihrer völligen *Zersetzung*. Sie werden als *elektrische Leiter 2. Klasse* bezeichnet.

5.6.5 Hydratation

Für die *gute Löslichkeit* vieler Ionenverbindungen in Wasser sind die Wirkungskräfte der Ionen und Wasserdipole verantwortlich.

Im Innern eines Ionengitters sind die Anziehungskräfte ausgeglichen. An den *Außenzonen* jedoch strahlen sie *ungerichtet* in den Raum. Dadurch werden Wasserdipole angezogen. Diese lagern sich so an die Ionen des Gitters an, daß die positiven Ionen die negativen Seiten der Wassermoleküle und die negativen Ionen die positiven Seiten der Wassermoleküle anziehen. Hierdurch und durch die Wärmebewegung werden die Ionen aus dem Gitterverband herausgelöst. Im *freien Wasser* wird das Ion dann vollständig von Wasserdipolen umgeben, also *hydratisiert* (→ Abschnitt 5.3).

So wird Ion um Ion hydratisiert, bis das Gitter vollständig aufgelöst oder die Lösung vorher gesättigt ist. Der Stoff ist dann dissoziiert. Beim Herauslösen der Ionen aus dem Gitter muß die *Gitterenergie* überwunden werden. Dazu wird Energie vom gleichen Betrag benötigt.

Bei der Hydratation wird Energie frei, die *Hydratationsenergie.*

Ob eine Temperaturerhöhung, -erniedrigung oder keine Temperaturänderung erfolgt, hängt davon ab, welcher der energetischen Vorgänge überwiegt.

Lösungs-enthalpie	= Hydratations-enthalpie	– Gitter-enthalpie
E_L	= E_H	– E_G

In chemischen Gleichungen wird der *Hydratmantel* in der Regel nicht berücksichtigt.

Man schreibt: $NaCl \rightarrow Na^+ + Cl^-$. Bei vielen Ionenverbindungen sind die Bindungskräfte zwischen dem hydratisierten Ion und den Wasserdipolen so groß, daß sie beim Übergang ins Gitter eingebaut werden. Dieser Wasseranteil heißt dann *Kristallwasser* (Hydratwasser).

Unter der Hydratation versteht man die Umhüllung von Ionen durch Wassermoleküle.

V Im Reagenzglas werden 3 g Kupfersulfat in der Bunsenbrennerflamme erhitzt. Mit fortschreitender Erwärmung beobachtet man einen Farbumschlag des Kupfersulfats von blau nach weiß, an den kälteren Wandteilen des Reagenzglases bilden sich Wassertropfen.

VE Kupfersulfat enthält Hydratwasser

V Nachdem das weiße Kupfersulfat abgekühlt ist, gibt man einige Tropfen Wasser in das Reagenzglas.

VE Die blaue Farbe erscheint wieder, die Probe erwärmt sich. Kupfersulfat baut die Hydrathülle wieder auf (exotherme Reaktion).

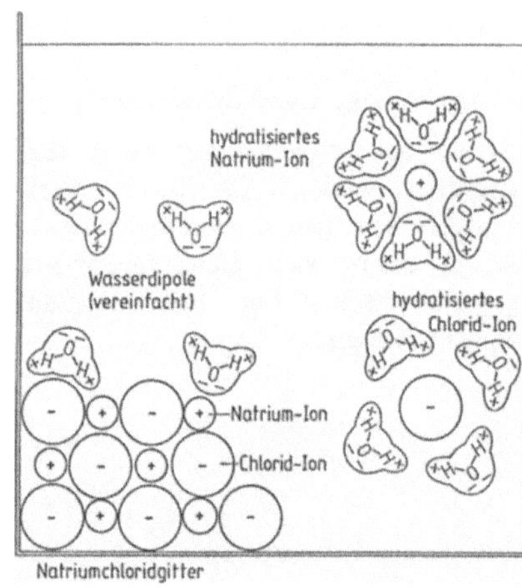

Lösungs-enthalpie E_L	Temperatur-änderung	Beispiele
$E_L > 0$	Erwärmung	NaOH in H_2O
$E_L < 0$	Abkühlung	NH_4Cl in H_2O
$E_L = 0$	keine	NaCl in H_2O

5.6.6 Gitterenergien

Im folgenden sollen die Energieumsetzungen bei der Bildung von Ionen am Beispiel der Natriumchlorid-Bildung behandelt werden. Bei der Reaktion von festem Natrium mit gasförmigem Chlor entstehen festes Natriumchlorid und Wärme.

Die Reaktion verläuft in *fünf Teilschritten,* von denen die ersten, zweiten und dritten Teilvorgänge *endotherm* und die vierten und fünften Teilvorgänge *exotherm* verlaufen. Insgesamt ist die Reaktion exotherm, wie aus der negativen Bildungswärme von $(\Delta H_B)_{NaCl}$ zu entnehmen ist.

Teilschritt ①

Das feste Natrium Na_s wird in den gasförmigen Zustand übergeführt. Dazu wird *Sublimationsenthalpie* benötigt: + 109 kJ/mol.

Teilschritt ②

Die gasförmigen Chlormoleküle werden in Chloratome gespalten. Dazu ist *Dissoziationsenthalpie* erforderlich: + 127 kJ/mol.

Teilschritt ③

Die gasförmigen Natriumatome müssen in gasförmige Natriumionen Na^+ überführt werden. Dazu ist *Ionisierungsenthalpie* erforderlich: + 494 kJ/mol.

$Na - e^- \rightarrow Na^+ + 494$ kJ/mol.

Teilschritt ④

Das freigewordene Elektron e^- wird vom gasförmigen Chloratom aufgenommen. Dieses wird zu einem gasförmigen negativen Chlorid-Ion Cl^-. Dabei wird Enthalpie frei. Es ist die *Elektronenaffinität:* – 365 kJ/mol.

$Cl + e^- \rightarrow Cl^- - 365$ kJ/mol

Teilschritt ⑤

Im anschließenden Vorgang wird festes Kochsalz NaCl gebildet. Dabei wird die *Gitterenthalpie* frei: – 768 kJ/mol.

Insgesamt werden pro Mol NaCl 403 kJ/mol Energie frei.

$2 \cdot Na + Cl_2 \rightarrow 2\,NaCl - 403$ kJ/mol

$(\Delta H_B)_{NaCl}$ = – 403 kJ/mol ist die molare Bildungsenthalpie bei Standardbedingungen (298 K, 1013 mbar).

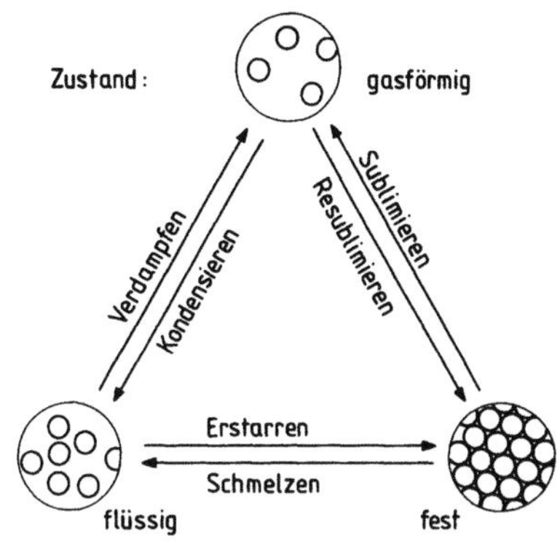

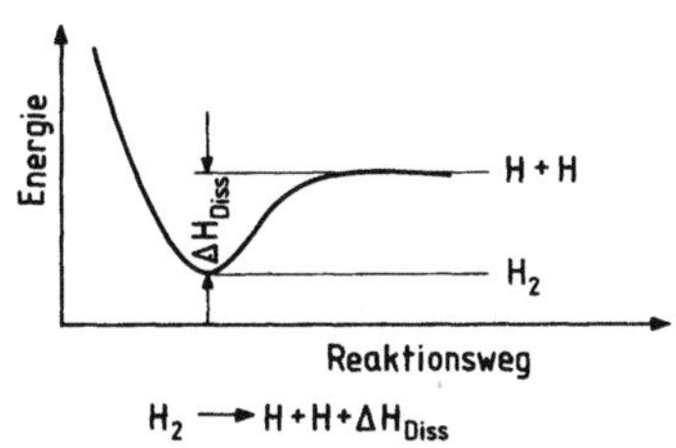

Bildungsenthalpie von festem Kochsalz

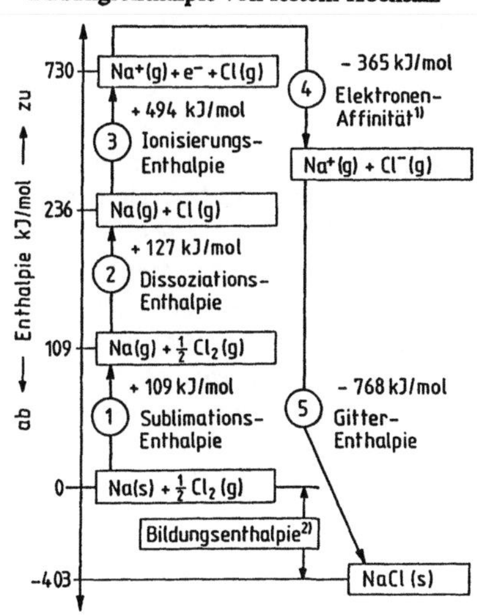

○ Teilschritte s fester Zustand
g gasförmiger Zustand

[1]) Elektronenaffinität ist die Energie, die bei der Aufnahme eines Elektrons frei wird.

[2]) Ionisierungsenthalpie ist die Energie, die erforderlich ist, um ein Elektron aus dem Anziehungsbereich des Atomkerns zu entfernen (→ Abschnitt 4.4.1).

5.7 Metallbindung

5.7.1 Bildung und Verhalten der Metallbindung

In vielen Bereichen der Technik werden noch überwiegend Metalle verwendet.

Je nach den Anforderungen werden sie als *Reinmetalle* oder *Legierungen* eingesetzt. Durch *Legieren* können die Eigenschaften reiner Metalle *gezielt verändert* werden.

Von den 105 bekannten Elementen werden etwa 70 zu den Metallen gerechnet.

Beispiele:

Automotoren, Drehmaschinen, Armierungen im Spannbeton, Druckgasflaschen, Dampfkessel, Nägel, Schrauben.

Reinmetalle

Gold:	Drähte, Folien, Kontakte
Silber:	Drähte, Schmuck
Kupfer:	Bleche, Drähte, Rohre

Legierungen

CrNi-Stähle:	rostfreier Stahl
Rotguß:	Lagerwerkstoff
Stahl:	Konstruktionswerkstoff
Messing:	Heizungsarmaturen

Im *festen* Zustand kristallisieren die Metalle und deren Legierungen zu *Metallgittern.* Bei diesen werden die Gitterpunkte durch positiv geladene Metallionen besetzt. Diese entstehen durch die Abgabe besonders der Elektronen des höchsten Energieniveaus. Dadurch erreichen die Atome der Nebengruppenelemente stabile Energieniveaus auf den weiter innen liegenden Elektronenschalen.

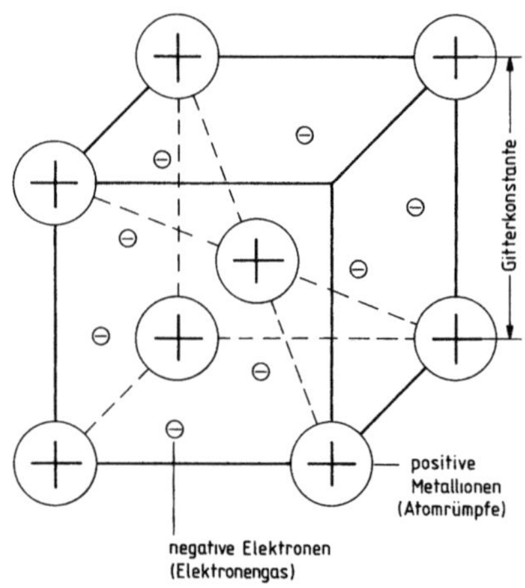

Die Atome der Hauptgruppenelemente erreichen stabile Energieniveaus auf der äußersten Elektronenschale. Die positiven Metallionen werden häufig als Atomrümpfe bezeichnet.

Die *abgegebenen Elektronen* bewegen sich frei zwischen den positiven Atomrümpfen, Gasteilchen in ihrer Beweglichkeit vergleichbar. Ihr Zustand wird daher als *Elektronengas* bezeichnet.

Der *Zusammenhalt des Metallgitters* wird durch die Wechselwirkungen der positiven Atomrümpfe und des negativen Elektronengases bewirkt. Im Atomgitter liegen *gerichtete* Kräfte zwischen den Bindungspartnern vor, während im Metallgitter die Kräfte zwischen den entgegengesetzt geladenen Teilchen, Metallion und Elektronen, ungerichtet sind.

$$\cdot Na + \cdot Na \rightarrow Na^+ + Na^- + \ominus$$

Na-Ion Elektronen

5.7.2 Eigenschaften der Metalle

Die wichtigsten Eigenschaften sind:

a) Wärme- und elektrische Leitfähigkeit

Die *elektrische Leitfähigkeit* und die Wärmeleitfähigkeit der Metalle lassen sich aus der *Beweglichkeit* der im Metallgitter vorhandenen *Elektronen* (Elektronengas) erklären. Die elektrische Leitfähigkeit der Metalle nimmt mit steigender Temperatur ab. Verantwortlich für diese Tatsache ist die *Wärmebewegung* der positiven Metallionen (Atomrümpfe). Sie schwingen um ihre Ruhelage hin und her. Dadurch behindern sie den Elektronenfluß beim Anliegen einer elektrischen Spannung.

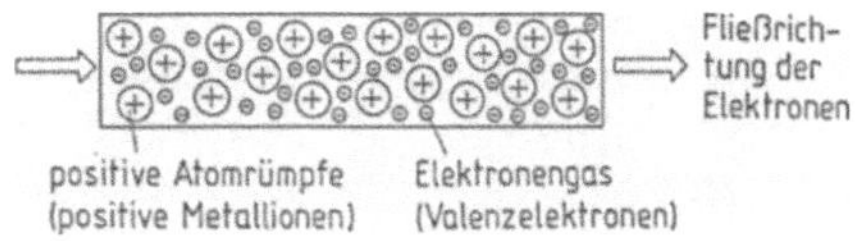

In *technischen Geräten,* wie bei Kochplattenwiderständen, werden Metallegierungen mit annähernd *temperaturunabhängigen* Leitfähigkeiten eingesetzt.

Beispiel: Konstanten

Cu 60 %, Ni 40 %.

b) Mechanische Festigkeit

Die *Festigkeit* des Metalles hängt wesentlich von der *Zahl* der in das Metallgitter abgegebenen *Valenzelektronen* ab, die bei der Entstehung der positiven Atomrümpfe freiwerden.

Je *mehr* Elektronen (Valenzelektronen) abgegeben werden, desto *stärker* ist die *Festigkeit* im Metallgitter.

Elemente	Festigkeit
K^{+}	↓ zunehmend
Ca^{++}	
Al^{+++}	

Die Festigkeit hängt auch von der Gitterform, den Gitterabständen, der Anzahl der Versetzungen, den Korngrößen und anderen Faktoren ab.

c) Schmelz- und Siedetemperaturen

Die Schmelz- und Siedetemperaturen hängen ebenfalls von den *Zusammenhangskräften* des Metallgitters ab.

Diese *Temperaturen* nehmen in den Gruppen mit steigender Schalenzahl *ab.* Die Ursache liegt in der leichten *Abtrennbarkeit der Außenelektronen* (Ionisierbarkeit). Mit der Zunahme der Schalen nimmt, bedingt durch die Abschirmwirkung der inneren Elektronenschalen, die erforderliche Ionisierungsenergie ab.

In der nebenstehenden Tabelle sind die Ionisierungsenergien für die Entfernung des jeweils ersten Elektrons angegeben.

Elemente	Li	Na	K	Rb	Cs
Zahl der Elektronenschalen	2	3	4	5	6
relative Atommasse	6,94	22,99	39,10	85,47	132,9
Schmelzpunkt in °C	180,5	97,8	63,7	39,8	28,7
Siedepunkt in °C	1330	892	760	688	690
Atomradius in 10^{-9} m	0,152	0,186	0,231	0,244	0,262
Ionisierungsenergie in kJ/mol	519	495	465	435	350

Schmelz- und Siedepunkte nach Engelhard

Metalle der 1. Hauptgruppe

Ionisierungsenergie ist die Energie, die erforderlich ist, um ein Elektron aus dem Anziehungsbereich des Atomkerns zu entfernen.

In den Perioden *steigen* die Schmelz- und Siedetemperaturen mit der *Zunahme der Valenzelektronen* unstetig an. (Elemente der 5. Periode gewählt)

Hauptgruppe	I	II	III	IV	V
Elemente	Rb	Sr	In	Sn	Sb
relative Atommasse	85,47	87,62	114,82	118,69	121,75
Schmelzpunkt in °C	38,9	768	156,2	231,9	630
Siedepunkt in °C	688	1380	2000	2270	1635
Atomradius in 10^{-9} m	0,244	0,215	0,162	0,161	0,141

Schmelz- und Siedepunkte nach Engelhard

Metalle der 5. Periode

d) Unterschied zwischen Metallen, Halbmetallen und Nichtmetallen

Der Unterschied zwischen Metallen, Halbmetallen und Nichtmetallen läßt sich durch ihre Leitfähigkeit erklären. Verantwortlich für die *Leitfähigkeit* sind die Elektronen auf den äußeren Schalen (*Valenzelektronen*). Sie bilden in einem Metallgitter das Elektronengas. Dieses stammt von den unzähligen Atomen her, die das Metallgitter aufbauen. Nach dem Bohrschen Atommodell werden Elektronen ähnlicher Energieniveaus zu Schalen zusammengefaßt. Folglich besitzen die Valenzelektronen gleiche oder ähnliche Energieniveaus. Aus der *Vereinigung der einzelnen Energieniveaus* ergeben sich die sogenannten *Energiebänder.*

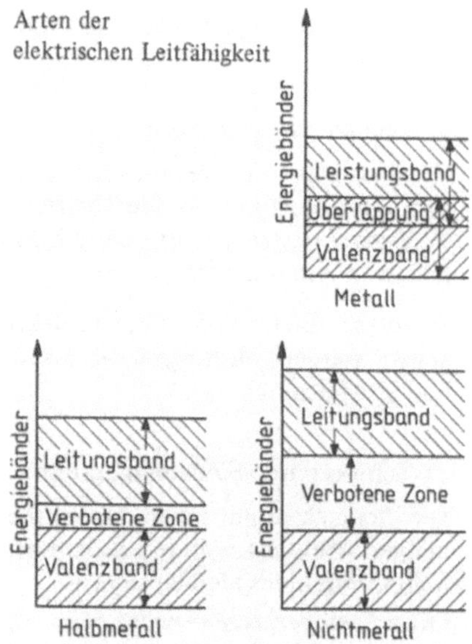

Das Bändermodell geht vereinfacht von folgenden Voraussetzungen aus:

- Die *Valenzelektronen* nehmen stets das tiefste Energieniveau ein. Es wird als Valenzband bezeichnet.
- Durch *Energiezufuhr* (Strom, Wärme) gelangen Elektronen in ein *höheres Energieniveau.*
- Der *Elektronenfluß* findet in diesem *höheren Energieniveau* statt. Es wird als *Leitungsband* bezeichnet.
- Der Abstand zwischen Valenzband und Leitungsband ist maßgebend für die Leitfähigkeit.

Leitfähigkeit	Abstand Valenz-Leitungsband
Metall	Überlappung
Halbmetall	geringer Abstand
Nichtmetall	großer Abstand

> In Metallen überlappen sich das Valenz- und das Leitungsband.

e) Verformbarkeit

Die *Verformbarkeit der Metalle* wird durch die Art des Kristallgitters beeinflußt.

Die Verformbarkeit der Metalle bedeutet ein *Abgleiten auf den inneren und äußeren Gleitebenen.* Die Zahl dieser Abgleitebenen ist in erster Linie verantwortlich für die Verformbarkeit.

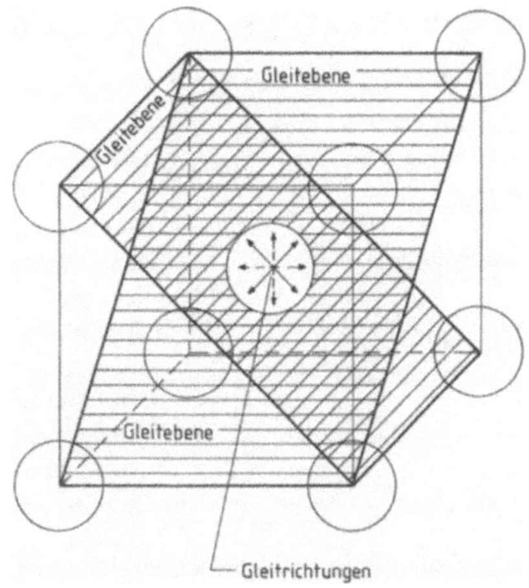

Innere Gleitebenen:
Die zwei dargestellten Gleitebenen und die darauf senkrecht stehenden Gleitebenen, also insgesamt vier Gleitebenen.

Äußere Gleitebenen:
Die drei Paar paralleler Außenflächen des Würfels, also insgesamt drei Gleitebenen.

Gleitmöglichkeiten:
Gleitebene · Gleitrichtung, hier: $7 \cdot 2 = 14$

> Der Zusammenhalt innerhalb eines Metallgitters wird durch geringe Verschiebungen auf den Gleitebenen nicht wesentlich verändert.

Bei der Verformung können die einzelnen Schichten aneinander abgleiten, so daß sich sehr geringe Schichtdicken, z. B. aus Gold (Blattgold) herstellen lassen.

Die drei technisch wichtigsten Kristallgitter (Raumgitter RG) bei Metallen

	kubisch-flächenzentriert	kubisch-raumzentriert	hexagonal
Elementarzelle	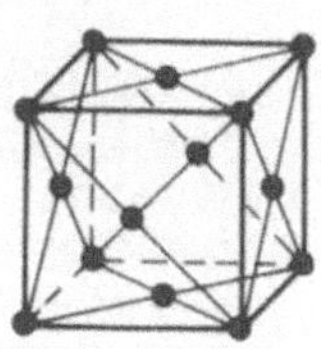	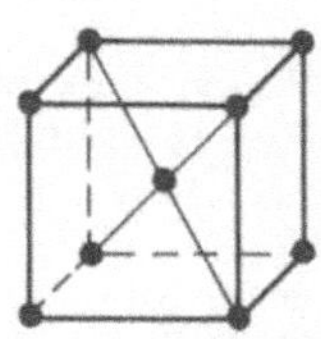	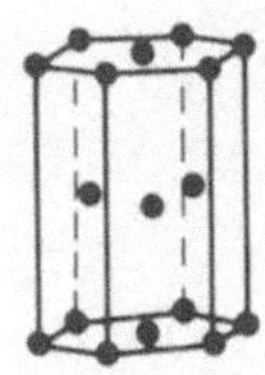
Beispiele	Aluminium Blei Gold Silber Kupfer	Chrom Molybdän Niob Tantal Vanadium	Magnesium Cadmium Beryllium Zink Titan
Verformbarkeit	sehr gut	gut	gering

5.8 Übersicht Hauptbindungsarten

Eigenschaften der Partner	Verhalten der Valenzelektronen und Auswirkungen	Kraftwirkungen und Atomverband
Atombindung, auch Elektronenpaarbindung, homöopolare oder kovalente Bindung genannt		
Bindungspartner A und B haben eine *hohe* EN-Zahl: **Nichtmetall** **+** **Nichtmetall**	Jeder Partner zieht die Valenzelektronen des anderen stark an, – *einfach* besetzte Wolken überlappen sich: Paarbildung. – Das Elektronenpaar gehört zu *beiden* Partnern, damit wird die Edelgaskonfiguration für jedes beteiligte Atom hergestellt; – die Überlappungszone hat höhere negative Ladung durch das Elektronenpaar.	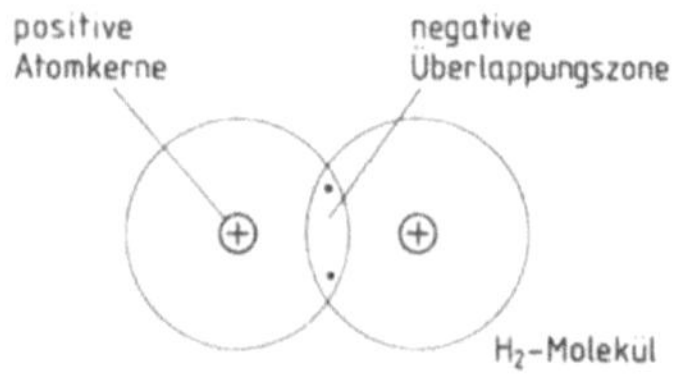 Anziehung von Atomkernen und Überlappungszone. Das bindende Elektronenpaar (oder mehrere) verknüpft die Atome zu definierten Molekülen.
Ionenbindung, auch heteropolare oder heterovalente Bindung genannt		
Bindungspartner haben stark *unterschiedliche* EN-Zahl: A hat *niedrige* EN (Metall) B hat *hohe* EN (Nichtmetall) **Metall** **+** **Nichtmetall**	Atom B zieht das Valenzelektron (oder mehrere) von Atom A in seine Außenschale, – füllt sie damit zur Edelgaskonfiguration, – wird zum negativ geladenen Ion (Anion). Atom A gibt sein Valenzelektron (oder mehrere) ab, – die tieferliegende gesättigte Schale wird Außenschale, damit ist die Edelgaskonfiguration erreicht, – es wird zum positiv geladenen Ion (Kation).	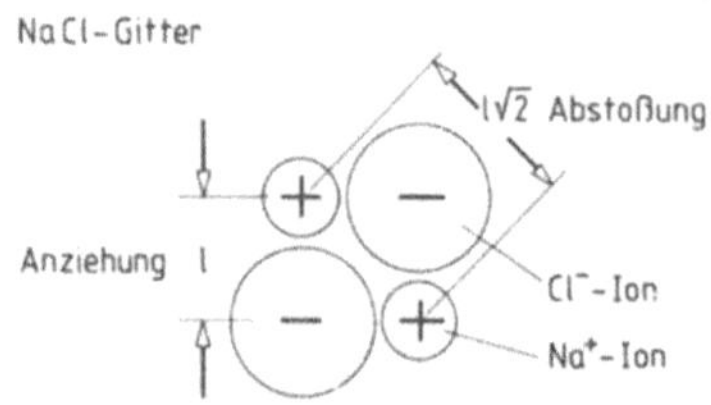 Bei räumlich regelmäßiger Anordnung der Ionen in einem Kristallgitter (Ionengitter) ist **Anziehung** ungleicher Ionen (Abstand l) > **Abstoßung** gleicher Ionen (Abstand $l\sqrt{2}$)
Metallbindung		
Bindungspartner A und B haben *niedrige* EN-Zahl: **Metall** **+** **Metall**	Jeder Partner gibt sein Valenzelektron (oder mehrere) ab. Da keine anziehenden Partner da sind, bleiben sie „frei". – die tieferliegende, gesättigte Schale wird zur Außenschale, damit ist die Edelgaskonfiguration erreicht; – Metallatome werden zu positiv geladenen Ionen; – die *freien* Elektronen füllen den Raum zwischen den Ionen als Elektronengas.	Bei räumlich regelmäßiger Anordnung der Metallionen in einem Kristallgitter (Metallgitter) wird die Abstoßung der gleichgeladenen Ionen durch die freien Elektronen dazwischen aufgehoben. Die positiven Metallrümpfe werden durch das negative Elektronengas festgehalten. 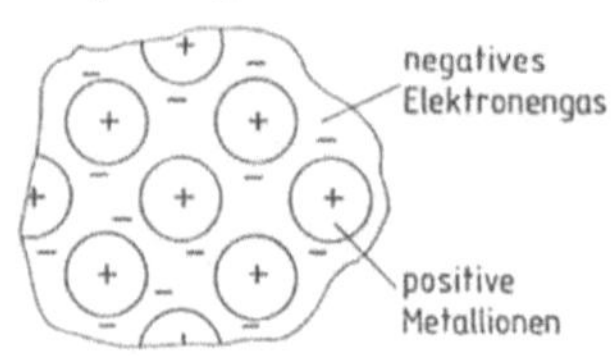

5.9 Zusammenfassung

Unter der **chemischen Bindung** versteht man die Art des Zusammenhalts der Atomverbände, deren innere Kräfte und Energien, sowie ihre räumliche Gestalt.

Es gibt 3 Hauptbindungsarten:
→ Atombindung – Ionenbindung – Metallbindung

Prinzip des Energieminimums:
Die Reaktionsteilnehmer versuchen, von einem hohen zu einem niedrigen Energieniveau zu gelangen.

Prinzip des Entropiemaximums:
Die Reaktionsteilnehmer versuchen, den Zustand der größten Unordnung einzunehmen.

Elementare Stoffe haben ein höheres Energieniveau als Verbindungen. Durch chemische Reaktionen gelangen sie durch Energieabgabe auf ein niedrigeres Energieniveau in den Bindungszustand (Ausnahme: Edelgase).

In einem Atomverband nehmen die Atome und Ionen im Gleichgewicht solche Abstände ein, daß die abstoßenden und die anziehenden Kräfte von gleichem Betrag sind.

Übergangsarten:
Die Bedingungen für die Hauptbindungsarten werden von den meisten chemischen Verbindungen nicht voll erfüllt. Es treten fließende Übergangsformen zwischen den Hauptbindungsarten auf.
→ Polarisierte Atombindung.

Induzierte Dipole:
Die vorübergehenden Dipole werden als induzierte Dipole bezeichnet. Die von ihnen hervorgerufenen Kräfte heißen Van-der-Waals-Kräfte.

Dipole:
Dipolmoleküle sind Moleküle mit zwei elektrisch entgegengesetzt geladenen Seiten.

Diamantartige Stoffe:
Nichtmetalle mit hoher Schmelz- und Siedetemperatur sowie großer Härte. Grund: geringe Atomabstände und gleichgroße Bindungskräfte.

Ionenbindung:
Durch die Aufnahme oder Abgabe von Elektronen gehen elektrisch neutrale Atome in elektrisch geladene Ionen über.

Kationen oder positiv geladene Ionen entstehen durch die Abgabe von Elektronen.

Anionen oder negativ geladene Ionen entstehen durch die Aufnahme von Elektronen.

Ionenwertigkeit entspricht der Anzahl der abgegebenen oder aufgenommenen Elektronen.
positive Ionenwertigkeit: Anzahl der abgegebenen Elektronen
negative Ionenwertigkeit: Anzahl der aufgenommenen Elektronen.

Metalle sind **elektropositiv**. Sie bilden positive Ionen.
Nichtmetalle sind **elektronegativ**. Sie bilden negative Ionen.

In einer **Ionenverbindung** ist die Zahl der abgegebenen Elektronen gleich der Zahl der aufgenommenen Elektronen.

Die **stöchiometrische Wertigkeit** eines Elementes wird durch die Zahl der Wasserstoffatome festgelegt, die das betreffende Element binden oder in der Bindung ersetzen kann.

Hydratation ist die Umhüllung von Ionen durch Wassermoleküle.

Elektronenaffinität ist die Energie, die bei der Aufnahme eines Elektrons frei wird.

Ionisierungsenthalpie (Ionisierungsenergie) ist die Energie, die erforderlich ist, um ein Elektron aus dem Anziehungsbereich des Atomkerns zu entfernen.

Festigkeit eines Metalles hängt von der Zahl der im Metallgitter abgegebenen Elektronen ab.

In Metallen verringern sich die Energiebänder der Atome.

5.10 Aufgaben

1. Wie wird die chemische Bindung erklärt?
2. Was versteht man unter der Struktur eines Stoffes?
3. Welche beiden Prinzipien sind die Ursachen chemischer Bindungen?
4. Was hindert chemische Reaktionen, immer spontan auf ein niedrigeres Energieniveau hin zu verlaufen?
5. Warum verrosten Autobleche, wenn sie ohne korrosionshemmende Maßnahmen der Witterung ausgesetzt werden?
6. Erklären Sie aus dem atomaren Aufbau des Chlors seine hohe Reaktionsfähigkeit.
7. Wie unterscheiden sich die drei Hauptbindungsarten voneinander?
8. Warum gibt es Übergangsformen zwischen den Hauptbindungsarten?
9. Warum kann man mit der Oktett-Regel keine räumlichen Strukturen der Bindungspartner angeben?
10. Warum weist Wasserstoff eine so tiefe Schmelztemperatur auf?
11. Wie können die Van-der-Waals-Kräfte erklärt werden?
12. Wie kommt es bei chemischen Verbindungen zu Dipolmolekülen?
13. Geben Sie an den binären Verbindungen des Chlors mit den Elementen der 3. Periode die Veränderungen der Polarität an.
14. a) Welche Stoffe bilden diamantartige Gitter?
    b) Wie sind diamantartige Stoffe aufgebaut?
15. Wie groß ist die Differenz der Elektronegativitäten bei der Bildung von Ionenverbindungen?
16. Stellen Sie die Bildung von Kaliumfluorid aus den Elementen mit Hilfe des Bohrschen Atommodells dar.
17. Geben Sie Beispiele zu positiven und negativen Ionenwertigkeiten an.
18. Was bedeutet es, wenn Elemente als elektropositiv oder elektronegativ bezeichnet werden?
19. Erläutern Sie wichtige Eigenschaften von Ionenverbindungen.
20. Wie und warum entstehen hydratisierte Salze?
21. Warum kommt es bei der Lösung von Salzen in Wasser in bestimmten Fällen zu Temperaturänderungen der Lösung?

22. Erklären Sie die erforderlichen Schritte zur Bildung von festem Kochsalz aus den Elementen.
23. Wie hängt die Verformbarkeit von Metallen von der Art der entsprechenden Kristallgitter ab? Geben Sie Beispiele an.
24. Mit steigender Temperatur nimmt die elektrische Leitfähigkeit der reinen Metalle ab. Wie kann diese Tatsache modellhaft erklärt werden?
25. Warum nimmt die mechanische Festigkeit in der Reihenfolge Kalium, Calcium, Aluminium zu?
26. Wie lassen sich die Unterschiede zwischen Metallen und Nichtmetallen mit Hilfe des Bändermodells erklären?

6 Chemische Reaktionen

6.1 Chemische Formeln

Mit Hilfe chemischer Symbole und der chemischen Formel soll ein chemischer Stoff *kurz* und *eindeutig* gekennzeichnet werden.

Bereits die Alchemisten des Mittelalters bedienten sich zu diesem Zweck einer Art „Zeichensprache". Bei den wenigen damals bekannten Elementen und chemischen Verbindungen war dieses Verfahren noch einigermaßen übersichtlich.

Diese altertümliche „Zeichensprache" ist mit den chinesischen Schriftzeichen vergleichbar.

Beispiele:

U	Uran
H	Wasserstoff
H_2O	Wasser
NH_3	Ammoniak
C_6H_6	Benzol

Einige chemische Zeichen aus dem 17. Jahrhundert:

♂	Eisen	☾☽	Silber
♀	Kupfer	o°o	Öl
🜁	Luft	⊖	Salz
▽	Wasser	△	Feuer

Das Zeichen für Wasser dient heute noch zur Angabe der Wasseroberfläche auf technischen Zeichnungen.

Die Fortschritte der Technik ab dem 18. Jahrhundert veranlaßten den Schweden *Berzelius* zur Erstellung des noch heute *gültigen Formelsystems* der Chemie:

Die chemischen Elemente werden mit den *großen Anfangsbuchstaben* ihrer lateinischen Namen gekennzeichnet. Falls noch weitere chemische Elemente den gleichen Anfangsbuchstaben besitzen, wird ein *weiterer kleiner* lateinischer Buchstabe an den großen Anfangsbuchstaben angehängt.

Heute gültiges Formelsystem:

O	Oxygenium	Sauerstoff
N	Nitrogenium	Stickstoff
S	Sulfur	Schwefel
Na	Natrium	
Ne	Neon	
Ni	Nickel	

Das Symbol für ein *chemisches Element* oder ein *2-atomiges Molekül* kann mit folgenden Angaben näher beschrieben werden:

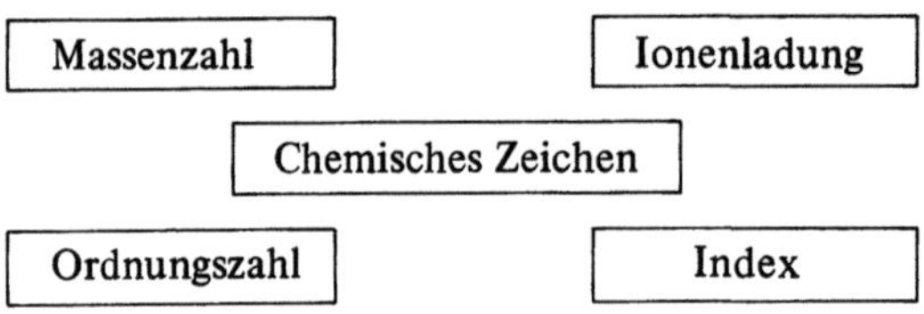

$^{12}_{6}C$ ← Massenzahl 12, ← Ordnungszahl 6

Na^+ ← Ionenladung + (1-fach positiv)

H_2 ← Index 2 (2-atomiges Molekül)

Ein ausführliches PSE ist auf den Seiten XII–XIII aufgeführt.

Bedeutung des chemischen Zeichens

Beispiel: Kohlenstoff

- 1 Atom eines Elementes . . . . $C \rightarrow$ 1 Kohlenstoffatom
- Stoffmenge *n* . . . . $C \rightarrow 6{,}022 \cdot 10^{23}$ Kohlenstoffatome
- Molare Masse des Elementes . . . . $C \rightarrow$ 12 g Kohlenstoff

Mit Hilfe der chemischen Formel werden gewisse Eigenschaften und Verhaltensweisen von Stoffen erkennbar gemacht. Hierzu bedient man sich *besonderer Schreibweisen* und *Arten von Formeln.*

Gleiche Elemente (hier C- und H-Atome) werden zusammengefaßt und in einer sogenannten *Summenformel* oder *Bruttoformel* dargestellt (hier C_6H_6, NH_3, Fe_3O_4).

Die Formel für Benzol könnte lauten:
CHCHCHCHCHCH.

Diese Schreibweise ist zu unübersichtlich.

statt: $CHCHCHCHCHCH \rightarrow C_6H_6$
statt: $NHHH \rightarrow NH_3$
statt: $OFeOFeOFeO \rightarrow Fe_3O_4$

Die *tiefgestellten Zahlen* hinter den betreffenden Buchstaben geben die *Anzahl der gleichartigen Atome* (beim Benzol je 6 C-Atome und 6 H-Atome) oder Atomgruppen (beim Kalciumhydroxid 2 OH-Gruppen) an.

Sie werden auch als *Indizes* oder *Atommultiplikatoren* bezeichnet.

Einzahl: Index, lat. Anzeiger
Mehrzahl: Indizes
$Ca(OH)_2$ (hier 2 OH-Gruppen)

Die *Summenformel* beschreibt die Zusammensetzung des Stoffes, jedoch *nicht* die Art der Bindung und seine Struktur.

Bindungsarten: Atombindung
Ionenbindung
Metallbindung
Struktur: räumliche Anordnung der Atome

Beispiel: Ringstruktur des Benzolmoleküls

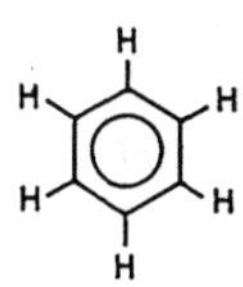

Bedeutung der chemischen Formel

Die Formel gibt Auskunft über

- Art der Elemente in der Verbindung
- Atomzahlenverhältnis der Elemente in der Verbindung
- Massenverhältnis der Elemente in der Verbindung.

Beispiel: C_2HCl_3 Trichlorethen

C : H : Cl
2 : 1 : 3

24 : 1 : 106

Bei chemischen Verbindungen mit Atombindung im Molekül wird häufig die *Strukturformel* verwendet.

Organische Verbindungen bestehen oft aus einer großen Anzahl von Atomen. Hier läßt die Strukturformel die am Aufbau des Moleküls beteiligten Atomgruppen und ihre Bindungen untereinander erkennen und Stoffe mit gleicher Summenformel unterscheiden.

Insbesondere werden die *funktionellen* Gruppen gesondert aufgeführt, z. B. Karboxyl-Gruppe.

Beispiele:

Wasser H–O–H (gewinkelt)

Methan $H-\overset{\displaystyle H}{\underset{\displaystyle H}{\overset{|}{\underset{|}{C}}}}-H$

Butan $CH_3-CH_2-CH_2-CH_3$

Essigsäure $CH_3-C\begin{smallmatrix}\nearrow O\\ \searrow OH\end{smallmatrix}$ –Karboxyl-Gruppe

Zur Darstellung der Ionenbildung dient die *Ionenschreibweise*. Der Ladungszustand des Ions wird oben rechts durch (+) oder (–) angezeigt.

Beispiele:

$Na^+ Cl^-$	Kochsalz
$Cl^- Mg^{2+} Cl^-$	Magnesiumchlorid

Mit Hilfe der *Elektronenformel* kann die Entstehung chemischer Verbindungen genauer beschrieben werden.

Nicht weiter zerlegte Atomgruppen werden für sich als Summenformel wiedergegeben.

Beispiele:

$Na\cdot + \cdot\ddot{\underset{..}{Cl}}: \longrightarrow Na^+ :\ddot{\underset{..}{Cl}}:^-$

$H\cdot + \cdot\ddot{\underset{.}{O}}\cdot + \cdot H \longrightarrow H:\ddot{\underset{..}{O}}:H$

SO_4^{2-}, PO_4^{3-}, NO_3^-, OH^-

Benennung einfacher chemischer Verbindungen

Allgemein gilt, daß der Name des *weniger* elektronegativen Elementes (Metall) an erster Stelle steht. Daran wird der Name des *mehr* elektronegativen Elementes mit einer Endung angehängt.

Verbindungen aus zwei verschiedenen Elementen erhalten die Endung -id.

Aufgrund experimenteller Untersuchungen hat der amerikanische Chemiker *Pauling* eine Skala der Elektronegativitäten erstellt. Aus dieser kann die Reihenfolge leicht abgelesen werden.

Tabelle der Elektronegativitäten nach *Pauling* (→ Abschnitt 4.4.1 und Seite XII).

Element		Benennung
elektropositiver	elektronegativer	→ Verbindung
Mg	O	Magnesiumoxid
Na	Cl	Natriumchlorid
Fe	S	Eisensulfid
Fe_3	C	Eisencarbid (Zementit)
Al	N	Aluminiumnitrid

Gibt es *mehrere* Verbindungen eines *Metalls* mit einem *Nichtmetall*, so wird zur eindeutigen Kennzeichnung die Oxidationsstufe des Metalls zwischen den Partnern der chemischen Verbindung angegeben.

Oxidationsstufe	Beispiele	
II	FeO	Eisen(II)-oxid
III	Fe_2O_3	Eisen(III)-oxid
II und III	Fe_3O_4	Eisen(II, III)-oxid

In der *Verbindung von zwei Nichtmetallen* erfolgt die Benennung wie oben, also Endung auf -id, wenn zwei verschiedene Elemente die Verbindung bilden. Gehen die Elemente mehrere Verbindungen miteinander ein, so fügt man zur *eindeutigen* Kennzeichnung zu einem oder beiden Teilen der Benennung ein *griechisches Zahlwort* ein.

griech. Zahlwort	Beispiele	
1 ≙ mon(o)	CO	Kohlenmonoxid
2 ≙ di	CO_2	Kohlendioxid
	SO_2	Schwefeldioxid
	N_2O	Distickstoffoxid
3 ≙ tri	SO_3	Schwefeltrioxid
4 ≙ tetr(a)	N_2O_4	Distickstofftetroxid
	CCl_4	Tetrachlorkohlenstoff
5 ≙ pent(a)	P_2O_5	Diphosphorpentoxid

6.2 Chemische Gleichung

Chemische Reaktionen lassen sich durch eine chemische Gleichung – *Reaktionsgleichung* – beschreiben.

Beispiel: Verbrennung von Kohlenstoff

$C + O_2 \rightarrow CO_2$ (Kohlendioxid)

Im allgemeinen stehen auf den beiden Seiten der Gleichung:

linke Seite	rechte Seite
Ausgangsstoffe Edukt	Reaktionsprodukte Produkt

Beispiel: Reaktion von Natrium und Wasser

$$\underbrace{2\,Na + 2\,H_2O}_{\text{Ausgangsstoffe, Edukt}} \rightarrow \underbrace{2\,NaOH + H_2}_{\text{Reaktionsprodukte, Produkt}}$$

Der *Pfeil* gibt die *Richtung* der Reaktion an, hier von links nach rechts.

> Die chemische Gleichung entspricht der mathematischen Gleichung. Anzahl und Masse der beteiligten Atome sind auf beiden Seiten gleich.

Beispiel:

$C + O_2 \rightarrow CO_2$ Atomzahlen

$12\,g + 32\,g = 44\,g$ Molare Masse

Grundsätzlich kann die Reaktionsrichtung unter dem Einfluß von Druck, Temperatur und Konzentration umgekehrt werden. Die Reaktion ist dann *umkehrbar* oder *reversibel*.

Beispiel: Ammoniaksynthese

$N_2 + 3H_2 \rightleftharpoons 2NH_3$

Praktisch verlaufen viele Reaktionen *nicht* umkehrbar oder (irreversibel), weil sie extreme Reaktionsbedingungen erfordern (hohe Drücke, hohe Temperaturen):

Beispiele:

Entladung einer Taschenlampenbatterie

Explosion von Sprengstoff

Für eine chemische Reaktion gilt:

Koeffizienten geben die Anzahl der gleichartigen Reaktionsteilnehmer in einer **Reaktionsgleichung** an.

Indizes geben die Anzahl der gleichartigen Atome in der chemischen Formel an.

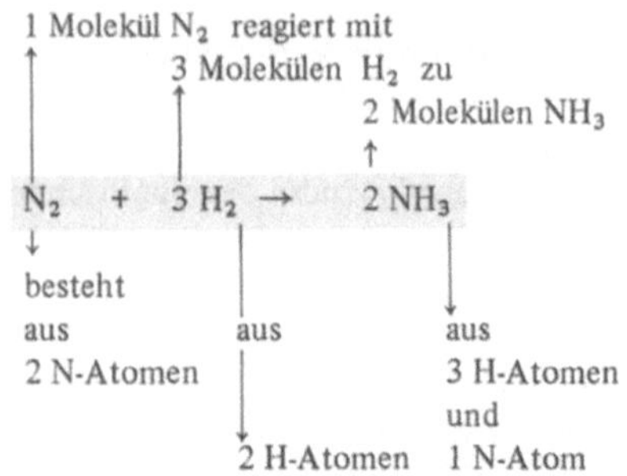

6.3 Gesetz von der Erhaltung der Masse

Bei der Verbrennung von Holz oder Papier (an der Luft) stellt man einen Verlust an Masse fest, beim Rosten von Eisen dagegen einen Zuwachs.

Wenn diese Reaktionen jedoch in *abgeschlossenen Systemen*, wie z. B. in der Blitzlichtbirne, ablaufen, so können Reaktionsteilnehmer weder in das System hineingelangen, noch können Reaktionsteilnehmer das System verlassen. (In der Blitzlichtbirne waren *vor* der Reaktion Sauerstoff und Magnesium, *danach* Magnesiumoxid und Restsauerstoff.)

V Verbrennen einer Kerze

VE Gewichtsverlust nach einiger Zeit feststellbar

V Verbrennen von Stahlwolle. Mit Hilfe des Bunsenbrenners wird Stahlwolle entzündet.

VE Nach dem Abkühlen wird eine Gewichtszunahme festgestellt.

V Zünden einer Blitzlichtbirne. Eine Blitzlichtbirne mit einem Splitterschutz wird vor und nach dem Zünden gewogen.

VE Keine Gewichtsveränderung. Der für die Verbrennung erforderliche Sauerstoff befand sich in der Blitzlichtbirne.

Diese Gesetzmäßigkeit wurde gegen Ende des 18. Jahrhunderts vom französischen Chemiker *Lavoisier* entdeckt.
Es ist das Gesetz von der Erhaltung der Masse:

> Die Gesamtmasse der an einer chemischen Reaktion beteiligten Stoffe bleibt in einem geschlossenen System konstant.

Bei vielen chemischen Reaktionen wird Energie, meist Wärme, frei.

Nach dem Masse-Energie-Äquivalent von *Einstein* muß die freiwerdende Energie einem *Masseverlust* entsprechen.

Wegen des hohen Betrages der Lichtgeschwindigkeit sind die Massenverluste bei chemischen Reaktionen sehr klein.

Beispiel: Alle Verbrennungen

$E = mc^2$ E Energie, m Masse

$m = \frac{E}{c^2}$ c Lichtgeschwindigkeit

Für exotherme Reaktionen *im Labor* ergeben sich Massenverluste in der Größenordnung von 10^{-9} Gramm.

Mit Rücksicht darauf lautet das Gesetz:

> Die Gesamtmasse und -energie der an einer chemischen Reaktion beteiligten Stoffe bleibt in einem geschlossenen System konstant.

6.3.1 Gesetz der konstanten Massenverhältnisse

Wenn zwei verschiedene Stoffe miteinander reagieren und sich dabei *vollständig* zu einem neuen umsetzen, so

- müssen die kleinsten Teilchen der Ausgangsstoffe verschwinden und
- nur noch solche des neuen Stoffes existieren,
- muß jedes Teilchen des einen Stoffes einen (oder mehrere) des anderen als Partner gefunden haben,
- müssen sich deshalb die Massen der Ausgangsstoffe wie die relativen Massen ihrer Teilchen verhalten.

Beispiele:

Chlorwasserstoffbildung

$H_2 + Cl_2 \rightarrow 2HCl$	Atomzahlen
$2 + 71 = 73$	Molare Masse
$\frac{m_H}{m_{Cl}} = \frac{2}{71} = \frac{1}{35{,}5}$	Massenverhältnis

Schwefeldioxidbildung

$S + O_2 \rightarrow SO_2$	Atomzahlen
$32 + 32 = 64$	Molare Masse
$\frac{m_S}{m_O} = \frac{32}{32} = 1$	Massenverhältnis

> Bei der Bildung neuer Stoffe (Reaktionsprodukte) reagieren die Ausgangsstoffe miteinander in einem bestimmten Massenverhältnis.

Durch dieses bestimmte Massenverhältnis unterscheidet sich eine chemische Verbindung unter anderem von einem *physikalischen Gemenge,* das in jedem *beliebigen* Massenverhältnis vorliegen kann.

Beispiele:

Spirituosen:	Alkohol + Wasser
Quellwasser:	Wasser + Salze
Nebel:	Luft + Wasser

6.3.2 Gesetz der multiplen Massenverhältnisse

> Unter bestimmten äußeren Bedingungen (Temperatur, Druck, Konzentration) können bestimmte Elemente in *einem,* aber auch in *mehreren* ganzzahligen Massenverhältnissen miteinander reagieren.

Der Grund liegt in den *verschiedenen* stöchiometrischen Wertigkeiten der Elemente. Darunter ist die Fähigkeit von Atomen zu verstehen, mit einwertigen Atomen ein- und mehrfache chemische Bindungen eingehen zu können.

Beispiel:

Autofahrern ist die Vergiftungsgefahr bei laufendem Motor in einer geschlossenen Garage bekannt. Dabei entstehen die beiden Oxide des Kohlenstoffs:

- CO_2 Kohlendioxid, ungiftig, erstickend,
- CO Kohlenmonoxid, giftig, explosiv.

Kohlenstoff verbrennt damit auf zwei Arten:

Sauerstoffzufuhr ungenügend	Sauerstoffzufuhr ausreichend
$C + O \rightarrow CO$	$C + O_2 \rightarrow CO_2$
$\frac{m_C}{m_O} = \frac{12}{16} = \frac{3}{4}$	$\frac{m_C}{m_O} = \frac{12}{32} = \frac{3}{8}$
	$4 : 8 = 1 : 2$ ganzzahlig!

Wertigkeiten:

C in CO: 2-wertig; C in CO_2: 4-wertig

Zusammenfassung

Bei chemischen Reaktionen reagieren die Ausgangsstoffe miteinander zu den Reaktionsprodukten

- unter Erhaltung der Gesamtmasse und -energie,
- in bestimmten konstanten Masseverhältnissen oder ganzzahligen Vielfachen (Teilen) davon.

6.4 Atommasse

Die Atome sind unvorstellbar klein und leicht. Man kann sie selbst unter dem Mikroskop mit einem hohen Auflösungsvermögen nicht sehen. Erst das Auflösungsvermögen eines Elektronenmikroskopes ermöglicht es, Riesenmoleküle, z. B. Nukleinsäuren mit der relativen Molekülmasse von $150 \cdot 10^6$ u, erkennbar zu machen.

Ein noch höheres Auflösungsvermögen hat das folgende Gerät:

Das Raster-Tunnelmikroskop, für dessen Entwicklung Binnig und Rohrer 1986 den Nobelpreis erhielten, kann einzelne Atome sichtbar machen und ihre Abstände ausmessen. Es lassen sich sogar Merkmale in der Größe eines hunderstel Atomdurchmessers auflösen.

V Ölfleckversuch

Ermittlung der Größe eines Ölmoleküls (Triolein in Benzin)

1. Ermittlung der Tropfenzahl pro 1 ml Triolein-Benzingemisch.
2. Errechnung des Ölvolumens in diesem Tropfen: $V_{Öl}$ = Verdünnungsfaktor × Volumen pro Tropfen.
3. Korkmehl auf eine Wasseroberfläche streuen.
4. Einen Tropfen auf diese vorbereitete Fläche fallen lassen.
5. Durchmesser des Ölfleckes ausmessen, wenn Benzin verdunstet ist und eine monomolekulare Schicht Öl zu erwarten ist.
6. Schichtdicke × Durchmesser = Ölvolumen (Zylinder annehmen)
7. Schichtdicke = Ölmoleküldurchmesser annehmen

VE Moleküldurchmesser $\sim 10^{-10}$ m

Erst $6{,}022 \cdot 10^{23}$ Wasserstoff-Atome wiegen 1 Gramm. Anschauliche Größenvergleiche sind in Abschnitt 3.3 aufgeführt.

Element	absolute Atommasse
H	$1{,}67 \cdot 10^{-24}$ g
Fe	$9{,}24 \cdot 10^{-23}$ g
Ag	$1{,}78 \cdot 10^{-22}$ g

Die absolute Atommasse liegt in der Größenordnung von 10^{-24} g bis 10^{-22} g.

6.4.1 Atomare Masseneinheit *u*

Bei chemischen Berechnungen interessieren im allgemeinen nicht die absoluten Atommassen, sondern die *Verhältnisse der Massen* zueinander.

Dies kommt in den chemischen Gleichungen zum Ausdruck.

Früher wurde die Masse des Wasserstoffs als leichtestes Element für den Massenvergleich als Grundeinheit gewählt.

Die Masse jedes Elements des PSE konnte damit als *Vielfaches* der des Wasserstoffs ausgedrückt werden.

Beispiel: Verbrennung des Kohlenstoffs

$C + O_2 \rightarrow CO_2$,

das heißt, jedes Atom benötigt zur vollständigen Verbrennung zwei O-Atome. Deshalb müssen sich die Massen der beiden Stoffe wie

$m_{\text{C-Atom}} : m_{O_2\text{-Molekül}} = 12 : 32$

verhalten.

Heute dient die Masse des Kohlenstoffs als Grundlage für den Massenvergleich. Als Einheit „1" gilt heute die atomare Masseneinheit *u*.

Natürliche Isotope des Kohlenstoffs	^{12}C	^{13}C
Massenzahl	12	13
Häufigkeit in %	98,9	1,1

Atomare Masseneinheit *u*

$$u = 1{,}66 \cdot 10^{-24}\ \text{g}$$

Sie ist gleich dem 12ten Teil der Masse eines Atoms des Kohlenstoffisotops ^{12}C.

Herkunft *u*: unit, englisch Einheit

6.4.2 Relative Atommasse A_r

Mit Hilfe der atomaren Masseneinheit *u* kann die relative Atommasse eines Elementes definiert werden:

Veraltete Bezeichnung: Atomgewicht

Neue Bezeichnung: relative Atommasse

Die relative Atommasse A_r gibt an, wievielmal schwerer ein Atom eines Elementes ist als die atomare Masseneinheit *u* oder als 1/12 der Masse eines Atoms des ^{12}C-Isotops.

Beispiele:

Elemente	A_r
Wasserstoff	1,007 97
Sauerstoff	15,999 4
Eisen	55,847
Kohlenstoff	12,011

Bei den aufgeführten relativen Atommassen handelt es sich um *Mittelwerte* der relativen Atommassen des natürlichen Isotopengemischs (*Mischelemente*).

Beispiel: Mischelement

Isotop	Vorkommen in %
$^{35}_{17}Cl$	75,4
$^{37}_{17}Cl$	24,6

$A_r(\text{Cl}) = 35{,}453$

Im Gegensatz dazu bestehen die *Reinelemente* nur aus einem Nuklid.
(→ Abschnitt 4.2.2)

Reinelemente (Auswahl):

Aluminium, Fluor, Gold, Jod, Kobalt, Mangan, Natrium, Niob

6.5 Relative Molekülmasse M_r

Wenn man die Masse der Atome mit dem Begriff der relativen *Atommasse* beschreibt, so verwendet man zur Charakterisierung der Massen von Verbindungen den Begriff der relativen *Molekülmasse* M_r

Veraltete Bezeichnung: Molekulargewicht

Im folgenden werden nur ganzzahlig gerundete, relative Atommassen zur Charakterisierung der Elemente verwendet, z. B. 16 beim Sauerstoff:

Die relative Molekülmasse M_r ist die Summe der relativen Atommassen von allen im Molekül gebundenen Atomen.

Molekül	$\Sigma (A_r)_i$	M_r
H_2O	$2 \cdot 1 + 1 \cdot 16$	18
H_3PO_4	$3 \cdot 1 + 1 \cdot 31 + 4 \cdot 16$	98
C_6H_6	$6 \cdot 12 + 6 \cdot 1$	78

i Anzahl der Atome im Molekül

Σ: Summe

oder

Die relative Molekülmasse M_r gibt an, wievielmal schwerer ein Molekül ist als die atomare Masseneinheit *u* oder als 1/12 der Masse eines Atoms des Kohlenstoffisotops ^{12}C.

Relative Formelmasse F_r

Viele chemische Verbindungen treten unter normalen Bedingungen nicht als geschlossene Moleküleinheiten auf, sondern als Ionen.

Zur Abgrenzung zu den Molekülen wird deshalb für Ionenverbindungen auch der Begriff *relative Formelmasse F_r* gebraucht.

Beispiel:

Ionenverbindung	$\Sigma(A_r)_i$	F_r
NaCl	23 + 35,5	58,5
Fe_2O_3	$2 \cdot 56 + 3 \cdot 16$	160
Al_2O_3	$2 \cdot 27 + 3 \cdot 16$	102

6.6 Molare Masse *M*

Bei den relativen Atommassen oder relativen Molekülmassen handelt es sich um *Verhältniszahlen*, die *unbenannt* sind.

Veraltete Bezeichnung: Grammatom, Grammolekül, Grammion.

Neue Bezeichnung: molare Masse

Sie lassen erkennen:

1. Wievielmal schwerer ein Atom ist als die atomare Masseneinheit *u*.
2. das Verhältnis der Atommassen zueinander, z. B. in einer chemischen Verbindung.

Mit unbenannten Zahlen lassen sich keine konkreten Massen und Volumina ausrechnen. Daher wurden aus praktischen Gründen die relativen Atommassen mit der Einheit „Gramm" ergänzt. Diese konkrete Masse heißt *molare Masse M*.

Unbenannte Größen:

H = 1,007 97
O = 15,9994
S = 32,064

Praktischer Grund: überschaubarer apparativer Meßaufwand.

> Die molare Masse *M* eines chemischen Elements oder einer chemischen Verbindung entspricht der relativen Atommasse (Molekülmasse, Formelmasse) mit der Einheit Gramm pro Mol.

Beispiele:

$M(He) = 4\,g \cdot mol^{-1}$
$M(H_2) = 2\,g \cdot mol^{-1}$
$M(S) = 32\,g \cdot mol^{-1}$
$M(O_2) = 32\,g \cdot mol^{-1}$
$M(HCl) = 35{,}5\,g \cdot mol^{-1}$
} gerundet

Bei *molekular* und *atomar auftretenden Elementen* ist zwischen der molaren Masse der atomaren Erscheinung und der der molekularen Erscheinung zu unterscheiden.

Beispiele:

$M(N) = 14\,g \cdot mol^{-1}$ (atomar)
$M(N_2) = 28\,g \cdot mol^{-1}$ (molekular)

6.7 Stoffmenge *n*

Das nach dem neuen Einheitengesetz in der Chemie gültige Basiselement ist der Kohlenstoff, genauer das Kohlenstoffisotop ^{12}C.

Basisgrößen des Internationalen Einheitensystems:

Basisgröße	Basiseinheiten
Länge	Meter
Zeit	Sekunde
Masse	Kilogramm
Temperatur	Kelvin
Stromstärke	Ampere
Lichtstärke	Candela
Stoffmenge	Mol

Hiermit gilt für die Stoffmenge Mol:

> 1 Mol ist die Stoffmenge eines Systems bestimmter Zusammensetzung, das aus ebensoviel Teilchen besteht, wie Atome in $12 \cdot 10^{-3}$ kg des Kohlenstoffisotops ^{12}C enthalten sind.

Teilchen können sein: Atome, Moleküle, Ionen, Elektronen.

6.7.1 Avogadro-Konstante N_A

Untersuchungen haben ergeben, daß *jedes Mol* eines Stoffes stets die *gleiche Anzahl* kleinster Teilchen enthält, wenn die äußeren Bedingungen (Temperatur, Druck, Konzentration) gleichbleiben.

Benennung von N_A:

N ≙ number (engl. Zahl)

A ≙ Avogadro

Zu Ehren des italienischen Physikers *Avogadro* wird diese Naturkonstante als Avogadro-Konstante bezeichnet.

Amadeo Avogadro, italienischer Naturforscher (1776–1856).

> Die Avogadro-Konstante N_A gibt an, wieviel Teilchen in 1 Mol eines Stoffes enthalten sind. Sie beträgt: $N_A = 6{,}022 \cdot 10^{23}$ Teilchen mol^{-1}.

Es enthalten jeweils:

1 mol H_2	$6{,}022 \cdot 10^{23}$	Moleküle	Wasserstoff
1 mol H_2	$2 \cdot 6{,}022 \cdot 10^{23}$	Atome	Wasserstoff
1 mol HCl	$6{,}022 \cdot 10^{23}$	Moleküle	Chlorwasserstoff
1 mol He	$6{,}022 \cdot 10^{23}$	Atome	Helium

6.7.2 Zusammenhang zwischen molarer Masse, Stoffmenge, Atommasse und Avogadro-Konstante

Die molare Masse M eines Stoffes ergibt sich mit N_A zu:

$$\boxed{M = u \cdot F_r \cdot N_A}$$

M	u	F_r	N_A
$\text{g} \cdot \text{mol}^{-1}$	g	1	mol^{-1}

F_r relative Formelmasse (A_r bzw. M_r)

Die Masse m eines Stoffes ist gleich dem Produkt aus molarer Masse M und Stoffmenge n

$$\boxed{m = n \cdot M}$$

m	n	M
g	mol	$\text{g} \cdot \text{mol}^{-1}$

Der Wert von u ergibt sich aus ^{12}C folgendermaßen:

$$u = \frac{M}{F_r \cdot N_A} \qquad M = 12\ \text{g} \cdot \text{mol}^{-1},\quad F_r = 12,\quad N_A = 6{,}022 \cdot 10^{23}\ \text{mol}^{-1}$$

$$u = \frac{12\ \text{g} \cdot \text{mol}^{-1}}{12 \cdot 6{,}022 \cdot 10^{23}\ \text{mol}^{-1}}$$

$$u = 1{,}660564 \cdot 10^{-24}$$

$u = 1{,}66 \cdot 10^{-24}$ g (übliche Vereinfachung)

Beispiel:

Welche Stoffmenge n stellen 100 g HCl dar?

$M(\text{HCl}) = 35{,}5\ \text{g} \cdot \text{mol}^{-1}$

$m = n \cdot M$, nach n umgestellt:

$$n = \frac{m}{M} = \frac{100\ \text{g}}{35{,}5\ \text{g} \cdot \text{mol}^{-1}} = \underline{2{,}81\ \text{mol}}$$

Mit Hilfe der molaren Masse M und der Avogadro-Konstante N_A läßt sich die *absolute Atommasse* eines Elements errechnen:

Absolute Atommasse	$m_a = \frac{M}{N_A}$

m_a	M	N_A
g	$g \cdot mol^{-1}$	mol^{-1}

Beispiel:

Absolute Atommasse des Wasserstoffatoms

$$m_H = \frac{M(H)}{N_A}$$

$$m_H = \frac{1{,}0079\ g \cdot mol^{-1}}{6{,}022 \cdot 10^{23} \cdot mol^{-1}}$$

$$m_H = \underline{1{,}6736 \cdot 10^{-24}\ g}$$

6.8 Volumenverhältnisse bei Gasreaktionen

Während bei chemischen Reaktionen die *Massen* der Ausgangsstoffe *gleich* den Massen der Reaktionsprodukte im geschlossenen System sind, können sich im Gegensatz dazu die *Volumina* der Reaktionsteilnehmer *verändern*.

Auffällig sind die Volumenveränderungen bei Gasreaktionen. So entstehen zum Beispiel aus zwei Raumteilen Wasserstoff und einem Raumteil Sauerstoff nur zwei Raumteile Wasser. Die chemische Reaktion verläuft unter *Volumenverminderung.*

Andere Gasreaktionen verlaufen unter *Volumenerhalt* oder unter *Volumenvergrößerung.*

Die Volumenvergrößerung ist oft eine Umkehrung der Volumenverminderung.

Als Beispiel soll die Thermolyse des Schwefeltrioxids dienen.

Beispiel: Knallgasbildung

$2\ H_2 + O_2 \rightarrow 2\ H_2O$ (gasförmig)

4 g + 32 g = 36 g

Volumenverminderung: H_2O-Bildung

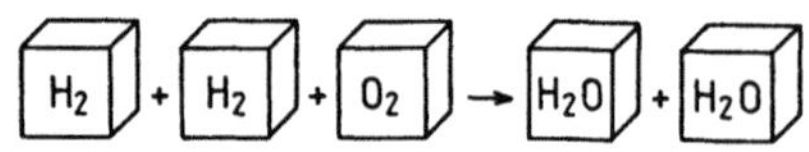

Volumenerhalt: HCl-Bildung

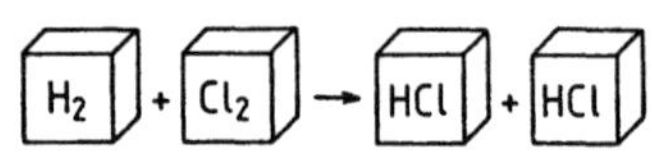

Volumenvergrößerung: SO_3-Zerfall

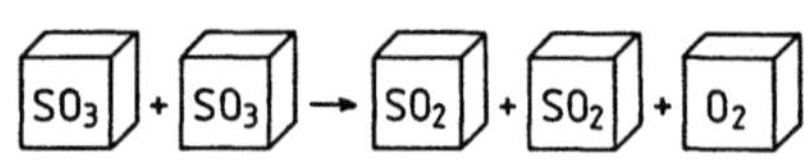

6.8.1 Volumengesetz von Gay-Lussac

Aufgrund von Experimenten stellte der französische Chemiker und Physiker *Gay-Lussac* 1808 das nach ihm benannte *chemische Volumengesetz von Gay-Lussac* auf:

Die an einer chemischen Reaktion beteiligten Gase reagieren stets im Volumenverhältnis kleiner ganzer Zahlen miteinander.

Beispiel: SO_3-Bildung

$2\ SO_2 + O_2 \rightarrow 2\ SO_3$

$$\frac{2\ RT}{SO_2} : \frac{1\ RT}{O_2} : \frac{2\ RT}{SO_3} = 2:1:2$$

RT ≙ Raumteil

6.8.2 Gesetz von Avogadro

Aufgrund dieser Vorarbeiten von *Gay-Lussac* stellte der italienische Physiker *Avogadro* 1811 das nach ihm benannte *Gesetz von Avogadro* auf:

> Gleiche Volumina aller Gase enthalten unter gleichen äußeren Bedingungen (Temperatur, Druck) stets die gleiche Anzahl von Teilchen (Atome bzw. Moleküle).

Beispiel: SO_3-Bildung

$2 \cdot 6{,}022 \cdot 10^{+23}$ SO_2-Moleküle und
$1 \cdot 6{,}022 \cdot 10^{+23}$ O_2-Moleküle ergeben
$2 \cdot 6{,}022 \cdot 10^{+23}$ SO_3-Moleküle

Volumen		Teilchenzahl
gleiche Volumen aller Gase	⇒	gleiche Teilchenzahl
		↓
welches Volumen?	⇐	bestimmte Teilchenzahl von: $N_A = 6{,}022 \cdot 10^{+23}$

Kehrt man das Gesetz von Avogadro um, so stellt sich die Frage:

Welches Volumen besitzt die Stoffmenge 1 mol eines Gases mit der Teilchenmenge $N_A = 6{,}022 \cdot 10^{23}$?

Als Antwort ergibt sich für Normalbedingungen das molare Normvolumen V_{mn}.

6.8.3 Molares Normvolumen V_{mn}

Untersuchungen haben ergeben:

> 1 Mol eines Gases nimmt bei Normbedingungen (0 °C und 1,013 bar) ein Volumen von 22,41 Litern ein.
> Es wird als *molares Normvolumen* V_{mn} bezeichnet.

Veraltete Bezeichnungen:
Molvolumen
molares Volumen

Neue Bezeichnung:
molares Normvolumen

6.8.4 Molare Normvolumen realer Gase

Das molare Normvolumen V_{mn} = 22,41 l gilt nur für *ideale Gase*.

Bei realen Gasen weichen die Werte der tatsächlichen molaren Normvolumina mehr oder weniger geringfügig vom Wert V_{mn} = 22,41 ab.

Reale Gase zeichen *wachsende Abweichungen* je *näher* ihre Temperatur bei der Kondensationstemperatur liegt.

Vergleiche (Tafel): Mit steigender Kondensationstemperatur verlieren die Gase den „idealen" Charakter, ihr tatsächliches molares Normvolumen sinkt, da Anziehungskräfte zwischen den Molekülen stärker wirken.

Tatsächliche molare Normvolumen

Gasart	tatsächliche molare Normvolumen	Kondensationstemperatur
He	22,43 l	−270 °C
H_2	22,43 l	−253 °C
N_2	22,40 l	−196 °C
Ar	22,40 l	−186 °C
O_2	22,39 l	−183 °C
CO_2	22,26 l	− 78 °C
Cl_2	22,06 l	− 34 °C

6.9 Thermische Zustandsgleichung der Gase

In *technischen Prozessen* laufen chemische Gasreaktionen im allgemeinen bei Temperaturen und Drücken ab, die von den *Normbedingungen abweichen.* Zur rechnerischen Erfassung der Massen- und Volumenströme bei der Auslegung von Behältern und Apparaten, zum Beispiel in der chemischen Industrie, müssen bei stöchiometrischen Berechnungen Normbedingungen zugrunde gelegt werden.

Es ist daher eine *Beziehung* zwischen den *tatsächlichen* Verhältnissen und den *Werten bei Normbedingungen* nötig.

Diese Beziehung läßt sich folgendermaßen herstellen:

Wird bei konstantem Druck eine bestimmte Gasmenge mit dem Volumen V_0 erwärmt, so dehnt sie sich aus. Sie nimmt bei einer Temperaturerhöhung von 1 Kelvin linear um 1/273 ihres Ausgangsvolumens zu. Es gilt daher:

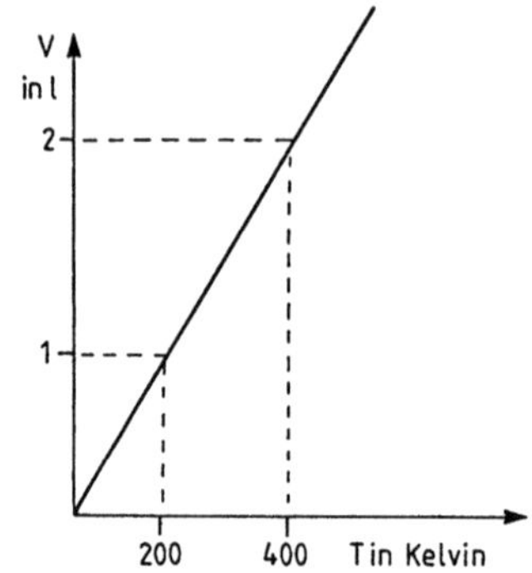

$$v \sim T \ (p = \text{konst.})$$

Wird jedoch das Volumen V_0 bei Erwärmung konstant gehalten (also nicht verändert), so steigt der Druck an. Wird die Temperatur verdoppelt, so verdoppelt sich auch der Druck. Die Temperatur ist ein direktes Maß für die Bewegungsenergie der Gasteilchen. Es gilt daher:

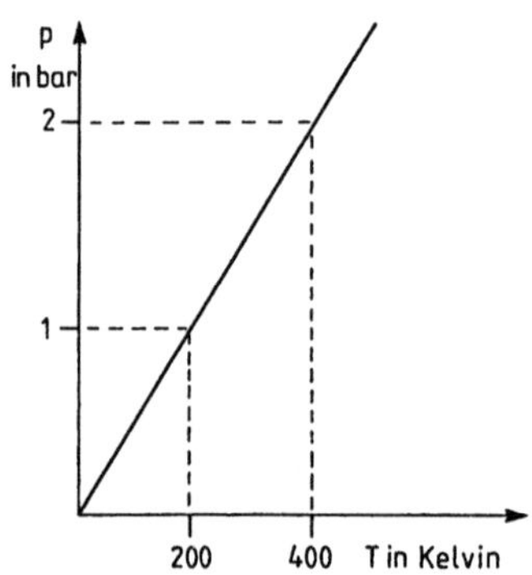

$$p \sim T \ (v = \text{konst})$$

In der Praxis ist es häufig der Fall, daß bei Temperaturänderungen das Gasvolumen oder der Gasdruck nicht konstant bleiben. Man faßt daher beide Proportionalitäten zusammen:

$$v \sim \frac{T}{p}$$

Werden bei einer bestimmten Gasmenge der Druck und die Temperatur geändert, so verändert sich das Volumen,

der Quotient $\frac{v}{\frac{T}{p}} = \frac{v \cdot p}{T}$ aber bleibt konstant.

Mit dieser Gesetzmäßigkeit kann man nun ein Gasvolumen von einer Temperatur und einem Druck auf eine andere Temperatur und einen anderen Druck umrechnen.

Für „ideale Gase" stellt die *thermische Zustandsgleichung* idealer Gase diese Beziehung her. Sie lautet in der allgemeinen Form:

$\frac{v_0 \cdot p_0}{T_0} = \frac{v_1 \cdot p_1}{T_1}$	
Norm-zustand	Ist-zustand

$p_0 = 1{,}013$ bar[1]
$T_0 = 273$ K
$T_1 = 273 + t$ K

v_0, p_0, T_0 des Gases im Normzustand

v_1, p_1, T_1 des Gases im Istzustand

$t = °C$

Mit Hilfe des *Normvolumens* $V_0 = 22{,}4\ \mathrm{l \cdot mol^{-1}}$ wird der Ausdruck

$$\frac{V_0 \cdot p_0}{T_0} = \frac{22{,}4\ \mathrm{l \cdot mol^{-1}} \cdot 1{,}013\ \mathrm{bar}}{273\ \mathrm{K}} = 0{,}083\ \frac{\mathrm{l \cdot bar}}{\mathrm{mol \cdot K}} = \mathrm{R}$$

Dieser Wert wird als *Allgemeine Gaskonstante* $R = 0{,}083\ \frac{\mathrm{l \cdot bar}}{\mathrm{mol \cdot K}}$ oder als *molare Gaskonstante* bezeichnet.

Mit seiner Hilfe läßt sich die thermische Zustandsgleichung folgendermaßen umformen:

$$R = \frac{p_1 \cdot V_1}{T_1}$$

Mit der Beziehung für das *molare Volumen* V_1

$$V_1 = \frac{v_1}{n_1} \quad \begin{array}{l} \leftarrow \text{tatsächliches Volumen (im Zustand 1)} \\ \leftarrow \text{tatsächliche Stoffmenge (im Zustand 1)} \end{array}$$

ergibt sich:

$$R = \frac{p_1 \cdot v_1}{T_1 \cdot n_1} \quad \text{oder umgeformt}$$

$$\boxed{p_1 \cdot v_1 = R \cdot n_1 \cdot T_1}$$

Gebräuchlichste Form der thermischen Zustandsgleichung idealer Gase

Beispiel:

Es liegen 20 l NH_3 beim Druck von 1,20 bar und einer Temperatur von 500 °C vor.
Welches Volumen nimmt das NH_3 im Normzustand ein?

Lösung: Umformung der thermischen Zustandsgleichung der Gase nach V_0.

$$\frac{v_0 \cdot p_0}{T_0} = \frac{v_1 \cdot p_1}{T_1} \longrightarrow v_0 = \frac{v_1 \cdot p_1}{T_1} \cdot \frac{T_0}{p_0} \qquad T_1 = (273 + 500)\ °\mathrm{C} = 773\ \mathrm{K}$$

$$v_0 = \frac{0{,}020\ \mathrm{m^3} \cdot 1{,}2\ \mathrm{bar} \cdot 273\ \mathrm{K}}{773\ \mathrm{K} \cdot 1{,}013\ \mathrm{bar}}$$

$$v_0 = \underline{0{,}008\,36\ \mathrm{m^3}} = 8{,}36\ l$$

Das *ideale Gas* ist ein *abstrakter* Begriff. Zwischen den punktförmig gedachten Molekülen, die sich in einem kräftefreien Raum bewegen, sollen *keine Anziehungskräfte* bestehen.

Im *realen Gas* nehmen Moleküle jedoch einen bestimmten Raum ein, und es bestehen Anziehungs- und Abstoßungskräfte zwischen ihnen.

[1]) Die SI-Einheit für den Druck ist das Pascal (1 Pa = 1 N/m²). Da diese Einheit für die Praxis zu klein ist, wird weiterhin auch das Bar (bar) genutzt. (1 bar = 10^5 Pa)

Das reale Gas weicht vom idealen Gas mit *wachsendem* Druck und *abnehmender* Temperatur im *steigenden* Maße ab.

Die Zustandsgleichung der Gase gilt bei *kleinen Drücken* und *hohen Temperaturen für reale Gase* nur näherungsweise.

6.10 Stöchiometrische Berechnungen

Unter Stöchiometrie versteht man die Lehre von den mengenmäßigen Zusammensetzungen der chemischen Verbindungen und von den Massenverhältnissen bei chemischen Reaktionen.

Die stöchiometrischen Berechnungen basieren auf dem Gesetz von der Erhaltung der Masse und dem Gesetz der konstanten Massenverhältnisse.

Voraussetzung ist, daß die chemischen Reaktionen *vollständig* von den Ausgangsstoffen zu den Reaktionsprodukten verlaufen.

Arbeitsplan

① Reaktionsgleichung aufstellen;

② die molaren Massen der Reaktionsteilnehmer unter die Gleichung schreiben;

③ die tatsächlichen Massen der Reaktionsteilnehmer angeben;

④ die molaren Normvolumina der Reaktionsteilnehmer aufschreiben (nur gasförmige Stoffe haben molare Normvolumina);

⑤ die tatsächlichen Volumina der Reaktionsteilnehmer angeben;

⑥ mit Hilfe des Dreisatzes o. ä. die gesuchten Massen ausrechnen;

⑦ mit Hilfe des Dreisatzes o. ä. die gesuchten Volumen ausrechnen;

⑧ mit Hilfe der thermischen Zustandsgleichung der Gase von Normbedingungen auf tatsächliche Verhältnisse umrechnen.

6.11 Beispiele zu den stöchiometrischen Berechnungen

1. Beispiel:

10 Gramm Kohlenstoff verbrennen vollständig zu Kohlendioxid.

Wie groß ist die Masse x und das Volumen y des Kohlendioxids bei Normalbedingungen?

①	$C + O_2 \rightarrow CO_2$	Reaktionsgleichung aufstellen.
②	$12\,g + 32\,g = 44\,g$	Molare Massen der Reaktionsteilnehmer einsetzen.
③	$10\,g + x_1\,g = x_2\,g$	Tatsächliche Massen, unbekannte Massen durch x_1, x_2 angeben. (hier nur x_2 gesucht)
④	– 22,4 l 22,3 l	Molare Normvolumen für gasförmige Reaktionsteilnehmer angeben.

⑤ entfällt, da nicht gegeben

⑥ $$\frac{12\,g\,C}{10\,g\,C} = \frac{44\,g\,CO_2}{x_2}$$ Massenproportionen

$$x_2 = \frac{44\,g\,CO_2 \cdot 10\,g\,C}{12\,g\,C} = \underline{36{,}7\,g\,CO_2}$$

⑦ $$\frac{12\,g\,C}{10\,g\,C} = \frac{22{,}3\,l\,CO_2}{y}$$ Volumenproportionen

$$y = \frac{22{,}3\,l\,CO_2 \cdot 10\,g\,C}{12\,g\,C} = \underline{18{,}6\,l\,CO_2}$$

10 g Kohlenstoff ergeben 36,7 g CO_2 oder 18,6 l CO_2 bei Normbedingungen.
Als Lösung ergeben sich die Werte x_2 und y. Der Wert x_1 wurde nicht gesucht. Eine Umrechnung auf Verhältnisse, die von Normbedingungen abweichen, ist nicht gefragt.

6.12 Thermochemische Reaktionen

Von der *Verbrennung* von Kohle, Holz oder Papier her ist bekannt, daß *Wärme frei* wird. Da Wärme eine *Form der Energie* ist, muß folglich Energie im Holz stecken. Das Reaktionsprodukt muß dann energieärmer sein als der Ausgangsstoff.

Jeder Stoff muß somit einen bestimmten Energieinhalt haben. Geht man von der Stoffmenge 1 Mol aus, so ist dies die *molare innere Energie* des Stoffes.

Bei Verbrennungen eines Stoffes wird sein Energieinhalt verändert. Allgemein gilt:

> Jede chemische Reaktion ist mit einer Änderung des Energieinhalts zwischen den Ausgangsstoffen und den Reaktionsprodukten verbunden.

Beispiele:

- Im Holz soll nur die Kohlenstoffreaktion berücksichtigt werden.
  $C + O_2 \rightarrow CO_2$ + Wärmeabgabe
- Verbrennung von Erdgas (Methangas)
  $CH_4 + 2\,O_2 \rightarrow CO_2 + 2\,H_2O$ + Wärmeabgabe
- Natrium auf Wasser
  $2\,Na + 2\,H_2O \rightarrow 2\,NaOH + H_2$ + Wärmeabgabe
- Zerfall von Quecksilberoxid
  $2\,HgO \rightarrow 2\,Hg + O_2$ + Wärmeverbrauch
- Assimilation des Blattgrüns
  $6\,CO_2 + 6\,H_2O \rightarrow C_6H_{12}O_6 + 6\,O_2$ + Wärmeverbrauch

> Ausgangsstoffe → Reaktionsprodukte $+ \Delta H_R$

Häufig kann eine chemische Reaktion nur daran erkannt werden, daß sie von einem physikalischen Vorgang der Energieumsetzung (z. B. Erwärmung) begleitet wird. In bestimmten Fällen, wie zum Beispiel dem Rosten, ist selbst diese Energieänderung meßtechnisch schwer festzustellen.

- Erwärmung von Komposthaufen, feuchtem Heu und eventuell Selbstentzündung.

6.12.1 Reaktionsenergie ΔU und Reaktionsenthalpie ΔH_R

Für technisch-chemische Prozesse interessieren im allgemeinen nicht die *Energieinhalte* der Stoffe, sondern deren *Änderungen.*

Beispiele:

- Elektrischer Strom: Fließen der Elektronen aufgrund eines *Spannungsgefälles.*
- Kraftwerk: Bewegung der Turbine durch *Abbau* des Dampfdruckes in den Turbinenschaufeln.

Auf 1 Mol eines Stoffes bezogen bezeichnet man die Änderung der molaren inneren Energie als Reaktionsenergie ΔU. Diese gilt für Reaktionen, die bei *konstantem Volumen* ablaufen. Im allgemeinen laufen chemische Reaktionen bei *konstantem Druck* (z. B. Umgebungsdruck) unter Änderung des Volumens ab.

> Diese Änderung der molaren inneren Energie wird als Reaktionsenthalpie ΔH_R bezeichnet.

ΔU Reaktionsenergie bei
V = konstant
$p \neq$ konstant

Δ Differenz (sprich: Delta)

ΔH_R Reaktionsenthalpie bei
$V \neq$ konstant
p = konstant

H (engl. heat) ≙ Wärme, Enthalpie

Den Zusammenhang zwischen der Reaktionsenergie ΔU und der Reaktionsenthalpie ΔH_R gibt folgende Beziehung wieder:

$$\Delta H_R = \Delta U + p \cdot \Delta V$$

$p \cdot \Delta V$ ≙ Volumenänderungsarbeit

ΔH_R kann positive oder negative Werte annehmen (→ 6.12.2)

Falls bei chemischen Reaktionen die Enthalpieänderung nicht beachtet werden muß, so wird sie in der Reaktionsgleichung weggelassen. Bei der *energetischen Betrachtung einer chemischen Reaktion* müssen die Reaktionsenthalpien in der Reaktionsgleichung angegeben werden:

Beispiel: Wasserbildung, chemisch

$2\,H_2 + O_2 \rightarrow 2\,H_2O$

> Ausgangsstoff ⟶ Reaktionsprodukt $\pm$ ΔH_R

Beispiel: Wasserbildung, energetisch

$2\,H_2 + O_2 \rightarrow 2\,H_2O - \Delta H_R$

Erklärung des Vorzeichens von ΔH_R im folgenden Abschnitt.

6.12.2 Exotherme und endotherme Reaktionen

Bei der Verbrennung von Wasserstoff wird Wärme frei, bei Umkehrung der Reaktion müßte Wärme (Energie) zugeführt werden.

Wasserstoff und Sauerstoff als Brenngas für Schweißarbeiten

In der Reaktionsgleichung steht auf der Seite der Reaktionsprodukte für

1. Exotherme Reaktionen: $-\Delta H_R$
   (Wärmeabgebende Reaktionen)
   Energieinhalt des Systems wird verringert

Beispiele:

Exotherme Reaktionen

1. $C + O_2 \rightarrow CO_2 - 394\ kJ \cdot mol^{-1}$
2. $S + O_2 \rightarrow SO_2 - 297{,}5\ kJ \cdot mol^{-1}$

exo (griechisch) heraus

2. Endotherme Reaktionen: $+\Delta H_R$
(Wärmeaufnehmende Reaktionen)
Energieinhalt des Systems wird vergrößert

Endotherme Reaktionen
1. Bildung von Wassergas (Gemisch aus H_2 und CO)
$(H_2O)_g + C \rightarrow H_2 + CO + 131{,}5\ kJ \cdot mol^{-1}$
2. Reduktion von Fe_3O_4 im Hochofen
$Fe_3O_4 + CO \rightarrow 3\,FeO + CO_2 + 22{,}6\ kJ \cdot mol^{-1}$

endo (griechisch) hinein

6.13 Bildungsenthalpie ΔH_B

Reagieren Stoffe miteinander, bei denen die Ausgangsstoffe *elementar* und *nicht bereits als Verbindungen* vorliegen, so wird die Reaktionsenthalpie als Bildungsenthalpie ΔH_B bezeichnet.

> Die Bildungsenthalpie ΔH_B ist die Reaktionsenthalpie einer Verbindung, bei der die Ausgangsstoffe *elementar* vorliegen.
>
> Die molare Bildungsenthalpie bezieht sich auf 1 Mol der Verbindung.
>
> Exotherme Reaktion: $-\Delta H_B$; endotherme Reaktion: $+\Delta H_B$.

Die Bildungsenthalpien ΔH_B der chemischen Verbindungen werden meßtechnisch mit dem Kalorimeter, rechnerisch mit dem „Heßschen Satz" (→ 6.13.3) ermittelt.

Bildungsenthalpien:

1. $S + O_2 \rightarrow SO_2 - 297{,}5\ kJ \cdot mol^{-1}$
$\Delta H_B = -\ 297{,}5\ kJ \cdot mol^{-1}$ (exotherme Reaktion)
2. $1/2\ N_2 + O_2 \rightarrow NO_2 + 33{,}7\ kJ \cdot mol^{-1}$
$\Delta H_B = +33{,}21\ kJ \cdot mol^{-1}$ (endotherme Reaktion)

6.13.1 Einfluß des Aggregatzustandes der Verbindungen

Die Bildungsenthalpie ΔH_B wird durch den *Aggregatzustand* der beteiligten Verbindungen *beeinflußt.*

Für das lebenswichtige Wasser beträgt sie:

$(\Delta H_B)_{fl} = -286{,}6\ kJ \cdot mol^{-1}$ (H_2O, flüssig)
$(\Delta H_B)_g = -242{,}2\ kJ \cdot mol^{-1}$ (Dampf)

Die Differenz $(\Delta H_B)_{fl} - (\Delta H_B)_g = 44{,}4\ kJ \cdot mol^{-1}$ stellt die *Verdampfungswärme des Wassers* pro Mol dar.

Die Bildungsenthalpien werden üblicherweise für 25 °C und 1,013 bar angegeben (Standardbedingungen).

Bildungsenthalpien einiger Stoffe bei 25 °C und 1,013 bar:

Stoff	ΔH_B kJ · mol^{-1}
H_2O_g	− 242,18
H_2O_{fl}	− 286,6
$NH_{3\,g}$	− 46,09
$SO_{2\,g}$	− 297,50

Der Aggregatzustand des betreffenden Stoffes wird mit folgenden Indizes gekennzeichnet:

– g gasförmiger/dampfförmiger Zustand
– fl flüssiger Zustand
– f fester Zustand

6.13.2 Zusammenhang Bildungsenthalpie ΔH_B mit Reaktionsenthalpie ΔH_R

Die Reaktionsenthalpie ΔH_R ist gleich der Differenz zwischen den Bildungsenthalpien der Reaktionsprodukte und den Bildungsenthalpien der Ausgangsstoffe.

1. Thermo-chemisches Gesetz

$$\Delta H_R = \Sigma\Delta H_{B\,(\text{Reaktionsprodukt})} - \Sigma\Delta H_{B\,(\text{Ausgangsstoff})}$$

Bei der *Bildung einer Verbindung* aus den Elementen wird der gleiche Energiebetrag frei, der zur *Zerlegung der Verbindung* in die Elemente benötigt wird.

Beispiel: Reduktion von Fe_2O_3 mit Al

$Fe_2O_3 + 2\,Al \rightarrow Al_2O_3 + 2\,Fe + \Delta H_R$

Stoffmenge mol	Reaktionsteilnehmer	Bildungsenthalpie kJ · mol⁻¹
1	Al_2O_3	$1 \cdot (-1647{,}9)$
2	Fe	$2 \cdot 0$[1]
1	Fe_2O_3	$1 \cdot (-817{,}8)$
2	Al	$2 \cdot 0$[1]

[1] für Elemente Null

$\longrightarrow \Delta H_R = -830\ \text{kJ} \cdot \text{mol}^{-1}$

Ergebnis: Die Reaktion ist exotherm

Anmerkung: Die Stoffmenge Mol in der Benennung $\text{kJ} \cdot \text{mol}^{-1}$ wird nicht auf ein bestimmtes Mol in der Reaktionsgleichung bezogen, sondern auf die gesamten Stoffmengen des Stoffumsatzes, hier auf 1 Mol Fe_2O_3 und 2 Mol Al sowie 1 Mol Al_2O_3 und 2 Mol Fe.

6.13.3 Heßscher Satz

Die Reaktionsenthalpie eines Stoffumsatzes kann auch aus zwei oder mehr *Teilreaktionen* (unvollständige Reaktionen) berechnet werden.

Voraussetzung ist, daß aus jeweils gleichen Ausgangsstoffen die entsprechenden Reaktionsprodukte entstehen.

2. Thermo-chemisches Gesetz

$$\Delta H_R = (\Delta H_R)_1 + (\Delta H_R)_2 + (\Delta H_R)_3 + \ldots$$

Die Indizes 1, 2, 3 bezeichnen die jeweiligen Teilreaktionen.

Beispiel

Verbrennung von C in zwei Teilreaktionen A und B

$C + O_2 \rightarrow CO_2 + \Delta H_R$

1. $C + 1/2\,O_2 \rightarrow CO \quad -110{,}6\ \text{kJ} \cdot \text{mol}^{-1}$
2. $CO + 1/2\,O_2 \rightarrow CO_2 \quad -283{,}2\ \text{kJ} \cdot \text{mol}^{-1}$

$C + O_2 \rightarrow CO_2 \quad -393{,}8\ \text{kJ} \cdot \text{mol}^{-1}$

$\Delta H_R = \underline{-393{,}8\ \text{kJ} \cdot \text{mol}^{-1}}$

Ergebnis: Die Reaktion ist exotherm

Der Heßsche Satz lautet:

> Die Reaktionsenthalpie ist nur vom Anfangs- und Endzustand einer Reaktion abhängig, jedoch nicht vom Reaktionsweg.

(Auch Gesetz der „konstanten Wärmesummen“ genannt.)

6.13.4 Verbrennungsenthalpie

Viele chemische Reaktionen zwischen Brennstoffen und Sauerstoff werden nur zum Zwecke der Wärmeerzeugung durchgeführt.

Verfeuerung von Heizölen, Erdgas, Steinkohle, Braunkohle, Holz usw.

> Die bei der vollständigen Reaktion (Verbrennung) eines Stoffes mit Sauerstoff auftretende Reaktionsenthalpie wird als Verbrennungsenthalpie ΔH_V bezeichnet.
>
> Die molare Verbrennungsenthalpie ΔH_V wird auf die Stoffmenge 1 Mol des Brennstoffes bezogen.

Es *muß unterschieden* werden zwischen der Verbrennungsenthalpie

a) eines Elements

> Die molare Verbrennungsenthalpie eines Elements ist gleich der molaren Bildungsenthalpie des Oxids dividiert durch den *Index* des Elements in der Formel.

Beispiele: Verbrennungsenthalpie von Aluminium

$$(\Delta H_V)_{Al} = \frac{(\Delta H_B)_{Al_{(2)}O_3}}{(2)} = \frac{-1647{,}9}{2}\,\text{kJ}\cdot\text{mol}^{-1}$$

$$= \underline{-823{,}95\ \text{kJ}\cdot\text{mol}^{-1}}$$

Verbrennungsenthalpie ≠ Bildungsenthalpie

◌ Index, Anzahl der Atome in chemischer Verbindung

b) einer Verbindung

> Die molare Verbrennungsenthalpie ΔH_V einer chemischen Verbindung ist gleich der Reaktionsenthalpie ΔH_R dividiert durch die Anzahl der Moleküle (Koeffizienten) dieser Verbindung in der Reaktionsgleichung.
>
> $$\Delta H_R = \Sigma(\Delta H_B)_{Reaktprod.} - \Sigma(\Delta H_B)_{Ausg.}$$

Beispiel: Verbrennungsenthalpie von C_2H_2 (Acetylen)

$$2\,C_2H_2 + 5\,O_2 \rightarrow 4\,CO_2 + 2\,H_2O + \Delta H_V$$

Stoffmenge mol	Reaktionsteilnehmer	Bildungsenthalpie kJ · mol⁻¹
2	H_2O gasf.	− 484,4
4	CO_2 gasf.	− 1575,5
(2)	C_2H_2	+ 451,6
5	O_2	0

$$\Delta H_R = -2511{,}5$$

$$(\Delta H_V)_{C_2H_2} = \frac{-2511{,}5}{(2)} = -1\,255{,}25\ \text{kJ}\cdot\text{mol}^{-1}$$

◌ Koeffizient, Anzahl der Moleküle in chemischer Gleichung

6.13.5 Heizwert *H*

Die Verbrennungsenthalpie ΔH_V ist in der Technik bekannter unter dem Namen „Heizwert *H*". In Abhängigkeit vom Aggregatzustand der Reaktionsprodukte einer Verbrennung gibt es einen *oberen Heizwert* H_o und einen *unteren Heizwert* H_u. Die Ursache ist die Anwesenheit von Wasser in den Verbrennungsgasen. Es kann bei Umgebungstemperatur sowohl flüssig als auch dampfförmig auftreten. Der Wirkungsgrad einer Feuerungsanlage wird zum Beispiel durch den unteren Heizwert erheblich beeinflußt. Die zur Verfügung stehende Wärme kann im allgemeinen nicht vollständig ausgenutzt werden, da es zum Beispiel nicht zur Bildung von flüssiger schwefliger Säure im Kamin kommen soll ($H_2O + SO_2 \rightarrow H_2SO_3$).

Der Heizwert H ist die Wärmemenge, die bei der vollständigen Verbrennung eines Stoffes entsteht. Die Wärmemenge bezieht sich auf verschiedene Massen oder Volumina (mol^{-1}, kg^{-1}, m^{-3}). Die Reaktionsprodukte müssen dabei wieder die gleiche Temperatur annehmen wie die Ausgangsstoffe.

Heizwert $H_u \cong$ Verbrennungsenthalpie ΔH_V

Die Enthalpie von flüssigem und dampfförmigen Wasser unterscheidet sich bei gleicher Temperatur um die Verdampfungsenthalpie $r = H_o - H_u$. Der obere Heizwert H_o wird angegeben, wenn zum Beispiel die Abgase einer Feuerungsanlage so abgekühlt werden, daß Wasser im flüssigen Zustand in den Abgasen auftritt, z. B. bei Brennwertkesseln.

Bleibt das Wasser als *Wasserdampf in den Abgasen,* so gilt der *untere Heizwert* H_u als Heizwert eines Brennstoffes schlechthin.

Heizwerte einiger gasförmiger Brennstoffe in $kJ \cdot mol^{-1}$, $kJ \cdot kg^{-1}$ und $kJ \cdot m^{-3}$

Stoff	Formel	oberer Heizwert H_o $kJ \cdot mol^{-1}$	$kJ \cdot kg^{-1}$	$kJ \cdot m^{-3}$	unterer Heizwert H_u $kJ \cdot mol^{-1}$	$kJ \cdot kg^{-1}$	$kJ \cdot m^{-3}$
Kohlenmonoxid	CO	283,6	10 132	12 644	283,6	10 132	12 644
Wasserstoff	H_2	286,2	141 974	12 769	241,1	119 616	10 760
Methan	CH_4	891	55 600	39 838	800	49 948	35 979
Acetylen	C_2H_2	1 310	50 367	58 992	1 265	48 651	56 940
Äthylen	C_2H_4	1 423	50 785	64 016	1 333	47 562	59 954
Propan	C_3H_8	2 222	50 409	101 823	2 041	46 348	93 574
Butan	C_4H_{10}	2 880	49 572	134 019	2 655	45 720	123 522
Ammoniak	NH_3	381	22 358	17 250	313	18 422	14 193

6.14 Aktivierungsenergie E_A

Es ist bekannt, daß zur Verbrennung eines brennbaren Stoffes in der Regel drei „Komponenten" gehören:

- Brennstoff
- Sauerstoff oder ein anderes Oxidationsmittel
- Zündquelle

Bedeutung der Aktivierungsenergie:

Alle Stoffe versuchen, den energieärmsten Zustand zu erreichen. Dadurch käme es zu einer „chemischen Katastrophe", weil fast jeder Stoff mit dem anderen bei einem Zusammentreffen reagieren könnte. Die Natur hat dagegen eine Barriere eingebaut, die erst überwunden werden muß, bevor eine Reaktion ablaufen kann: die *Aktivierungsenergie.*

Ein Streichholz brennt bei Umgebungstemperatur nicht von selbst. Es muß auf der Reibfläche angerissen werden. Durch die entstehende Wärme wird der Verbrennungsvorgang ausgelöst. Die Reaktion wird „aktiviert".

Brennstoffe sind zum Beispiel Methangas, Kohle, Holz, Torf, Kohlenmonoxid.

Als *Zündquelle* dienen zum Beispiel heiße Oberflächen, Funken eines Generators, offene Flammen, elektrostatische Aufladungen, ionisierende Strahlen.

Die *Aktivierungsenergie* zur Auslösung einer chemischen Reaktion ist für jeden Stoff *verschieden groß.*

Stoffe mit *hoher* Aktivierungsenergie sind *reaktionsträge.* Sie befinden sich auf einem stabilen Zwischenzustand oder sogar Endzustand.

Reaktionsflinke Stoffe benötigen eine *geringe* Aktivierungsenergie. Sie befinden sich auf einem energetisch hohen, aber wenig stabilen Energieniveau.

Bekannt ist die „Zündwilligkeit" von Acetylen. Die Ursache dafür ist die dreifache Bindung der C-Atome:

H–C≡C–H, Äthin (Acetylen)

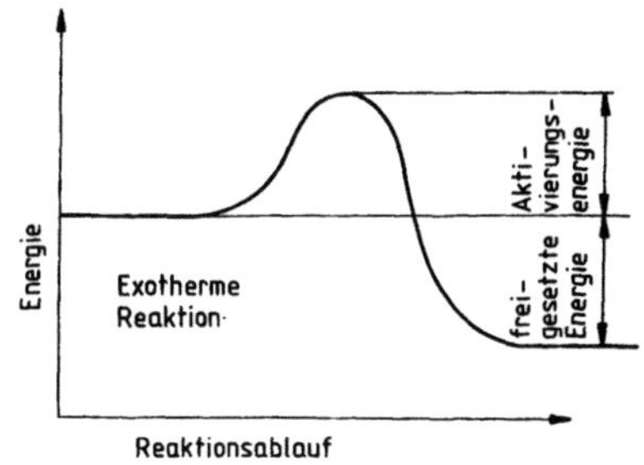

Bei der *exothermen* Reaktion wird Energie frei.

Die Reaktionsteilnehmer sind *nach* der Reaktion *energieärmer* als vorher.

Beispiel:

Verbrennung von Kohlenstoff mit Sauerstoff zu Kohlendioxid $C + O_2 \rightarrow CO_2$

Bei der *endothermen* Reaktion wird Energie verbraucht.

Die Reaktionsteilnehmer sind *nach* der Reaktion *energiereicher* als vorher.

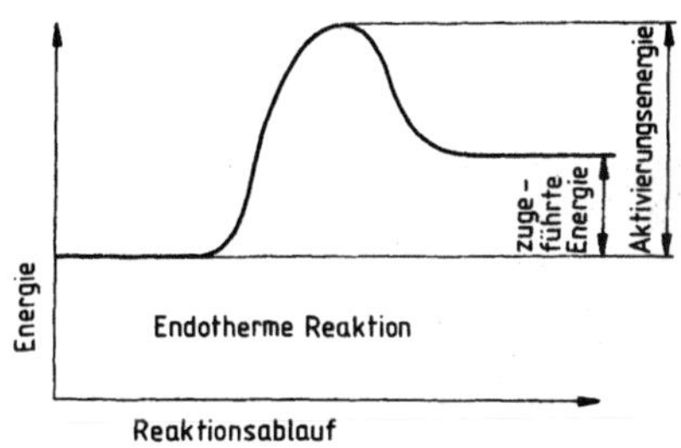

Beispiel:

Herstellung von gebranntem Kalk aus Kalkstein $CaCO_3 \rightarrow CO_2 + CaO$

Die Aktivierungsenergie E_A läßt sich durch geeignete Katalysatoren verringern (→ Abschnitt 7.3.3).

Für die Aktivierungsenergie gilt:

> Die Aktivierungsenergie ist diejenige Energie, die zur Überwindung einer Reaktionshemmung erforderlich ist.
>
> Sie ist eine Art „Startenergie", um eine Reaktion in Gang zu setzen.

6.15 Zündtemperatur - Mindestzündenergie

Bekanntlich brennt Heizöl nicht bei Umgebungstemperatur. Erst durch Erhöhung der Heizöltemperatur auf über 55 °C lassen sich Heizöldämpfe entflammen. Die erforderliche Aktivierungsenergie hat mit zunehmender Temperatur abgenommen.

V Zündwilligkeit von Methangas
Zündversuche mit
1. Gasanzünder mit Zündpille
2. Gasanzünder mit Piëzozünder
3. Gasanzünder mit Feuerstein
4. Streichholz, brennend

VE Die Zündunwilligkeit von Methangas erfordert hohe Aktivierungsenergie: Erfolgreiche Zündungen von 1–4 steigend.

Für den praktischen Gebrauch ist daher die Kenntnis des *Flammpunktes,* besser noch der *Zündtemperatur* wichtig.

Durch die erhöhte Temperatur nehmen die Zusammenstöße der Brennstoffteilchen mit den Sauerstoffteilchen so zu, daß die Aktivierungsenergie zur Einleitung einer Reaktion erreicht wird.

Der *Flammpunkt* ist die niedrigste Temperatur, bei der sich aus der Flüssigkeit so viele Dämpfe entwickeln, daß sie mit der Luft über dem Flüssigkeitsspiegel ein entflammbares Gas-Luft-Gemisch ergeben.
(Fremdzündung nötig)

Die *Zündtemperatur* eines brennbaren Stoffes ist die niedrigste Temperatur, bei der das zündwilligste Gemisch des Stoffes gerade noch zur Explosion gebracht wird.
(Ohne Fremdzündung)

Zündtemperaturen einiger brennbarer Gase und Dämpfe

Stoff	Formel	Zündtemperatur °C	Stoff	Formel	Zündtemperatur °C
Acetylen	C_2H_2	305	Generatorgas	1)	~ 600
Äther	$C_4H_{10}O$	170	Heizöl	–	~ 220
Äthanol	C_2H_5OH	425	Kohlenmonoxid	CO	605
Ammoniak	NH_3	630	Methan	CH_4	595
Testbenzin	–	~ 240	Propan	C_3H_8	470
Benzol	C_6H_6	555	Vinyl-chlorid	C_2H_3Cl	415
Butan	C_4H_{10}	365			

Anmerkung: Wenn für einen Stoff die Formel nicht angegeben ist, so liegt dieser als nicht genau zu bestimmendes Gemenge verschiedener Stoffe vor, z. B. 1) CO_2, CO, H_2, CH_4, N_2.

Für genauere technische Berechnungen ist die Kenntnis der „Mindestzündenergie" eines brennbaren Stoffes zur Einleitung der Verbrennung wichtig.

> Die Aktivierungsenergie von Brennstoffen zur Einleitung einer Verbrennung wird als Mindestzündenergie bezeichnet.

Die Mindestzündenergie wird angegeben für das zündwilligste Gemisch bei 20 °C und 1,013 bar. Sie hängt davon ab, ob die Mischung in Luft, in reinem Sauerstoff oder mit anderen Mischungspartnern erfolgt. Die Mindestzündenergie von H_2 in reinem O_2 beträgt zum Beispiel nur 1/10 von der in einem H_2-Luftgemisch.

Mindestzündenergie von H_2

Mischung	Ausgangsstoffe	Mindestzündenergie
in Luft	H_2 + Luft	0,011 mJ
in reinem O_2	$H_2 + O_2$	0,0012 mJ
in NO	H_2 + NO	8,7 mJ

1 mJ = Millijoule

6.16 Aufgaben

1. Warum benutzt man in der Chemie Formeln?
2. Wie lautet die Vorschrift zur Benennung von einfachen chemischen Verbindungen in der anorganischen Chemie?
3. Erklären Sie folgende Formel: $(NH_4)_2SO_4$
4. Welche Bedeutung hat das folgende chemische Zeichen: Fe?
5. Welche Informationen kann man aus einer chemischen Formel entnehmen?
6. Wann bedient man sich der Strukturformel?
7. Wozu benutzt man Elektronenformeln?
8. Wieviel Gramm Eisen sind in 100 Gramm Fe_3O_4 enthalten?
9. 5 Gramm Natrium reagieren mit Wasser zu Wasserstoff (H_2) und Natronlauge (NaOH).
   a) Wieviel Liter Wasserstoff können im Normzustand (273 K und 1,013 bar) entstehen?
   b) Wieviel Liter Wasserstoff sind das bei Umgebungsbedingungen (25 °C und 1,013 bar)?
   Normvolumen des Wasserstoffs (→ Abschnitt 6.8.4)
10. Ein Liter Propangas wird vollständig zu Kohlendioxid und Wasser verbrannt.
    a) Wie groß ist der Sauerstoffbedarf y in Litern bei 1 bar und 20 °C?
    b) Welches Volumen nimmt das Abgas aus CO_2 und H_2O bei 1 bar und 500 °C ein?
11. Im Normzustand liegt 1 Liter Wasserstoffgas vor.
    Es ist die Temperatur des Gases zu berechnen, wenn folgende Verhältnisse vorliegen:
    $\dot{v}/v_0 = 1{,}75$; $p/p_0 = 0{,}5$.
12. Wieviele Moleküle Wasser befinden sich in einem Eimer mit 10 l Wasser?
13. Wie treten die Oxide des Eisens in den folgenden verschiedenen Verbindungen auf? FeO, Fe_2O_3, Fe_3O_4.
14. Was versteht man unter einem idealen Gas und was unter einem realen Gas?
15. Warum kann im allgemeinen nur der untere Heizwert in einer Feuerungsanlage ausgenutzt werden?
16. a) Berechnen Sie die Verdampfungswärme des Wassers als Differenz aus dem oberen und dem unteren Heizwert pro 1 Mol Wasser,
    b) pro 1 kg Wasser. (→ Abschnitt 6.13.1)
17. Für ein Wohnhaus wird im Winter eine Heizleistung von 60.000 kJ · h^{-1} benötigt.
    Wieviele m^3 Propangas bei 15 °C und 1500 mbar werden stündlich verbrannt?
18. a) Wozu dient die Aktivierungsenergie E_A?
    Wie hoch (qualitativ) ist sie bei:
    b) reaktionsträgen Stoffen wie Methan CH_4?
    c) reaktionsflinken Stoffen wie Azethylen C_2H_2?

6.17 Kurzfassung wichtiger Begriffe

Absolute Atommasse m_a	$m_a = M/N_A$ $(m_a) \hat{=}$ Gramm
Atommasse, absolute m_a	In der Größenordnung von 10^{-22} bis 10^{-24} Gramm.
Aktivierungsenergie E_A	Es ist diejenige Energie, die zur Überwindung einer Reaktionshemmung erforderlich ist. Sie ist eine Art Startenergie, um eine Reaktion in Gang zu setzen.
Atomare Masseneinheit u	Entspricht 1/12 der Masse eines Atoms des Kohlenstoffisotops ^{12}C. $u = 1{,}66 \cdot 10^{-24}$ Gramm
Avogadro-Konstante N_A	Die Avogadro-Konstante gibt an, wieviel Teilchen in 1 Mol eines Stoffes enthalten sind. $N_A = 6{,}022 \cdot 10^{-23}$ Teilchen $\cdot$ mol^{-1}.
Bildungsenthalpie ΔH_B	Es ist die Reaktionsenthalpie einer Verbindung, bei der die Ausgangsstoffe elementar vorliegen.
Chemische Formel	Knappe und treffende Kennzeichnung eines Stoffes. Bestandteile sind die chemischen Symbole, Indizes. Summenformel, Strukturformel, Elektronenformel zur besonderen Aussage.
Chemische Gleichung	Dient der Angabe einer chemischen Umsetzung (Reaktion). Im allgemeinen links Ausgangsstoffe (Edukt), rechts Reaktionsprodukte (Produkt). Pfeil gibt die Reaktionsrichtung an.
Chemisches Symbol	Erkennungszeichen für chemische Elemente, aus ein oder zwei Buchstaben zusammengesetzt.
Endotherme Reaktion, $+\Delta H_R$	Vergrößerung des Energieinhaltes eines Systems.
Exotherme Reaktion, $-\Delta H_R$	Verringerung des Energieinhaltes eines Systems.
Gesetz von Avogadro	Gleiche Volumina aller Gase enthalten unter gleichen äußeren Bedingungen (Temperatur, Druck) stets die gleiche Anzahl von Teilchen (Atome, Moleküle).
Gesetz der konstanten Massenverhältnisse	Verbindungen enthalten ihre Bestandteile stets in bestimmten konstanten Massenverhältnissen.
Gesetz der mehrfachen Massenverhältnisse	Unter bestimmten äußeren Bedingungen reagieren Elemente in mehreren ganzzahligen Massenverhältnissen miteinander.
Gesetz von der Erhaltung der Masse	Die Gesamtmasse (und die Energie) bleiben in einem geschlossenen System bei einer chemischen Reaktion unverändert.
Heizwert H	Es ist die Wärmemenge, die bei der vollständigen Verbrennung eines Stoffes entsteht. Unterscheidung von oberem und unterem Heizwert. Die Wärmemenge wird auf verschiedene Massen oder Volumina (mol^{-1}, kg^{-1}, m^{-3}) bezogen ausgedrückt.
Masse m eines Stoffes	$m = n \,.\, M$ $(m) \hat{=}$ Gramm

Kurzfassung wichtiger Begriffe (Fortsetzung)

Absolute Atommasse m_a	$m_a = M/N_A$ $(m_a) \triangleq$ Gramm
Mindestzündenergie	Es ist die Aktivierungsenergie zur Einleitung von Verbrennungsvorgängen bei Brennstoffen.
Molare Masse M	Benannte Größe → Gramm · mol^{-1}. Sie entspricht der relativen Atommasse, Molekülmasse oder der relativen Formelmasse in Gramm.
Molare Masse M eines Stoffes	$M = u \cdot A_r \cdot N_A$ $(M) \triangleq$ Gramm · mol^{-1}
Molares Normvolumen V_{mn}	Ein Mol eines Gases nimmt bei Normbedingung (0 °C und 1,013 bar) ein Volumen von ungefähr 22,41 Litern ein.
Reaktionsenthalpie ΔH_R	Die Änderung der molaren inneren Energie wird als Reaktionsenthalpie bezeichnet.
Relative Atommasse A_r	Verhältniszahl, auf 1/12 der Masse des Kohlenstoffisotops ^{12}C, die atomare Masseneinheit u bezogen. Mehrfaches von u.
Relative Formelmasse F_r	Verhältniszahl gilt für Ionen. Masse einer Formeleinheit. Ermittlung wie bei relativer Molekülmasse.
Relative Molekülmasse M_r	Verhältniszahl, sie ist die Summe der relativen Atommassen aller im Molekül gebundenen Atome.
Stoffmenge n	1 Mol ist die Stoffmenge eines Systems bestimmter Zusammensetzung, das aus ebensoviel Teilchen besteht, wie Atome in $12 \cdot 10^{-3}$ kg des Kohlenstoffisotops ^{12}C enthalten sind.
Thermische Zustandsgleichung idealer Gase	$\frac{V_0 \cdot p_0}{T_0} = \frac{V_1 \cdot p_1}{T_1} = R$
Verbrennungsenthalpie ΔH_V	Es ist die Reaktionsenthalpie, die bei vollständiger Verbrennung eines Stoffes mit Sauerstoff frei wird.
Volumengesetz von Gay-Lussac	Die an einer chemischen Reaktion beteiligten Gase reagieren stets im Volumenverhältnis kleiner ganzer Zahlen.
Zusammenhang Bildungsenthalpie Reaktionsenthalpie	Die Reaktionsenthalpie ist gleich der Differenz zwischen den Bildungsenthalpien der Reaktionsprodukte und der Bildungsenthalpien der Ausgangsstoffe.
Heßscher Satz (Satz der konstanten Wärmesummen)	Die Reaktionsenthalpie läßt sich auch aus zwei oder mehr Teilreaktionen berechnen, wenn aus gleichen Ausgangsstoffen gleiche Reaktionsprodukte entstehen.

7 Chemisches Gleichgewicht und Massenwirkungsgesetz

7.1 Chemisches Gleichgewicht

7.1.1 Umkehrbarkeit chemischer Reaktionen

Mit Sicherheit kommen die wenigsten Menschen auf den Gedanken, daß die *Explosion* von z. B. 1 kg Sprengstoff im Prinzip eine *umkehrbare chemische Reaktion* ist. Es handelt sich hier um einen Vorgang, der in der Tat nur unter extremen Bedingungen umkehrbar (reversibel) ist, da die Ausgangsstoffe nur schwer wieder einzusammeln sein werden. Der nebenstehende Versuch einer Verpuffung eines Äther-Luft-Gemisches in einer Papprolle soll diese Aussage stützen helfen.

V Verpuffung eines Äther-Luftgemisches
In einer Papprolle mit ca. 2 l Volumen und ca. 10 cm Durchmesser, die einen festen und einen beweglichen Deckel hat, wird ein Äther-Luftgemisch in der Nähe des festen Deckels über ein kleines Loch gezündet.
Vorsicht, Deckel fliegt weg!

VE Wegfliegender Deckel, Flammenerscheinung, abnehmender Äthergeruch.

Die *Dehydratisierung* von Kupfersulfat-Penta-Hydrat soll die Umkehrbarkeit einer chemischen Reaktion verdeutlichen. Das Kupfersulfat liegt in blauer Form vor. Mit fortschreitender Erwärmung ändert es seine Farbe nach weiß. Gleichzeitig entsteht Kondensat am oberen kühleren Teil des Reagenzglases. Bei entsprechender Neigung des Reagenzglases und Erniedrigung der Temperatur fließt Kondensat in das weiße Kupfersulfat zurück. Dadurch färbt es sich wieder blau. Die *Hinreaktion* ist der *Wasserentzug*, die *Rückreaktion* ist die *Wasseraufnahme.*

V Zwei Spatel voll Kupfersulfat-Penta-Hydrat ($CuSO_4 \cdot 5\,H_2O$) werden im schräg angestellten Reagenzglas in der Bunsenbrennerflamme erhitzt.

VE Farbumschlag von blau nach weiß, Kondensatbildung im Reagenzglas-Ausgang. Bei Kondensatrücklauf geht die Farbänderung zurück.

Hinreaktion $\rightarrow$ Wasserentzug
Rückreaktion $\leftarrow$ Wasseraufnahme

Ein bekanntes Beispiel aus der Autotechnik ist die Autobatterie, auch Akku (Akkumulator) genannt. Durch Scheinwerfer, Heckscheibenheizung usw. findet eine Entladung, durch die „Lichtmaschine" findet eine Ladung der Autobatterie statt.

Der Akkumulator besteht im geladenen Zustand aus einer Bleielektrode (Minuspol) und einer Bleidioxidelektrode (Pluspol), verdünnte Schwefelsäure dient als Elektrolyt.

Beispiel: Autobatterie (Akkumulator)

$$Pb + PbO_2 + 4\,H^+ + 2SO_4^{2-} \underset{\text{Laden}}{\overset{\text{Entladen}}{\rightleftarrows}} 2\,PbSO_4 + 2\,H_2O$$

Hinreaktion: Entladevorgang
Rückreaktion: Ladevorgang

Als *Hinreaktion* gilt die Reaktion, die in der Reaktionsgleichung von links nach rechts abläuft, von den Ausgangsstoffen zu den Reaktionsprodukten.

Hinreaktion:
Ausgangsstoffe $\longrightarrow$

Als *Rückreaktion* gilt die Reaktion von den Reaktionsprodukten zu den Ausgangsstoffen.

Rückreaktion:
$\longleftarrow$ Reaktionsprodukte

> Chemische Reaktionen sind grundsätzlich umkehrbar (reversibel)
> Ausgangsstoffe $\rightleftarrows$ Reaktionsprodukte

Der Doppelpfeil im obigen Reaktionsschema verdeutlicht das Prinzip der Umkehrbarkeit chemischer Reaktionen. Die Reaktionsenthalpie wurde aus Gründen der Übersichtlichkeit weggelassen.

Beispiele:

$2\,H_2 + O_2 \rightleftarrows 2\,H_2O - \Delta H_B$ Wassersynthese

$N_2 + 3\,H_2 \rightleftarrows 2\,NH_3 + \Delta H_B$ Ammoniaksynthese

7.1.2 Chemisches Gleichgewicht (Begriff)

Nicht alle chemischen Reaktionen verlaufen *vollständig* von den Ausgangsstoffen zu den Reaktionsprodukten.

Bei chemischen Reaktionen *in geschlossenen Systemen* kommt es zu einer Wechselwirkung zwischen den Partnern der linken bzw. rechten Seite. Die Massenverhältnisse von den Ausgangsstoffen zu den Reaktionsprodukten sind dabei von verschiedenen Größen abhängig.

In geschlossenen Systemen laufen *gleichzeitig Hin- und Rückreaktionen* ab. Diese Aussage steht in einem scheinbaren Widerspruch zu den praktischen Erfahrungen, da äußerlich keine erkennbaren Reaktionen wahrzunehmen sind. Im täglichen Leben wirken die Systeme (z. B. Verbrennungen) in der Regel offen.

Die genau untersuchte, anschauliche *Zerfallsreaktion des Jodwasserstoffs* bei steigender Temperatur soll diesen Widerspruch lösen helfen.

Erwärmt man das farblose Gas Jodwasserstoff in einem geschlossenen Gefäß, so wird bei Erwärmung intensiv violetter Joddampf sichtbar. Die Zersetzung von Jodwasserstoffmolekülen hat eingesetzt. Diese thermische Zersetzung wird auch *Thermolyse* genannt.

Volumen-% von HJ, H_2 und J_2 bei der Thermolyse

Temperatur °C	Volumen-%		
	HJ	H_2	J_2
280	82,2	8,9	8,9
440	78,1	10,95	10,95
520	75,5	12,25	12,25
1022	67,1	16,45	16,45

$2\,HJ \rightleftarrows H_2 + J_2$

Gleichzeitig mit dem *Zerfall* in Wasserstoff und Jod setzt die *Rückbildung* von Jodwasserstoffmolekülen ein.

Aufgrund der geringen Zahl der anfänglich gebildeten Wasserstoff- und Jodmoleküle ist die Rückreaktion erheblich geringer als die Hinreaktion. Mit steigender Zahl der Wasserstoff- und Jodmoleküle nimmt jedoch die *Wahrscheinlichkeit des Zusammenstoßes* zwischen diesen Molekülen zu, und damit auch die Rückreaktion zu Jodwasserstoff.

Sind die *Reaktionsgeschwindigkeiten* in beiden Richtungen *gleich groß*, so tritt für keinen der beteiligten Reaktionspartner mehr eine Massenänderung ein. Der Reaktionsablauf ist äußerlich gesehen zum Stillstand gekommen. *Es herrscht dynamisches Gleichgewicht.* Die Zahl der zerfallenden Jodwasserstoffmoleküle entspricht der Zahl der gebildeten Wasserstoff- und Jodmoleküle.

(Das Gegenteil ist das *statische Gleichgewicht*, wenn die Auflagekraft eines Körpers gleich der Gewichtskraft ist.)

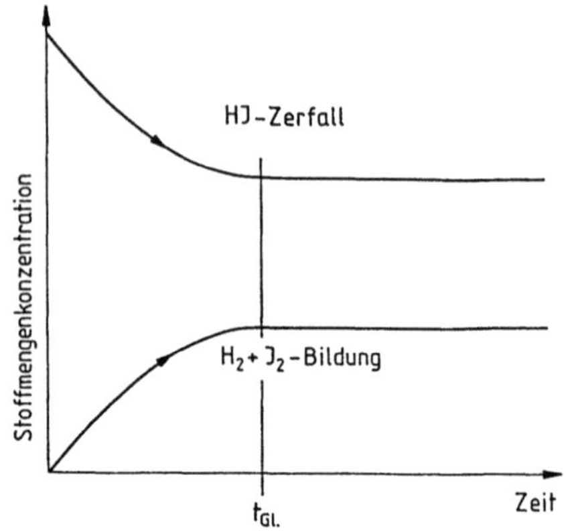

Einstellung des Gleichgewichts

$t_{Gl} \hat{=}$ Zeitpunkt der Gleichgewichtseinstellung

Eine chemische Reaktion befindet sich dann im Gleichgewicht, wenn die Geschwindigkeit der Hinreaktion gleich der Geschwindigkeit der Rückreaktion ist. Die Reaktion ist äußerlich zum Stillstand gekommen.

Es handelt sich um ein dynamisches Gleichgewicht.

Dabei stehen die Stoffmengenkonzentrationen der Hinreaktion in einem bestimmten Verhältnis zu den Stoffmengenkonzentrationen der Rückreaktion.

7.1.3 Lage des chemischen Gleichgewichtes

Läuft eine *chemische Reaktion nicht vollständig* bis zu den Reaktionsprodukten ab, so liegt das chemische Gleichgewicht zwischen den Reaktionsprodukten und den Ausgangsstoffen. Das *Reaktionsprodukt* ist gewissermaßen mit den Ausgangstoffen *verunreinigt*.

Das chemische Gleichgewicht ist *modellhaft* mit einer Hebelwaage vergleichbar:

Die Ausgangstoffe auf der linken Seite der Waage und die Reaktionsprodukte auf der rechten Seite der Waage entsprechen den Gewichten der Hebelwaage.

Die *abgewandten Hebelarme* entsprechen den *Massenanteilen der Reaktionsteilnehmer*. Liegt z. B. das chemische Gleichgewicht weit auf der Seite der Reaktionsprodukte, so ist der Massenanteil der Ausgangsstoffe klein, die Hebellänge zwischen dem Drehpunkt des Hebels und den Reaktionsprodukten also klein. Der *Drehpunkt des Hebels* entspricht der *Lage des chemischen Gleichgewichtes.*

Beispiel: NH_3-Synthese

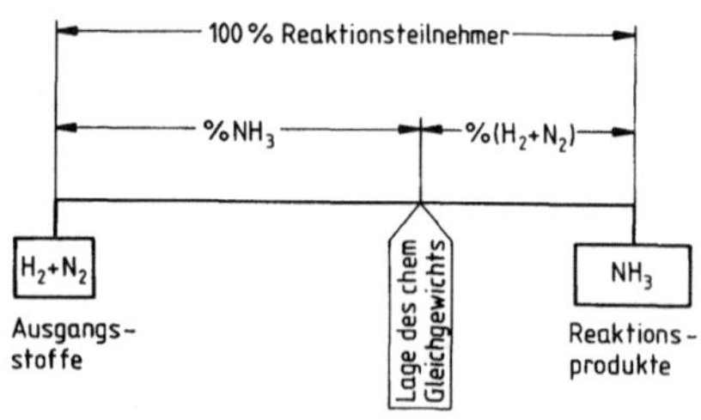

Modellvorstellung zur Kennzeichnung der Lage des chemischen Gleichgewichts

$$2\,SO_3 \rightleftharpoons 2\,SO_2 + O_2$$

$$C + O_2 \rightleftharpoons CO_2$$

$$2\,Na + Cl_2 \rightleftharpoons 2\,NaCl$$

Der *fette Pfeil* ⟶ deutet die Lage des chemischen Gleichgewichts an.

In *abgeschlossenen Systemen* liegt bei unvollständig verlaufenden Reaktionen das chemische Gleichgewicht zwischen den Ausgangsstoffen und den Reaktionsprodukten (unvollständiger Umsatz der Ausgangsstoffe).

Die *Lage des chemischen Gleichgewichtes* wird in der Reaktionsgleichung durch einen fetten Pfeil gekennzeichnet.

7.1.4 Wirtschaftlichkeit von chemischen Reaktionen

In der industriellen und handwerklichen Praxis ist es von *erheblichem Interesse*, ob chemische Reaktionen (Prozesse) vollständig oder nur teilweise ablaufen.

Die *Wirtschaftlichkeit* eines Verfahrens wird am Grad oder dem Prozentsatz des Stoffumsatzes gemessen. *Unvollständige Reaktionen* bedeuten nichtumgesetzte Ausgangsstoffe und damit auch (durch die Ausgangsstoffe) verunreinigte Reaktionsprodukte. Diese müssen gegebenenfalls in weiteren Verfahrensschritten abgetrennt werden. Das Gesamtverfahren kann dadurch technisch zu aufwendig und unwirtschaftlich werden.

In einer Zeit *knapper werdender Rohstoffe* und Energieträger (Kohle, Erdöl, Erdgas) sowie steigender Umweltverschmutzung gewinnen diese Gesichtspunkte vermehrt an Bedeutung.

Daraus ergibt sich die Frage nach der Beeinflußbarkeit chemischer Reaktionen in Richtung auf die Reaktionsprodukte.

Insgesamt kann die *Lage* des chemischen *Gleichgewichts*, also die *Reaktion*, durch folgende Einflußgrößen verändert werden:

1 Druck } des Reaktionssystems
2 Temperatur } des Reaktionssystems
3 Konzentration der Reaktionsteilnehmer

Beispiele

- Ölheizungen neigen bei Teillast zu unvollständiger Verbrennung.
- Unvollständiger Stoffumsatz vielfach bei *homogenen Gemischen* (Lösungen, Gase), zum Beispiel: Ammoniak-Synthese, CO–CO_2-Gleichgewicht im Hochofen.
- Unvollständige Ausnutzung des Treibstoffes im Kfz-Motor, Abgase enthalten noch brennbare Kohlenwasserstoffe. Energieverlust und Umweltbelastung

Beispiel: Druckeinfluß

Unterdruckbehandlung von Stahlschmelzen erhöht Abbau von FeO nach
$FeO + C \longrightarrow Fe + CO$.

Beispiel: Temperatureinfluß

Härtung von Zweikomponentenklebern erfolgt bei höherer Temperatur schneller.

Beispiel: Konzentrationseinfluß

Kraftstoffarmes Gemisch zündet im Kfz-Motor schlechter.

7.2 Verschiebung des chemischen Gleichgewichtes

7.2.1 Prinzip von Le Chatelier und Braun

Erstmalig wurde die Beeinflußbarkeit des chemischen Gleichgewichts durch die drei Reaktionsbedingungen Druck, Temperatur und Konzentration der Reaktionsteilnehmer um 1885 durch den Franzosen *Le Chatelier* und den Deutschen *Braun* erkannt und nach diesen als das *Prinzip von Le Chatelier und Braun* benannt:

> Wird auf ein im Gleichgewicht befindliches System durch Änderung der äußeren Bedingungen (Druck, Temperatur und Konzentration) ein Zwang ausgeübt, so verschiebt sich die Lage des Gleichgewichts derart, daß es dem Zwang ausweicht.

Dieses Prinzip ist auch unter dem Namen *Prinzip des kleinsten Zwanges* bekannt.

7.2.2 Einfluß des Druckes auf die Lage des chemischen Gleichgewichtes

Reaktionen mit Volumenveränderung

Wenn sich bei Gasreaktionen die Volumina der Reaktionsteilnehmer verändern, so wird dadurch die Lage des chemischen Gleichgewichts beeinflußt. Am Beispiel der Ammoniak-Synthese soll das verdeutlicht werden.

Aus vier Volumenteilen der Ausgangsstoffe entstehen zwei Volumenteile der Reaktionsprodukte. Die Reaktion verläuft also unter Volumenabnahme. Mit steigendem Druck nimmt die Ammoniak-Bildung zu. Das Gleichgewicht verlagert sich zu den Reaktionsprodukten. Die Ammoniak-Ausbeute steigt.

Die *Bildung* von Ammoniak ist eine *exotherme* Reaktion. Der *Zerfall* in Wasserstoff und Stickstoff ist eine *endotherme* Reaktion.

Beispiel: Ammoniaksynthese

$$3\,H_2 + N_2 \rightleftharpoons 2\,NH_3 - 92\ \text{kJ/mol}$$

Ammoniakgehalt des NH_3-H_2-N_2-Gleichgewichts bei 400 °C

Druck in bar	Vol.-% NH_3
1	0,4
100	26
200	36
300	46
600	66
1000	80

$$3H_2 + N_2 \underset{\text{endotherm}}{\overset{\text{exotherm}}{\rightleftharpoons}} 2\,NH_3$$

Nach dem Prinzip von Le Chatelier und Braun gilt:

> Das chemische Gleichgewicht wird durch die *Druckerhöhung* zu den Reaktionsteilnehmern mit dem geringeren Volumen verschoben.

Umgekehrt gilt:

> Eine *Druckerniedrigung* verschiebt das chemische Gleichgewicht zu den Reaktionsteilnehmern mit dem größeren Volumen.

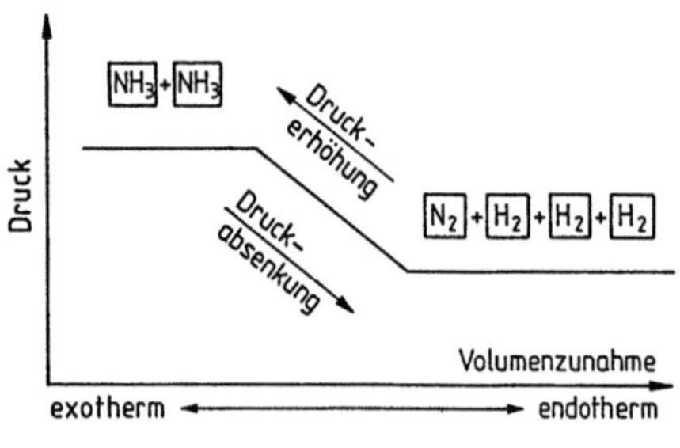

Das System weicht dem äußeren Zwange aus.

Beispiel:

Desoxidation des Stahles unter Vakuum

$$\underbrace{FeO + C}_{\text{gelöste Feststoffe}} \rightleftharpoons Fe + CO\,(\text{Gas})$$

Reaktionen ohne Volumenveränderung

Beim Zerfall (Thermolyse) von Jodwasserstoff-Gas findet keine Volumenveränderung der Reaktionsteilnehmer statt. Infolgedessen ist die Lage des chemischen Gleichgewichts nicht durch Volumenänderung zu beeinflussen.

$$\boxed{HJ} + \boxed{HJ} \rightleftharpoons \boxed{H_2} + \boxed{J_2}$$

7.2.3 Einfluß der Temperatur auf die Lage des chemischen Gleichgewichts

Der Einfluß der Temperatur auf die Lage des chemischen Gleichgewichts soll am Beispiel der Ammoniak-Synthese gezeigt werden. Bei dieser Synthese wird Wärme ausgeschieden:

$$3\,H_2 + N_2 \rightleftarrows 2\,NH_3 - 92\ \text{kJ/mol}$$

Die Hinreaktion ist exotherm, die Rückreaktion endotherm. Ein Blick auf die nebenstehende Tabelle zeigt, daß auch bei dieser exothermen Reaktion mit Erhöhung der Temperatur die Ausbeute an Ammoniak abnimmt. Das chemische Gleichgewicht wird mit steigender Temperatur zu den Ausgangsstoffen verschoben.

Ammoniakgehalt des NH_3-H_2-N_2-Gleichgewichts bei 200 bar

Temperatur in °C	Vol.-% NH_3
200	85
300	63
400	36
500	19
600	8

Das System weicht dem äußeren Zwange (Temperaturerhöhung) aus. Es wird Wärme verbraucht, bis das Gleichgewicht wieder hergestellt ist.

> Eine *Temperaturerhöhung* verschiebt das chemische Gleichgewicht zu den Reaktionsteilnehmern, die zu ihrer Bildung Wärme verbrauchen (endotherme Reaktionen).

> Eine *Temperaturerniedrigung* verschiebt das chemische Gleichgewicht zu den Reaktionsteilnehmern, bei deren Bildung Wärme entsteht (exotherme Reaktionen).

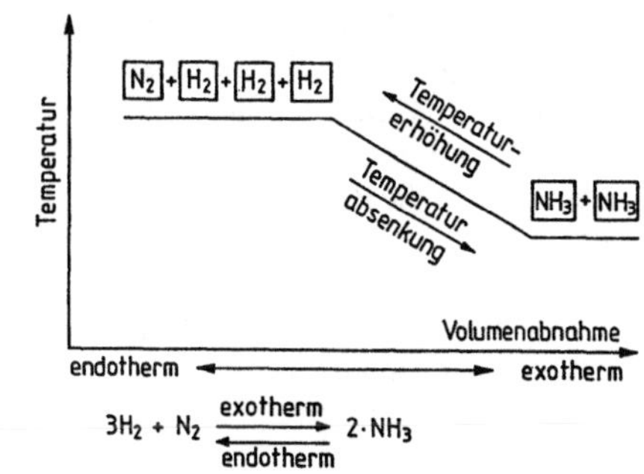

7.2.4 Einfluß der Konzentration auf die Lage des chemischen Gleichgewichts

Der Einfluß der Konzentration auf die Lage des chemischen Gleichgewichts wird mit Hilfe des Massenwirkungsgesetzes untersucht (→ Abschnitt 7.6.2).

7.3 Einflußgrößen der Gleichgewichtseinstellung

7.3.1 Einstellung des chemischen Gleichgewichts

Das chemische Gleichgewicht stellt sich nicht unmittelbar ein. Die Geschwindigkeit der Gleichgewichtseinstellung kann sehr hoch sein (Ionenreaktionen), langsam (Rosten von Stahl) oder praktisch gleich Null (Oxidation von Silber bei Umgebungstemperatur).

Beispiele:

- Rosten von Eisen → langsam
- Neutralisation von Säure → sehr schnell
- Explosion → sehr schnell
- Oxidation von Silber → praktisch Null

Die Gleichgewichtseinstellung kann durch Temperaturänderungen oder Katalysatoren beschleunigt oder verzögert werden.

Beispiele:

- Vorwärmung der Luft in Winderhitzern.
- Korrosionsschutzinhibitoren im Heizöl, um Rosten von Tanks zu verhindern.

7.3.2 Einfluß der Temperatur auf die Gleichgewichtseinstellung

Bekanntlich starten Autos bei großer Kälte schlecht. Ursachen sind u. a. die verminderte Leistung der Batterie und die Zündunwilligkeit des Benzin-Luft-Gemisches. Die Ursache für die Zündunwilligkeit liegt in der verringerten Bewegungsenergie und Verteilung der reaktionsfähigen Benzin- und Sauerstoffteilchen in der Luft.

Verbrauchte Taschenlampenbatterien lassen sich kurzzeitig durch Erwärmung nochmals aktivieren.

Die Aushärtungszeit für Zweikomponentenkleber wird durch höhere Temperatur verkürzt.

Die Erfahrung hat gezeigt:

Mit steigender Temperatur nimmt die Reaktionsfähigkeit (Reaktionsgeschwindigkeit) zur Einstellung des chemischen Gleichgewichts zu.

Hinweis:

Bei Verbrennungsunfällen am Menschen sollten die betroffenen Körperteile gekühlt werden, wenn möglich mit Eis → Reaktionsverminderung, verminderte Blasenbildung.

Die Ursache für die Erhöhung der Reaktionsgeschwindigkeit mit steigender Temperatur kann folgendermaßen erklärt werden:

Die Bewegungsenergie der kleinsten Teilchen (Atome, Moleküle, Ionen) ist temperaturabhängig. Die Wahrscheinlichkeit eines wirksamen Zusammenstoßes zwischen reaktionsfähigen Teilchen nimmt mit der Erhöhung der Bewegungsenergie zu, die mit der Temperatur ansteigt. So ist die Bewegungsenergie aller Teilchen am absoluten Nullpunkt von 0 K = − 273 °C gleich Null.

Die *Temperatur* ist ein Maß für die *Bewegungsenergie* der kleinsten Teilchen (Atome, Moleküle, Ionen).

Nebenstehendes Bild zeigt den Einfluß der Temperatur auf Kohlenmonoxid-Bildung bzw. -Zerfall. Bei 1 100 °C stellt sich das chemische Gleichgewicht nach einigen Minuten ein. Bei 900 °C dauert die Gleichgewichtseinstellung erheblich länger.

Die Dauer für die Einstellung des chemischen Gleichgewichts ist für die *Verweilzeit* und die *Ausbeute* an Reaktionsprodukten von Bedeutung. Die Optimierung von Verfahrensabläufen ist von der Geschwindigkeit der Gleichgewichtseinstellung stark abhängig.

Verweilzeit: Dauer der reagierenden Stoffe in der Reaktionszone.

Ausbeute: Erreichter Anteil des Reaktionsprodukts gegenüber dem theoretisch möglichen Anteil.

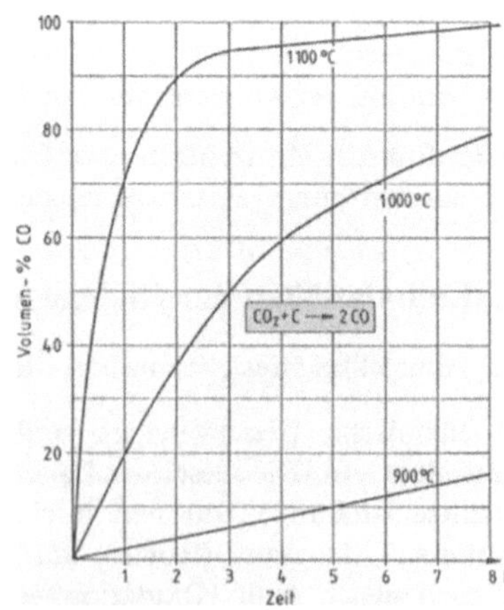

Die Gleichgewichtslage bei 900 °C entsteht bei 98 % CO.

Geschwindigkeit der Gleichgewichtseinstellung beim Druck 1 bar

Wechselwirkung von Temperatur und Reaktionswärme

Viele *technische Syntheseverfahren* verlaufen *exotherm*, also unter Wärmeabgabe. Die Temperaturerhöhung beschleunigt einerseits die Gleichgewichtseinstellung, andererseits wird nach dem Prinzip von Le Chatelier und Braun die endotherme Reaktion, hier die Rückreaktion, zu den Ausgangsstoffen begünstigt.

Beispiele: Technisch wichtige Synthesen

- Ammoniaksynthese
- Fischer-Tropsch-Synthese (Benzin)
- Ostwald-Verfahren (Salpetersäure)
- Schwefelsäure-Kontakt-Verfahren
- Bergius-Verfahren (Kohleverflüssigung)

In der Praxis werden diese *gegenläufigen* Einflußgrößen so *abgestimmt*, daß bei einer bestimmten Temperatur die Ausbeute an den Reaktionsprodukten noch zufriedenstellend ist. Bei der Schwefeltrioxidsynthese liegt diese Reaktionstemperatur um 500 °C.

7.3.3 Einfluß von Katalysatoren

Wasserstoff und Sauerstoff reagieren nach der Gleichung $2H_2 + O_2 \rightleftharpoons 2H_2O$. Bringt man diese Reaktionsteilnehmer bei Umgebungsdruck und -temperatur in einem geschlossenen Gefäß zusammen, so ist keine Hinreaktion zu H_2O erkennbar, obwohl das Gleichgewicht weit auf der Seite des Reaktionsproduktes liegt. Führt man jedoch vorsichtig einen *Platindraht* in das Gemisch, so bildet sich Wasserdampf im Gefäß (Vorsicht: Explosionsgefahr!). Diese Erscheinung wurde erstmalig von dem deutschen Chemiker *Doebereiner* entdeckt. Die Anwesenheit des Platindrahtes im O_2-H_2-Gemisch hat die *Aktivierungsenergie* zur Einleitung der H_2O-Bildung *herabgesetzt*.

Die Erzeugung von Benzin aus Kohle ist ein endothermer Vorgang. Zunächst wird Wassergas ($CO + H_2$) erzeugt und in Gegenwart von Co/Ni-haltigen Mischkatalysatoren bei Umgebungsdruck und einer Temperatur von 180 °C zu olefinischen Zwischenprodukten nach der Reaktionsgleichung

$$n\,CO + 1\,n\,H_2 \longrightarrow (CH_2)_n + n\,H_2O + n\,20\,1\,kJ$$

überführt. Diese Olefine (Alkene) reagieren mit dem Wasserstoff, der verfahrensbedingt im Überschuß vorliegt, zu gesättigten Kohlenwasserstoffen.

[V] Entzündung eines Knallgasgemisches mit Hilfe von Platinasbest.
Mit der Bunsenbrennerflamme wird Platinasbest ausgeglüht und nach Abkühlung in ein Reagenzglas mit Knallgas geführt.

[VE] Knall und Bildung von Wasser.

Beispiel: Wasserbildung

$2\,H_2 + O_2 \rightleftharpoons 2\,H_2O$

$\Delta H_B = -285{,}9\ kJ \cdot mol^{-1}$

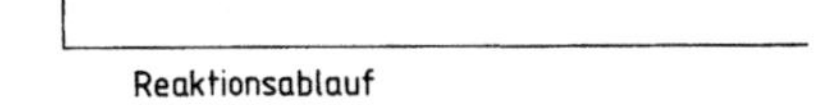

Beispiel: Benzin aus Kohle

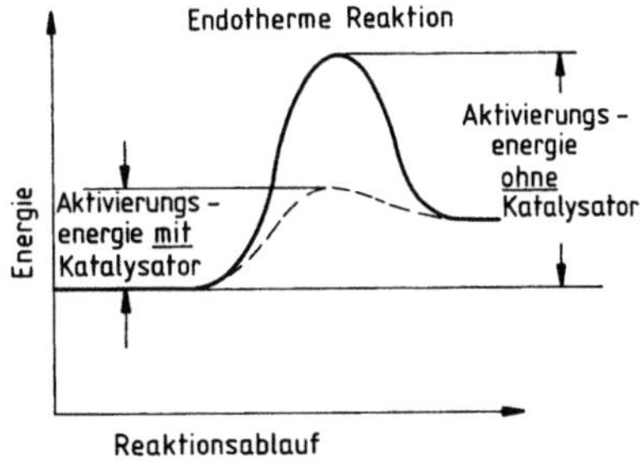

Unter einem *Katalysator* versteht man einen Stoff, der die Reaktionsgeschwindigkeit *steigern* oder *senken* kann.

Der Katalysator steht nach der Reaktion *unverändert* zur Verfügung. Die *Lage des chemischen Gleichgewichtes* wird durch einen Katalysator *nicht verändert*.

Die *Aktivierungsenergie* wird durch Katalysatoren herabgesetzt, durch Inhibitoren hinaufgesetzt.

Die *beschleunigte Einstellung* des chemischen Gleichgewichtes durch Katalysatoren läßt sich aus dem nebenstehenden Diagramm entnehmen. Es zeigt die Bildung von Schwefeltrioxid nach dem Schwefelsäurekontaktverfahren:

$$2\,SO_2 + O_2 \rightleftharpoons 2\,SO_3 - 196\ KJ \cdot mol^{-1}$$

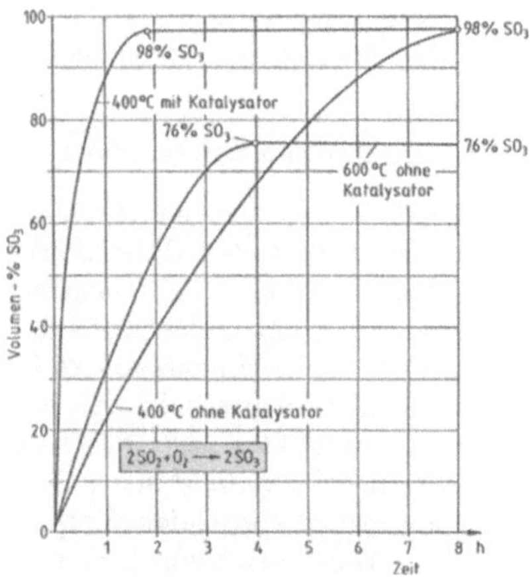

Geschwindigkeit der Gleichgewichtseinstellung beim Druck 1 bar

Bei *Umgebungstemperatur* liegt das chemische Gleichgewicht zwar weit auf der Seite des Schwefeltrioxids, die *Hinreaktion* ist jedoch so *langsam*, daß sich Schwefeltrioxid in kaum nachweisbaren Mengen bildet (ähnlich der Bildung von Wasser aus Wasserstoff und Sauerstoff).

Bei *400 °C* läßt sich zwar eine *98 %-ige* Ausbeute erzielen, jedoch erweist sich die Zeit bis zur Einstellung des chemischen Gleichgewichtes als *unwirtschaftlich*.

Bei *600 °C* wird das chemische Gleichgewicht in Richtung auf die Ausgangsstoffe Schwefeldioxid und Sauerstoff verschoben, da die Bildung von Schwefeltrioxid eine exotherme Reaktion ist. Die *Ausbeute* beträgt jetzt nur *76 %*. Mit *Hilfe des Katalysators* Platin wird bei *400 °C* eine *Ausbeute von 98 %* nach kürzerer Zeit erreicht.

Technisch werden aus Kostengründen verschiedene Oxide des Vanadiums neben dem teureren Platin eingesetzt, die jedoch erst ab 400 °C optimal arbeiten.

Ein heute wichtiges Beispiel für den Einsatz von Katalysatoren ist das Auto. Zur *Entgiftung* des Autoabgases werden sog. *3-Wege-Katalysatoren* eingesetzt. Es handelt sich dabei genauer um *3-Wirkungs-Katalysatoren*. Gemeint ist damit die *3-fache Wirkungsweise* solcher Katalysatoren.

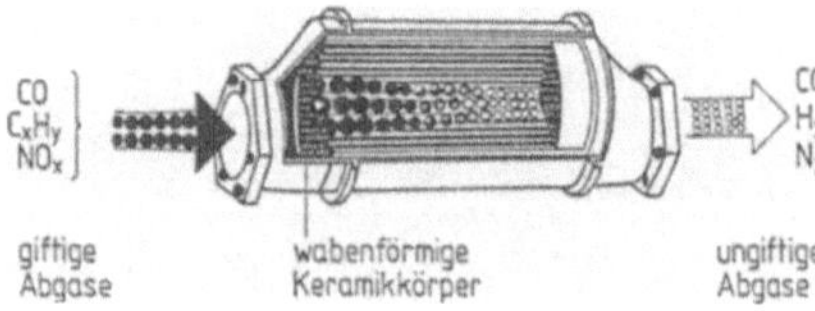

Funktionsprinzip eines Autokatalysators

Es werden die bei der *unvollständigen Verbrennung* entstehenden 3 Abgasbestandteile Kohlenmonoxid „CO“, verschiedene Kohlenwasserstoffe

C_x H_y und verschiedene Stickoxide „NO_x" in unschädliche Reaktionsprodukte umgewandelt.

So wird CO zu CO_2, C_x H_y zu CO_2 und H_2O, NO_x zu N_2.

Dieses Werk vollbringen die Edelmetalle Platin und Rhodium oder Palladium. Sie sind auf der *Oberfläche eines wabenförmig ausgebildeten Keramikkörpers* hauchdünn aufgebracht. Die Katalyse muß extrem schnell erfolgen, da die Auspuffgase etwa mit 180 km/h durch den Auspuff gedrückt werden.

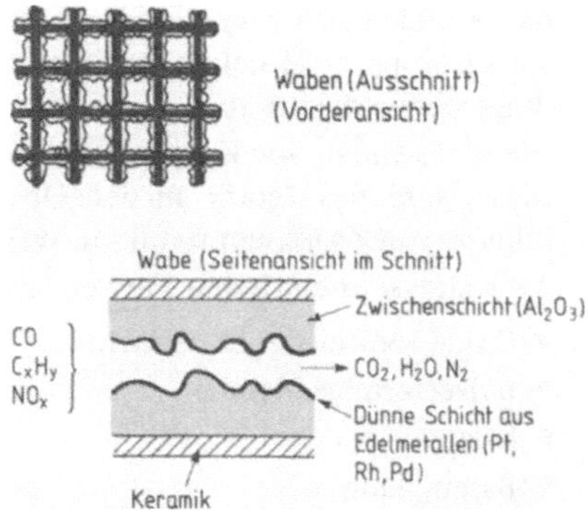

Der 3-Wirkungs-Katalysator funktioniert am besten bei einem bestimmten Luft-Benzin-Verhältnis λ (Lambda).

Mischungsverhältnis Lambda: λ 14 Gramm Luft auf 1 Gramm Benzin

Als Kraftstoff darf für *Katalysator-Autos* nur unverbleites Benzin verwendet werden. Im verbleiten Benzin ist das Antiklopfmittel Bleitetraethyl enthalten, das den Katalysator unwirksam macht.

$Pb(C_2H_5)_4$

Bleitetraethyl

Die Oxidations- und Abbauprodukte (z. B. PbO) führen zur Unwirksamkeit des Katalysators.

Wirkungsweise von Katalysatoren

Eine chemische Reaktion, an der ein Katalysator beteiligt ist, wird als *Katalyse* oder *katalytische Reaktion* bezeichnet.

Katalysis, griechisch ≙ Auflösung, Auslösung

Katalysatoren können chemische Reaktionen beschleunigen (*positive* Katalysatoren) oder verzögern (*negative* Katalysatoren oder *Inhibitoren*). Sie beeinflussen die Geschwindigkeit der Hin- und Rückreaktion in gleicher Weise.

- Platindraht (positiv)
- Heizölinhibitoren (negativ)

inhibere, lateinisch ≙ zurückhalten

Je nach dem Aggregatzustand, in dem Reaktionsteilnehmer und der Katalysator auftreten, unterscheidet man:

Homogene Katalyse

Reaktionsteilnehmer und Katalysator bilden ein homogenes Gemenge (Gasmischungen, Lösungen).

Heterogene Katalyse

Reaktionsteilnehmer und Katalysator bilden ein heterogenes Gemenge (Oberflächen- und Kontaktkatalyse).

Beispiele:

- Schwefelsäure-Kontaktverfahren
  ⟶ V_2O_5, Platinasbest
- Ammoniaksynthese
  ⟶ Eisenkatalysator mit Al_2O_3, CaO, MgO

Die *Reaktionsmechanismen* der Katalysatoren sind noch nicht in allen Einzelheiten erforscht.

Im allgemeinen bilden Katalysatoren mit einem der Reaktionsteilnehmer *Zwischenprodukte*. Diese reagieren zu den Reaktionsprodukten, indem sie sich von den Katalysatoren wieder trennen.

Bei der *heterogenen* Katalyse spielt die *Oberflächenbeschaffenheit* der Kontaktstoffe eine wesentliche Rolle. Durch die Adsorption von Reaktionsteilnehmern an der Katalysatoroberfläche bilden sich Zwischenprodukte. Dadurch werden bestimmte Bindungskräfte innerhalb der adsorbierten Moleküle verringert: die Reaktionsfähigkeit der Moleküle steigt, die Aktivierungsenergie nimmt ab.

Die *Wirksamkeit* von Kontakten wird durch sogenannte *Kontaktgifte* herabgesetzt (CO, H_2S). Diese werden so stark an den Oberflächen der Kontakte adsorbiert, daß die erwünschte Bildung von Zwischenprodukten verhindert wird: die Katalyse ist beeinträchtigt.

Als Katalysatoren finden Verwendung:

- Oxide verschiedener Elemente,
- pulverförmige Metalle,
- Salze,
- Basen, Säuren,
- organische Stoffe.

Katalysatoren werden als Einstoff- oder als *Mischsysteme* verwendet. Dadurch ist es möglich, aus den gleichen Ausgangsstoffen durch geeignete Wahl der Katalysatoren verschiedene Reaktionsprodukte zu gewinnen. Weiter können unerwünschte Nebenreaktionen unterdrückt werden: *selektive* Wirkung von Katalysatoren.

7.4 Wechselseitiger Einfluß von Druck, Temperatur und Katalysatoren auf das chemische Gleichgewicht am Beispiel der Ammoniak-Synthese

Die technische Herstellung von Ammoniak durch *Haber* und *Bosch* aus den Elementen Wasserstoff und Stickstoff ist eine der bedeutendsten Entwicklungen zu Beginn des 20. Jahrhunderts. Dadurch wurde es besser möglich, unabhängig von natürlichen Vorkommen (Chilesalpeter) Salpetersäure und Stickstoffdünger zu erzeugen.

Der Maßstab, an dem besonders technische Großsynthesen gemessen werden, heißt: *Wirtschaftlichkeit.* Das bedeutet hohe Ausbeute an Reaktionsprodukten bei geringer Verweilzeit der Reaktionsteilnehmer im Prozeßablauf. Mit anderen Worten:

- Das chemische Gleichgewicht muß möglichst weit rechts bei den Reaktionsprodukten liegen.
- Das chemische Gleichgewicht muß sich möglichst schnell einstellen.

Die Ammoniak-Synthese ist eine exotherme Reaktion nach der Gleichung:

$$3\,H_2 + N_2 \rightleftarrows 2\,NH_3 - 92\ \text{kJ} \cdot \text{mol}^{-1}.$$

Bei *Umgebungstemperatur* liegt das chemische Gleichgewicht fast völlig beim Ammoniak (erwünscht). Die Reaktionsgeschwindigkeit zu Ammoniak ist jedoch sehr klein (unerwünscht). Das Stickstoff-Molekül ist reaktionsträge, die Bildungsenthalpie von atomarem aus molekularem Stickstoff beträgt $(\Delta H_B)_N = +471$ kJ/mol.

Mit *steigenden Temperaturen* verschiebt sich das chemische Gleichgewicht zu den Ausgangsstoffen Wasserstoff + Stickstoff (unerwünscht). Erwünscht ist jedoch die Zunahme der Reaktionsgeschwindigkeit mit steigender Temperatur.

Eine *Erhöhung des Druckes* fördert die Bildung von Ammoniak, da aus vier Molen der Ausgangsstoffe Wasserstoff + Stickstoff zwei Mole der Reaktionsprodukte Ammoniak entstehen (erwünscht).

Der Katalysator beginnt erst ab 400 °C mit befriedigendem Erfolg die Reaktion zu beschleunigen.

Aus wirtschaftlichen Gründen müssen daher die unerwünschten und erwünschten Einflüsse aufeinander abgestimmt oder optimiert werden.

In der Praxis erzielt man mit folgenden Werten eine optimale Ammoniak-Ausbeute:

- Druck von 200 ... 1 000 bar
- Temperatur von 400 ... 500 °C
- mit Katalysatoren (Kontakte), Eisenkatalysator mit Aluminiumoxid und Calciumoxid sowie Magnesiumoxid.

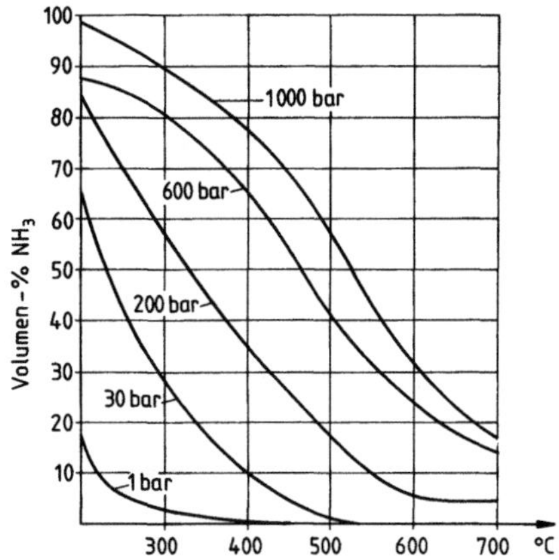

NH_3-Gleichgewicht in Abhängigkeit von Druck und Temperatur

7.5 Reaktionsgeschwindigkeit

Unter dem Gesichtspunkt der *Wirtschaftlichkeit* von chemischen Reaktionen interessiert neben den stofflichen und energetischen Umsetzungen insbesondere die *Geschwindigkeit,* mit der diese erfolgen. Das Teilgebiet der Chemie, das sich mit diesen Themen befaßt, ist die Reaktionskinetik.

Chemische Reaktionen verlaufen je nach *Reaktionspartner und Reaktionsbedingungen* unterschiedlich schnell.

So dauert das Rosten z. B. von Eisen beim Autoblech mehrere Jahre bei Umgebungsbedingungen.

Neutralisationsreaktionen erfolgen sehr rasch, ebenso die Verpuffung von Benzin an Luft, auch die Explosionsreaktionen gehören dazu.

Beim Zubereiten von Speisen, z. B. beim Kochen, Braten, Backen liegen die Reaktionsgeschwindigkeiten zur Erzielung eines genießbaren Gerichtes im Bereich von Minuten bis Stunden.

Die Reaktionsgeschwindigkeit *RG* beschreibt den *zeitlichen Verlauf* von chemischen Reaktionen.

Sie wird definiert als die pro Zeiteinheit umgesetzte Stoffmenge eines Reaktionspartners. (Die Reaktionsgeschwindigkeit ist eine Durchschnittsgröße.)

Beispiele für unterschiedliche Reaktionsgeschwindigkeiten:

V *sehr hoch:* z. B. augenblicklich Nachweis von Chloridionen durch Silberionen in wäßriger Lösung

$$Ag^+ + Cl^- \rightarrow AgCl \downarrow$$

VE Sofortiger Niederschlag von Silberchloridionen

V *Gut meßbar* z. B. in Minuten/Stunden Entwässerung von Traubenzucker mit konzentrierter Schwefelsäure:

$$C_6H_{12}O_6 \rightarrow 6\,C + 6\,H_2O$$

VE Langsame Färbung des Zuckers von gelb über braun zu schwarz.

V *Praktisch nicht* z. B. in Monaten/Jahren Bildung von Wasser aus Wasserstoff und Sauerstoff bei normalen Temperaturen.

$$2\,H_2 + O_2 \rightarrow 2\,H_2O$$

VE Keine meßtechnisch erfaßbare Reaktion.

Es gilt:

$$RG = \upsilon = \frac{\text{Stoffmengenkonzentrationsänderung}}{\text{Zeiteinheit}}$$

$$RG = \frac{\Delta c}{\Delta t}$$

Δc = Änderung der Stoffmengenkonzentration.
Δt = Meßzeitraum
υ = Reaktionsgeschwindigkeit[1)]

> Die Reaktionsgeschwindigkeit hängt hauptsächlich von folgenden Einflußgrößen ab:
>
> - Temperatur } der Reaktionsteilnehmer
> - Konzentration } der Reaktionsteilnehmer
> - Zerteilungsgrad der Ausgangsstoffe
> - Katalysatoren
> - Art des Stoffes und Reaktionstyp

Beispiele:

Temperatur	→	Verbrennen von Holz
Konzentration	→	Sauerstoffaufblasverfahren im Konverter
Zerteilungsgrad	→	Kohlenstaubfeuerung
Reaktionstyp	→	Neutralisation Ionenreaktionen

7.5.1 Einfluß der Temperatur

Mit einem brennenden Streichholz ist Heizöl bei Raumtemperatur nicht zu entflammen. Erst bei Erwärmung des Heizöls auf über 55 °C lassen sich die aufsteigenden Dämpfe entflammen. Mit steigender Temperatur nimmt die kinetische Energie der Ölteilchen zu, sie durchstoßen die Öloberfläche und vermischen sich mit der Luft. Es entsteht ein *reaktionsfähiges* Gemisch.

Beispiele:

- Heizöl nach VbF (Verordnung über brennbare Flüssigkeiten)
  Gruppe A
  Gefahrklasse III
  Flammpunkt > 55 ... 100 °C

In flüssigen oder gasförmigen Systemen führen die Teilchen ständig regellose Bewegungen durch.

Bei einer bestimmten Temperatur haben nicht alle Teilchen die gleiche kinetische Energie.

Einige Teilchen sind energieärmer (langsamer), andere energiereicher (schneller).

Nur die Teilchen, deren Energie die für eine chemische Reaktion erforderliche Aktivierungsenergie erreicht oder übersteigt, können bei Zusammenstößen chemisch reagieren.

Beispiel:

Eine chemische Reaktion hat eine Aktivierungsenergie von $E_A = 100 \text{ kJ} \cdot \text{mol}^{-1}$.

Bei einer Temperatur von 25 °C müssen etwa $3 \cdot 10^{18}$ Moleküle zusammenstoßen, bevor ein Stoß zur Reaktion führt.

Für 35 °C sind $1{,}1 \cdot 10^{17}$ Zusammenstöße für eine wirksame Stoßreaktion erforderlich.

Die Reaktionsgeschwindigkeit nimmt bei der Temperaturerhöhung von 25 auf 35 °C um den Faktor 3,7 zu.

Für einfache Reaktionen gilt die experimentell gefundene Reaktionsgeschwindigkeits-Temperatur-Regel (RTG-Regel):

Regel von van't Hoff:

Eine Temperaturerhöhung um 10 °C erhöht die Reaktionsgeschwindigkeit auf das 2- bis 4-fache.

Von dieser Regel gibt es Ausnahmen.

---

1) Die Reaktionsgeschwindigkeit erhält anstelle des Buchstaben υ auch die Bezeichnung $\dot{c}$.
Hinreaktion: $\dot{c}_{\rightarrow}$ Rückreaktion: $\dot{c}_{\leftarrow}$

Bei einer Temperaturerhöhung wächst die Zahl der Teilchen, die genug Energie für eine Reaktion besitzen.

Die Reaktionsgeschwindigkeit wird bei Temperatursteigerung auch deshalb erhöht, weil die Zahl der Zusammenstöße insgesamt und damit auch die Zahl der reaktionswirksamen Zusammenstöße zunimmt.

(→ Abschnitt 7.6.2)

[V] Drei Reagenzgläser werden mit jeweils gleichen Mengen (ca. 3 ml) Natriumthiosulfat-Lösung (0,5 mol · l^{-1}) angefüllt. Drei weitere Reagenzgläser erhalten jeweils gleiche Mengen (ca. 3 ml) Salzsäure (1 mol · l^{-1}).

Die Reagenzgläser werden im Wasserbad erwärmt. Bei einer Temperatur von 30 °C wird aus einem Glas die Salzsäure in die Natriumthiosulfat-Lösung gegeben und die Zeit bis zum Beginn der gelblichen Trübung gemessen.

Der Versuch wird mit den restlichen Reagenzgläsern bei 40 °C und bei 50 °C wiederholt.

Vorsicht beim Umgang mit Säuren! Schutzschirm, Schutzhandschuhe

[VE] Mit zunehmender Temperatur verkürzt sich die Zeit bis zum Beginn der Trübung.

7.5.3 Einfluß der Konzentration

Die Verbesserung der Atemluft in engen Schächten, Kanälen oder Behältern mit *reinem* Sauerstoff ist aus Sicherheitsgründen verboten. Die Gefahr der unbeabsichtigten Entzündung der Arbeitskleidung steigt mit wachsendem Sauerstoff-Gehalt der Luft.

Allgemein gilt:

Für eine chemische Reaktion ist die *Zahl* der reaktionsfähigen *Teilchen* wichtig, die *zusammenstoßen* können. Je größer diese Zahl, desto größer ist die Möglichkeit von Zusammenstößen, desto schneller läuft eine chemische Reaktion ab.

Beispiele:

Stoffe, die bei 21 % O_2-Anteil in der Luft nicht glimmen, flammen bei erhöhtem Sauerstoffgehalt der Luft und bestimmter Zündenergie hell auf, zum Beispiel:

- Baumwolle bei 28 %
- Leinen bei 30 %
- Wolle bei 35 %

} O_2-Gehalt in der Luft

- Konzentrierte Laugen sind oft wirksamer als verdünnte.
- Abnahme des Luftsauerstoffgehalts von 21 % auf 17 % kann zum Tode führen.
- Mit Öl benetzte Kleidungsstücke aus Baumwolle, Leinen, Wolle entflammen sogar unter 28 % O_2-Gehalt in der Luft.

Die Anzahl der Teilchen in einem Volumen wird als *Konzentration* bezeichnet.

Konzentrationsangaben

Bei Lösungen werden *Molarität* und *Molenbruch*, bei Gasmischungen die *Partialdrücke* verwendet.

Molarität: Konzentration eines Stoffes in $\text{mol} \cdot \text{l}^{-1}$ der Lösung.

Molenbruch: Anzahl der Mole des gelösten Stoffes zu Anzahl der insgesamt in Lösung enthaltenen Mole

$$x_A = \frac{n_A}{n_A + n_B}$$

n	Zahl der Mole
A, B	Stoffe A, B

Es gilt:

> Die Reaktiongeschwindigkeit *RG* ist im einfachsten Falle der Konzentration der miteinander reagierenden Stoffe proportional.

Partialdruck: Druck des Gases, der herrschen würde, wenn sich das Gas allein in einem abgeschlossenen System befände.

Diese einfache Gesetzmäßigkeit gilt zum Beispiel für den Zerfall von Jodwasserstoff-Molekülen in Wasserstoff und Jod. Für die meisten chemischen Reaktionen gilt diese einfache Abhängigkeit der *RG* von der Konzentration nicht. Sie wird dann durch die Reaktionsordnung, siehe Massenwirkungsgesetz (→ Abschnitt 7.6), bestimmt.

$$p = p_1 + p_2 + p_3 + \ldots$$

p ≙ Gesamtdruck
p_1 ≙ Partialdruck
1, 2, 3 Gasbestandteile

7.5.4 Einfluß des Zerteilungsgrades

Die Abhängigkeit der *RG* vom Zerteilungsgrad ist auch dem Laien geläufig.

Zerteilungsgrad:
→ Vergrößerung der Oberfläche durch Zerkleinern

Zur besseren Verbrennung wird Holz zerkleinert, Benzin im Vergaser vernebelt und mit Luft gemischt, Kohle wird zu Kohlenstaub vermahlen in die Brennkammern von Kesselanlagen eingeblasen.

Ein hoher Zerteilungsgrad bedeutet eine Vergrößerung der Oberfläche eines reagierenden Gemisches. An der *vergrößerten* Phasengrenzfläche der Stoffe kommt es zu *vermehrten* Zusammenstößen der reagierenden Teilchen.

Der Zerteilungsgrad ist in der Regel nur bei heterogenen Mischungen zu berücksichtigen, bei denen die Reaktionen durch die Eigenschaften der Phasengrenzflächen beeinflußt werden.

[V] Verbrennung von Holz und Eisen
a) Holzstück, Eisenstück
b) Holzwolle, Stahlwolle
Holz- und Eisenstück wird in die Bunsenbrennerflamme gehalten, danach Holzwolle und Stahlwolle.

[VE] Holz- und Stahlwolle entflammen sofort, während das Eisenstück nicht und das Holzstück schwer entflammbar ist.

- Gase und Lösungen besitzen optimale Zerteilungsgrade.

> Durch die Erhöhung des Zerteilungsgrades wird die Reaktionsgeschwindigkeit chemischer Reaktionen erhöht. Ursache ist die erhöhte Zahl der Zusammenstöße reaktionsfähiger Teilchen.

Durch Katalysatoren kann die *RG* beeinflußt werden (→ Abschnitt 7.3.3).

7.6 Massenwirkungsgesetz

7.6.1 Reaktionsordnung

Die Reaktionsgeschwindigkeit einer chemischen Umsetzung hängt unter anderem von der Konzentration sowie der Zahl der verschiedenartigen Reaktionsteilnehmer ab. Es werden im allgemeinen Reaktionen 1. bis 3. Ordnung unterschieden.

Sie gilt wesentlich nur für homogene Systeme wie Lösungen und Gasgemische.

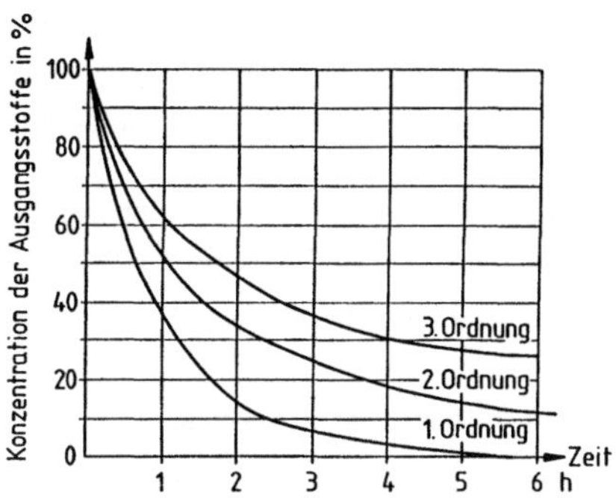

Abnahme der Konzentration bei Reaktionen 1., 2., 3. Ordnung (Schema)

Reaktionen 1. Ordnung

Die Reaktionsgeschwindigkeit hängt nur von der Stoffmengenkonzentration eines Ausgangsstoffes A ab.

Reaktionsgleichung:

$A \longrightarrow B + C$

Reaktionsgeschwindigkeit:

$RG = v = k \cdot c_A$

c Stoffmengenkonzentration
k Geschwindigkeitskonstante (Proportionalitätsfaktor)

Beispiele:

- Radioaktive Zerfallsreaktionen, die spontan erfolgen, zum Beispiel beim Polonium.
- Zerlegung von Rohrzucker:
  $C_{12}H_{22}O_{11} + H_2O \longrightarrow C_6H_{12}O_6 + \ldots C_6H_{12}O_6$

Rohrzucker wird in wäßriger Lösung in Glukose und Fruktose zerlegt. Da Wasser im erheblichen Überschuß vorhanden ist, bleibt seine Konzentration während der Reaktion praktisch unverändert.

Reaktionen 2. Ordnung

Die Reaktionsgeschwindigkeit hängt von der Stoffmengenkonzentration zweier Ausgangsstoffe A und B ab.

Reaktionsgleichung

$A + B \longrightarrow AB$ oder $A + B \longrightarrow C + D$

Reaktionsgeschwindigkeit

$RG = v = k \cdot c_A \cdot c_B$

Beispiel:

- Bildung und Zerfall von Jodwasserstoff
  $H_2 + J_2 \rightleftharpoons HJ + HJ$
- Veresterung von Ameisensäure und Methanol
  $HCOOH + CH_3OH \rightleftharpoons HCOOCH_3 + H_2O$
  Ameisensäuremethylester

Reaktionen 3. Ordnung

Die Reaktionsgeschwindigkeit hängt von der Stoffmengenkonzentration dreier Ausgangsstoffe A, B und C ab.

Reaktionsgleichung:

$A + B + C \longrightarrow D + E$

Reaktionsgeschwindigkeit:

$RG = v = k \cdot c_A \cdot c_B \cdot c_C$

Beispiel:

- Bildung und Zerfall von Stickstoffdioxid
  $NO + NO + O_2 \rightleftharpoons 2\,NO_2$

Allgemein gilt:

> Die Reaktionsordnung wird nicht nur durch die *Anzahl* der Ausgangsstoffe festgelegt. Wichtig ist auch das *Verhältnis* der Konzentrationen der Ausgangsstoffe zueinander und die Art der Reaktionsmechanismen.

Unter Reaktionsmechanismen versteht man die Beschreibung der Reaktionsstufen, Teilstufen chemischer Reaktionen zwischen Ausgangs- und Endzustand.

Die *Reaktionsordnung* wird *experimentell* ermittelt.

7.6.2 **Massenwirkungsgesetz** (Zusammenhänge)

Nach der *Stoßtheorie* kann die Bildung von Reaktionsprodukten nur dann erfolgen, wenn die Ausgangsstoffe in der *richtigen Anordnung* und mit der *nötigen Energie* (Aktivierungsenergie) zusammenstoßen.

Je größer die Stoffmengenkonzentration der Ausgangsstoffe ist, desto größer ist die Wahrscheinlichkeit der produktiven Stöße zur Bildung der Reaktionsprodukte.

Am Beispiel des Jodwasserstoffgleichgewichtes soll der quantitative Einfluß der Konzentrationen der Reaktionsteilnehmer auf die Reaktionsgeschwindigkeit erklärt werden.

Zwischen 2 Atomen Wasserstoff und 2 Atomen Jod kann es zu 4 Zusammenstößen kommen, bei 4 Atomen Wasserstoff und 4 Atomen Jod sind es schon 16 Zusammenstöße usw. Daraus folgt, daß die *Reaktionsgeschwindigkeit* RG = v der *Stoffmengenkonzentrationen* der Ausgangsstoffe direkt *proportional* ist.

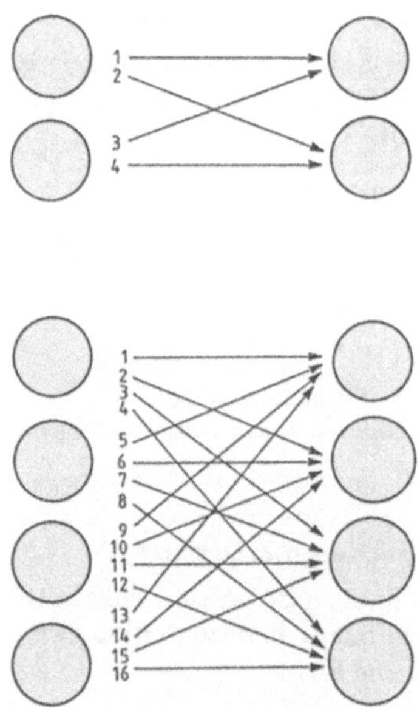

Modellvorstellung zur Reaktionsgeschwindigkeit. (Die Zahlen geben die möglichen Zusammenstöße an)

Es gilt:

$$RG = v \sim c_A \text{ und } \sim c_B \text{ und } \sim c_N \; \dots A, B, \dots N$$

Reaktionsteilnehmer

Mit Hilfe der Geschwindigkeitskonstanten k erhält man folgende Gesetzmäßigkeit, da die Jodwasserstoffreaktion eine Reaktion 2. Ordnung darstellt:

$$RG_{Hin} = v_{Hin} = k_{Hin} \cdot c_{H_2} \cdot c_{J_2}$$

$k_{Hin} \mathrel{\hat{=}}$ Geschwindigkeitskonstante der Hinreaktion[1])

[1]) Die Geschwindigkeitskonstante k kann für die Hinreaktion auch die Bezeichnung $\underset{\rightarrow}{k}$ und für die Rückreaktion die Bezeichnung $\underset{\leftarrow}{k}$ erhalten.

Im Verlauf der Reaktion nimmt die Konzentration der Ausgangsstoffe ab. Die Geschwindigkeit der *Hinreaktion* wird kleiner.

Mit der Bildung der ersten HJ-Moleküle setzt bereits deren Zerfall zu H_2 und J_2 ein, die *Rückreaktion* beginnt.

Für deren Geschwindigkeit gilt:

$$RG_{Rück} = v_{Rück} = k_{Rück} \cdot c_{HJ}^{②}$$

$k_{Rück} \triangleq$ Geschwindigkeitskonstante der Rückreaktion

Zu Beginn der Reaktion ist:

$v_{Hin} \gg v_{Rück}$

Der äußerlich erkennbare Stoffumsatz pro Zeiteinheit ergibt sich aus der Differenz der Geschwindigkeiten der Hin- und Rückreaktion.

$$\frac{\Delta c}{\Delta t} = v = v_{Hin} - v_{Rück}$$

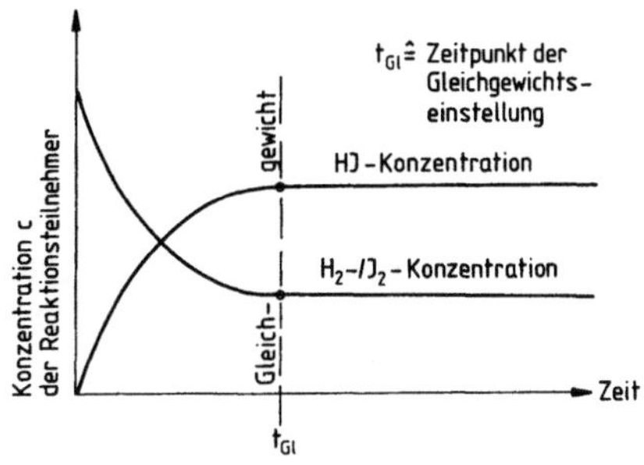

Konzentrationsverlauf des HJ-Gleichgewichts

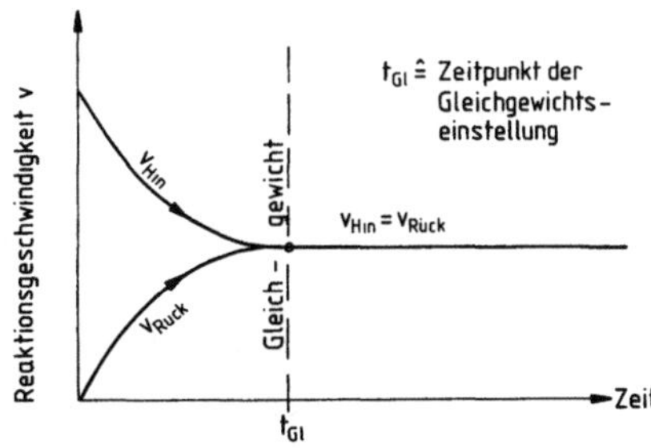

Verlauf der Reaktionsgeschwindigkeiten v

Wenn die Geschwindigkeiten der Hin- und Rückreaktion gleich groß geworden sind, gilt:

$v_{Hin} = v_{Rück}$

Dann hat sich das *chemische Gleichgewicht* eingestellt.

Es gilt:

$$k_{Hin} \cdot c(H_2) \cdot c(J_2) = k_{Rück} \cdot c^2(HJ)$$

$$\frac{k_{Hin}}{k_{Rück}} = \frac{c^2(HJ)}{c(H_2) \cdot c(J_2)}$$

Der Quotient $\frac{k_{Hin}}{k_{Rück}}$ ist eine neue Konstante K, die Gleichgewichtskonstante

$$K = \frac{c^2(HJ)}{c(H_2) \cdot c(J_2)}$$

Anmerkung zum Exponenten ②:

In der Reaktionsgleichung

$H_2 + J_2 \rightleftarrows 2\,HJ$

treten zwei Moleküle HJ auf. Diese entsprechen in der Form den Reaktionsprodukten C + D aus der Reaktionsgleichung A + B $\rightleftarrows$ C + D. Das Produkt gleicher Konzentrationen aus $c_{HJ} \cdot c_{HJ}$ ergibt c_{HJ}^2.

Dieser *quantitative Einfluß* der Reaktionsteilnehmer auf die *Lage eines chemischen Gleichgewichtes* wurde im Jahr 1867 von den Norwegern Waage und Guldberg festgestellt.

Es wird als das *Massenwirkungsgesetz* bezeichnet:

> Im Gleichgewicht nimmt der Quotient aus dem Produkt der Stoffmengenkonzentration der Endstoffe und dem Produkt der Stoffmengenkonzentration der Ausgangsstoffe einen festen Wert an.
> Dieser ist nur von der *Temperatur* abhängig.
> Er wird als *Gleichgewichtskonstante K* bezeichnet.

Für eine chemische Reaktion 2. Ordnung gilt das Massenwirkungsgesetz dann entsprechend:

$$K = \frac{c\,(C) \cdot c\,(D)}{c\,(A) \cdot c\,(B)}; \quad K = \frac{\text{Produkt der Stoffmengenkonzentrationen der Endstoffe}}{\text{Produkt der Stoffmengenkonzentrationen der Ausgangsstoffe}}$$

c_A, c_B, c_C, c_D molare Konzentrationen der Reaktionsteilnehmer *A, B, C, D* in $\text{mol} \cdot \text{l}^{-1}$.

K	chem. Gleichgewicht
$K > 1$	Gleichgewicht liegt auf der Seite der Reaktionsprodukte
$K < 1$	Gleichgewicht liegt auf der Seite der Ausgangsstoffe
$K \gg 1$	praktisch vollständig abgelaufene Reaktion

7.6.3 Abhängigkeit der Gleichgewichtskonstanten K_p von der Temperatur

Der Einfluß der Temperatur auf die Lage eines chemischen Gleichgewichts kann *qualitativ* mit dem Prinzip von Le Chatelier und Braun beschrieben werden, *quantitativ* mit der Gleichgewichtskonstanten *K*.

Die Gleichgewichtskonstante *K* und das Prinzip von Le Chatelier und Braun hängen wie folgt zusammen:

Beispiel: Jodwasserstoffreaktion

$$H_2 + J_2 \rightleftarrows 2\,HJ$$

Gleichgewichtskonstante K_p

$$K_p = \frac{p^2\,(HJ)}{p\,(H_2) \cdot p\,(J_2)}$$

K_p Gleichgewichtskonstante auf die Partialdrücke bezogen.

Exotherme Reaktionen:

Das chemische Gleichgewicht verschiebt sich mit steigender Temperatur in Richtung der wärmeverbrauchenden Reaktionsteilnehmer (hier: Ausgangsstoffe).

Der Wert K_p nimmt ab, da die Konzentrationen der Reaktionsprodukte (Zähler) abnehmen und die Konzentrationen der Ausgangsstoffe (Nenner) zunehmen.

Temperatur °C	K_p
400	204,08
500	104,76
600	67,18
800	38,10
1000	26,84
1200	20,66
1500	14,90

Bei Umgebungstemperatur liegt das chemische Gleichgewicht beim Jodwasserstoff ($K_p \gg 1$, wenig H_2 und J_2 gebildet).

$$K = \frac{\text{Produkt der Stoffmengenkonzentrationen der Endstoffe}}{\text{Produkt der Stoffmengenkonzentrationen der Ausgangsstoffe}}$$

Endotherme Reaktionen:

Das chemische Gleichgewicht verschiebt sich mit steigender Temperatur in Richtung der wärmeaufnehmenden Reaktionsteilnehmer. (hier: Reaktionsprodukte, Endstoffe)

Beispiel: Stickoxidbildung

$N_2 + O_2 \rightleftarrows 2\,NO$

Gleichgewichtskonstante K_p

$$K_p = \frac{p^2\,(NO)}{p\,(N_2) \cdot p\,(O_2)}$$

$$K = \frac{\text{Produkt der Stoffmengenkonzentrationen der Endstoffe}}{\text{Produkt der Stoffmengenkonzentrationen der Ausgangsstoffe}}$$

Der Wert K_p nimmt mit steigender Temperatur zu, da der Zähler größer (Reaktionsprodukte), der Nenner (Ausgangsstoffe) kleiner wird.

Anmerkung:

Anstelle der Konzentrationsangaben in der Gleichung für die Gleichgewichtskonstante wurden die Partialdrücke eingesetzt:

K_p statt $K_c = K$

K_p Gleichgewichtskonstante auf den Partialdruck bezogen

$K \mathrel{\hat{=}} K_c$ Gleichgewichtskonstante auf die Konzentration bezogen.

Temperatur °C	K_p
500	$2{,}51 \cdot 10^{-18}$
1000	$6{,}94 \cdot 10^{-9}$
1500	$9{,}53 \cdot 10^{-6}$
2000	$3{,}63 \cdot 10^{-4}$
3000	$1{,}32 \cdot 10^{-2}$
4000	$7{,}94 \cdot 10^{-2}$
5000	$2{,}40 \cdot 10^{-1}$

Bei Raumtemperatur liegt das chemische Gleichgewicht bei N_2 und O_2 ($K_p \ll 1$, NO kaum gebildet).

7.6.4 Abhängigkeit der Gleichgewichtskonstanten K_p vom Druck

Nach dem Prinzip von Le Chatelier und Braun lassen sich folgende Aussagen machen, wenn

1. das *Gesamtvolumen* der Reaktionsteilnehmer durch den Reaktionsablauf *nicht* verändert wird:
   → keine Änderung der Gleichgewichtskonstanten K_p
   $K_p = K_c$

Beispiele:

Chlorwasserstoff-Bildung

$H_2 + Cl_2 \rightleftharpoons 2\,HCl$
2 Mole 2 Mole

2. das *Gesamtvolumen* der Reaktionsteilnehmer durch den Reaktionsablauf *verändert* wird:
   → Veränderung der Gleichgewichtskonstanten K_p
   $K_p \neq K_c$

Ammoniak-Synthese

$3\,H_2 + N_2 \rightleftharpoons 2\,NH_3$
4 Mole 2 Mole

Allgemein gilt:

> Die Gleichgewichtskonstante K_p ist nur temperaturabhängig.

7.7 Kurzfassung wichtiger Begriffe

Ausbeute	Erreichter Anteil des Reaktionsproduktes gegenüber dem theoretisch möglichen Anteil.
Chemisches Gleichgewicht (dynamisches)	Ein dynamisches Gleichgewicht liegt vor, wenn die Reaktion äußerlich gesehen zum Stillstand gekommen ist. Die Hin- und Rückreaktionsgeschwindigkeiten sind gleich groß. *)
Chemisches Gleichgewicht Druckbeeinflussung	Durch *Druckerhöhung* wird die Lage des chemischen Gleichgewichtes zu den Reaktionsteilnehmern mit dem geringeren Volumen verschoben. Eine *Druckerniedrigung* verschiebt die Lage des chemischen Gleichgewichtes zu den Reaktionsteilnehmern mit dem größeren Volumen. *)
Chemisches Gleichgewicht Temperaturbeeinflussung	Eine *Temperaturerhöhung* verschiebt die Lage des chemischen Gleichgewichtes zu den Reaktionsteilnehmern, die zu ihrer Bildung Wärme verbrauchen (Endotherme Reaktionen). Eine *Temperaturerniedrigung* verschiebt die Lage des chemischen Gleichgewichtes zu den Reaktionsteilnehmern, bei deren Bildung Wärme entsteht (Exotherme Reaktionen). *)
Lage des chemischen Gleichgewichts	Bei unvollständig verlaufenden Reaktionen liegt das chemische Gleichgewicht zwischen den Ausgangsstoffen und den Reaktionsprodukten. Es wird in der Reaktionsgleichung durch einen fetten Pfeil gekennzeichnet. *)

*) gilt in geschlossenen Systemen

(Kurzfassung wichtiger Begriffe)

Gleichgewichtskonstante K Massenwirkungsgesetz	Im Gleichgewichtsfall nimmt der Quotient aus dem Produkt der Stoffmengenkonzentrationen der Reaktionsprodukte und dem Produkt der Stoffmengenkonzentrationen der Ausgangsstoffe einen festen Wert an: Gleichgewichtskonstante K $K = \frac{c_C \cdot c_D}{c_A \cdot c_B}$ (Reaktion 2. Ordnung) $K > 1$ Gleichgewicht bei Reaktionsprodukten $K < 1$ Gleichgewicht bei Ausgangsstoffen $K \gg 1$ Gleichgewicht praktisch vollständig bei den Endstoffen *)
Gleichgewichtskonstante Druckeinfluß von K	Die Gleichgewichtskonstante ist *nicht* vom Druck abhängig. Jedoch gilt: Eine Erhöhung des Partialdruckes eines der Ausgangsstoffe führt zur Erhöhung der Konzentrationen der Reaktionsprodukte. *) Eine Erhöhung des Partialdruckes eines der Reaktionsprodukte führt zur Erhöhung der Konzentrationen der Ausgangsstoffe.*)
Konzentrationseinfluß auf K	Eine *Erhöhung* der Konzentration eines der *Ausgangsstoffe* führt zur Erhöhung der Konzentrationen der Reaktionsprodukte. *) Eine *Erhöhung* der Konzentration eines der *Reaktionsprodukte* führt zur Erhöhung der Konzentrationen der Ausgangsstoffe.*)
Temperatureinfluß auf K	Das chemische Gleichgewicht verschiebt sich – bei exothermen Reaktionen mit steigender Temperatur in Richtung der wärmeverbrauchenden Reaktionsteilnehmer (Ausgangsstoffe), K wird kleiner; – bei endothermen Reaktionen mit steigender Temperatur in Richtung der wärmeaufnehmenden Reaktionsteilnehmer (Reaktionsprodukte), K wird größer.
Katalysator	Es ist ein Stoff oder ein Stoffgemenge, der/das die Reaktionsgeschwindigkeit beschleunigen oder verzögern kann. Die Lage des chemischen Gleichgewichts wird nicht verändert. Es gibt Einstoffkatalysatoren und Mischkatalysatoren.
Prinzip des kleinsten Zwanges (Prinzip von Le Chatelier und Braun)	Wird auf ein im Gleichgewicht befindliches System durch Änderung der äußeren Bedingungen (Druck, Temperatur, Konzentration) ein Zwang ausgeübt, so verschiebt sich die Lage des Gleichgewichts derart, daß es dem Zwange ausweicht. *)
Reaktionsgeschwindigkeit RG	Zeitliche Änderung der molaren Konzentration. Abhängigkeit von *Druck, Temperatur, Konzentration* der Reaktionsteilnehmer sowie *Art* des Stoffes und *Reaktionstyp* und *Zerteilungsgrad* der Ausgangsstoffe.
Temperatureinfluß auf die RG	Eine Temperaturerhöhung um 10 °C erhöht die Reaktionsgeschwindigkeit um etwa das 2–4fache.
Konzentrationseinfluß auf die RG	Die Reaktionsgeschwindigkeit ist im einfachsten Fall der Konzentration proportional.
Zerteilungsgradeinfluß auf die RG	Durch Erhöhung des Zerteilungsgrades wird die Reaktionsgeschwindigkeit chemischer Reaktionen erhöht. Ursache ist die erhöhte Zahl der Zusammenstöße reaktionsfähiger Teilchen.

*) gilt in geschlossenen Systemen

(Kurzfassung wichtiger Begriffe)

Reaktionsordnung	Im allgemeinen Reaktionsordnungen 1. bis 3. Ordnung. Die Reaktionsordnung wird nicht nur durch die Anzahl der Ausgangsstoffe festgelegt. Wichtig ist das Verhältnis der Konzentrationen der Ausgangsstoffe zueinander und die Art der Reaktionsmechanismen. Experimentelle Ermittlung der Reaktionsordnung.
Umkehrbarkeit chemischer Reaktionen	Chemische Reaktionen sind grundsätzlich umkehrbar (reversibel). Ausgangsstoffe $\rightleftharpoons$ Reaktionsprodukte Der Doppelpfeil gibt die Umkehrbarkeit an.
Verweilzeit	Dauer der reagierenden Stoffe in der Reaktionszone.
Wirtschaftlichkeit chemischer Verfahren	Das chemische Gleichgewicht muß möglichst weit bei den Reaktionsprodukten liegen. Es muß sich möglichst schnell einstellen. Unerwünschte und erwünschte Einflüsse durch Druck, Temperatur, Katalysator müssen aufeinander abgestimmt werden.

7.8 Aufgaben

1. Warum ist die Explosion einer Ladung Dynamit nur schwer als eine im Prinzip umkehrbare chemische Reaktion vorstellbar?
2. Die Autobatterie (Akkumulator) ist ein Beispiel für eine umkehrbare chemische Reaktion. Wie lautet die entsprechende Gleichgewichtsreaktion. Wie heißen die Reaktionsteilnehmer?
3. Bei chemischen Reaktionen laufen Hin- und Rückreaktionen gleichzeitig ab. Erläutern Sie diese Vorgänge.
4. Welche Gemeinsamkeiten haben Eisenerz (z. B. Magneteisenstein) und verrostetes Stahlblech?
5. Skizzieren und erläutern Sie die Lage des chemischen Gleichgewichtes modellhaft am Beispiel des Jodwasserstoffgleichgewichtes.
6. Welche Einflußfaktoren wirken auf ein chemisches Gleichgewicht?
7. Erläutern Sie das Prinzip von Le Chatelier und Braun. Wie wird es noch genannt?
8. Nennen Sie Beispiele für die Geschwindigkeit chemischer Reaktionen aus Ihrer Erfahrung.
9. Wozu dient das Massenwirkungsgesetz?
10. Das chemische Gleichgewicht hat sich bei der Jodwasserstoffreaktion bei 400 °C eingestellt. Die Gleichgewichtskonstante K beträgt bei dieser Temperatur 204.
    Wie verändern sich die Anteile der Reaktionsteilnehmer, wenn Wasserstoff zugesetzt wird?
11. Durch welche Einflußgrößen wird die Reaktionsgeschwindigkeit beeinflußt?
12. In welche Richtung verschiebt sich das chemische Gleichgewicht, wenn sich die Gleichgewichtskonstante K des Jodwasserstoffgleichgewichtes wie folgt verschiebt?

Temperatur in °C:	630	660	720	780
Gleichgew.konst. K:	67	58	50	40

13. In welche Richtung verschiebt sich das chemische Gleichgewicht bei der Veresterungsreaktion von Essigsäure und Ethylalkohol zu Essigsäureethylester und Wasser, wenn das entstehende Wasser abgezogen wird?
    Veresterungsreaktion:
    $CH_3COOH + C_2H_5OH \rightleftarrows CH_3COOH_5C_2 + H_2O$
14. Die Rückreaktion der Veresterung ist die Verseifung. Stellt sich das chemische Gleichgewicht auch dann ein, wenn man gleiche Stoffmengenkonzentrationen Essigsäureethylester und Wasser zur Reaktion bringt?
15. Warum dürfen Kohlenhalden, z. B. in Berlin, nicht zu hoch gestapelt werden?

8 Oxidation und Reduktion (Redox)

8.1 Geschichtliche Entwicklung

Die Begriffe Oxidation und Reduktion haben eine geschichtliche Entwicklung durchgemacht.

Seit *Lavoisier* (1783) versteht man unter Oxidation eine *Verbindungsbildung mit Sauerstoff* und unter Reduktion einen *Entzug von Sauerstoff.* Diese Definition ist in Teilbereichen heute noch üblich.

Vor Lavoisier nahm man an, daß alle brennbaren Stoffe einen Feuerstoff (Phlogiston) enthalten, der beim Verbrennen entweicht.

Eine *Erweiterung* erfuhren die Begriffe Oxidation und Reduktion, indem man sie von den Reaktionen mit Sauerstoff loslöste und stattdessen jede Elektronenverschiebung damit benannte.

In der Umgangssprache der Technik wird die sehr einfache Vorstellung von Lavoisier weiterhin bevorzugt.

Sie ist selbstverständlich immer richtig, wo es sich um Reaktionen mit Sauerstoff handelt.

Anmerkung:
Allgemein spricht der Techniker: Das Eisen oxidiert, wenn es rostet – chemisch *wird* es beim Rosten oxidiert.

8.2 Oxidation und Reduktion im allgemeinen Sinne

Im allgemeinen Sinne ist die Oxidation eine Elektronenabgabe und die Reduktion eine Elektronenaufnahme.

Bei hohen Elektronegativitätsunterschieden der Verbindungspartner kommt es zu vollständigen Elektronenübergängen (→ Ionenbindung, Abschnitt 5.3).

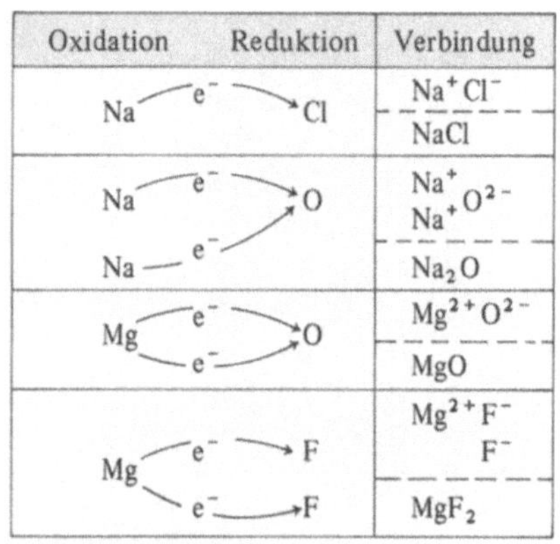

In Fällen *geringer Elektronegativitätsunterschiede* der Verbindungspartner sind die gemeinsamen Elektronenpaare mehr oder minder zum stärker elektronegativen Element hin verlagert (*polarisierte Atombindung*).

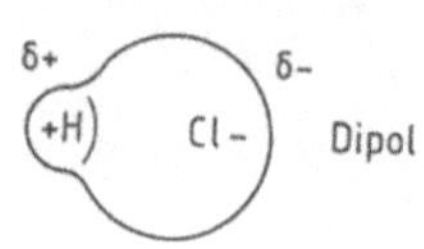

Bei diesen Verbindungen werden die bindenden Elektronenpaare gedanklich dem Element mit der höheren Elektronegativität ganz zugeordnet.

Durch die höhere EN des Chloratoms wird das ***gemeinsame*** Elektronenpaar mehr zur Chlorseite verlagert.

Erst bei einer ***Aufspaltung*** des Moleküls in Wasser (Dissoziation) geht das gemeinsame Elektronenpaar ganz zum Chloratom hinüber.

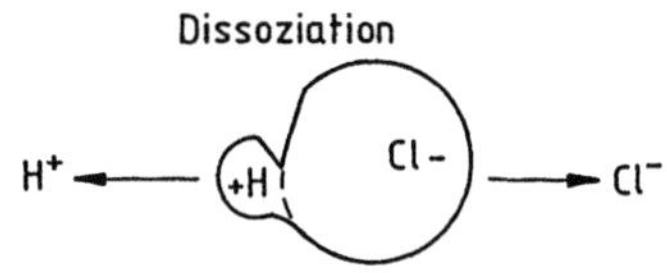

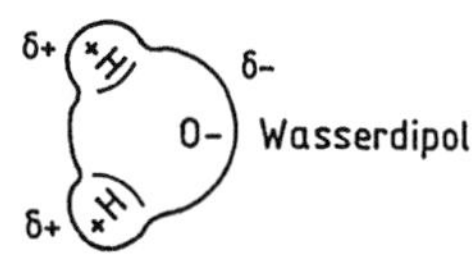

Im allgemeinen Sinne ist im Wassermolekül der Wasserstoff oxidiert und der Sauerstoff reduziert worden.

Die Anzahl der abgegebenen oder aufgenommenen Elektronen wird als *Ladungszahl oder Ionenwertigkeit* bezeichnet (→ Oxidationszahlen).

Ionenwertigkeit

Oxidation →

−4	−3	−2	−1	0	+1	+2	+3	+4

← Reduktion

Redoxvorgänge

Bei chemischen Vorgängen können Atome, Ionen und Moleküle nur dann Elektronen abgeben, wenn Stoffe vorhanden sind, die diese Elektronen unmittelbar aufnehmen.

Derart *gekoppelte* Abläufe werden Redoxvorgänge genannt.

Reduktion — Oxidation

Redox-Reaktion

Redoxreaktionen sind Vorgänge der *Elektronenverschiebungen.*

Allgemein

$A \rightarrow A^+ + e^-$	Oxidation
$e^- + B \rightarrow B^-$	Reduktion
$A + B \rightarrow A^+ + B^-$	Summe

oder umgekehrt

$e^- + A^+ \rightarrow A$	Reduktion
$B^- \rightarrow B + e^-$	Oxidation
$A^+ + B^- \rightarrow A + B$	Summe

Oxidationsmittel

Einige Stoffe ziehen *besonders stark* Elektronen an.
Sie helfen mit, daß andere Stoffe Elektronen abgeben können.
Deshalb werden sie als Oxidationsmittel bezeichnet.

Reduktionsmittel

Stoffe, die selbst *leicht* Elektronen *abgeben,* helfen anderen Stoffen, Elektronen aufzunehmen. Sie unterstützen die Elektronenaufnahme und damit die Reduktion.
Sie heißen deshalb Reduktionsmittel.

Gute Oxidationsmittel sind Elemente mit *hoher Elektronegativität,* wie zum Beispiel Fluor, Sauerstoff, Chlor usw.

Anmerkung:
Elektronegativität EN (Kurzform)

Zu den guten Reduktionsmitteln gehören die Elemente mit geringer EN, wie Natrium, Kalium, Aluminium u. ä.

Wenn zum Beispiel Natrium leicht ein Elektron abgibt, kann der aufnehmende Stoff, zum Beispiel Chlor, gut reduziert werden. Natrium wird dabei oxidiert.

Reduktionsmittel

$$Na \underset{\text{Reduktion}}{\overset{\text{Oxidation}}{\rightleftarrows}} Na^{+} + e^{-}$$

$$2\,Cl^{-} \underset{\text{Reduktion}}{\overset{\text{Oxidation}}{\rightleftarrows}} Cl_2 + 2\,e^{-}$$

Gibt zum Beispiel Cl^{-} das aufgenommene Elektron wieder ab, wird es oxidiert und wirkt als Reduktionsmittel.

Außerdem gibt es Stoffe, die je nach Reaktionspartner, Oxidations- oder Reduktionsmittel sein können.

Beispiel:	H ist:
$H \rightarrow H^{+} + e^{-}$	Reduktionsmittel
$H + e^{-} \rightarrow H^{-}$	Oxidationsmittel

Oxidations- und Reduktionsvermögen

Metalle werden unterschiedlich leicht zu Metallionen oxidiert. Sie lassen sich nach ihrem Bestreben, Elektronen abzugeben, in einer Reihe anordnen.

Diese Reihe wird *elektrochemische Spannungsreihe* genannt (→ Elektrochemie, Abschnitt 9.8).

In der Spannungsreihe verdrängt ein Metall rechts von ihm stehende Metalle aus den Lösungen ihrer Salze.

Unedle Metalle geben leicht Elektronen ab. Edle Metalle lassen sich schwer oxidieren. Ihre Ionen nehmen leicht Elektronen auf.

Beispiel: (siehe Versuch 6, S. 151)
$Cu^{2+} + Fe \rightarrow Cu + Fe^{2+}$

Elektrochemische Spannungsreihe der Metalle: (Auswahl)

K Ca Na Mg Al Mn Zn Cr Fe Co Ni Sn Pb H Cu Ag Pt Au

unedle Metalle ← | Bestreben, Elektronen abzugeben, nimmt zu | edle Metalle

– ← | → +
± 0

Zusammenfassung

Im engeren Sinne ist eine Verbindung mit Sauerstoff eine *Oxidation* und der Entzug von Sauerstoff eine *Reduktion*. Im erweiterten Sinne versteht man unter Oxidation eine *Elektronenabgabe* und unter Reduktion eine *Elektronenaufnahme*.

Bei *polarisierten Atombindungen* werden die gemeinsamen Elektronenpaare dem stärker elektronegativen Element insgesamt zugeordnet.

Oxidationsmittel ziehen Elektronen an (höhere EN)
Reduktionsmittel geben Elektronen ab (niedrigere EN)

In der *elektrochemischen Spannungsreihe* sind die Metalle nach ihrer Oxidierbarkeit geordnet.
Sie nimmt von links nach rechts ab.

8.3 Oxidationszahl

Bei einfachen Redoxvorgängen sind Abgabe und Aufnahme von Elektronen leicht zu erkennen.

Es gibt aber zahlreiche Reaktionen, bei denen *komplizierte* Elektronenverschiebungen stattfinden. In diesen Fällen wird die Oxidationszahl zu einem wichtigen *Hilfsmittel*.

Beispiel:

Magnesiumoxid $\overset{+2}{Mg}\overset{-2}{O}$ (Schreibweise nach Holleman-Wiberg)

Magnesium hat zwei Elektronen an Sauerstoff abgegeben.

Auch die Schreibweise mit römischen Ziffern ist üblich (IUPAC-Regel)*.

$Mg^{II}O^{-II}$ (positive Ladungen werden dabei nicht ausgedrückt.)

Mit *Oxidationszahl* meint man

1. die Elektronenzahl, die ein Atom innerhalb einer *Ionenbindung* abgibt oder aufnimmt;

Beispiel:

Natriumoxid $\overset{+1}{Na_2}\overset{-2}{O}$

Zwei Atome Natrium haben je ein Elektron abgegeben, während ein Atom Sauerstoff zwei Elektronen aufgenommen hat.

2. die Elektronenzahl, die ein Atom innerhalb einer *Atombindung* abgeben oder aufnehmen würde, wenn die gemeinsamen Elektronenpaare vollständig zum Atom mit der größeren EN verlagert wären.

   Dieser Vorgang wird *nur gedanklich* vollzogen.

Beispiele:

Schwefelwasserstoff $\overset{+1}{H_2}\overset{-2}{S}$

Hier geschieht nur eine gewisse Verlagerung der gemeinsamen Elektronenpaare von H nach S. Die Oxidationszahlen werden aber so geschrieben, als wäre von jedem H-Atom ein Elektron vollständig zum S-Atom gegangen.

Die Elektronen werden von dem Element mit der höheren EN beansprucht.

Kaliumpermanganat $\overset{+1}{K}\overset{+7}{Mn}\overset{-2}{O_4}$

Sauerstoff besitzt in dieser Verbindung die größte EN.
Kalium hat ein Elektron an Sauerstoff abgegeben. Vom Mangan wurden Elektronen etwas zum Sauerstoff hin verlagert.

*) IUPAC: International Union of Pure and Applied Chemistry

In Molekülen ist die *Summe* der Oxidationszahlen Null, in Komplexionen entspricht sie der Ladung eines Komplexions.

Beispiel:

Molekül $\overset{+1}{H_2}\overset{+6}{S}\overset{-2}{O_4}$ oder $H_2^{I}\,S^{VI}\,O^{-II}_4$

Summe $2(+1) + (6) + 4(-2) = 0$

Beispiele in tabellarischer Übersicht

	Element	Anzahl der abgegebenen Elektronen je Atom	insgesamt	Element	Anzahl der aufgenommenen Elektronen je Atom	insgesamt
$\overset{+4}{C}\overset{-2}{O_2}$	C	4	4	O	2	4
$\overset{+1}{H_2}\overset{-2}{O}$	H	1	2	O	2	2
$\overset{+3}{Al_2}\overset{-2}{O_3}$	Al	3	6	O	2	6
$\overset{+1}{H}\overset{+5}{Cl}\overset{-2}{O_3}$	H Cl	1 5	1 5	O	2	6
$\overset{+1}{H}\overset{+7}{Cl}\overset{-2}{O_4}$	H Cl	1 7	1 7	O	2	8
$\overset{+1}{Cu_3}\overset{+3}{Fe}\overset{-2}{S_3}$	Cu Fe	1 3	3 3	S	2	6

Wichtige Regeln für Oxidationszahlen

1. Einzelne Atome oder Moleküle aus demselben Element haben die Oxidationszahl Null.

Beispiele:

		Oxidationszahl
Einzelatome	Na, Mg, C	0
Moleküle	O_2, Cl_2, H_2	0

$2\,\overset{0}{Mg} + \overset{0}{O_2} \longrightarrow 2\,\overset{+2}{Mg}\overset{-2}{O}$

$2(0) + (0) \longrightarrow 2(+2) + 2(-2)$

2. **Metalle** besitzen in Verbindungen positive Oxidationszahlen.

3. Die Elemente der 1., 2. und 3. **Hauptgruppe** (Ausnahme Bor) haben in Verbindungen die Oxidationszahl, die der Hauptgruppenzahl entspricht.

Beispiel:

Aluminium, Al, steht in der 3. Hauptgruppe und hat in Verbindungen die Oxidationszahl +3 ($\overset{+3}{Al_2}\overset{-2}{O_3}$).

4. **Wasserstoff** hat in Verbindungen normalerweise die Oxidationszahl + 1.

Ausnahmen: $\overset{+1}{Li}\overset{-1}{H}$. Fast alle Metallhydride, z.B. Lithiumhydrid (H hat die höhere EN)

5. **Sauerstoff** besitzt im Normalfall die Oxidationszahl – 2.

Ausnahme: $\overset{+1}{H_2}\overset{-1}{O_2}$ Wasserstoffperoxid

6. Die Elemente der 7. **Hauptgruppe** haben meistens (Fluor immer) die Oxidationszahl – 1.

Beispiele:

$\overset{+1}{Ag}\overset{-1}{Br}$, Silberbromid

$\overset{+2}{Mg}\overset{-1}{Cl_2}$ Magnesiumchlorid

7. a) Die jeweils **größtmögliche** positive Oxidationszahl eines Elements ist bei Hauptgruppenelementen gleich der Gruppennummmer (außer Fluor und Sauerstoff).

Beispiel:

Chlor steht in der 7. Hauptgruppe. Im Sinne der Oxidationszahlen kann Chlor maximal die sieben Elektronen der letzten Schale abgeben.

b) Die jeweils **größte** negative Oxidationszahl ergibt sich, wenn von der Gruppennummer die Zahl acht abgezogen wird.

Beispiele:

	maximale positive Oxidationszahl	– 8	maximale negative Oxidationszahl
Chlor	+ 7	– 8	– 1
Kohlenstoff	+ 4	– 8	– 4

> Die besondere Bedeutung der Oxidationszahlen liegt darin, Redoxvorgänge besser zu verstehen.
> Innerhalb einer Reaktion bedeuten die *Änderung* der Oxidationszahl:
> Erhöhung ⟶ Oxidation
> Erniedrigung ⟶ Reduktion

Beispiele:

$$2\,\overset{0}{Mg} + \overset{0}{O_2} \longrightarrow 2\,\overset{+2}{Mg}\overset{-2}{O}$$

Bei Mg wird die Oxidationszahl von Null auf + 2 erhöht (Oxidation), beim Sauerstoff von Null auf – 2 herabgesetzt (Reduktion).

$$2\,\overset{+2}{Fe}\overset{-1}{Cl_2} + \overset{0}{Cl_2} \longrightarrow 2\,\overset{+3}{Fe}\overset{-1}{Cl_3}$$

Eisen wird oxidiert, Chlor wird reduziert.

$$2\,\overset{0}{H_2} + \overset{0}{O_2} \longrightarrow 2\,\overset{+1}{H_2}\overset{-2}{O}$$

Wasserstoff wird oxidiert, Sauerstoff wird reduziert.

$$2\,\overset{+1}{K}\overset{-1}{J} + \overset{+4}{Mn}\overset{-2}{O_2} + 3\,\overset{+1}{H_2}\overset{+6}{S}\overset{-2}{O_4} \longrightarrow \overset{0}{J_2} + \overset{+2}{Mn}\overset{+6}{S}\overset{-2}{O_4} + 2\,\overset{+1}{K}\overset{+1}{H}\overset{+6}{S}\overset{-2}{O_4} + 2\,\overset{+1}{H_2}\overset{-2}{O}$$

Wenn in einer Redoxgleichung bei einzelnen Elementen die Oxidationszahl *unverändert* bleibt, kann sie auch weggelassen werden.

Beispiel:

$$\overset{0}{Cu} + 2\,\overset{+3}{Fe}Cl_3 \longrightarrow \overset{+2}{Cu}Cl_2 + 2\,\overset{+2}{Fe}Cl_2$$

Kupfer wird oxidiert und Eisen wird reduziert.

Trotz der großen Nützlichkeit der Oxidationszahlen muß aber bedacht werden, daß sie nach *konstruierten* Spielregeln funktionieren.

Besonders bei sehr niedrigen (z. B. $\overset{-4}{C}$) und sehr hohen Werten (z. B. $\overset{+7}{Cl}$) können die Oxidationszahlen die wirklichen Ladungsunterschiede nicht einmal annähernd wiedergeben.

Beispiele für Oxidationszahlen aus dem Bereich der Roheisen- und Stahlgewinnung:

a) *Vorgänge im Hochofen*
(indirekte Reduktion)

$$3\,\overset{+3}{Fe}_2\overset{-2}{O}_3 + \overset{+2}{C}\overset{-2}{O} \longrightarrow 2\,\overset{2(+3)}{\overset{1(+2)}{Fe}}{}_3\overset{-2}{O}_4 + \overset{+4}{C}\overset{-2}{O}_2$$

$$\overset{2(+3)}{\overset{1(+2)}{Fe}}{}_3\overset{-2}{O}_4 + \overset{+2}{C}\overset{-2}{O} \longrightarrow 3\,\overset{+2}{Fe}\overset{-2}{O} + \overset{+4}{C}\overset{-2}{O}_2$$

$$\overset{+2}{Fe}\overset{-2}{O} + \overset{+2}{C}\overset{-2}{O} \longrightarrow \overset{0}{Fe} + \overset{+4}{C}\overset{-2}{O}_2$$

Eisen wird mit jeder Stufe weiter reduziert

b) *Vorgänge beim Frischen*
(Stahlgewinnung)

$$2\,\overset{+2}{Fe}\overset{-2}{O} + \overset{0}{Si} \longrightarrow 2\,\overset{0}{Fe} + \overset{+4}{Si}\overset{-2}{O}_2$$

$$\overset{+2}{Fe}\overset{-2}{O} + \overset{0}{Mn} \longrightarrow \overset{0}{Fe} + \overset{+2}{Mn}\overset{-2}{O}$$

$$2\,\overset{+2}{Fe}\overset{-2}{O} + \overset{0}{S} \longrightarrow 2\,\overset{0}{Fe} + \overset{+4}{S}\overset{-2}{O}_2$$

$$5\,\overset{+2}{Fe}\overset{-2}{O} + 2\,\overset{0}{P} \longrightarrow 5\,\overset{0}{Fe} + \overset{+5}{P}_2\overset{-2}{O}_5$$

8.4 Redoxvorgänge in der Technik

Metalle können bei Raumtemperatur *direkt* mit Sauerstoff Verbindungen eingehen (Fall von chemischer Korrosion).

Neben der chemischen Korrosion gibt es auch die *elektrochemische Korrosion*. Sie wird im Abschnitt „Elektrochemische Vorgänge" beschrieben.

8.4.1 Oxidation von Eisen

Rostvorgang ohne Erhitzung

Eisen rostet ohne Erhitzung an feuchter Luft.

Es bildet sich ein Oxid mit der Formel

$Fe_2O_3 \cdot n\, H_2O$.

Der *Punkt* gibt an, daß in das Oxid-Gitter komplette H_2O-Moleküle (Dipole) ohne Veränderung ihrer Struktur eingebaut werden. Die Zahl der Wassermoleküle kann dabei sehr unterschiedlich sein (mit „n" angedeutet).

Damit lassen sich auch die unterschiedlichen *Farben* der Rostflecken erklären.

Dieses Oxid ist meistens gemeint, wenn von Rost gesprochen wird.

Es ist *porös und blätterig*.
Mit der Eisenoberfläche verbindet es sich nur schwach. Infolge des größeren Volumens treten Risse auf.

Der Rostvorgang kann sich infolge Sauerstoffzutritts immer weiter in das Stahlteil ausbreiten, wenn nur genügend Sauerstoff und Wasser zur Verfügung stehen.

Bei *blankem* Stahl erfolgt in der Industrieatmosphäre Deutschlands eine Korrosion von etwa 0,1 mm je Jahr.

Ein *Blech* von 1 mm Dicke könnte nach fünf Jahren vollständig zerfressen sein.

Die *Geschwindigkeit* der Korrosion hängt sehr stark von der Atmosphäre ab.

Ein gleiches Blech wäre an der Küste Nigerias schon nach zehn Monaten durchgerostet, weil dort die Korrosionsgeschwindigkeit 0,6 mm je Jahr beträgt.

Die Reaktionsgeschwindigkeit beim Rosten wird auch erhöht, wenn die *Eisenoberfläche* unter *Spannung* steht.

Die Eisenatome dieser Schichten besitzen dann eine *größere* chemische Energie. Sie gehen deshalb leichter Bindungen ein.

Korrosionsgeschwindigkeit verschiedener Metalle und Legierungen in der Industrieatmosphäre

Werkstoff	Korrosionsgeschwindigkeit Mikrometer (μm) je Jahr
Baustahl	100
Zink	15
Nickel	10
Kupfer	5
Blei	5
Aluminium	5
Chrom-Nickel-Stahl 18–8	2
Chrom-Nickel-Molybdän-Stahl 18–8–2	0,1

Rostvorgang beim Erhitzen

Beim Erhitzen von Eisen (Stahl) bildet sich *ohne* Einbau von Wassermolekülen das Oxid Fe_3O_4 (schwarzes Eisenoxid).

Im Gegensatz zum eigentlichen Rost ($Fe_2O_3 \cdot n\,H_2O$) ist das schwarze Eisenoxid *relativ fest* mit der Eisenoberfläche verbunden und kann unter Umständen weitere Oxidation verhindern, solange kein Wasser einwirkt.

Im heißen Zustand verarbeitete Stahlteile (z. B. Walzteile) haben ganz oder teilweise schwarze Oxidschichten.

8.4.2 Oxidation von Nichteisenmetallen

Metalloxide der Elemente der 1. und 2. Hauptgruppe (z. B. Na, Ca)

Die Elemente bilden blättrige und in Wasser lösliche Oxide.

Oxide der anderen Nichteisenmetalle

Oft entstehen wasserunlösliche und fest auf der Metalloberfläche haftende Oxide, die das Metall *gegen weitere* Oxidation schützen.

Bei Metallen, die ihren Metallglanz in der Luftatmosphäre erhalten (z. B. Chrom, Aluminium), sind die Oxidschichten *festhaftend, dünn und durchsichtig.*

8.4.3 Ursachen für unterschiedliche Oxidschichten

Die Metalloxide bilden Kristallstrukturen mit spezifischen Volumina. Sind die *Strukturen* und *Volumina* erheblich anders als die der Metalle, finden in der Oxidschicht Schrumpf- oder Ausdehnungsvorgänge statt, die zu Rissen und Verschiebungen führen.

Wasserunlösliche Oxidschichten, die mit ihren Strukturen und Volumina einigermaßen zum Metall passen, können fest auf dem Metall haften.

Bewegungsgeschwindigkeit kleinster Teilchen

Chemische Prozesse, wie zum Beispiel Redoxvorgänge, können nur ablaufen, wenn unter anderem die Teilchen *nahe genug* zusammenkommen. Das wird durch die Bewegung der Teilchen bewirkt.

Es kommt dabei zu *sehr vielen* Zusammenstößen. Diese Erkenntnis ist zu berücksichtigen, wenn man verstehen will, wie zum Beispiel das Gas O_2 auf Metalle einwirkt.

Unter *Normaldruck* und bei *Raumtemperatur* von 25 °C gibt es in Gasen etwa 10^{10} (10 Milliarden) *Zusammenstöße* je Molekül und Sekunde.

Bei diesen Bedingungen führt ein Gasmolekül zwischen zwei Zusammenstößen noch etwa zehn *Rotationen* durch.

Während einer Rotation kommt es außerdem zu etwa 100 *Schwingungen* innerhalb der Bindung. Das sind 1000 Schwingungen im Molekül zwischen zwei Zusammenstößen von Molekülen.

Auch die festen Metallstrukturen verhalten sich keineswegs ruhig.

Bei Raumtemperatur führen die Metallatome im Gitter schnelle Schwingungen mit Geschwindigkeiten um *1000 km/h* durch.

Die wirklichen Zahlenwerte sind unserem Vorstellungsvermögen nur schwer zugänglich. So wird aber verständlicher, daß die Redoxvorgänge heute *noch nicht vollständig* erklärbar sind.

Selbst solche Redoxvorgänge, die in Gleichungen recht einfach erscheinen, erweisen sich oft als außerordentlich kompliziert, weil sie *über mehrere,* meistens noch unbekannte Zwischenstufen ablaufen.

Beispiel:

$4\,P + 5\,O_2 \longrightarrow 2\,P_2O_5$

Bei der hohen Zahl der Zusammenstöße der O_2-Moleküle mit anderen Stoffen und der großen EN der Sauerstoffatome könnte man erheblich häufigere und schnellere Reaktionen vermuten.

Der Grund für die relativ langsamen Reaktionen liegt beim O_2-Molekül.

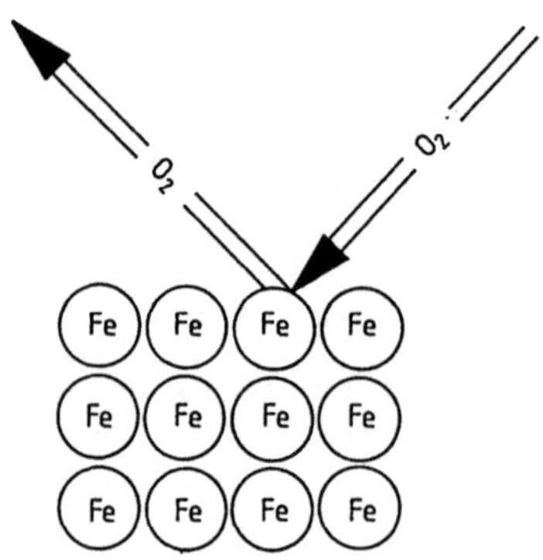

Zwei *gemeinsame* Elektronenpaare halten es ziemlich fest zusammen.

Diese Bindung muß erst aufgebrochen werden, wenn die einzelnen Sauerstoffatome voll wirken sollen.

($O_2 \longrightarrow 2\,O + 498{,}67$ KJ)

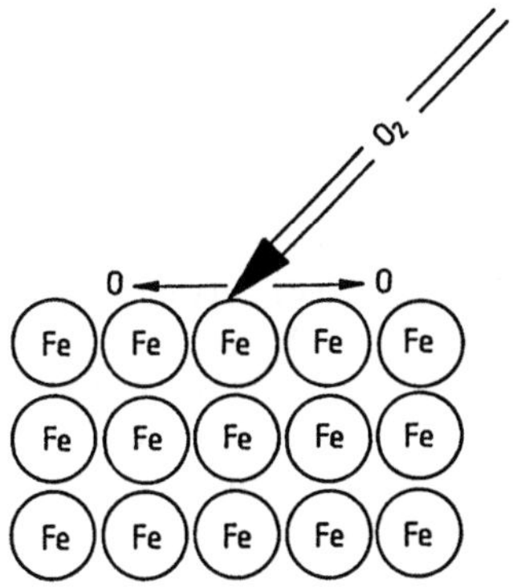

8.4.4 Chemische Oxidation von Aluminium

Aluminium bildet an der Luft eine *dünne, durchscheinende* Oxidschicht, die sich bei Beschädigungen selbst erneuert. Ausreichenden Schutz gegen Witterungseinflüsse gewährt diese Schicht aber nicht.

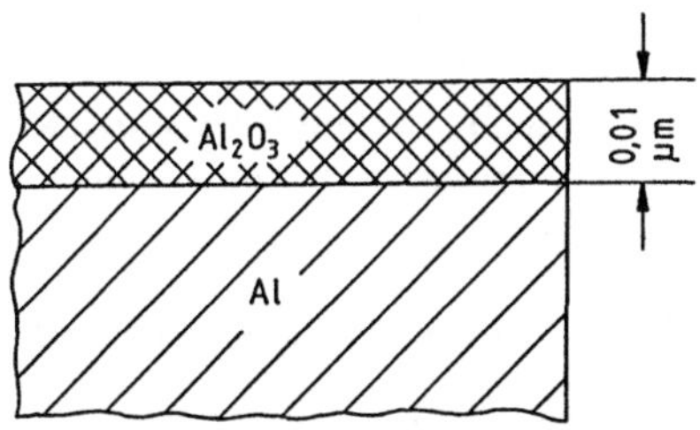

Bei der *chemischen* Oxidation wird die natürliche Oxidschicht *verstärkt* und eventuell durch Einlagerung von Fremdstoffen (*Chromatierung und Phosphatierung*) korrosionsbeständiger gemacht (Schichtdicken von 2 ... 5 µm).

Die Aluminiumteile werden in heiße Salzlösungen (z. B. Natriumchromat) getaucht.

Auch Werkstücke aus Magnesium oder Magnesiumlegierungen lassen sich ähnlich behandeln.

Die Schichten können porös sein. Sie werden dann oft als Haftgrund für Farbanstriche verwendet.

Die *anodische* Oxidation von Aluminium (*Eloxalverfahren*) wird im Kapitel „Elektrochemische Vorgänge" erläutert.

8.5 Luft

8.5.1 Eigenschaften und Zusammensetzung der Luft

Unsere Erde wird von einer *Lufthülle* umgeben.
Die Luft ist als *Stoff* ein farbloses, geruchloses und unsichtbares Gas.

Luft nimmt einen *Raum* ein.

Luft besitzt *Masse* und übt Gewichtskraft aus.

Die Gesamtmenge der atmosphärischen Luft soll etwa $5 \cdot 10^{15}$ t betragen.

Wind und Sturm weisen unter anderem auf den Stoffcharakter der Luft hin.

Nach Avogadro nimmt unter Normalbedingungen ein Mol aller Gase einen Raum von 22,4 Litern ein (molares Normvolumen).

Bei normalem Luftdruck (10,13 N/cm² = 1,013 bar) und 0 °C besitzt ein Kubikmeter Luft die Masse von 1,29 kg und die Gewichtskraft von 12,6 N.

Die Luft ist ein *Gemisch* aus mehreren Stoffen:

Neben den *Hauptbestandteilen* Stickstoff und Sauerstoff befinden sich in ihr kleine Mengen Argon und Kohlendioxid sowie Wasser (je nach Luftfeuchtigkeit bis max. 4 %) und Spuren anderer Stoffe, wie Neon, Helium, Krypton, Xenon, Wasserstoff, Formaldehyd, Stickstoffoxide, Kohlenmonoxid, Ozon, Wasserstoffperoxid, Methan, Ammoniak, Schwefeldioxid und viele andere, die zum Teil die Gesundheit, Gewässer, Böden und Pflanzen belasten.

Zusammensetzung der trockenen Luft

Komponente		Vol.-%	Massen-%
Stickstoff	N_2	78,09	75,51
Sauerstoff	O_2	20,95	23,15
Argon	Ar	0,93	1,28
Kohlendioxid	CO_2	0,03	0,046

Auch *Stäube* können zu einer erheblichen Belastung der Umwelt führen.

Sie werden im wesentlichen durch Kraftfahrzeuge, Heizungsanlagen und Industriefeuerungen erzeugt.

Feinstäube können z. B. die Schleimhäute reizen, Atemwege schädigen oder als ungefährliche Stoffe Umweltgifte transportieren.

Besonders Staubkomponenten aus Schwermetallen (z. B. Blei) und Schwermetallverbindungen können gefährlich sein.

8.5.2 Wichtige Bestandteile der Luft

Stickstoff (N_2)

Chemisch verhält sich Stickstoff (N_2; N≡N) *sehr träge* (drei gemeinsame Elektronenpaare). Er ist für alle Lebensvorgänge von großer Bedeutung (Proteine und Nucleinsäure).

Sauerstoff (O_2)

Für das Leben der Menschen und Tiere ist Sauerstoff von größter Bedeutung. Er kommt über die Lunge in das Blut und wird von den roten Blutkörperchen den Zellen des Körpers zugeführt.

Dort verbrennt er zum Beispiel den Traubenzucker (Körperwärme, Muskelarbeit, Gehirntätigkeit usw.). Ein Teil des aufgenommenen Sauerstoffs trägt im Körper zur Bildung von Wasser bei, ein anderer zur Bildung von Kohlendioxid.

Der Sauerstoff der uns umgebenden Atmosphäre befindet sich in einem riesigen *Kreislaufprozeß*, der für ein Molekül ca. 3000 Jahre dauert. Durch diesen Prozeß stehen uns jährlich etwa 10^{12} Tonnen Sauerstoff zur Verfügung. Unter Berücksichtigung des derzeitigen Standes der technischen Entwicklung reicht der Sauerstoff für die Versorgung von etwa 10 Milliarden Menschen.

Technische Prozesse verbrauchen in zunehmendem Maße Sauerstoff.

Pflanzen setzen Sauerstoff frei.

Beispiele:

In der *Autogen-Schweiß-* und *Autogen-Brennschneidtechnik* wird immer mehr Sauerstoff benötigt (z. Z. jährlich mehrere Millionen Kubikmeter).

Durch die Einführung des *Sauerstoffaufblasverfahrens* in der Stahlgewinnung nahm der Sauerstoffverbrauch stark zu. Heute werden schon fast 80 % der Stahlproduktion nach diesem Verfahren erstellt. Außerdem steigt der Einsatz von reinem Sauerstoff bei anderen Stahlgewinnungsverfahren und der Erzverhüttung.

Geht in einem geschlossenen Raum durch *Heizgeräte* oder *Verbrennungsmaschinen* der Sauerstoff-Gehalt der Luft auf etwa 15 % zurück, so besteht Erstickungsgefahr.

Aus Berichten der Berufsgenossenschaften geht hervor, daß eine *Erhöhung* des Sauerstoff-Gehalts in der Luft auf 25 % und höher zu einer großen Brandgefahr führt. Auch schwer brennbare Stoffe können sich dann entzünden und sehr schnell bis explosionsartig verbrennen.

Argon (Ar)

Das Edelgas Argon wird durch Destillation flüssiger Luft gewonnen und unter anderem zur *Füllung* von Lampen und als *Schutzgas* beim Elektroschweißen verwendet.

Kohlendioxid (CO_2) (→ Abschnitt 9.1.7.3)

Kohlendioxid-Gas ist 1,5mal so schwer wie Luft. Deshalb sammelt es sich manchmal in Höhlen, Brunnen, Schächten, Gärkellern usw. an.
Die ausgeatmete Luft enthält 4 ... 5 % Kohlendioxid.

Obwohl in der Luft sehr verdünnt, ist das Kohlendioxid die stoffliche Grundlage für die Kohlenstoffverbindungen der Pflanzen, die es für die *Photosynthese-Reaktion* benötigen.

Mit Wasser verbindet sich Kohlendioxid zu *Kohlensäure* ($CO_2 + H_2O \longrightarrow H_2CO_3$). Sie bewirkt zum Beispiel im Sprudel und Bier einen angenehmen Geschmack.

Ein Kohlendioxid-Gehalt der Luft ab etwa 7 % führt in geschlossenen Räumen bei Menschen zu Schwindelgefühlen, Bewußtlosigkeit und eventuell zum Tode.

Von Bedeutung ist der Kohlendioxidgehalt der Luft im Bauwesen beim *Erhärten von Kalkmörtel* (→ Abschnitt 9.5.4).

$$Ca(OH)_2 + CO_2 \longrightarrow CaCO_3 + H_2O$$

$Ca(OH)_2$ ↑	CO_2 ↑	$CaCO_3$ ↑	H_2O ↑
in Vermischung mit Sand und Wasser entsteht Kalkmörtel	kommt aus der Luft	erhärteter Kalkmörtel	Verdunstungswasser

8.5.3 Spurenstoffe in der Luft

Aus Naturvorgängen oder von Menschen verursacht treten Stoffe in die Luft über, die chemisch teils unschädlich, teils schädlich sind.

Die Schädlichkeit für Pflanzen, Tiere und Menschen ist vornehmlich von der Stoffart und den auftretenden Mengen (Konzentration) abhängig. („*Die Dosis macht das Gift*")

Die 0,03 % *Kohlendioxid* in der Luft sind unschädlich und für das Leben der Pflanzen eine notwendige Voraussetzung (→ Abschnitt 9.1.7.3).

0,64 mg/m³ *Schwefeldioxid* stellen prozentual nur einen Anteil von 0,000 00022 Volumenprozent in der Luft dar.

Trotzdem ist es die Menge, die kurz vor der Auslösung der *Smog-Alarmstufe 1* liegt.

Die *Gefährlichkeit* von Kohlenmonoxid beruht darauf, daß dessen Moleküle die roten Blutkörperchen belegen und damit eine geregelte Sauerstoffversorgung des Körpers unmöglich machen.

Natürliche Ursachen:

Vulkane, Quellen, Erdspalten, Sumpf- und Bodenausdünstungen.

Sie setzen u.a. Schwefeldioxid (SO_2), Methan (CH_4), Stickoxide (NO_x) und Helium (He) frei.

Von Menschen verursacht:

Industrie:

z.B. Schwefeldioxid, Kohlendioxid (CO_2), Metalloxide, Schwermetalle.

Straßenverkehr:

z.B. Kohlenmonoxid (CO), Stickoxide (NO, NO_2), Bleioxide, Kohlenwasserstoffe (→ Kap. 10).

8.5.3.1 Chemische Reaktionen in der Atmosphäre

In der Atmosphäre laufen ständig chemische Reaktionen zwischen den Stoffen ab. Die Forschung beschäftigt sich zunehmend mit diesen sehr komplizierten Vorgängen.

Atmosphäre: Lufthülle der Erde

Unter anderem wirken *Luftsauerstoff* (O_2), Ozon (O_3) und *energiereiche Strahlung* (z. B. ultraviolette Strahlen aus der Sonne) auf die Stoffe ein, indem sie Reaktionen ermöglichen.

Beispiele:

$SO_2 + O_3 \longrightarrow SO_3 + O_2$

$NO_2 + O_2 \longrightarrow O_3 + NO$

Wasserlösliche Stoffe werden durch Niederschläge ausgewaschen.

Schwefeldioxid kann mit Wasser *schweflige Säure* bilden.

$SO_2 + H_2O \longrightarrow H_2SO_3$

Im Wasser gelöst werden Nichtmetalloxide zu Säuren (→ Abschnitt 9.6).

Schwefeltrioxid bindet sich begierig an Wasser und bildet die stark saure *Schwefelsäure* (saurer Regen)

$SO_3 + H_2O \longrightarrow H_2SO_4$

Metalloxide in der Luft sind nur schwache Basenbildner (→ Abschnitt 9.1.8). Durch Staubfilter werden sie erheblich stärker zurückgehalten als Nichtmetalloxide, die überwiegend Gase sind (Ausnahme z. B. Phosphorpentoxid P_2O_5).

Im Boden entsteht durch Reaktionen zwischen Schwefelsäure (H_2SO_4) und Kalkstein ($CaCO_3$) Gips ($CaSO_4$).

Starke Säuren, wie Schwefelsäure, benötigen zu ihrer Neutralisation (→ Kap. 9) mehr Kalkstein und andere basische Stoffe als schwache Säuren.

Dadurch wird *das vorhandene Puffersystem* (Ausgleichsystem) gestört, und es werden lösliche Salze gebildet, die leicht auswaschbar sind (→ Kap. 9).

Die zusätzliche Belastung des Bodens durch Säure führt zu *niedrigeren pH-Werten* (→ Kap. 9) der Bodenlösung.

Pilze können sich nicht immer an die neuen Werte anpassen. Sie gehen ein.

Die natürlichen Lebensbedingungen für die Pflanzen und Bakterien verschlechtern sich.

Kristallklare Seen in Schweden und Norwegen sind bereits mit einem pH-Wert unter 3 ohne Leben.

8.5.3.2 Persistente Stoffe in der Atmosphäre

Manche Stoffe sind gegen Abbau und Umwandlungen sehr beständig.

persistent: hartnäckig, dauerbeständig

Erst *nach langem Verweilen in der Atmosphäre* wird ihre Menge durch chemische Reaktionen oder langsamen Aufstieg in höhere Luftschichten geringer.

Beispiel:

Chlorkohlenwasserstoffe aus Spray- und Treibgasen (Kunststoffherstellung) verhalten sich persistent.

Die Reaktion dieser Stoffe mit Ozon (O_3) kann in höheren Schichten die *Ozonkonzentration vermindern.* Dadurch dringt ein höherer Anteil Ultra-Violett-Strahlung des Sonnenlichtes bis zur Erdoberfläche und führt u. a. zu erhöhter *Hautkrebsbildung.*

Durch überhöhte Anteile von Stickoxiden bildet sich *in erdnahen Luftschichten* verstärkt Ozon, das in solchen Konzentrationen mitverantwortlich für das *Waldsterben* sein soll.
($NO_2 + O_2 \longrightarrow NO + O_3$).

8.6 Versuche

1. [V] Ein Stück Magnesiumband mit einer Pinzette oder Zange halten und in einer Flamme entzünden. Vorsicht! Die Flamme leuchtet grell.
   [VE] Es entsteht Magnesiumoxid (MgO) (weiße Asche).
2. [V] Kupferblech (z. B. 40 × 50 mm) senkrecht in die Flamme eines Bunsenbrenners halten.
   [VE] Während des Versuches laufen deutlich sichtbar Oxidations- und Reduktionsvorgänge ab (Verbindung mit und Entzug von Sauerstoff).
3. [V] Dünnes Kupferblech mehrmals zusammenfalten und dann in einer Brennerflamme durchglühen. Nach dem Erkalten wieder auffalten.
   [VE] Im Innern des gefalteten Bleches gibt es noch Stellen, auf die Sauerstoff nicht einwirken konnte.
4. [V] Aluminiumblech (z. B. 30 × 30 mm) senkrecht in die Brennerflamme halten. Die Schmelze wird von einer dünnen Haut gehalten.
   [VE] Die Haut aus Aluminiumoxid (Al_2O_3) ist sehr fest und temperaturbeständig.
5. [V] Mischung aus 15 g Eisenoxidpulver (Fe_2O_3) und 5 g Aluminiumpulver (Al) in einem Tiegel oder auf einem Ziegelstein unter dem Abzug mit Magnesiumband entzünden.
   [VE] Aluminium verbindet sich begieriger mit Sauerstoff als Eisen (siehe elektrochemische Spannungsreihe).
   $Fe_2O_3 + 2\,Al \longrightarrow Al_2O_3 + 2\,Fe$
   Prinzip des Thermitschweißens
6. [V] Eisendraht in Kupfersulfatlösung eintauchen.
   [VE] An der Eisenoberfläche wird sofort rötliches Kupfer sichtbar.

8.7 Aufgaben

1. Welche Elemente sind in den folgenden Verbindungen die oxidierten: a) $AgCl$, b) H_2O?
2. Beschreiben Sie die EN der Oxidations- und der Reduktionsmittel.
3. Nach welchen Gesichtspunkten sind in der elektrochemischen Spannungsreihe die Metalle geordnet?
4. Weshalb kommt es beim Versuch 2 zu Oxidations- *und* Reduktionsvorgängen?
5. Welche Bedeutung haben die Oxidationszahlen?
6. Weshalb können Stäube in der Luft zu Umweltbelastungen führen?
7. Weshalb ist eine Erhöhung des Sauerstoffanteils der Luft auf 25 % und mehr gefährlich?
8. Welche Bedeutung haben die Spurenstoffe in der Luft?
9. Wie ist die Entstehung des „sauren Regens“ zu erklären?
10. Was versteht man unter persistenten Stoffen?

9 Säuren, Basen, Salze, pH-Werte, Elektrochemie

9.1 Säuren und Basen

9.1.1 Definition nach Arrhenius

Nach der Arrhenius-Definition sind Säuren, Basen und auch Salze Stoffgruppen.

Svante Arrhenius, 1859–1927
Säure-Basen-Theorie 1883
Nobelpreis 1903

Säuren sind Wasserstoffverbindungen, die in wäßriger Lösung H^+-Ionen abgeben.

Beispiel:

$HCl \rightleftharpoons H^+ + Cl^-$

Basen sind Hydroxidverbindungen, die beim Auflösen in Wasser OH^-Ionen abgeben.

Beispiel:

$NaOH \rightleftharpoons Na^+ + OH^-$ ↓ Hydroxidgruppe

Mit diesen Vorstellungen können zahlreiche Reaktionen in wäßrigen Lösungen anschaulich erläutert werden.

Es ergeben sich jedoch auch *erhebliche Mängel.* Der Hauptmangel besteht in der Beschränkung auf das Lösungsmittel Wasser.

Nicht erfaßt werden zum Beispiel Reaktionen in flüssigem Ammoniak oder in verschiedenen Alkoholen.

9.1.2 Definition nach Brönsted

Die Begriffe, die auf Brönsted zurückgehen, haben eine wesentlich *umfassendere Bedeutung,* da sie nicht bestimmte Stoffe, sondern Funktionen von Stoffen beschreiben.

Nach Brönsted sind *Säuren* solche Moleküle oder Ionen, die Protonen abgeben können (*Protonenspender, Protonendonatoren*).

Basen sind Moleküle oder Ionen, die Protonen aufnehmen können (*Protonenfänger, Protonenakzeptoren*).

Protonenübergangsreaktionen nennt man *Protolysen.*

Während nach Arrhenius HCl-Gas eine Säure ist, weil es in einer wäßrigen Lösung in H^+- und Cl^--Ionen dissoziiert, ist nach Brönsted HCl-Gas eine Säure, weil es in der Lage ist, H^+-Ionen (Protonen) abzugeben.

Beispiele:

$HCl + H_2O \rightleftharpoons H_3O^+ + Cl^-$

Das Proton ist immer ein Wasserstoffkern. Es kann nicht allein für sich existieren. Deshalb lagert es sich an ein H_2O-Molekül an (exotherm).

$HCl + C_2H_5OH \rightleftharpoons C_2H_5OH_2^+ + Cl^-$

$HCl + NH_3 \rightleftharpoons NH_4^+ + Cl^-$

Vorgang der Protolyse

Wenn in einer wäßrigen Lösung ein Säure- und ein Wassermolekül in einer geeigneten Anordnung zusammentreffen, bildet sich zunächst eine *Wasserstoffbrücke* (Dipolwirkung). Dann löst sich das Proton (H^+-Ion) vom Säuremolekül ab, und lagert sich ans Wassermolekül an (polarere Verbindung besitzt geringeren Energieinhalt).

Aus dem H_2O-Molekül wird ein H_3O^+-Ion, das auch „*Hydronium*"-Ion genannt wird.

Das Hydronium-Ion ist der typische Bestandteil der Lösung für die *Säurewirkung*.

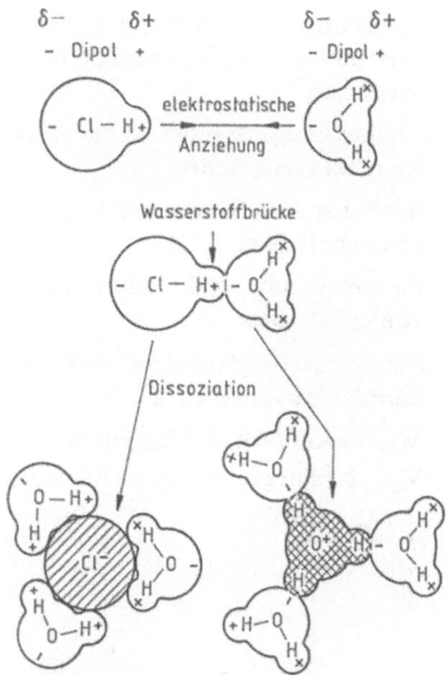

Dissoziationsvorgang schematisch

Eine Protolyse findet nur statt, wenn neben der Säure eine Base vorhanden ist.

Aus der Hinreaktion können Teilchen entstehen, die für die Rückreaktion wiederum Säure beziehungsweise Base sind.

Der Protonengeber der Hinreaktion wird zum Protonennehmer der Rückreaktion und umgekehrt.

Beispiel:

Hinreaktion:

$HCl + H_2O \longrightarrow H_3O^+ + Cl^-$

(Säure) (Base)

Rückreaktion:

$HCl + H_2O \longleftarrow H_3O^+ + Cl^-$

(konjugierte Säure) (konjugierte Base)

9.1.3 Säure-Base-Paar

Wenn Stoffe als Säuren wirken (Funktion: Protonenabgabe), so können die verbleibenden Teile anschließend die Funktion einer Protonenaufnahme durchführen.

Sie sind dann Basen.

Diese bestimmten Säuren zugeordneten Basen nennt man „konjugierte" Basen.

Ebenso gehören zu bestimmten Basen die „konjugierten" Säuren.

Säuren können Protonen abgeben	Konjugierte Basen können wieder Protonen aufnehmen
HCl	Cl^-
HNO_3	NO_3^-
H_2SO_4	HSO_4^-
HSO_4^-	SO_4^{2-}
NH_4^+	NH_3
H_3O^+	H_2O
H_2O	OH^-
OH^-	O^{2-}

9.1.4 **Säurestärke** (Basenstärke)

Je leichter eine Säure ein Proton abgibt, um so schwerer nimmt die konjugierte Base das Proton wieder auf.

Leichte Abgabe eines Protons bedeutet starke Säure und umgekehrt.

Je stärker eine Säure ist, um so schwächer ist die konjugierte Base.

Zu einer schwachen Säure gehört eine starke konjugierte Base.

Die Stärke der Protolyse wird mit dem *Dissoziationsgrad* (α) angegeben

N_G : Gesamtzahl der Säuremoleküle

N_D : Zahl der dissoziierten Säuremoleküle

$$\alpha = \frac{N_D \cdot 100}{N_G}$$

Beispiele:

HCl gibt sehr leicht ein Proton ab. Die konjugierte Base Cl^- nimmt deshalb nur sehr schwer ein Proton wieder auf.

NH_4^+ kann nur schwer ein Proton spenden.

NH_3 ist deshalb eine relativ starke konjugierte Base.

Dissoziationsgrade einiger Säuren

Säurestärke	Dissoziationsgrad %	Beispiel
sehr stark	70 ... 100	Salzsäure, Salpetersäure
stark	20 ... 70	Schwefelsäure
mittel schwach sehr schwach	1 ... 20 0,1 ... 1 < 0,1	Phosphorsäure, Kohlensäure, Schwefelwasserstoffsäure

9.1.5 Ampholyte

Ampholyte sind Stoffe, die sowohl *Säure wie auch Base* sein können.

Beispiel:

Wasser (H_2O)

H_2O	+	H_2O	$\rightleftarrows$	H_3O^+	+	OH^-
Base		**Säure**		**Säure**		**Base**

Wasser als Base

Gleichung	H_2O	+	HCl	$\rightleftarrows$	H_3O^+	+	Cl^-
Verhalten: Protonen-	(bei HCl) -nehmer		(für H_2O) -spender		-spender		-nehmer
Funktion	Base	+	Säure	$\rightleftarrows$	Säure	+	Base

Wasser als Säure

Gleichung	NH_3	+	H_2O	$\rightleftarrows$	NH_4^+	+	OH^-
Verhalten: Protonen-	(bei H_2) -nehmer		(für NH_3) -spender		-spender		-nehmer
Funktion	Base	+	Säure	$\rightleftarrows$	Säure	+	Base

9.1.6 **Bildung von Säuren** (wichtige Möglichkeiten)

- Nichtmetalloxide können mit Wasser reagieren und dabei Säuren bilden (Nichtmetalloxide heißen deshalb auch Säureanhydride, „Säure ohne Wasser").

Beispiel:

$SO_2 + H_2O \longrightarrow H_2SO_3$ schweflige Säure

$CO_2 + H_2O \longrightarrow H_2CO_3$ Kohlensäure

Nichtmetalloxide, wie Schwefeldioxid, befinden sich in den Gasen der Vulkane und Abgasen der Verbrennung fossiler, schwefelhaltiger Brennstoffe.

Auswirkungen:

Historische Bauten und Plastiken aus Sandstein werden zerstört (Gipsbildung).

Durch Oxidation mit dem Luftsauerstoff entsteht unter Wirkung der Luftfeuchte neben der schwefligen Säure die starke, aggressivere Schwefelsäure.

Schwefelsäure verwandelt Kalkstein im Boden in Gips.

Pflanzenwuchs (Holzerzeugung) durch SO_2 stark eingeschränkt.

Autoabgase enthalten neben Schwefeldioxid und Kohlendioxid noch Stickoxide, die Salpetersäure bilden.

Schädigung der Atemwege durch SO_2.

$2\,NO_2 + O + H_2O \longrightarrow 2\,HNO_3$

- Sauerstofffreie Säuren entstehen, sobald man Halogen-Wasserstoffe (Gase) in Wasser löst. Das gilt auch für die Hydride von Schwefel und Selen in sehr geringem Grade (sehr schwache Säuren).

$HCl + H_2O \longrightarrow H_3O^+ + Cl^-$

$H_2S + 2\,H_2O \rightleftarrows 2\,H_3O^+ S^{2-}$

Sauerstofffreie Säuren entstehen auch, wenn z. B. Chlor bzw. Brom direkt mit Wasser reagieren.

$Cl_2 + H_2O \longrightarrow HCl + HOCl$

$Br_2 + H_2O \longrightarrow HBr + HOBr$

- Leichtflüchtige, schwache Säuren können durch schwerflüchtige, starke Säuren aus ihren Salzen verdrängt werden.

$NaCl + H_2SO_4 \text{ (konz.)} \xrightarrow{25\,°C} HCl + NaHSO_4$

$NaCl + NaHSO_4 \text{ (konz.)} \xrightarrow{800\,°C} HCl + Na_2SO_4$

9.1.7 Wichtige Säuren

9.1.7.1 **Salzsäure,** Chlorwasserstoffsäure, **HCl**
Vorsicht ätzend!

Reiner *Chlorwasserstoff* ist ein farbloses Gas, das stechend riecht und sich begierig in Wasser löst (an feuchter Luft Nebelbildung).

Chlorwasserstoffgas ist *gefährlich* (Atemwege, Lunge) und sehr korrosiv, sobald Feuchtigkeit anwesend ist.

Löslichkeit in Wasser: 525 g HCl werden in 1 Liter zu Salzsäure gelöst (bei 20 °C).

Die entstehende Salzsäure wird als „konzentrierte" Säure bezeichnet, wenn sie mit 38 % (Gewichtsprozent) Chlorwasserstoffsäure gesättigt ist.

Bei der konzentrierten Salzsäure spricht man auch von der „rauchenden Salzsäure".

Salzsäure

- hat sehr starke Säurewirkung,

Salzsäure gehört zu den starken Säuren. In verdünnter Lösung spaltet sie aus allen Molekülen ein Proton ab.

- reagiert mit *unedlen Metallen* unter Wasserstoffentwicklung (Oxidation des Metalls, Reduktion des Säurewasserstoffs),

Beispiel:

$Zn + 2\,HCl \longrightarrow ZnCl_2 + H_2$

(u. a. Bildung von Lötwasser)

$ZnCl_2 + H_2O \longrightarrow Zn(OH)_2 + 2\,HCl$

Es bildet sich eine schwache Salzsäure, die Metalloxide auflöst und die Lötflächen metallisch rein macht.

- reagiert mit *Metalloxiden*,

Beispiel:

$CuO + 2\,HCl \longrightarrow CuCl_2 + H_2O$
löslich

Anwendung zum Beseitigen von Oxidschichten (Entzundern von Metalloberflächen, Beizen, Ätzen).

- reagiert mit *Kalkstein* (Salz einer schwächeren, leichter flüchtigen Säure).

Beispiel:

$2\,HCl + CaCO_3 \longrightarrow CaCl_2 + H_2O + CO_2$

Anwendung zum Beseitigen von Mörtelresten und Kalksteinausblühungen an Mauern mit etwa 5 %iger Salzsäure.

Der Bedarf an großen Mengen Salzsäure wird u. a. aus der Umsetzung von Steinsalz (NaCl) mit Schwefelsäure gedeckt.

Salzsäure entsteht heute vornehmlich als Nebenprodukt bei der Halogenisierung von Kohlenwasserstoffen

Chlorwasserstoffgas entsteht auch bei der Verbrennung von chlorhaltigen Kunststoff-, zum Beispiel PVC-Abfällen und kann durch Wasser aufgefangen werden.

9.1.7.2 Schwefelsäure H_2SO_4 (Vorsicht ätzend!)

Wasserfreie Schwefelsäure ist eine etwas ölige Flüssigkeit, die sehr stark Wasser anzieht (hygroskopisch). Dichte: $\rho = 1{,}89\ g/cm^3$.

Schwefelsäure wird als Trocknungsmittel und zur Abspaltung der Wasserbestandteile H und OH in vielen großtechnischen Umsetzungen genutzt (Gastrocknung bzw. Veresterung → Abschnitt 10.6.4).

Schwefelsäure (konzentriert oder verdünnt)

- zerstört organische Stoffe (Wasserabspaltung aus Zucker und Zellulose),
- ist einer der wichtigsten *Grundstoffe* der chemischen Großindustrie,

Mit zunehmendem Wassergehalt nimmt die Dichte ab. Deshalb kann der prozentuale Gehalt an Schwefelsäure mit dem Aräometer bestimmt werden (z. B. in der Autobatterie). Weltproduktion 1983 ca. 93 Millionen Tonnen.

> Niemals Wasser in die Säure, sonst geschieht das Ungeheure.
> Gibt man Säure in das Wasser, ist die Wirkung schon viel blasser.

Grundstoff unter anderem für die Erzeugung von Düngemitteln, Farben, Explosivstoffen und Kunststoffen.

- gehört zu den sehr starken Säuren,
- wird in Bleiakkumulatoren als *Elektrolyt* gebraucht.

Schwefelsäure spaltet in verdünnter Lösung das erste Proton vollständig ab ($\alpha = 100\ \%$).

Akkusäure:	geladener Zustand	37 %ig
	ungeladener Zustand	20 %ig

9.1.7.3 Kohlensäure H_2CO_3

Kohlensäure ist eine *schwache* Säure.

Häufig wird ungenau schon Kohlendioxid-Gas oder in Stahlflaschen verflüssigtes Kohlendioxid als „Kohlensäure" bezeichnet. Genau: CO_2 = Kohlensäureanhydrid.

Kohlendioxid *löst* sich in Wasser.

Bei 15 °C löst 1 Liter Wasser maximal 1 Liter CO_2-Gas.

Etwa 0,1 % des physikalisch im Wasser gelösten Gases (auch Luftsauerstoff und -stickstoff lösen sich in Wasser, Fischatmung) *verbindet* sich mit Wasser zu Kohlensäure.

$$CO_2 + H_2O \longrightarrow H_2CO_3$$

Kohlensäure im Regenwasser greift Kalkstein an, führt ihn in das *wasserlösliche* Calziumhydrogencarbonat über (wichtig für kalkabhängige Lebensvorgänge).

$$CaCO_3 + H_2CO_3 \rightleftharpoons Ca(HCO_3)_2$$

Beim Erhitzen des Wassers oberhalb 60 °C geht es wieder in Kesselstein (Kalkstein, $CaCO_3$) über (Rückreaktion).

In *Kalksteinhöhlen* entsteht durch Verdunsten des Wassers Tropfstein (Kalkstein).

Bedeutsam sind die Salze der Kohlensäure (Carbonate).
Alkalicarbonate sind *leicht in Wasser löslich* (z. B. Soda in Waschmitteln). Alle anderen Carbonate bleiben in Wasser *unlöslich* und bilden Gesteine.

Besonders Kalkstein ($CaCO_3$) und Dolomit ($CaCO_3 \cdot MgCO_3$) bilden *große Gebirgsmassive* (Jura, Alpen, Dolomiten).

Kalkstein findet u. a. Verwendung als Düngekalk und zum Brennen zu Branntkalk (CaO) (→ Mörtel).

Die Luft hat einen Kohlendioxidanteil von etwa 0,035 % (1960 noch 0,032 %). (→ Abschnitt 8.5.2)

Pflanzen nehmen bei der Assimilation Kohlendioxid mit Hilfe des Sonnenlichtes auf, um dessen Energie als organisch gebundene Energie in der Verbindung Traubenzucker zu speichern.
Die *Verbrennung* von Torf, Holz, Kohle, Erdöl und Erdgas führt u. a. wieder zu Kohlendioxid. Dabei wird die ursprüngliche Sonnenenergie in Form von Wärme und Licht wieder abgegeben.

Die *Deutsche Physikalische Gesellschaft* hat 1986 eine Stellungnahme zum steigenden CO_2-Anteil der Luft abgegeben.
Ohne eine deutliche Verringerung des CO_2-Zustromes in die Luft könnte es durch Aufheizung (*Treibhauseffekt*) zu einer *Klimakatastrophe* kommen.
Eine Beibehaltung des derzeitigen Ausstoßes an CO_2 und anderen Spurengasen würde bereits in einigen Jahrzehnten *zu bleibenden Schäden* führen und eine wirksame Verhinderung der Katastrophe unmöglich machen.

9.1.7.4 Salpetersäure HNO_3 (Vorsicht ätzend!)

Salpetersäure kann wasserfrei vorkommen: „rote, rauchende Salpetersäure".

Konzentrierte Salpetersäure in brauner Flasche vor Licht schützen!

Salpetersäure

- reagiert *wasserfrei* und bei nicht zu starker Verdünnung mit vielen Metallen (Nichtlösung: bei Gold und Platin, die zu edel sind und auch bei bestimmten unedlen Metallen, wie Eisen, Chrom und Aluminium, die eine dichte Oxidhaut bilden (Passivierung).

Gold wird gelöst durch Königswasser (konzentrierte Salpetersäure und konzentrierte Salzsäure im Verhältnis 1 : 3; Gold als König der Metalle bezeichnet)

$$HNO_3 + 3\,HCl \longrightarrow NOCl + 2\,Cl_{(atomar)} + 2\,H_2O$$
$$Au + 3\,Cl_{(atomar)} \longrightarrow AuCl_3$$

- kann auf der *Haut* Gelbfärbung hervorrufen.

Reaktion mit Haut-Eiweiß (Xantho-Protein-Reaktion)

- reagiert verdünnt mit *unedlen* Metallen durch die Reduzierbarkeit der Protonen.

$Zn + 2\,HNO_3 \longrightarrow Zn\,(NO_3)_2 + H_2$

Verwendung (Auswahl)

Grundstoff zur Herstellung von Dünger, Sprengstoffen, Farben, Ätzmittel für Metalle.

Oxidationsmittel für Raketentreibstoff.

Beispiele:

Ammonsalpeter NH_4NO_3, Natronsalpeter $NaNO_3$ zum Düngen.

Glycerintrinitrat, Trinitrotoluol (TNT) als Sprengstoffe.

Beim Metallätzen entstehende braune „nitrose Gase" sind ***sehr giftig*** (Stickoxide, Blutgift).

9.1.8 **Bildung von Basen** (wichtige Möglichkeiten)

Basen können durch Reaktion von Metallen bzw. Metalloxiden mit Wasser entstehen.

Die wäßrigen Lösungen von Basen werden als Laugen bezeichnet.

Vorsicht Ätzgefahr!

Beispiele:

$2\,Na + 3\,H_2O \longrightarrow 2\,Na^+ + 2\,OH^- + H_2\uparrow$

$Na_2O + H_2O \longrightarrow 2\,Na^+ + 2\,OH^-$

$K_2O + H_2O \longrightarrow 2\,K^+ + 2\,OH^-$

$CaO + H_2O \longrightarrow Ca^{2+} + 2\,OH^-$

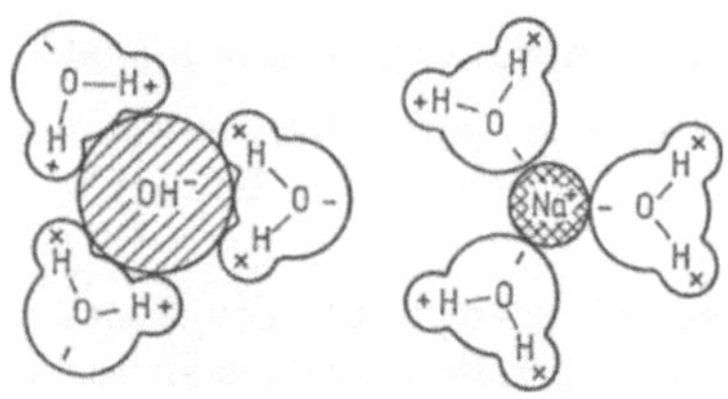

Feste Stoffe aus Metallionen und Hydroxidionen (OH^-) werden durch *Ionenbindung* zusammengehalten.

Die verschiedenen Hydroxide *dissoziieren unterschiedlich stark.* Zahlreiche Metallhydroxide dissoziieren im Wasser nicht, sind also nicht basisch. Der Dissoziationsgrad hängt von den Bindekräften zwischen den Ionen, der Wassermenge und der Temperatur ab.

Basen		Laugen	Dissoziation
Natriumhydroxid (Ätznatron)	NaOH	Natronlauge	sehr stark
Kaliumhydroxid (Ätzkali)	KOH	Kalilauge	sehr stark
Calciumhydroxid	$Ca(OH)_2$	im Kalkmörtel, Kalkwasser Kalkmilch	stark

Eigenschaften der Laugen (Auswahl)

Laugen *färben* roten Lackmus blau und Phenolphthalein rot,

- haben Seifenwirkung,
- *zersetzen* Zellen,
- *zerlegen* Fette,
- können verschiedene Metalle *ätzen*,
- haben die Wirkung von Säuren auf (*neutralisieren*).

Verwendung:

NaOH	Beizen von Al- und Al-Legierungen, Entfetten, Bauxitaufschluß
KOH	Elektrolyt in Ni-Cd-Akkus
$Ca(OH)_2$	Neutralisationsmittel (auch als Branntkalk, CaO) für Abfallsäuren, Zuckerindustrie)

9.1.9 Indikatoren

Indikatoren sind Farbstoffe, die ihre *Farbe verändern* können. Ihre Farbe zeigt an, ob es sich um Säuren bzw. Basen handelt.
(Vergleiche pH-Indikatoren)

Indikatoren	Farben bei Säure	Farben bei Lauge
Lackmus	rot	blau
Methylrot	rot	gelb
Phenolphtalein	farblos	rot

(→ Abschnitt 9.3.1)

9.1.10 Zusammenfassung (Säuren und Basen)

Nach Arrhenius bilden Säuren *in wäßriger Lösung* H^+-Ionen und Basen OH^--Ionen.

Die Beschreibung nach Brönsted ist umfassender:
Säuren sind Moleküle oder Ionen, *die Protonen abgeben. Basen* sind Moleküle oder Ionen, *die Protonen aufnehmen. Protolysen* sind Protonenübergangsreaktionen.

Wenn Stoffe durch Abgabe von Protonen als Säure wirken (z.B. HCl), so können die verbleibenden Teile (z.B. Cl^-) wieder Protonen aufnehmen und damit als Basen wirken.

Man spricht von *konjugierten Basen, konjugierten Säuren* und Säure-Base-Paaren.

Je leichter eine Säure ein Proton abgibt, um so schlechter nimmt die konjugierte Base das Proton wieder auf. Die Stärke einer Protolyse wird mit dem *Dissoziationsgrad* α angegeben.

Ampholyte sind Stoffe, die sowohl Säure als auch Base sein können.

Wichtige Säuren im technischen Bereich sind zum Beispiel Salzsäure, Schwefelsäure, Kohlensäure und Salpetersäure.

Aus Reaktionen von Metalloxiden mit Wasser können *Basen* entstehen.

Wäßrige Lösungen von Basen werden *Laugen* genannt.

9.1.11 Versuche

Vorsicht beim Umgang mit Säuren und Laugen!

Bildung einer Säure

1. V In einem Verbrennungslöffel wird durch Erhitzen in einer Flamme Schwefelpulver entzündet.
Der Verbrennungslöffel kommt in einen mit Sauerstoff angereicherten Erlenmeyerkolben. Kolben mit Stopfen abdichten. Der Boden des Kolbens ist mit Wasser bedeckt. Nach dem Erlöschen der Flamme den Löffel entfernen und den Kolben schütteln, bis sich die Gase gelöst haben.

VE Eine Lackmusprobe zeigt Rotfärbung. Es ist eine Säure entstanden (H_2SO_3).

2. V Untersuchung verschiedener Säuren bei gleicher Molarität. In Reagenzgläser gleiche Mengen verschiedener Säuren einfüllen.
In jedes Glas Magnesiumband oder Zinkspan geben. Heftigkeit der Reaktionen vergleichen.

VE Die Säuren wirken unter gleichartigen Bedingungen unterschiedlich stark.

Unterschiedliche Metalle in einer Säure

3. V In drei Reagenzgläser 10 %ige Salzsäure füllen. Dünne Streifen Magnesium, Zink bzw. Kupfer in die Säure geben.

VE Magnesium reagiert stärker als Zink. Kupfer zeigt keine Reaktion.

Unterschiedliche Säurestärken

4. V Zinkspäne in 10 %ige und 25 %ige Salzsäure geben. Reaktionsheftigkeit vergleichen.

VE 25 %ige Säure wirkt stärker.

5. V In RG je 2 ml 10 %ige, 25 %ige und 98 %ige Schwefelsäure füllen.
Je RG ein Stück Magnesiumband zugeben.

VE 98 %ige Schwefelsäure wirkt am schwächsten, da kein Wasser zur Bildung der wirksamen Hydroniumionen anwesend ist.

Temperatureinfluß

6. V In 2 RG je 10 %ige Salzsäure einfüllen; ein RG erhitzen.
Dann in jedes RG etwa die gleiche Menge Zinkspäne geben. Vorsicht Spritzer!

VE Die Reaktion ist bei höherer Temperatur heftiger.

Laugenwirkung

7. V Starke Natron- oder Kalklauge in einem Becher zum Kochen bringen und Fäden aus Wolle und Baumwolle sowie Haare hineingeben.

VE Wolle und Haare werden angegriffen, Baumwolle nur wenig.

9.1.12 Aufgaben zu Abschnitt 9.1 (Säuren und Basen)

1. Wodurch unterscheiden sich die Säure-Base-Definitionen von Arrhenius und Brönsted?
2. Was geschieht bei der Dissoziation von Chlorwasserstoff (HCl) in Wasser?
3. Wie können Säuren entstehen?
4. Weshalb reagiert eine 1-molare Schwefelsäure H_2SO_4 stärker als eine 1-molare Essigsäure (CH_3COOH)?
5. Welche Bestandteile enthält Königswasser?
6. Was geschieht beim Lösen von Natriumhydroxid (NaOH) in Wasser?
7. Welcher chemische Vorgang läuft beim Löschen von gebranntem Kalk CaO ab (→ Abschnitt 9.2.5)?
8. Geben Sie einige Indikatoren für Laugen an und nennen Sie die Farbwirkungen.
9. Welchen Hauptgruppen des PSE gehören einige Kationen starker Basen an?

9.2 Salze

9.2.1 Definitionen

Nach Brönsted werden alle Stoffe als Salze bezeichnet, die *im festen Zustand Ionengitter* aufbauen.

Neben den Salzen im engeren Sinne sind demnach auch viele *Metalloxide* (z. B. MgO oder Al_2O_3) und *Hydroxide* in fester Form (z. B. NaOH) Salze, weil sie Ionengitter bilden.

Salze im engeren Sinne bestehen aus positiven Metallionen (oder NH_4^+) und negativen Säurerestionen.

Beispiele:

Metallionen: Na^+, Zn^{2+}, Cu^{2+}
Säurerestionen: Cl^-, $[SO_4]^{2-}$

9.2.2 Entstehung von Salzen

Entstehung von Salzen im engeren Sinne (Möglichkeiten)

Beispiele:

- Base + Säure ⟶ Salz + Wasser
  (Vorgang der Neutralisation)

Gitteraufbau nach Wasserverdunstung

$$Na^+ + OH^- + H^+ + Cl^- \longrightarrow Na^+ + Cl^- + H_2O$$

- Metalloxid + Säure ⟶ Salz + Wasser

$$ZnO + 2\,HCl \longrightarrow Zn^{2+} + 2\,Cl^- + H_2O$$

- Metall + Säure ⟶ Salz + Wasserstoff

$$Fe + H_2SO_4 \longrightarrow Fe^{2+} + SO_4^{2-} + H_2\uparrow$$

- Base + Nichtmetalloxid ⟶ Salz + Wasser

$$Ca(OH)_2 + CO_2 \longrightarrow CaCO_3\downarrow + H_2O$$

(Gesamtreaktion beim Erhärten von Kalkmörtel)

- Salz I + Salz II ⟶ Salz III + Salz IV

$$Ag^+ + NO_3^- + Na^+ + Cl^- \longrightarrow AgCl\downarrow + Na^+ + NO_3^-$$

- Metall + Nichtmetall ⟶ Salz
  (Halogene, Schwefel)

$$2Na + Cl_2 \longrightarrow 2\,NaCl$$
$$Fe + S \longrightarrow FeS$$

9.2.3 Kristallwasser

Viele Salze lagern an ihre Ionen Wasserdipole an und binden sie im Gitter fest mit ein.

Dieses Wasser heißt Kristallwasser (→ Abschnitt 5.6.5).

Durch den Einbau des Kristallwassers können sich Kristallstrukturen ausbilden, die unter den gegebenen Zustandsbedingungen (Druck, Temperatur) stabil sind.

Einige Hydrate verlieren ihr Kristallwasser bereits bei normalen oder leicht erhöhten Temperaturen an der Luft (*Verwitterung*), wobei ihr Kristallgitter aufgelöst und umgeordnet wird.

Beispiel: Gips, $CaSO_4 \cdot 2\,H_2O$

(gelesen: $CaSO_4$ mal 2 H_2O, Calciumsulfat-dihydrat)

Der ***Punkt*** gibt an, daß die Wassermoleküle in dem angegebenen molaren Verhältnis in das Gitter eingebaut sind.

Im Handel ist gebrannter Gips erhältlich, dem ein Teil des Kristallwassers entzogen wurde. Beim Aushärten werden die fehlenden Anteile Wasser unter Ausbildung einer neuen Kristallstruktur eingebaut (Verfestigung).

Blaues Kupfersulfat ($CuSO_4 \cdot 5\,H_2O$) wird in der Hitze oder durch Einwirkung konzentrierter Schwefelsäure entfärbt (Abgabe des Kristallwassers, Abschn. 5.3.6).

9.2.4 Salznamen

Im täglichen Leben werden überlieferte Salznamen benutzt, die keine eindeutigen Aussagen über die Zusammensetzung machen (Trivialnamen ≙ umgangssprachliche Namen).

In der wissenschaftlichen Benennung der Salze kommt die Zusammensetzung zum Ausdruck.

Beispiele:

Trivialnamen	wissenschaftl. Bezeichnung	Summenformel
Kochsalz	Natrium-chlorid	$NaCl$
Natronsalpeter	Natriumnitrat	$NaNO_3$
Höllenstein	Silbernitrat	$AgNO_3$

Der *elektropositivere Bestandteil* erhält den deutschen Namen des Metalls oder der Ammoniumgruppe (NH_4^--).

Der *elektronegativere Bestandteil* (Nichtmetall) wird nach dem lateinischen oder griechischen Namen des säurebildenden Elementes mit einer zutreffenden Endung benannt.

$Mg\,Cl_2$

/ \

positiver Bestandteil — negativer Bestandteil

Magnesium-Chlorid
(Abschn. 6.1)

Salze mit Säureresten aus *sauerstofffreien* Säuren haben die Endung **-id**.

Diese Säurereste sind negativ geladene Nichtmetallionen.

Salze mit Säureresten der wichtigsten und stabilsten Säuren mit *normalem* (gewöhnlichem) Sauerstoffgehalt haben die Endung **-at**.

Salze mit Säureresten aus *sauerstoffärmeren* Säuren haben die Endung **-it**.

Der Vergleich bezieht sich auf Säuren mit normalem Sauerstoffgehalt des gleichen Elements.

Salze mit Säureresten, die aus besonders *sauerstoffarmen* Säuren stammen, haben den Zusatz **-hypo-** und die Endung **-it**.

Salze mit Säureresten, die aus besonders *sauerstoffreichen* Säuren stammen, haben den Zusatz **-per** und die Endung **-at**

Säure	Bezeichnung des Säurerestes	Salze (Beispiele)
	Endung -id	
Salzsäure HCl	-chlorid Cl^-	Natriumchlorid $NaCl$
Bromwasserstoff HBr	-bromid Br^-	Silberbromid $AgBr$
Schwefelwasserstoff H_2S	-sulfid S^{2-}	Bleisulfid PbS
Jodwasserstoff HJ	-jodid J^-	Natriumjodid NaJ
Fluorwasserstoff HF	-fluorid F^-	Natriumfluorid NaF
	Endung -at	
Schwefelsäure H_2SO_4	-sulfat $[SO_4]^{2-}$	Zinksulfat $ZnSO_4$
Salpetersäure HNO_3	-nitrat $[NO_3]^-$	Kaliumnitrat KNO_3
Phosphorsäure H_3PO_4	-phosphat $[PO_4]^{3-}$	Tricalciumphosphat $Ca_3(PO_4)_2$
Kohlensäure H_2CO_3	-carbonat $[CO_3]^{2-}$	Eisen(II)-carbonat $FeCO_3$
Chlorsäure $HClO_3$	-chlorat $[ClO_3]^-$	Kaliumchlorat $KClO_3$
	Endung -it	
Schweflige Säure H_2SO_3	-sulfit $[SO_3]^{2-}$	Natriumsulfit Na_2SO_3
Salpetrige Säure HNO_2	-nitrit $[NO_2]^-$	Ammoniumnitrit NH_4NO_2
Phosphorige Säure H_3PO_3	-phosphit $[PO_3]^{3-}$	Tricalciumphosphit $Ca_3(PO_3)_2$
Chlorige Säure $HClO_2$	-chlorit $[ClO_2]^-$	Natriumchlorit $NaClO_2$
	Zusätze und Endungen -hypo ... it und -per ... at	
Hypochlorige Säure $HClO$	-hypochlorit $[ClO]^-$	Natriumhypochlorit $NaClO$
Perchlorsäure $HClO_4$	-perchlorat $[ClO_4]^-$	Kaliumperchlorat $KClO_4$

Säuren, bei denen die Wasserstoffatome *nicht vollständig* durch Metallatome (Basenreste) ersetzt werden, bilden „saure“ oder „Hydrogen“-Salze.

Säure	Hydrogensalze
Kohlensäure H_2CO_3	Natriumhydrogencarbonat $NaHCO_3$ (Natron) zerfällt bei Erwärmung in Na_2CO_3, Wasser und CO_2 Verwendung als Backpulver
Phosphorsäure H_3PO_4	Dinatriumhydrogenphosphat Na_2HPO_4

Basische Salze liegen vor, wenn bei Basen nicht alle Hydroxydgruppen (OH^-) durch Säurereste ersetzt sind.

(Normales Salz = Basenrest + Säurerest)

Base	Basisches Salz
Aluminiumhydroxid $Al(OH)_3$	Aluminiumhydroxidchlorid $AlOHCl_2$
Kupferhydroxid $Cu(OH)_2$	Kupferhydroxidcarbonat $Cu_2(OH)_2CO_3$ (Malachit)

Doppelsalze gibt es nur im kristallisierten Zustand.

Im gelösten Zustand liegen die ursprünglichen Ionen vor.

Doppelsalze sind *echte Verbindungen* mit festliegendem Verhältnis ihrer Bestandteile (Formelaussage).

Beispiele für Doppelsalze

$CaCO_3 \cdot MgCl_3$	Calcium-Magnesium-carbonat Dolomit
$K_2SO_4 \cdot Al_2(SO_4)_3 \cdot 24H_2O$	Kalium-Aluminiumsulfat Kalialaun Verwendung u.a. beim Gerben von Häuten

Werden in Salzgittern einzelne Ionen unregelmäßig durch andere ersetzt, spricht man von *Mischkristallen* (ähnliche Ionenradien und dadurch ähnliche Gitterstrukturen).

Beispiel:

Einbau von *Spuren* an Radiumsulfat in eine Bariumsulfatfällung.

Komplexsalze bestehen zum Beispiel aus dem Metall (Kation) und einem Anionenkomplex, der sich bei der Dissoziation (oder Elektrolyse) *nicht* in seine Bestandteile auflöst.

Ebenso gibt es auch Kationenkomplexe.

> Der Komplex hat eine gewisse Stabilität, die häufig auch bei chemischen Umsetzungen erhalten bleibt.

Beispiele für Komplexsalze

$K_4[Fe(CN)_6]$ dissoziiert: $4K^+ + [Fe(CN)_6]^{4-}$	Kalium-hexacyanoferrat(II)
$Na_3[AlF_6]$	Natrium-hexafluoroaluminat (Kryolith) Lösungsmittel für Aluminiumoxid bei der Aluminiumgewinnung
NH_4Cl	Ammoniumchlorid (Salmiak)

9.2.5 **Wichtige Salze** (Auswahl)

Bezeichnung	Formel	Eigenschaften – Verwendung
Chlorid		
Natriumchlorid Kochsalz	$NaCl$	Für Speisezwecke Zur Haltbarmachung von Fleisch- und Fischwaren, indem eine konzentrierte Kochsalzlösung den Bakterien notwendiges Wasser entzieht oder Milchsäuregärung ermöglicht (z. B. beim Sauerkraut). In der chemischen Industrie zur Gewinnung von Soda, Natronlauge, Chlor usw.
Sulfide		
Bleisulfid Bleiglanz	PbS	Bleisulfid ist das wichtigste Bleierz $2\,PbS + 3\,O_2 \longrightarrow 2\,PbO + 2\,SO_2$ $\quad PbO + CO \longrightarrow Pb + CO_2$
Zinksulfid Zinkblende	ZnS	Zinkblende ist das wichtigste Zinkerz
Eisensulfid Schwefelkies Pyrit	FeS_2	Wichtiges Eisenerz
Carbonat		a) Marmor: sehr rein: weiß. Durch Gegenwart von Spuren anderer Mineralien, wie Eisenoxid (Fe_2O_3) und Manganoxid (Mn_2O_3), auch bunte und schwarze Farben.
Calciumcarbonat	$CaCO_3$	b) Kalkspat: Zum Beispiel Tropfstein in Tropfsteinhöhlen. c) Kalkstein: Kommt häufig als Gestein vor. Entstehung rein anorganisch oder aus Lebensvorgängen (abgelagerte Meerestiere). d) Kreide (abgelagerte Meerestiere). e) Mergel: Mischungen von Kalkstein und Ton in verschiedenen Verhältnissen (Kalkmergel → Tonmergel). Teile von wichtigen Schichten der Erdrinde bestehen aus Mergel. f) Kalkmörtel:

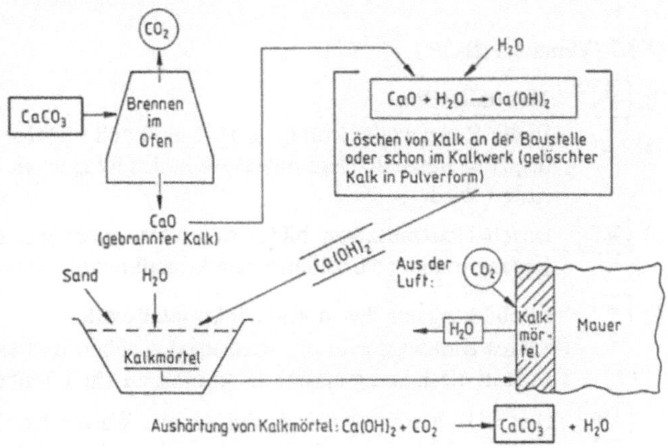

Wichtige Salze (Fortsetzung)

Bezeichnung	Formel	Eigenschaften – Verwendung
Nitrate		
Kaliumnitrat	KNO_3	Kalisalpeter – Wichtige Düngemittel
Ammoniumnitrat	NH_4NO_3	Ammonsalpeter – Wichtige Düngemittel
Natriumnitrat	$NaNO_3$	Natron- bzw. Chilesalpeter – Wichtige Düngemittel
Cyanid		
Natriumcyanid	NaCN	Wird häufig, zum Beispiel in Salzbädern, zum Aufkohlen (Einsatzhärtung), beim Nitrieren (ohne Aufkohlung) und beim Carbonitrieren (mit Aufkohlung) gebraucht. Cyanide sind sehr giftig!

9.2.6 Zusammenfassung (Salze)

Im erweiterten Sinne sind alle Stoffe Salze, die *im festen Zustand Ionengitter* bilden.

Im engeren Sinne bestehen Salze aus *Metallionen (oder NH_4^+-Ion) und Säurerestionen.*

Es gibt *mehrere Möglichkeiten* der Salzbildung.

Sind in den Salzkristallen Wassermoleküle eingebaut, spricht man von *Kristallwasser.*

Salznamen ergeben sich aus den positiveren Metallionen (oder NH_4^+-Ion) und den negativeren Säurerestionen. Die Endungen der Salznamen richten sich nach dem Sauerstoffanteil des Säurerestes (Endung **-id**: sauerstofffrei; Endung **-at**: normaler Sauerstoffanteil; Endung **-it**: sauerstoffärmer).

In sauren Salzen gibt es neben Metallionen noch Wasserstoffionen.

In basischen Salzen befinden sich neben dem Säurerest noch Hydroxidionen.

Doppelsalze enthalten Metallionen von zwei unterschiedlichen Metallen.

Bei Komplexsalzen bestehen das Anion und/oder das Kation aus relativ stabilen Komplexen.

9.2.7 Versuche (Salze)

1. V **Neutralisation**

In ein Reagenzglas kommt z. B. 1 cm hoch 20 %ige Natronlauge. Aus einer Bürette tropft so lange 20 %ige Salzsäure in das Reagenzglas, bis blaue Lackmuslösung rotviolett wird.

VE Durch Neutralisation bildet sich Natriumchlorid, das nach der Verdampfung der Lösung in einer Porzellanschale kristallin zurückbleibt.

2. V **Salzbildung aus Basen und Nichtmetalloxiden**

Klares Kalkwasser in ein Reagenzglas geben und mit einem Glasrohr ausgeatmete Luft in die Lösung blasen. Es kommt zu einer Trübung der Lösung.

VE Der CO_2-Anteil der Luft bildet mit Wasser Kohlensäure (H_2CO_3). Kalkwasser enthält Ca^{2+}- und OH^--Ionen. Ca^{2+}- und CO_3^{2-}-Ionen bilden sofort ein Salz, das als Niederschlag ausfällt.

3. V **Saures Salz**
Natriumhydrogensulfat ($NaHSO_4$) wird in Wasser gelöst. Prüfung der Lösung mit blauem Lackmuspapier (Rotfärbung).

VE $NaHSO_4$ zerfällt in der Lösung in Na^+-, H^+ und SO_4^{2-}. Aus H^+-Ionen und Wasser entstehen H_3O^+-Ionen (Säurewirkung).

4. V Stellen Sie aus Natriumchlorid (NaCl), Kupfersulfat ($CuSO_4$) und Kaliumalaun ($KAl(SO_4)_2$) jeweils heißgesättigte Lösungen her.
Aus jeder Lösung kommt etwas auf ein Uhrglas. Die bei der Verdunstung zurückbleibenden Feststoffe werden mit der Lupe oder unter einem Stereomikroskop untersucht.

VE Die Feststoffe sind Salzkristalle mit Ionengitter.

9.2.8 **Aufgaben** zu Abschnitt 9.2 (Salze)

1. Beschreiben Sie durch Aufstellen der Reaktionsgleichungen die Neutralisationsreaktionen zwischen Kaliumhydroxid (KOH) und Salzsäure (HCl), Calciumhydroxid ($Ca(OH)_2$) und Salzsäure sowie Aluminiumhydroxid ($Al(OH)_3$) und Schwefelsäure (H_2SO_4).
2. Benennen Sie für folgende Salze Namen und Formeln der entsprechenden Säuren und der Säurerestionen: Natriumnitrat ($NaNO_3$), Natriumphosphat (Na_3PO_4), Eisencarbonat ($FeCO_3$), Silberbromid (AgBr).
3. Schreiben Sie die Namen der folgenden Hydrogensalze: $NaHSO_4$, $Ca(H_2PO_4)_2$.
4. Vergleichen und begründen Sie folgende Schmelzpunkte:
   a) Kaliumjodid (KJ) 677 °C, Kaliumbromid (KBr) 742 °C,
   b) Natriumbromid (NaBr) 747 °C, Natriumchlorid (NaCl) 800 °C, Natriumfluorid (NaF) 992 °C.
5. Wie heißt das Salz, das im Versuch 2 als weißer Niederschlag ausfällt?

9.3 pH-Werte

9.3.1 Erklärung

Auch reines Wasser hat eine *geringe elektrische Leitfähigkeit*, da ein sehr kleiner Teil der Wassermoleküle dissoziiert ist.

Dabei wirken einige Wassermoleküle als Säuren (Protonenspender) und andere als Basen (Protonenfänger).

Der Gesamtvorgang heißt *Autoprotolyse*.

Es handelt sich um eine *Gleichgewichtsreaktion*, die von der Temperatur abhängig ist.

In 10 Millionen (10^7) Liter Wasser ist bei 25 °C 1 Mol in H^+- und OH^--Ionen gespalten. Jedes H^+-Ion (Proton) wird von einem H_2O-Molekül gebunden (→ Säuren).

Es entsteht ein H_3O^+-Ion.

Aus der Reaktion (nach Brönsted)

$$H_2O + H_2O \longrightarrow H_3O^+ + OH^-$$

ergibt sich nach dem *Massenwirkungsgesetz* (→ Abschn. 7.6) vereinfacht die Dissoziationskonstante K_D.

$$K_D = \frac{c(H_3O^+) \cdot c(OH^-)}{c^2(H_2O)}$$

Da die Konzentration des Wassers sehr groß ist, wird sie bei der geringfügigen Autoprotolyse als konstant angesehen.

$K_w = c\,(H_3O^+) \cdot c\,(OH^-) =$
$10^{-7} \cdot 10^{-7}$ mol$^2 \cdot$ l^{-2}

$K_w = 10^{-14}$ (bei 25 °C) mol · l^{-2}

c = Konzentration in mol · l^{-1}.

Deshalb interessiert nur das *Ionenprodukt des Wassers (K_W).*

Durch Zugabe einer Säure reagieren Hydroniumionen (H_3O^+) und Hydroxidionen (OH^-) so lange miteinander, bis das *Gleichgewicht*, ausgedrückt durch das konstante Ionenprodukt, wieder hergestellt ist.

Beispiele:

$K_w = c\,(H_3O^+) \cdot c\,(OH^-) =$
$10^{-3} \cdot 10^{-11} = 10^{-14}$ mol$^2 \cdot$ l^{-2}

$10^{-3} = \frac{1}{1000}$ mol H_3O^+-Ionen · l^{-1}

Dieser Wert kommt zustande, wenn z. B. 3 ml 33 %ige HCl zu 997 ml Wasser gegeben werden.

Durch Zugabe einer Base (Lauge) steigt die Hydroxidionenkonzentration an, während die Hydroniumionenkonzentration abnimmt.

$K_w = c\,(H_3O^+) \cdot c\,(OH^-) =$
$10^{-9} \cdot 10^{-5} = 10^{-14}$ mol$^2 \cdot$ l^{-2}

Je kleiner der negative Exponent, desto größer ist der jeweilige Säure- beziehungsweise Basenanteil. Aus Zweckmäßigkeitsgründen schreibt man den negativen Exponenten der als Zehnerpotenz angegebenen Ionenkonzentration als positiven Wert und nennt ihn *pH-Wert* (Exponent mal (– 1) = pH-Wert). Dabei wird nur die Hydroniumionenkonzentration berücksichtigt.

$c\,(H_3O^+) = 10^{-4}$ mol · l^{-1} ≙ pH-Wert 4
$c\,(OH^-) = 10^{-2}$ mol · l^{-1} ≙ pOH-Wert 2

pH-Wert 7 ≙ pOH-Wert 7
pH-Wert 3 ≙ pOH-Wert 11
pH-Wert 9 ≙ pOH-Wert 5

Der pH-Wert ist der negative dekadische Logarithmus der Hydroniumionenkonzentration.

← Zunahme der Säurewirkung								→ Zunahme der Basenwirkung						
0	1	2	3	4	5	6	7	8	9	10	11	12	13	14

Der pH-Wert spielt in der Technik, der Bodenbehandlung, der Medizin und vielen anderen Bereichen eine große Rolle.

Die *Messung der pH-Werte* erfolgt elektrisch oder durch Indikatoren.

Beispiele für pH-Werte:

1 molare Salzsäure	0
0,1 molare Salzsäure	1
Magensaft	0,9–2,3
Zitronensaft	2,3
Saure Milch	4,4
Schweiß	4–6,8
Milch	6,4–6,7
Reines Wasser	7 (25 %)
Blut	7,38
Meerwasser	7,8–8,2
Seifenlauge	8,2–8,7
1 molare Natronlauge	14

Zur optischen pH-Messung verwendet man Farbstoffe, die beim Vorliegen bestimmter pH-Werte umschlagen.

Universalindikatorpapiere zeigen pH-Bereiche an.

Nach dem Eintauchen in die Prüflösung vergleicht man die Farbe des Indikatorpapieres mit einer Vergleichs-Farbskala.

pH-Indikatoren

Indikator	pH-Bereich	pH des Umschlagpunkts	Farbe im sauren Gebiet	Farbe im Umschlag	Farbe im alkalischen Gebiet
Dimethylgelb	2,9 ... 4,0	3,9	rot	orange	gelb
Kongorot	3,0 ... 5,2	4,0	blauviolett	blaurot	rot
Methylorange	3,0 ... 4,4	4,0	rot	orange	orange-gelb
Methylrot	4,4 ... 6,2	5,8	rot	orange	gelb
p-Nitrophenol	5,0 ... 7,0	6,0	farblos	hellgelb	gelb
Alizarin	5,5 ... 6,8	6,1	gelb	violett	rot
Lackmus	5,0 ... 8,0	6,8	rot	blau-rot	blau
Phenolphthalein	8,2 ... 10,0	8,4	farblos	schwach-rosa	rot

Der pH-Wert ist der negative dekadische Logarithmus der Hydroniumionenkonzentration. pH = c (H_3O^+) in mol · l^{-1}

Bei einem pH-Wert 7 nennt man die Reaktion neutral. pH-Werte unter 7 zeigen saure, pH-Werte über 7 basische Reaktion an.

Die Messung der pH-Werte erfolgt optisch durch Indikatoren oder elektrisch mit Potentiometern.

9.3.2 Versuche

1. [V] Mehrere Reagenzgläser mit destilliertem Wasser füllen. Unterschiedliche Tropfenzahl Salzsäure und Natronlauge in die einzelnen Reagenzgläser geben. Messung der pH-Werte mit Universalindikatorpapier. Gegebenenfalls zusätzliche Messung mit einem pH-Meter. Vorsicht beim Umgang mit Säuren und Laugen!

   [VE] Unterschiedliche pH-Werte durch Auswertung der verschiedenen Einfärbungen. Präzisere Messung durch pH-Meter.

2. [V] Bei verschiedenen Stoffen, wie zum Beispiel Borax, Natriumhydrogencarbonatlösung, Ammoniakwasser, Blumenerde usw., pH-Werte ermitteln.

9.3.3 Aufgaben zu Abschnitt 9.3 (pH-Wert)

1. Was versteht man unter der Autoprotolyse des Wassers?
2. Wie lautet die Gleichung für das Ionenprodukt des Wassers?
3. Weshalb ist bei einem pH-Wert 7 die Lösung neutral?
4. Wie kommt eine optische pH-Wertbestimmung zustande?

9.4 Elektrochemische Vorgänge

9.4.1 Allgemeine Bedeutung

ElektrochemischeVorgänge haben für die Technik große Bedeutung.

1. **Ionenleitung** ist die Grundlage der elektrochemischen Vorgänge. Sie ist die Leitung des elektrischen Stroms mittels Ionen, die in Schmelzen oder wäßrigen Lösungen von Elektrolyten auftreten.
Elektrolyte sind: Säuren, Basen, Salze.

Obwohl reines Wasser ein Nichtleiter ($\varphi \approx 10^6\ \Omega \cdot cm$) ist, erhöhen Wasser und Feuchtigkeit die Gefahren des elektrischen Stroms, da praktisch stets CO_2 oder Salze gelöst sind.

In einer dünnen Schicht Wasser, z. B. nasser Finger, ist der elektrische Widerstand stark herabgesetzt.

2. **Elektrolyse** ist die Reduktion und Oxidation mit Hilfe des elektrischen Stroms in Schmelzen und wäßrigen Lösungen von Elektrolyten.

Beispiel:

Zerlegung des Wassers in Sauerstoff und Wasserstoff mit Gleichstrom in Gegenwart eines geeigneten Elektrolyten (H_2SO_4).

3. **Elektrochemische Elemente** (galvanische Elemente) erzeugen elektrische Spannung aufgrund des unterschiedlich edlen Charakters zweier Stoffoberflächen in einer Elektrolytschmelze oder -lösung.

Beispiele:

Trockenbatterien für Taschenlampen, Hörgeräte und Radioempfänger.

Akkumulatoren für Kraftfahrzeuge.

Auf der Bildung galvanischer Elemente – sogenannte Korrosionselemente – beruhen auch die meisten Korrosionserscheinungen an Metallen.

Beispiel: Kontaktkorrosion

Ein kupfernes Blitzableiterseil berührt ein Regenfallrohr aus Zinkblech: Zink als unedleres Metall wird aufgelöst, sobald Wasser zwischen Zink und Kupfer als Elektrolyt wirkt.

9.4.2 Stromleitung

Elektrischer Strom ist das *Fließen von Ladungsträgern* durch einen Leiter unter dem Einfluß einer elektrischen Spannung.

Metalle sind Leiter 1. Ordnung.

In Metallen sind die Ladungsträger Elektronen.

Im Gitter eines Metalls sind die Valenzelektronen frei beweglich. Jedes Elektron besitzt die Elementarladung *e*.

$e = 1{,}6022 \cdot 10^{-19}$ As (Ampere · Sekunden)

Tauchen in eine wäßrige Lösung eines *Elektrolyten* (Säure, Base oder Salz) zwei Pole einer Spannungsquelle ein, so fließt ein Strom.

In Elektrolytlösungen befinden sich infolge der elektrolytischen Dissoziation (→ Abschnitt 5.6.4) positiv und negativ geladene *Ionen*, die von den jeweils entgegengesetzt geladenen Polen angezogen werden.

Die wasserfreie Schmelze eines Elektrolyten leitet den elektrischen Strom ebenfalls, da die Ionen des Elektrolyten sich frei zu den Polen hinbewegen können.

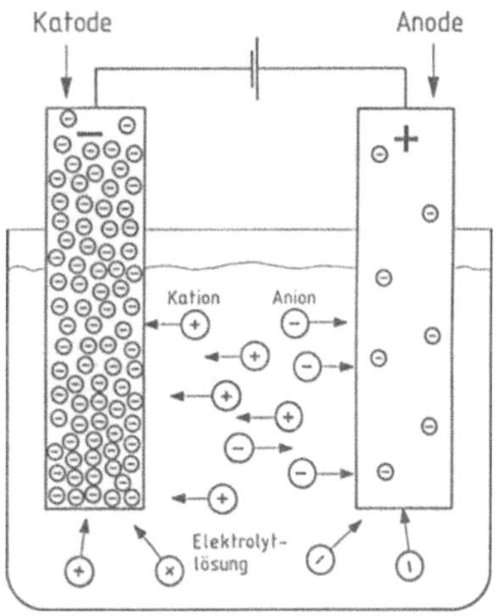

Wäßrige Lösungen und Schmelzen von Elektrolyten sind Leiter 2. Ordnung.

Elektrolyte im festen Zustand besitzen sehr hohen Widerstand.

Die negativen Ionen, die *zur Anode* wandern, heißen *Anionen.*

Die Pole, an denen die Ladungen vom Metall auf Ionen und umgekehrt übergehen, heißen *Elektroden.*

Die positiven Ionen, die *zur Katode* wandern, heißen *Kationen.*

Bei Gleichspannung werden die Elektroden als *Katode* = negativer Pol und *Anode* = positiver Pol unterschieden.

An den Elektroden geben die Ionen ihre Ladungen an diese ab.

Positive Ionen übernehmen fehlende Elektronen, negative übergeben überschüssige Elektronen. Infolgedessen ist mit der Stromleitung eine chemische Reaktion an jeder Elektrode verbunden (siehe Bild).

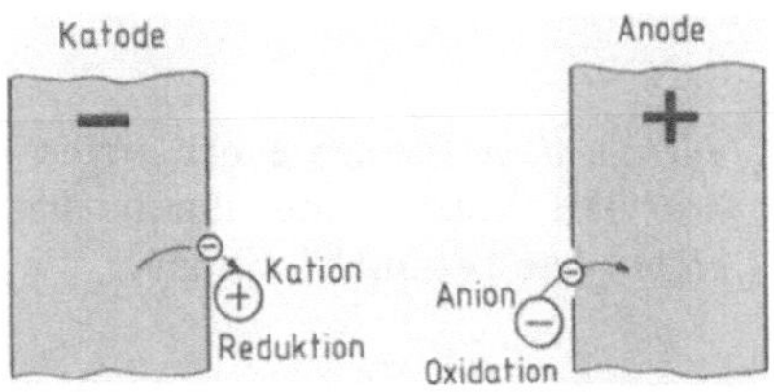

Sind die Elektroden chemisch stabil (inert), ist eine *Zerlegung* der Lösung die Folge, die als *Elektrolyse* bezeichnet wird.

Bei ausreichend hoher Spannung können dem Elektrodenmetall Elektronen entrissen werden.

Die entstehenden Metallionen gehen in die Lösung über.

Beispiele: Kupferraffination oder Anoden als Metallvorrat für galvanische Überzüge an der Katode.

9.4.3 Elektrolyse

Die Elektrolyse ist die Zerlegung eines Stoffes durch den elektrischen Strom.

Voraussetzung für die Elektrolyse ist die Ionenleitung dieses Stoffes, das heißt, er muß ein Elektrolyt sein.

Unter dem Einfluß der elektrischen Gleichspannung wandern die Ionen zu den Elektroden.

Die Kationen übernehmen an der *Katode* Elektronen, die durch den Leiter herangeführt werden. Durch diese ***Reduktion*** werden die Kationen zu neutralen Atomen entladen.

Beispiel: Katodenreaktion

$H^+ + e^- \longrightarrow H \; (2\,H \longrightarrow H_2)$

Die Anionen geben an der *Anode* ihre überschüssigen Elektronen an die Elektrode ab und werden damit *oxidiert*.

Beispiel: Anodenreaktion

$Cl^- \longrightarrow Cl + e^-$ $(2\,Cl \longrightarrow Cl_2)$

Ist das Material der Anode selbst oxidierbar, so gehen seine Atome unter Abgabe von Elektronen zu Ionen oxidiert in Lösung.

Beispiel:

$Cu \longrightarrow Cu^{2+} + 2\,e^-$

bei der Reinigung des Rohkupfers zu Elektrolytkupfer.

Die so gebildeten Kationen werden an der Katode wieder zu Metall reduziert. Das Metall wird galvanisch abgeschieden.

Beispiel:

$Cu^{2+} + 2\,e^- \longrightarrow Cu$

Unter dem Begriff Galvanik versteht man Verfahren, mit denen nach diesem Prinzip auf elektrisch leitenden Oberflächen schützende und verschönernde Überzüge erzeugt werden.

Beispiele:

Verkupfern, Verchromen, Versilbern u.a.

9.4.4 Technische Elektrolysen

In der Technik haben einige Elektrolyseverfahren große Bedeutung erlangt. Voraussetzung dafür war die Bereitstellung großer elektrischer Energiemengen, die erst nach 1866 (*W. v. Siemens*, Entdeckung des dynamoelektrischen Prinzips und der Dynamomaschine) verwirklicht werden konnte.

In der Metallurgie sind dies:

- Gewinnung der *unedlen Metalle* der ersten drei Hauptgruppen des PSE.

Beispiele:

Schmelzflußelektrolyse von Chloriden, Hydroxiden, Oxiden für Natrium, Magnesium, Aluminium, Beryllium.

Die *unedlen* Elemente der ersten drei Gruppen des PSE können nur durch die *Schmelzflußelektrolyse* gewonnen werden.

Da sich bei einer Elektrolyse von *wäßrigen* Salzlösungen der *edlere* Wasserstoff abscheiden würde, müssen dafür wasserfreie geschmolzene Verbindungen genommen werden.

- Gewinnung besonders *reiner Metalle* durch elektrolytische Raffination von Hüttenmetallen.

Elektrolyse wäßriger Lösungen von Metallsalzen (z.B. Sulfaten) für Kupfer, Zink, Nickel, Silber und Gold.

In der chemischen Industrie insbesondere

- Gewinnung *elementarer Gase*

Beispiele:

Elektrolyse von Chloridlösungen zur Gewinnung von Wasserstoff (für hohe Reinheitsanforderungen) und Chlor unter Bildung von Natronlauge.

In der Fertigungstechnik Verfahren zur

- Herstellung *metallischer Überzüge*

Beispiele:

Korrosionsschutz- und dekorative Schichten aus Nickel, Chrom, Kupfer, Silber, Gold oder Zink auf Metall- und Kunststoffteilen.

- Verstärkung natürlicher Schutzschichten

Anodische Oxidation von Aluminiumteilen,

- Herstellung von *Metallformen* für die Produktion von Massenteilen.

Matrizen für Schallplatten, Kunststoffteile, Druckplatten (Galvanos).

Aluminiumgewinnung

Elektrolyt ist eine Schmelze von Kryolith mit 10 % Aluminiumoxid, das mit 5 ... 7 % in Lösung geht, dadurch Absenken des Schmelzpunktes (Flußmittelwirkung).

Schmelztemperaturen in °C

Kryolith Na_3AlF_6	1000	Fluß-mittel-wirkung
Al-Oxid Al_2O_3	2050	
Badtemperatur	950	
Reinaluminium	660	

Katode ist eine mit Graphit ausgekleidete Wanne, in der sich das katodisch abgeschiedene Aluminium sammelt und periodisch abgestochen wird. Die *leichtere* Salzschmelze schwimmt darüber und schützt das geschmolzene Aluminium vor Oxidation durch den Luftsauerstoff.

Dichtevergleich (bei 950 °C):

$\rho_{Al} = 2{,}34$ g/cm³

$\rho_{Schmelze} = 2{,}15$ g/cm³

Anoden sind aus Petrolkoks und Steinkohlenteerpech gepreßte und gebrannte Blöcke, die von oben in den Elektrolyten tauchen und sich durch Oxidation zu CO und CO_2 verbrauchen.

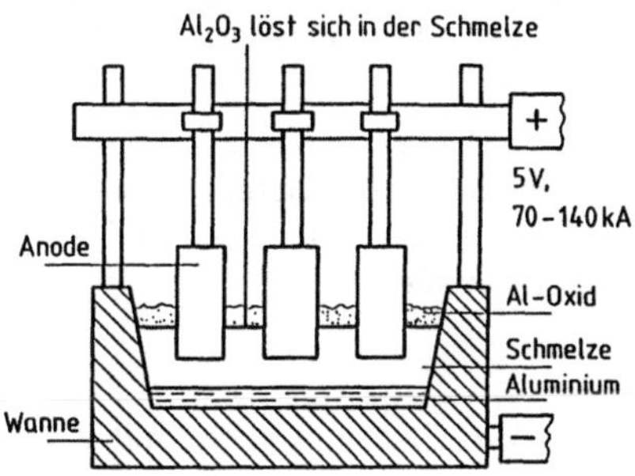

Stoff- und Energiebilanz für die Erzeugung von 1 t Aluminium aus Bauxit

Bauxit	4,0 t	Bauxit-aufbereitung
NaOH	0,17 t	
Wärmeenergie	42 GJ = 11,6 MWh	
Al_2O_3 (rein)	1,85 t	Elektrolyse
Na_3AlF_6	0,075 t	
Elektrodenkohle	0,55 t	
Elektrische Energie	13,5 MWh	

Reaktionsgleichung:

$2\,Al_2O_3 + 5\,C \longrightarrow 4\,Al + 4\,CO + CO_2$

Der Energieaufwand für die Elektrolyse ist im Laufe der letzten 40 Jahre von 27 kW/kg auf 13,5 kWh/kg zurückgegangen als Folge von Verbesserungen in den Anlagen:

- Größere Öfen mit geringeren Wärmeverlusten,
- verlustärmere Wechsel-Gleichstromumformung durch Silicium-Gleichrichter,
- elektronische Regelung des Elektrodenabstands.

Entwicklung *neuer Verfahren* mit geringerem Energieaufwand:

Umsatz von Al_2O_3 mit Cl und C zu Aluminiumchlorid $AlCl_3$ und anschließende Elektrolyse bei niedriger Temperatur mit 30 % Energieersparnis.

Die Verarbeitung von Alt-Aluminium erfordert nur 5 % der Energie, die zur Gewinnung aus Bauxit nötig ist.

9.4.5 Elektrolytische Abscheidung von Metallen

Bei der *Raffination* handelt es sich um die katodische Abscheidung größerer Massen von Metallen. Dabei werden verunreinigte Hüttenmetalle (etwa 99 % Metallgehalt) an der Anode gelöst und von Begleitelementen gereinigt.

Eine hohe Reinheit der Metalle ist für einige technische Anwendungen erforderlich.

Raffinieren = Verfeinern, Veredeln

Beispiele für elektrolytisch gereinigte Metalle:

Kupfer	Verunreinigungen setzen die elektrische Leitfähigkeit stark herab.
Zink	Verunreinigungen führen in Legierungen zur Alterung (Versprödung)
Blei	Sammlerhartblei auf der Basis von Feinblei (99,985).

Raffination des Kupfers

Anodenplatten aus Hüttenkupfer und Katodenblech aus Reinkupfer tauchen in eine Kupfersulfatlösung, die etwa 150 ... 200 g/*l* freie Schwefelsäure enthält.

Hüttenkupfer enthält noch etwa 1 % an Begleitelementen, je nach Fundort der Erze auch Edelmetalle wie Gold, Silber und Platinmetalle.

Es wird mit einer Stromdichte von 150...200 A/m² und einer Badspannung von etwa 0,3 V elektrolysiert. Die günstigste Temperatur liegt bei 55 ... 58 °C.

Energieverbrauch: 230 kWh/t Cu

Katodenkupfer besitzt 99,5 ... 99,98 % Kupfergehalt.

Edlere Elemente, wie zum Beispiel Gold, Silber, Antimon, Arsen, Tellur, Schwefel, fallen mechanisch von der Anode ab und sammeln sich im *Anodenschlamm.*

Die Aufarbeitung der Anodenschlämme (auch anderer Elektrolysen) liefert zum Beispiel:

Gold (0,1 ... 2 g auf 1 ... 40 kg Cu) und Selen (überwiegender Teil der Weltproduktion).

Unedlere Elemente gehen mit Kupfer als Kationen in Lösung und reichern sich in dieser an, da die Spannung zu ihrer Abscheidung nicht ausreicht.

> Die elektrolytische Raffination zielt auf die Abscheidung großer Massen hochreiner Metalle mit möglichst geringem Energieaufwand.

Beispiele:

Zink, Nickel, Kobalt, Eisen, Aluminium, Kupfer, Silber, Gold

Galvanotechnik

Hierzu gehören die Verfahren, die metallische Schichten auf Bauteile katodisch aufbringen.

Im Gegensatz zur Raffination kommt es dabei weniger auf *Quantität*, sondern auf die *Qualität* der Abscheidung an.

Galvanik: Nach *Luigi Galvani*, Froschschenkelversuch, 1789.

Qualitätsmerkmale der Schichten:

- Ebenheit der Oberfläche,
- Glanz,
- Härte und Zähigkeit,
- Porenfreiheit.

Zur Galvanotechnik gehören zwei große Verfahrensgruppen:

Elektrolytische Metallabscheidung

Verfahrensziel ist das Überziehen eines Bauteils oder Halbzeuges mit der schützenden und meist dekorativ wirkenden Schicht durch katodische Abscheidung.

Voraussetzung ist eine geringe Oberflächenrauhigkeit, die zum Beispiel auch durch elektrolytisches Polieren erzielt werden kann (Werkstück als Anode geschaltet).

Andere Bezeichnungen sind:
Galvanostegie, Elektroplattieren, Galvanisieren.

Beispiele: Überzugsmetalle:
Silber, Cadmium, Chrom, Kupfer, Messing, Nickel, Blei, Zinn, Zink, Gold

Galvanoplastik, Galvanoformen

Verfahrensziel ist die formtreue Abbildung einer Oberfläche (positiv oder auch negativ) zum Herstellen von

- Werkzeugen
- Fertigteilen

Werkstoffe sind Nickel und Nickel-Kobalt-Legierungen, die mit Abscheidungsgeschwindigkeiten von 5 ... 600 µm/h aufgebracht werden und bei Bedarf noch mit Kupfer hinterfüttert werden, um Stabilität oder gute Wärmeleitung zu erreichen.

Beispiele: Galvanoformen von
Werkzeugen für das Pressen von Schallplatten, Zahnrädern;
Druckstöcken (Galvanos);
Ledernarbungs- und -maserungswerkzeugen;
Sieben und Netzen für Filter;
Salz- und Pfefferstreuern aus Nickel.

Anodische Oxidation (z. B. Eloxalverfahren)

Soll ein Aluminiumteil elektrisch oxidiert werden, wird es als Anode (Pluspol) in eine verdünnte Schwefelsäure gehängt.

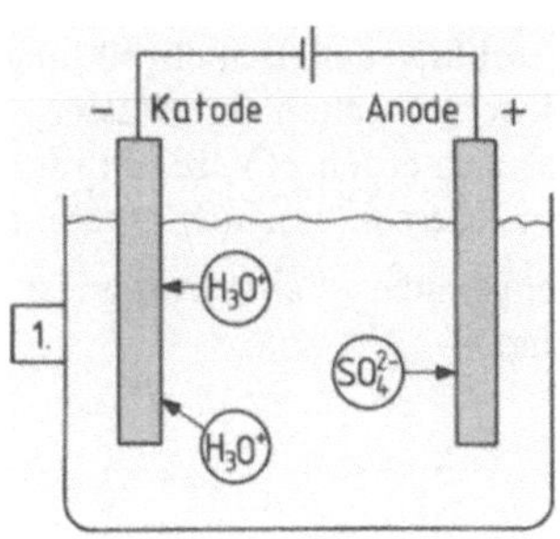

Die Sulfat-Ionen der Schwefelsäure wandern zur Anode und geben dort zwei Elektronen ab.

$SO_4^{2-} \longrightarrow SO_4$ (radikal) + 2 e^-

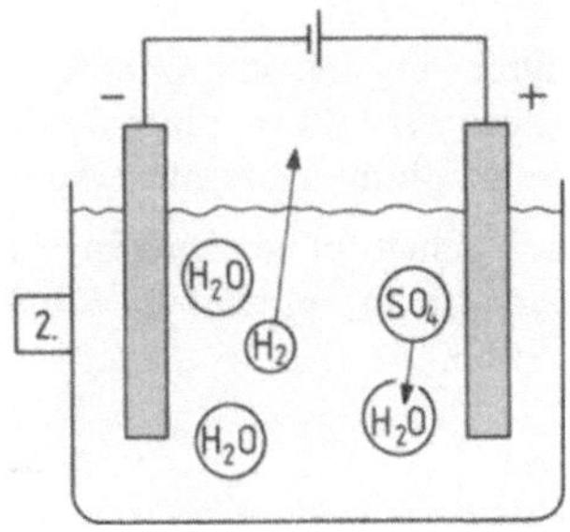

Sie werden dadurch zu elektrisch neutralen, nichtbeständigen SO_4-*Radikalen,* die sofort Wassermoleküle der Umgebung zerlegen und atomaren Sauerstoff bilden.

Für kurze Zeit entsteht Sauerstoff in *atomarer* Form.

$$SO_4 + H_2O \longrightarrow H_2SO_4 + O \text{ (atomar)}$$

$$H_3O^+ \; H_3O^+ \; SO_4^{2-}$$

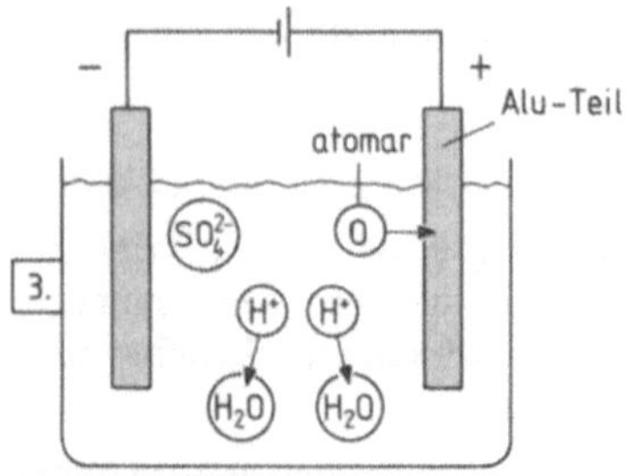

Die einzelnen Sauerstoffatome reagieren wegen ihrer hohen EN relativ stark und verbinden sich größtenteils mit dem Aluminium (Anode) zu festhaftenden Oxidschichten (Al_2O_3).

Die Oxidschicht ist zunächst von feinen, meistens senkrecht zum Grundmaterial verlaufenden *Poren* durchsetzt.

Diese Poren ermöglichen überhaupt erst, daß immer wieder atomarer Sauerstoff an das Grundmaterial herankommt.

Die Schicht wächst nach innen.

Mögliche Schichtdicken	bis 30 μm
Übliche Schichtdicken	10 ... 25 μm

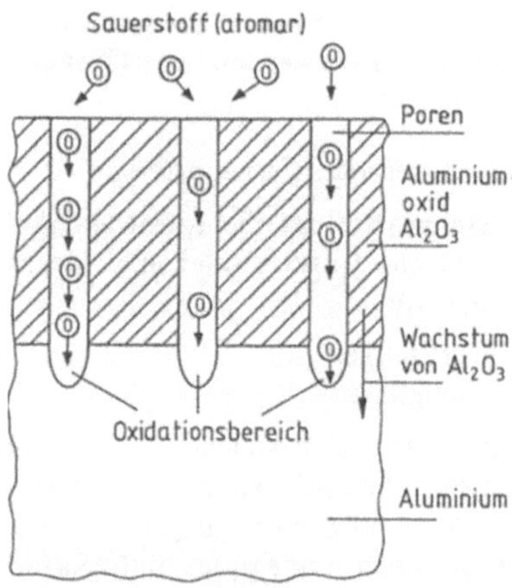

Vereinfachtes Schema

Nach Abschluß der Schichtbildung müssen die Poren durch Kochen in Wasser, Fetten usw. geschlossen werden (Verdichtung), damit ein wirksamer Korrosionsschutz entsteht.

Eine sachgemäße *Verdichtung* ist von größter Bedeutung.

Aluminiumoxidschicht

Härte	Elektrisches Isolationsvermögen	Beseitigung der Oxidschicht für Löten und Schweißen (Möglichkeiten)
sehr hart (bis 9 nach Mohs)[1]	hoch	Ultraschall Flußmittel Mechanische Verfahren Lichtbogeneffekt unter Schutzgas

Dabei finden in den erreichbaren Oxiden Umwandlungsprozesse statt, die eine Schließung der Poren durch Volumenvergrößerung bewirken.

Wird das Kochen in geeigneten Farbstofflösungen vorgenommen, entstehen *Einfärbungen* der Oxidschichten.

Werden die Poren mit lichtempfindlichen Stoffen gefüllt, bildet sich für fotografische Zwecke eine lichtempfindliche Schicht.

Das Einfärben kann auch anders geschehen, zum Beispiel durch Legierungsbestandteile oder Abscheiden von Metall (u.a. Ni, Co, Cu, Sn) aus Metallschmelzen in die Poren.

[1]) Mohs (1773–1839) stellte eine Härteskala für Mineralien mit 10 Härtestufen auf. Härtestufe 10: Diamant.

Bei der anodischen Oxidation entsteht atomarer Sauerstoff, der mit dem Aluminium reagiert. Durch die Poren der Oxidschicht dringt der atomare Sauerstoff immer wieder zum Aluminium vor. Die Schicht wächst nach innen.

Nach der Oxidschichtbildung müssen die Poren geschlossen werden (Verdichtung).

Dabei sind Einfärbungen möglich.

9.4.6 Die Faradayschen[1]) Gesetze, elektrochemisches Äquivalent

Der Elektronenübergang an den Elektroden ist mit einem *Stoffumsatz* verbunden.

Faraday Konstante (F):

Für die Entladung (oder Ladung) von 1 Grammäquivalent ist die Elektrizitätsmenge

F = 96485 Coulomb

erforderlich.

1 Stoffmenge eines Äquivalentes (Ionen oder Elemente) wird durch 1 Mol Elektronen ent- beziehungsweise geladen.

$F = N_A \cdot e$

$F = 6{,}022 \cdot 10^{23} \cdot 1{,}6022 \cdot 10^{-19}$ As

F = 96485 As (1 As = 1 Coulomb)

1 Stoffmenge eines Äquivalentes ist die molare Masse, geteilt durch die Wertigkeit.

Das **1. Faradaysche Gesetz** lautet dementsprechend:

Die Menge eines elektrolytisch gebildeten Stoffes ist der durch den Elektrolyten geflossenen Elektrizitätsmenge direkt proportional.

Beispiel:

107,87 g Silber werden durch 96485 As aus einer Silbersalzlösung abgeschieden.

96485 As bedeuten einen Strom von 1 A, der 96485 s oder 26,8 h fließt.

Faradaysches Gesetz:

Die durch gleiche Elektrizitätsmengen aus verschiedenen Elektrolyten abgeschiedenen Stoffmengen sind chemisch äquivalent.

M_{eq} = Äquivalentmasse

$$M_{eq} = \frac{\text{Molare Masse}}{\text{Wertigkeit}} = \frac{M}{z}$$

Bezieht man die elektrolytisch umgesetzten Massen auf 1 As, so ergibt sich für jeden Stoff dessen „**elektrochemisches Äquivalent** (c)“.

$$c = \frac{m}{I \cdot t} = \frac{M_{eq}}{F}$$

$m = c \cdot I \cdot t$ oder $m = \frac{M_{eq} \cdot I \cdot t}{F}$

Das elektrochemische Äquivalent (c) eines Stoffes gibt an, wieviel Milligramm (oder Gramm) von der Elektrizitätsmenge 1 As (oder Ah) abgeschieden werden.

Mit c läßt sich die in der Zeit t von dem Strom der Stromstärke I abgeschiedene Masse ermitteln:

$m = c \cdot I \cdot t$

Elektrochemische Äquivalente

Element	$c = \frac{\text{mg}}{\text{As}}$	$c = \frac{\text{g}}{\text{Ah}}$
Cu	0,329	1,186
Ag	1,118	4,025
Al	0,093	0,3355
Na	0,2385	0,8586
Cr	0,1797	0,647

[1]) Michael Faraday (1791–1867), englischer Chemiker und Physiker

9.4.7 Galvanisches Element

Stoffe besitzen ihr eigenes, charakteristisches Vermögen, Elektronen aufzunehmen oder abzugeben; das gilt auch für Ionen.

Beispiel:

$Na \longrightarrow Na^+ + e^-$ verläuft gegenüber Protonen als Partner für die Elektronenaufnahme sehr heftig.

$Zn \longrightarrow Zn^{2+} + 2\,e^-$ verläuft gegenüber Protonen als Partner viel träger.

Mit Wasser als Lösungsmittel führt die Abgabe von Elektronen aus einem Metall zur Bildung mehr oder minder löslicher Kationen. Es bildet sich eine *elektrische Doppelschicht* aus Kationen in der Lösung und Elektronen in der Metalloberfläche.

Abfluß der Elektronen zu einer Stelle mit Elektronenmangel führt zur Zerstörung der Doppelschicht und Abwandern der Kationen in die Lösung hinein sowie anschließender Neubildung einer elektrischen Doppelschicht durch Bildung neuer Kationen und freier Elektronen.

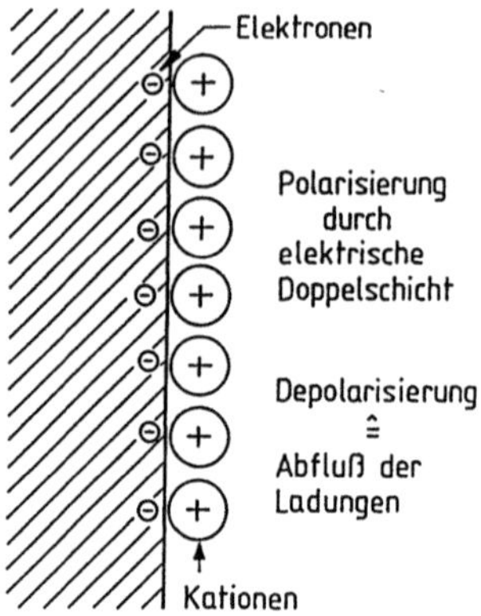

> Stoffe besitzen unterschiedlichen *Lösungsdruck*.
>
> Stoffe mit hohem Lösungsdruck werden als „unedel" und Stoffe mit niedrigem Lösungsdruck als „edel" bezeichnet.
>
> Unedle Stoffe besitzen *„negatives Potential"*, edle Stoffe besitzen *„positives Potential"*.

Lösungsdruck ist bei Na, K sehr groß, bei Cu, Ag, Au sehr klein.

Mit Potential bezeichnet man die Neigung eines Stoffes zur Abgabe von Elektronen, die als Spannung in Volt erfaßbar ist.

Das *Einzelpotential* eines Stoffes ist für sich *nicht meßbar* – es gehört stets ein Partner mit Eigenpotential dazu.

Der *Potentialunterschied* zweier verschiedener Stoffe, die in einen Elektrolyten tauchen, ist mit einem Spannungsmesser in Volt meßbar.

Jeder Stoff bildet mit seinen Ionen ein galvanisches Halbelement (Zn/Zn^{2+}, Cu/Cu^{2+}).

Zwei Halbelemente bilden ein galvanisches Element, wenn sie elektrolytisch leitend verbunden sind.

Da sich der Lösungsdruck bei hoher Konzentration an gleicher Ionensorte verringert, ist das *Potential* eines Halbelements von dieser Konzentration *abhängig*.

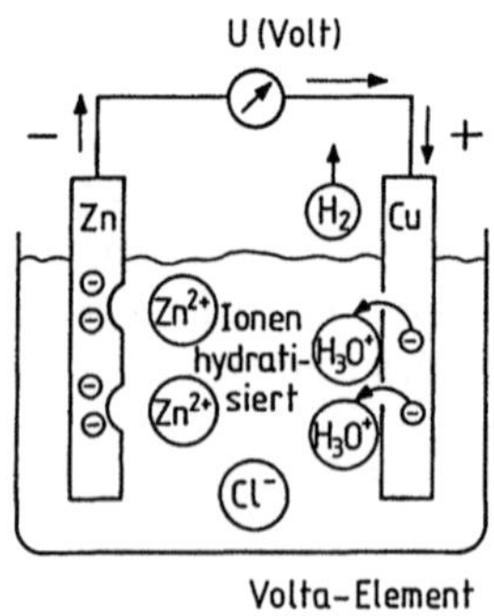

Volta-Element

Liegt ein Halbelement unter Standardbedingungen vor (Standardzustand), bezeichnet man es als Standhardhalbelement.

Sein elektrisches Potential ist das Standardpotential.

Standardpotentiale sind die auf das Potential der „Normal-Wasserstoff-Elektrode" (= ± 0 gesetzt) bezogenen Werte von Normalelektroden in Volt.

Der Ausgleich des Potentialunterschieds ist mit Elektronenfluß = Strom verbunden, der in einem Verbraucher Arbeit verrichtet (z. B. Glühlampe).

In einem galvanischen Element ist das unedlere Halbelement der negative Pol, der Elektronen liefert, an dem Oxidation stattfindet.

Das positivere Halbelement verbraucht Elektronen zur Reduktion von Kationen.

Standardbedingungen bestehen bei einer Elektrolytkonzentration von 1 mol · l^{-1} und einer Temperatur von 25 °C.

Normal-Wasserstoff-Elektrode:

Platiniertes Platinblech taucht in 1-normale Protonen-Lösung (z. B. 1 n HCl) und wird von unten mit Wasserstoff von 1,013 bar umspült.

Für die Praxis der Potentialmessung werden standardisierte Halbelemente (sogenannte Meßketten) verwendet, die leichter handzuhaben sind (z. B. Ag/AgCl-Elektrode).

9.4.8 Elektrochemische Spannungsreihe

Ordnet man die Metalle nach ihrer Oxidierbarkeit – wie leicht oder schwer sie Elektronen abgeben – so ergibt sich die *Elektrochemische Spannungsreihe.*

Die unedelsten Elemente (Metalle) finden sich an der Spitze mit sehr negativen Spannungswerten gegenüber dem Wasserstoff, der als Bezugsgröße mit ± Volt festgelegt wurde.

Die edleren Elemente besitzen positive Werte.

Metalle mit negativem Standardpotential verdrängen Wasserstoff aus verdünnten Säuren (unedle Metalle).

Metalle mit positivem Standardpotential gelten als edel, da sie sich nicht in verdünnten Säuren unter Wasserstoffentwicklung lösen.

Das Bestreben der Metalle, in den Ionenzustand überzugehen, also Elektronen abzugeben (Oxidation), nimmt mit negativer werdendem Standardpotential zu.

Das Bestreben der Metall-Ionen, aus Lösungen abzuscheiden, um wieder Metallatome zu werden, nimmt mit positiver werdendem Standardpotential zu.

Elektrode	Standardpotential
Stoff-Ionenpaar	Spannung in Volt
Li/Li^+	−3,03
K/K^+	−2,92
Ba/Ba^{++}	−2,92
Sr/Sr^{++}	−2,89
Ca/Ca^{++}	−2,84
Na/Na^+	−2,71
Mg/Mg^{++}	−2,40
Al/Al^{+++}	−1,67
Mn/Mn^{++}	−1,05
Zn/Zn^{++}	−0,76
Cr/Cr^{+++}	−0,71
Fe/Fe^{++}	−0,44
Cd/Cd^{++}	−0,401
Co/Co^{++}	−0,28
Ni/Ni^{++}	−0,236
Sn/Sn^{++}	−0,136
Pb/Pb^{++}	−0,126
Fe/Fe^{+++}	−0,045
H/H^+	± 0,000
Cu/Cu^{++}	+0,345
Cu/Cu^+	+0,52
$2\,Hg/Hg_2^{++}$	+0,798
Ag/Ag^+	+0,81
Pd/Pd^{++}	+0,83
Hg/Hg^{++}	+0,854
Pt/Pt^{++}	+1,2
Au/Au^+	+1,7

Die Spannung eines galvanischen Elements ergibt sich bei gleichen Aktivitäten (etwa gleich den Konzentrationen) aus dem Abstand der Elemente in der elektrochemischen Spannungsreihe.

Beispiele:

Galvanisches Element	Spannung
Cu – Zn + 0,345 – (– 0,76) =	1,15 V
Fe – Zn 0,44 – (– 0,76) =	0,32 V

9.4.9 Aufbau galvanischer Elemente

Es werden *nichtaufladbare* Primärelemente von *aufladbaren* Sekundärelementen unterschieden.

Primärelement: Taschenlampenbatterie
Sekundärelement: Akkumulator

Batterien

Das weit verbreitete *Leclanche-Element* wird meistens einfach Batterie genannt.

Die Elektroden sind Zink (äußerer Becher) und Kohle (Stab im Zentrum). Der Elektrolyt ist eine eingedickte (Gelatine, Sägemehl, Papier) *Ammoniumchlorid-Lösung* (Trockenelement, das nicht ausläuft).

Zink geht als Zn^{2+}-Ion in Lösung, und an der Katode wird Wasserstoff entladen, der durch eine Schicht *Braunstein*, MnO_2, unmittelbar zu Wasser oxidiert wird. Der Braunstein hebt als *Depolarisator* die polarisierende Schicht atomaren Wasserstoffs auf, die den inneren Widerstand des Elements erhöhen, das Element polarisieren würde.

Die Spannung des *Zink-Kohle-Elements* beträgt 1,5 Volt.

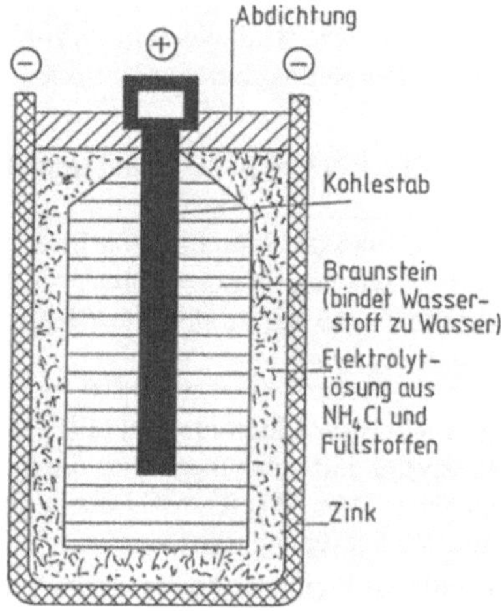

Der Wert ist höher als der Unterschied der Normalpotentiale, da die frische Batterie noch leer an Zink-Ionen, das heißt stärker negativ ist. Die Polarisierung der Zinkanode wird durch Reaktion der Zink-Ionen mit 2 NH_3 aus dem Ammoniumchlorid (NH_4Cl) zu dem löslichen Komplexion Diaminzink $[Zn(NH_3)_2]^{2+}$ unterbunden.

Blei-Akkumulator

Kurz „Blei-Akku", ist ein *Sekundärelement* (aufladbar), das trotz hohen Gewichts viel verwendet wird.

Akkumulator = Sammler, sammelt elektrische Energie beim Laden in Form von chemischer Energie.

Der Pluspol besteht aus *Blei(IV)-oxid*, PbO_2, der Minuspol aus metallischem, sehr reinem *Blei.*

Zwischen beiden Polen, die in einen Elektrolyten mit etwa 37 %iger *Schwefelsäure* tauchen, ergibt sich die Spannung von *2 Volt.*

Bei Kälte können die Reaktionsgeschwindigkeiten erheblich verlangsamt sein.

Nur einwandfreie Bleiakkus liefern dann noch genügend Strom.

Vorgänge beim Laden und Entladen

Laden des Bleiakkus

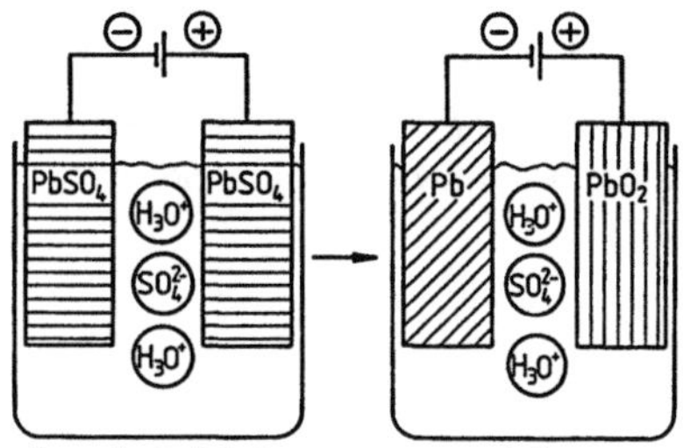

Ionen hydratisiert geladen

Höhere Spannungen werden durch Hintereinanderschalten (Reihenschaltung) von mehreren Zellen erreicht.

Bei *Stromentnahme* (Entladen) entsteht an beiden Polen *Bleisulfat* mit 2-wertigem Blei.

Bleisulfat schlägt sich auf den Elektroden nieder, wo es fest haftet.

Gesamtgleichung:

$$\underset{-\text{Pol}}{Pb} + \underset{+\text{Pol}}{PbO_2} + 2H_2SO_4 \underset{\text{Laden}}{\overset{\text{Entladen}}{\rightleftharpoons}} 2PbSO_4 + 2H_2O$$

(→ Abschnitt 7.1.1)

Die abnehmende Säurekonzentration (Verbrauch) von Schwefelsäure unter Bildung von Wasser) wird über *Dichtebestimmung* mit einem Aräometer zur *Kontrolle des Ladungszustands* benutzt.

Bei etwas erhöhter Ladespannung (ca. 2,3 Volt) wird der chemische Vorgang an jedem Pol wieder umgekehrt (reversible Reaktion).

Entladen des Bleiakkus

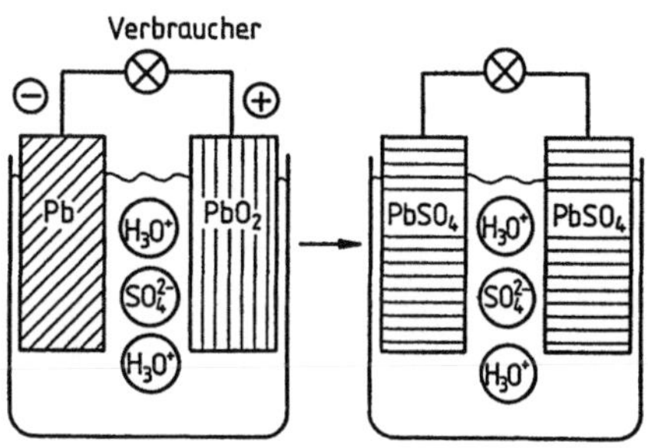

Ionen hydratisiert entladen

Geladen: Dichte $\rho = 1{,}28\ g/cm^3$ (37 %ig)

Normal entladen: Dichte $\rho = 1{,}18\ g/cm^3$ (25 %ig)

Oberhalb 2,4 Volt „gast" der Akku, entwickelt Wasserstoff und Sauerstoff (Knallgas) und es wird der Wirkungsgrad verringert.

Achtung!

In Notstromanlagen und Ladestationen kein offenes Licht verwenden.

9.4.10 Elektrochemische Korrosion

Kontaktkorrosion setzt ein, wenn zwei verschiedene Metalle *gleichzeitig* metallisch und über einen Elektrolyten leitend verbunden sind.

Der Vorgang ist dem in einem kurzgeschlossenen galvanischen Element gleich.

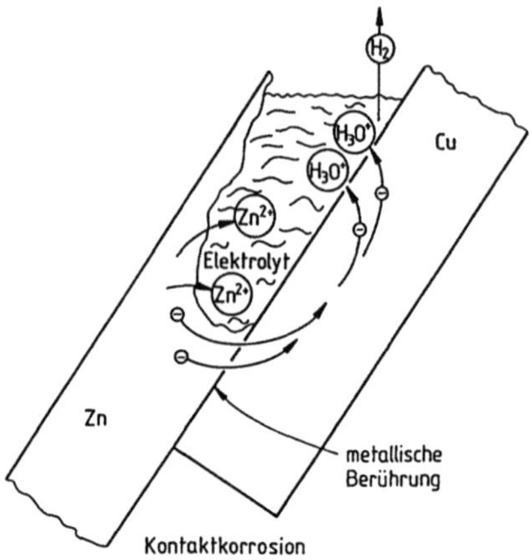

Kontaktkorrosion

Interkristalline Korrosion. Die beiden Pole können auch aus den *unterschiedlichen Kristalliten* einer Legierung gebildet werden.

Der unedlere Teil des Korrosionselements geht dabei immer in Lösung.

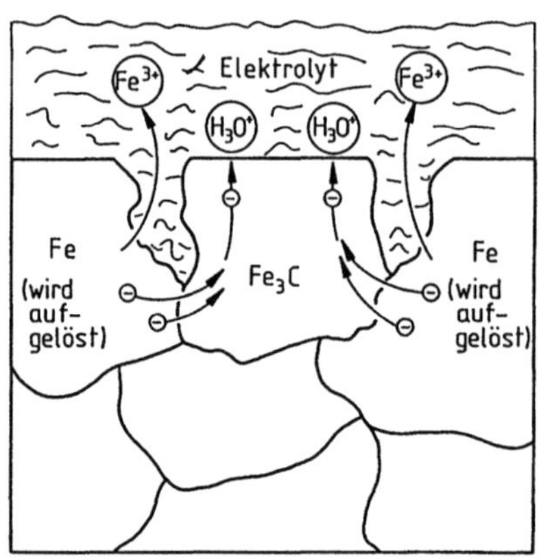

Interkristalline Korrosion

9.4.11 Korrosionsschutz

Es gibt *zahlreiche Verfahren* zum Schutz metallischer Oberflächen.

- **Korrosionsschutz durch Schutzschichten** (Auswahl)

  Lackierungen
  Kunststoffbeschichtungen
  Edlere Metallüberzüge

  (Die Gefährdung des zu schützenden unedleren Metalls durch Poren in der Schutzschicht aus edlerem Metall veranschaulicht das nebenstehende Bild.)

  Unedlere Metallüberzüge

Korrosion an der Atmosphäre und im Erdboden beruht ***überwiegend auf elektrochemischen Vorgängen.***

Alle Überzüge müssen porenfrei sein.

Beispiele:

Gold, Silber, Chrom, Nickel, Zinn

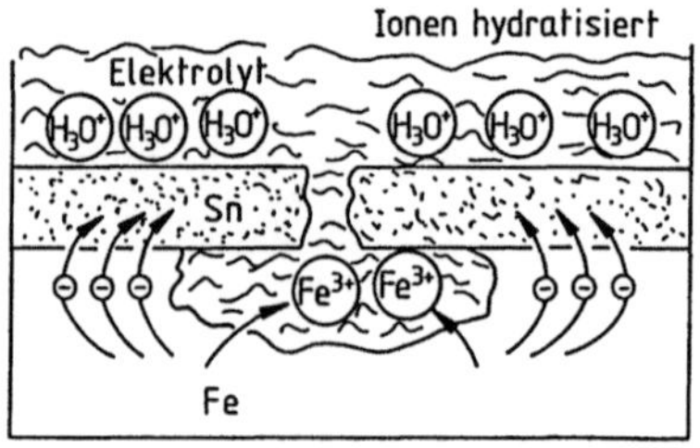

- **Katodischer Schutz**

Im katodischen Schutz macht man sich die Potentialunterschiede der Metalle innerhalb der elektrochemischen Spannungsreihe zunutze.

In Berührung mit einem Elektrolyten (Bodenfeuchtigkeit, Regen, Meerwasser) wird *ein korrosionsgefährdetes Metall*

- durch unedleres überdeckt, das selbst eine dichte Schutzschicht an der Atmosphäre bildet: ZnO, $ZnCO_3$, Cr_2O_3.
- oder mit einem unedleren metallisch leitend verbunden.
- oder an den Minuspol einer Gleichspannungsquelle geschaltet.

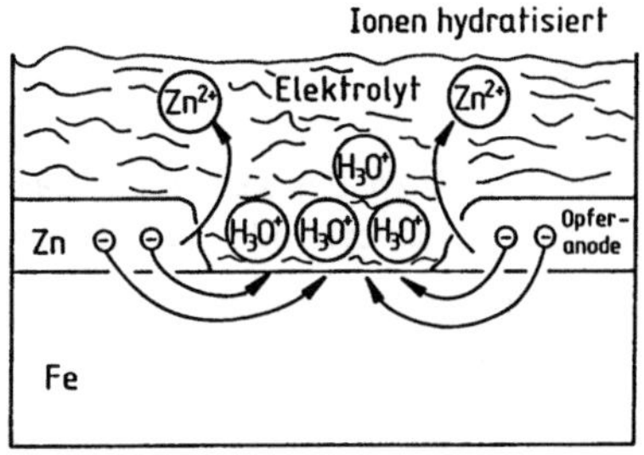

Das Zink bietet dem Eisen echten katodischen Schutz, da es sich bei einer Verletzung der Zinkschicht zuerst zersetzt (Anode).

Im Schiffsbau werden z. B. Zinkplatten an den Schiffsrumpf geschraubt.

Bei erdgelagerten Behältern oder *Rohrleitungen* werden diese gut isolierten Schutzgegenstände mit einer Opferanode aus Magnesium verbunden.

Die aktiven Schutzmaßnahmen mit *Opferanode oder Gleichspannungsquelle* bedürfen einer guten Schutzisolierung (Polyethylen, Bitumenmassen mit Gewebeeinlage u. ä.), so daß der Schutzstrom für den Fall einer Beschädigung der Schutzumhüllung *„auf Lauer liegt"*.

Ohne *Schutzumhüllung* wären der Materialabtrag an der Opferanode bzw. der Schutzstrom unwirtschaftlich und letzterer auch gefährlich hoch.

9.4.12 Zusammenfassung (Elektrochemie)

Bei der Elektrolyse werden in Salzschmelzen oder wäßrigen Lösungen durch Anlegen einer *Gleichspannung Ionen* an der Anode und Katode *entladen.*

Positiv geladene Ionen (Kationen) wandern zur Katode, negativ geladene (Anionen) zur Anode.

Zahlreiche Metalle werden durch *Elektrolyseverfahren* gewonnen.

Zur *Galvanotechnik* gehören Verfahren, die elektrisch leitende Bauteile katodisch mit *metallischen Schichten* versehen.

Bei der *anodischen Oxidation* werden zum Beispiel Aluminiumteile elektrisch oxidiert (Eloxalverfahren).

Galvanische Elemente dienen der *Stromerzeugung,* wobei chemische Energie in elektrische umgewandelt wird.

In jedem Metall wirkt eine Kraft, die, von Metall zu Metall unterschiedlich stark, zur Elektronenabgabe drängt (*Lösungsdruck*). Sie treibt zum Lösen des unedleren Metalles als oxidierte Ionen und zur Elektronenaufnahme beim edleren Metall.

Jede Lösung drängt zur Verdünnung. Zwischen beiden Drücken entsteht ein *Gleichgewicht* (Potentialunterschied).

Jedes Metall mit seinen Ionen in einem Elektrolyten bildet ein *galvanisches Halbelement.*

Werden zwei Halbelemente elektrolytisch leitend verbunden, bilden sie ein *galvanisches Element.*

Der *Ausgleich des Potentialunterschiedes* ist mit Elektronenfluß durch einen metallischen Leiter verbunden (elektrischer Strom).

In der elektrochemischen Spannungsreihe sind Elemente *nach ihrer Oxidierbarkeit* geordnet, die als Potential-Differenz in Volt meßbar ist. *Elektrochemische Korrosion* tritt auf, wenn unterschiedliche Metalle oder Kristalle miteinander und in einem Elektrolyten ein kurzgeschlossenes galvanisches Element bilden.

9.4.13 **Versuche** (Elektrochemie)

1. V Ein Hoffmannscher Wasserzersetzungsapparat wird mit destilliertem Wasser gefüllt.
Gleichspannung etwa 3–10 Volt, Stromstärke ermitteln.

VE Keine Gasblasen.
Sehr kleiner Stromfluß im Amperemeter.

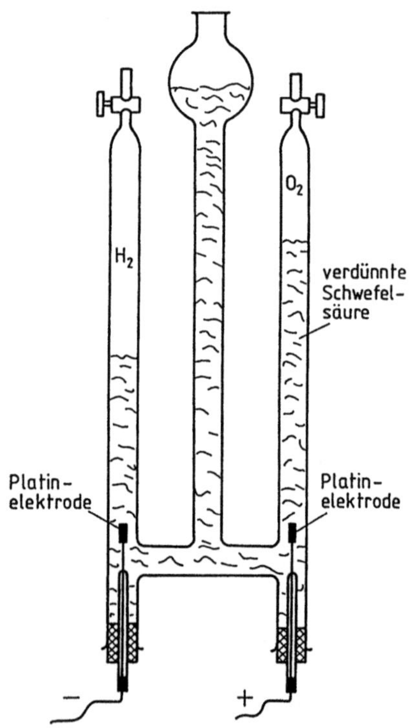

2. V Durch das mittlere Rohr wird etwas Schwefelsäure zugeführt. Gut vermischen. Stromstärke ermitteln.

VE Nach der Vermischung Blasenbildung an den Elektroden.
Ausschlag des Amperemeters. An der Katode entsteht Wasserstoff, an der Anode Sauerstoff (Verhältnis 2 : 1).

3. V Glastrog mit Kupfersulfatlösung.
In die Lösung kommen zwei Kohleelektroden. Gleichspannung etwa 6 bis 10 Volt.

VE An der Anode Gasblasen, an der Katode Abscheidung von Kupfer.

4. V Umpolung der Kohleelektroden.

VE An der neuen Katode Abscheidung von Kupfer. An der neuen Anode geht Kupfer wieder in Lösung. Gasblasen erst wieder nach Ablösung des Kupfers.

5. V In eine Ammoniumchloridlösung eine Kohle- und eine Zinkelektrode tauchen. Spannung zwischen den Elektroden messen.

VE Spannung von ca. 1,2 Volt (Spannungsabfall).

9.4.14 **Aufgaben** zu Abschnitt 9.4 (Elektrochemie)

1. Unterscheiden Sie Leiter 1. und 2. Ordnung.
2. Wie verhalten sich zum Beispiel Anionen in einem elektrischen Feld
   a) mit Gleichspannung,
   b) mit Wechselspannung?
3. Vergleichen Sie die Vorgänge bei der Elektrolyse an der Anode und Katode mit Redoxvorgängen.
4. Weshalb entstehen beim Versuch 2 im Hofmannschen Wasserzersetzungsapparat Wasserstoff und Sauerstoff im Verhältnis 2 : 1?
5. Wie groß sind die Stromstärkewerte in Versuch 1 und 2? Erklären Sie die Unterschiede.
6. Aus welchem Grunde muß die Dichte der Salzschmelze bei der Aluminiumgewinnung geringer sein als die des Metalls?
7. Ordnen Sie in den folgenden Stoffpaaren jeweils einem der beiden Stoffe den Pluspol zu: Cu/H_2, Cu/Au, Cu/Zn, Zn/Fe.
8. Welchen Stoffzustand haben im Blei-Akku die Oberflächen der Platten am Pluspol und am Minuspol
   a) im Zustand der vollen Ladung,
   b) im Zustand der völligen Entladung?
9. Welche Umstände führen zur elektrochemischen Korrosion?
10. Weshalb bietet eine Zinkschicht dem Stahl einen guten Korrosionsschutz?

10 Der Kohlenstoff und seine Verbindungen

10.1 Bedeutung der Kohlenstoffchemie

Kohlenstoff ist *ein Element mit ganz besonderen Eigenschaften,* die sich aus seinem *Atomaufbau* und seiner *Stellung* im PSE ergeben.

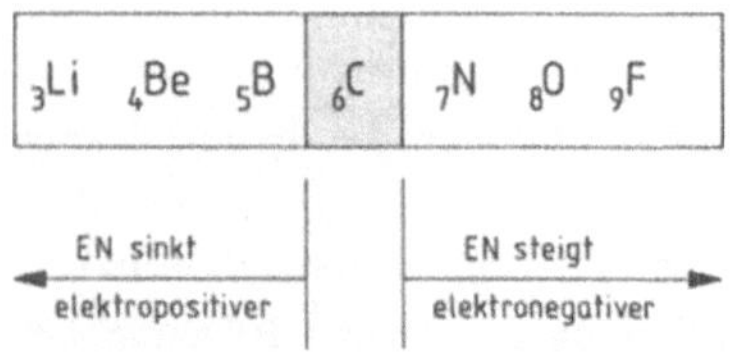

Es gibt eine sehr große Zahl von Kohlenstoffverbindungen (→ Ursache, Abschnitt 10.2).

Man schätzt heute die Zahl der Kohlenstoffverbindungen auf über 4 Millionen, die Verbindungen ohne Kohlenstoff auf etwa 100000.

Wegen der Zusammenhänge mit Lebensvorgängen gab man früher dem Gebiet der Kohlenstoffverbindungen die Bezeichnung „Organische Chemie".

Organische Stoffe sind in Pflanzen, Tieren und Menschen sowie deren Stoffwechselprodukten enthalten.

Es erfolgte eine strenge Trennung von der „Anorganischen Chemie".

Anorganische Stoffe zählen zum Mineralbereich, Luft und Wasser.

Die künstliche Herstellung von unzähligen Kohlenstoffverbindungen beseitigte den Grund für die alte Unterscheidung.

Friedrich Wöhler konnte 1828 zum ersten Male eine organische Verbindung künstlich herstellen:

$$\underset{\text{Ammoniumcyanat}}{NH_4OCN} \longrightarrow \underset{\text{Harnstoff}}{CO(NH_2)_2}$$

Dennoch wurden die historisch gewachsenen Begriffe „Organische Chemie" und „Anorganische Chemie" praktisch beibehalten.

Der Grund für die Beibehaltung der beiden Begriffe liegt in ihrer praktisch brauchbaren Kürze und in der Tatsache, daß sie vom Ursprung her nicht falsch sind. Wesentlicher Inhalt der Unterscheidung ist nach heutiger Erkenntnis:

Das zentrale Element der organischen Chemie ist der Kohlenstoff, sein schwererer Gruppennachbar – das Silicium – entspricht diesem in der anorganischen Welt der Gesteine.

Elemente im Rahmen der *Anorganischen Chemie* gehen überwiegend *Ionenbindungen* ein, Elemente, in deren Mittelpunkt der Kohlenstoff steht, gehen im Rahmen der *Organischen* Chemie vorwiegend *kovalente Bindungen* ein.

Kohlenmonoxid, Kohlendioxid, Kohlensäure und Karbonate bleiben aus Zweckmäßigkeitsgründen bei der Anorganischen Chemie.

Mit der *künstlichen* Herstellung organisch-chemischer Stoffe begann das Zeitalter der großen chemisch-technischen Fortschritte.

Beispiele:

Farben, Lacke, Arzneimittel, Kunststoffe, Insektizide.

10.2 Das Kohlenstoffatom

Der Grund für die ungeheure Fülle der Kohlenstoffverbindungen liegt im Aufbau des Kohlenstoff-Atoms.

Aus diesem ergibt sich die Stellung inmitten der 2. Periode des Periodensystems, die zu einer Elektronegativität von 2,5 führt.

Ein Kohlenstoffatom kann bis zu vier unterschiedlich gerichtete Bindungen eingehen.

Kohlenstoff geht *überwiegend Atombindungen* ein. Die organischen Kohlenstoffverbindungen sind in der Regel instabil (metastabil).

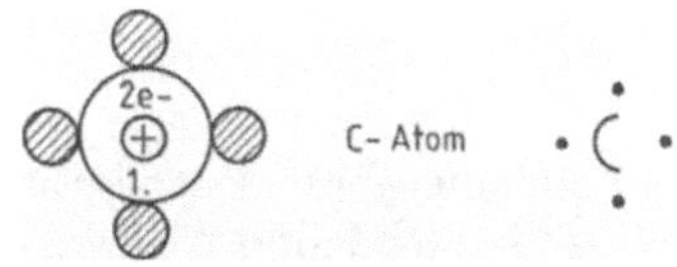

1. Schale zwei Elektronen
2. Schale vier Elektronen, die für Bindungen zur Verfügung stehen (Vierwertigkeit)

(→ Abschnitt 10.4.1.1 und 3.8)

Partner von C	EN 2,5	EN Differenz	Ionencharakter %
H	2,1	0,4	8
O	3,5	1,0	12
N	3,0	0,5	6
S	2,5	0,0	–

Die Elemente H, O, N, S und Halogene sind die bevorzugten Verbindungspartner.

Kohlendioxid: O=C=O

Nitrilgruppe: –C≡N

Ameisensäure

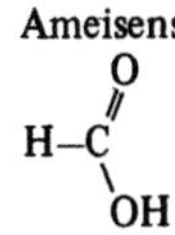

Kohlenstoffatome können sich auch *mit sich selbst* verbinden. Sie sind dann in der Lage, größere Einheiten (z. B. Ketten und Ringe) aufzubauen.

An die freien Valenzen lagern sich vorwiegend Wasserstoffatome (→ Abschnitt 10.4).

Beispiel: Octan C_8H_{18}

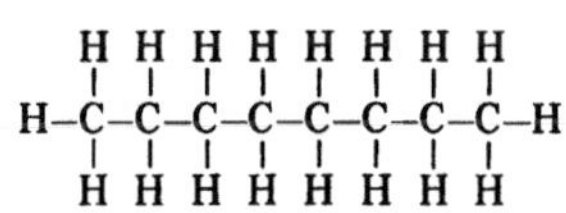

Cyclo-Hexan

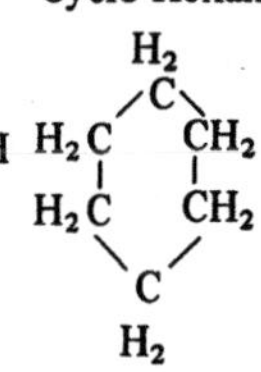

Zwischen Kohlenstoffatomen und von diesen zu anderen Elementen sind *Einfach-*, *Doppel-* und *Dreifachbindungen* möglich.

Ethan

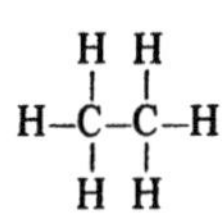

Ethen

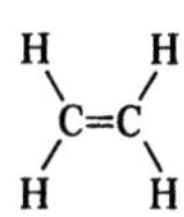

Ethin (Acetylen)

H–C≡C–H

Die *Stabilität* dieser Bindungen nimmt von der Einfach- zur Dreifachbindung ab (→ ungesättigte Kohlenwasserstoffe, 10.4).

Beispiel: Ethin

Die geringe Stabilität und die damit verbundene gute Reaktionsfähigkeit machen Ethin zu einem wichtigen Rohstoff für Großsynthesen.

In der Technik wird Ethin zum autogenen Schweißen und Schneiden gebraucht.

Bei der Verbrennung von Kohlenstoffverbindungen entstehen durch die Reaktion mit Sauerstoff stärker polare Verbindungen (meist stark exotherme), z. B. Kohlendioxid und Wasser.

Bei der Verbrennung von Ethin mit reinem Sauerstoff entstehen Temperaturen bis zu 2 700 °C.

Fette sind ebenfalls Kohlenstoffverbindungen, die sich normalerweise bei Raumtemperatur nicht entzünden.

Beim Ausströmen von Sauerstoff aus Druckgasflaschen kann vorhandenes Fett am Ventil entzündet werden und heftig verbrennen.

Entzündungsgefahr besteht auch bei Öllappen, wenn die Sauerstoffkonzentration auf etwa 30 % und mehr steigt.

Polare Verbindungen sind stabiler als unpolare.

Je *polarer* eine Bindung ist, um so höher liegt die Stabilität und um so größer wird die zur Trennung nötige Energie.

Meistens sind Kohlenstoff und Kohlenstoffverbindungen bei Normaltemperaturen (z. B. Raumtemperatur) gegenüber dem Angriff durch Luftsauerstoff stabil.

Erst nach Zufuhr der nötigen Anregungsenergie (Zündtemperatur) erfolgt die Reaktion.

Entzündungstemperatur °C

Benzin	200 ... 300
Holz	ca. 300
Koks	ca. 700

(→ Abschnitt 6.15)

Zusammenfassung

Aus praktischen Gründen werden Anorganische und Organische Chemie getrennt.

Die *Anorganische Chemie* ist vorwiegend durch Reaktionen von Ionen bestimmt.

Die *Organische Chemie* ist vorwiegend durch Reaktionen mit Partnerwechsel in Atombindung bestimmt.

Das Kohlenstoffatom ermöglicht durch seinen Aufbau eine sehr große Anzahl von Verbindungen.

Kohlenstoffatome können durch Einfach-, Doppel- und Dreifachbindungen Verbindungen mit sich selbst und mit anderen Elementen eingehen.

Die Stabilität nimmt von Einfach- zu Dreifachbindung ab.

Die Verbrennung nach Zündung führt *exotherm* zu polareren Verbindungen.

10.3 Der elementare Kohlenstoff

Der reine elementare Kohlenstoff kommt in der Natur in verschiedenen Spielarten (Modifikationen) vor.

Graphit, sehr häufig, meist verunreinigt; graphitähnlicher schwarzer Kohlenstoff wie zum Beispiel im Ruß;
Diamant, selten.

10.3.1 Graphit

Für natürlichen Graphit sind nur wenige Fundorte bekannt.

Fundstellen: Ceylon, Madagaskar, USA, Kanada, Sibirien, Mexico, Südafrika, Italien, Norwegen und bei Passau.

Meistens erfolgt eine *künstliche* Herstellung.

Künstliche Herstellung: Koks wird bei hohen Temperaturen (Abwesenheit von Sauerstoff) in Graphit umgewandelt (in Gegenwart von Silicium als Katalysator).

Neben dem ***reinen*** Graphit gibt es Graphit in verschiedenen Stoffen sehr ***kleinkristallin*** und häufig von Verunreinigungen durchsetzt. Solche Stoffe sind zum Beispiel:

- Ruß
- Koks
- Aktivkohle

Ruß ist eine lockere Masse aus sehr feinkristallinem Graphit und graphitähnlichem schwarzen Kohlenstoff.

Im Koks sind Graphitkristalle zu harten und festen Stoffbereichen verbacken.

Aktivkohle entsteht nach mäßigem Erhitzen von zum Beispiel Holz oder Knochen als ein Kohlenstoffgerüst, das aus mikrokristallinem Graphit besteht und eine riesige Oberfläche besitzt (bis 1000 m^2/g).

Fremdstoffe werden an den Oberflächen „aktiv" festgehalten (adsorbiert).

Verwendung zum Beispiel in Luftfiltern (Gasmasken), Wasserfiltern (Trinkwasserbereitung).

Aufbau von Graphit (→ Abschnitt 5.5.4)

Das Kristallgitter des Graphits besteht aus *schichtförmigen* Riesenmolekülen (C–C Atombindung).

Die einzelnen Schichten sind aus regelmäßigen Sechsecken zusammengesetzt (Muster einer Bienenwabe).

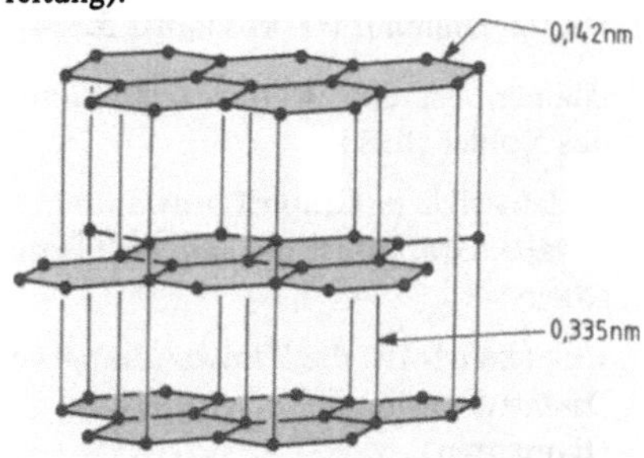

Die *Atomabstände* zwischen den Schichten sind 2,35mal so groß wie innerhalb der Schichten, wo drei Valenzelektronen jeden C-Atoms in kovalenter Bindung mit denen von drei Nachbaratomen gebunden sind.

Die jeweils vierten Valenzelektronen stehen abwechselnd über und unter einer Schicht und sind in den Zwischenräumen „locker" wie in Metallen.

Diese Elektronen leiten den elektrischen Strom und verursachen den Glanz.

Die Leitung senkrecht zu den Schichten vollzieht sich nur sehr schwer (Leitfähigkeit ca. 10 000-mal geringer).

Wegen der geringen Bindekräfte *zwischen* den Schichten lassen sich die Schichten leicht gegeneinander verschieben.

Das *Gleiten der Schichten* wird durch Einlagerungen aus der Luft oder aus Flüssigkeiten noch verbessert.

Energie (Schläge, Stöße, Erschütterungen) kann entlang der Gleitebenen aufgenommen werden (Umwandlung in Wärme).

Die Energie verteilt sich dann auf viele Atome, ohne einzelne Bindungen aufzubrechen.

Ausnutzung dieser Möglichkeit zum Beispiel beim ***Grauguß***. dort können die Graphitlamellen besonders günstig Erschütterungen „verdauen".

Graphit ist ein ***Halbleiter***. Die elektrische Leitfähigkeit nimmt mit steigender Temperatur zu (Graphit in Kohleelektroden beim Schweißen und Schmelzen, Kohlefadenlampe).

Beispiele:

Verwendung als Schmiermittel (Festschmierstoff), Kollektorbürsten.

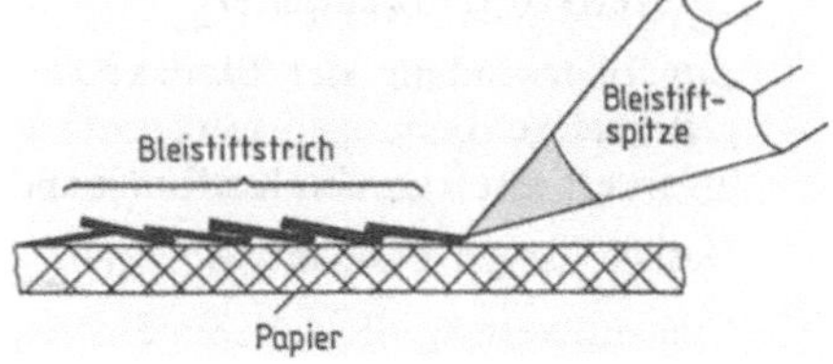

Wegen der starken Bindekräfte *innerhalb* der Schichten liegt der Schmelzpunkt sehr hoch.

Verwendung zum Beispiel als Schmelz- und Gießtiegelmetall.

Schmelzpunkt F_p = 3727 °C bei 127 bar. Bei 1 bar und 3370 °C sublimiert Kohlenstoff.

Wert F_p nach Engelhard

Zusammenfassung

Graphit besitzt ein schichtförmig aufgebautes Gitter.

– Innerhalb der Schicht: starke Kräfte ⟶ hoher Schmelzpunkt.
– Zwischen den Schichten: schwache Kräfte ⟶ Gleitmöglichkeiten.

Graphit leitet den elektrischen Strom als Halbleiter.

10.3.2 Diamant (→ Abschnitt 5.5.4)

Diamant ist eine weitere *kristalline* Modifikation des Kohlenstoffs.

Er läßt sich in Graphit umwandeln, unter Wärmeabgabe. Graphit ist die *stabilere* Form des Kohlenstoffs.

Die Umwandlung von Diamant in Graphit erfolgt extrem langsam.

Erst beim Erhitzen unter Luftabschluß ab 1500 °C geht der Vorgang schneller.

Umgekehrt ist die Umwandlung von Graphit in Diamant erheblich schwieriger (→ Künstliche Diamanten).

Umwandlungsbedingungen:

Hohe Temperaturen und Drücke.

Bei der Entstehung der natürlichen Diamanten haben diese Bedingungen geherrscht.

Beim Diamant besteht eine völlig *gleichmäßige räumliche* Gitterstruktur, bei der alle Bindungen gleich lang sind.

Die Bindungen sind gerichtet in die Ecken eines Tetraeders.

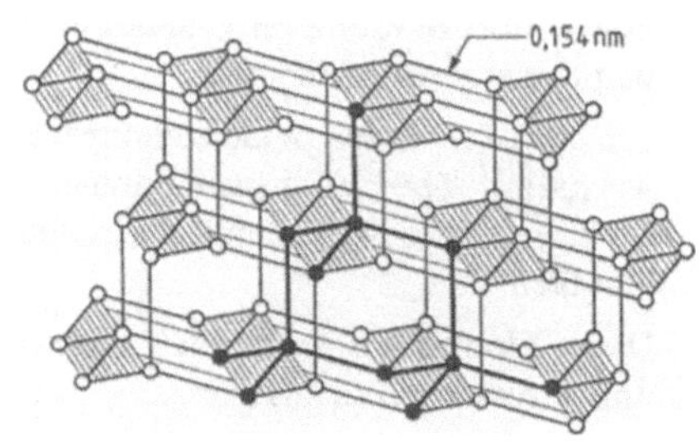

Ein Diamantkristall ist *ein einziges* Riesenmolekül, das durch Atombindungen zusammengehalten wird.

Da alle vier Valenzelektronen des Kohlenstoff-Atoms in Elektronenpaaren gebunden sind, stehen keine freien für die „elektrische Leitung" zur Verfügung: *Nichtleiter*!

Zur Überwindung der Bindekräfte müssen viele gleichstarke Bindungen aufgebrochen werden. Das erfordert einen großen Kraftaufwand.

Deshalb ist der Diamant *sehr hart*.

Diamant vermag alle anderen Stoffe zu ritzen.

Mohs-Skala: Härte 1–10

1 Talk	6 Feldspat
2 Gips	7 Quarz
3 Kalkspat	8 Topas
4 Flußspat	9 Korund
5 Apatit	10 Diamant

Jedes folgende Mineral ritzt das vorherige.

Zusammenfassung

Diamant hat ein räumlich gleichmäßiges Gitter mit hohen, gleichgroßen Bindekräften zu jedem Nachbaratom (hohe Härte).

Alle Bindungselektronen sind festgelegt (Nichtleiter für Elektrizität).

Gewinnung und Verwendung von Diamanten

a) *Natürliche Diamanten*

Fundstellen gibt es unter anderem in Zaire, Südafrika, Sibirien und Brasilien. Zur Gewinnung von 1 kg Diamanten müssen etwa 10 000 t bis 120 000 t Gestein abgebaut werden.

Etwa 5 % bis 20 % der gefundenen Diamanten sind für Schmuck geeignet. *Schmuckdiamanten* müssen möglichst farblos, durchsichtig und lupenrein (bei 10facher Vergrößerung ohne erkennbare Störungen) sein. Das Stückgewicht geht nach Karat. Ein *Karat* (metrisch) sind 0,2 g. Diamanten, die für Schmucksteine ungeeignet sind, werden als *Industriediamanten* genutzt.

b) *Künstliche Diamanten*

Künstliche Diamanten werden *bei hohen Temperaturen* (1500 bis 1800 °C) und *hohen Drücken* (53 000 bis 100000 bar in Gegenwart von Katalysatoren) hergestellt.

In der Technik können sie gegenüber Naturdiamanten vorteilhafter sein (rauhere Oberflächen).

Verwendung von Industriediamanten (Auswahl): Glasschneider, Ziehdüsen, Lager für Uhren, Bohrerkronen, Schleifpulver, Schleifscheiben für Steinbearbeitung, Schmuckdiamanten bis zu 1 Karat.

Vergleichende Zusammenfassung

Graphit	Diamant
Molekülgitter, hexagonales Schichtengitter	Atomgitter, „Diamantstruktur“, kubisch Dichtere Packung
Dichte: $2{,}26\ g \cdot cm^{-3}$	Dichte: $3{,}51\ g \cdot cm^{-3}$
leicht verformbar, in Schichten spaltbar	nicht verformbar
sehr weich (Härte 1 ... 2 nach *Mohs*)	sehr hart (Mohshärte 10)
elektrischer Leiter (Halbleiterverhalten)	kein elektrischer Leiter
Licht wird nicht gebrochen, sondern reflektiert oder absorbiert, grau bis schwarz, glänzend	starke Lichtbrechung, durchsichtig, farblos (im Idealfall)
Verwendungsmöglichkeiten:	
Schmiermittel, Schmelztiegel, Bleistifte, Moderator in Atomreaktoren (gute Bremswirkung für Neutronen)	Schmucksteine, Industriediamanten

10.4 Kohlenwasserstoffe (KW)

Chemische Verbindungen, die nur aus Kohlenstoff und Wasserstoff bestehen, werden Kohlenwasserstoffe genannt (nachfolgend als KW abgekürzt).

Da beide Elemente – Kohlenstoff – Wasserstoff – mit Sauerstoff reagieren, sind auch die Kohlenwasserstoffe wichtige Brenngase oder -flüssigkeiten.

Der EN-Unterschied zwischen Kohlenstoff- und Wasserstoffatomen ist nur gering.

Es liegt eine *Atombindung* mit relativ kleiner Polarität vor.

EN		EN-Unterschied
H 2,1	C 2,5	0,4

Man unterscheidet zwischen *gesättigten* und *ungesättigten* KW.

KW sind gesättigt, wenn die vorhandenen Kohlenstoffatome die höchstmögliche Zahl von Wasserstoffatomen gebunden haben.

Gesättigte Verbindung 3 C-Atome können max. 8 H-Atome binden	Propan 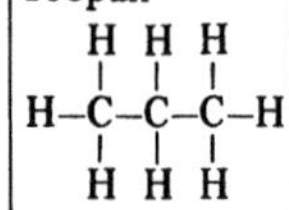
Ungesättigte Verbindung: 3 C-Atome haben nur 6 H-Atome gebunden.	Propen 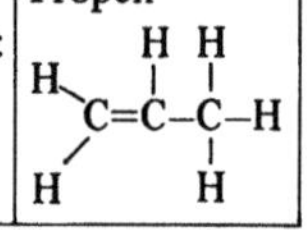

Homologe Reihen

> Homologe Reihen sind Reihen von Verbindungen, bei denen sich die aufeinanderfolgenden Glieder lediglich durch die Atomgruppe $-CH_2-$ unterscheiden.

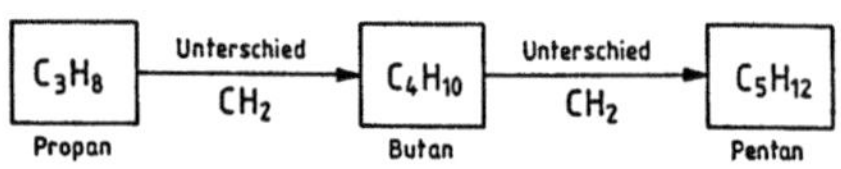

10.4.1 Kettenförmige Kohlenwasserstoffe

Kettenförmige KW werden auch *Aliphate* genannt.

Aliphaten besitzen gerade oder verzweigte Kohlenstoffketten.

Die Bezeichnung „Aliphaten" ist vom griechischen „aleiphar" (Salböl) abgeleitet, weil sich die kettenförmigen KW wie Öle nicht mit Wasser mischen lassen; als unpolare Verbindung und ohne jedes polare Atom oder eine polare Atomgruppe wie –OH tritt keine „Vermischung" mit Wasser ein. (→ Seifen, 10.6.5).

10.4.1.1 Gesättigte kettenförmige Kohlenwasserwasserstoffe

Alkane

> Gesättigte KW werden auch „Alkane" oder „Paraffine" genannt.
>
> Sie sind gegen chemische Angriffe relativ stabil.

Alkane: Al- von Aliphaten -an von der Endung der systematischen Namen der gestättigten KW

Paraffin: parum affinis (lat.) = wenig teilnehmend an etwas.

Allgemeine Formel:

Alkane $\boxed{C_nH_{2n+2}}$ (homologe Reihe)

Aufbau

Wie beim Diamanten zeigen die vier Atombindungen des Kohlenstoffatoms in die vier Ecken eines Tetraeders (Vierflächner). An den Ecken können sich jedoch die Wasserstoff- (oder ein bis vier Kohlenstoff)atome befinden.

Beispiel: Methan

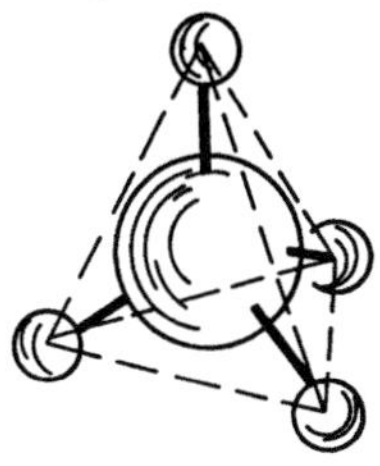

Strukturmodell

```
    H
    |
H — C — H
    |
    H
```

Strukturformel

CH_4

Summenformel

Der einfachste Kohlenwasserstoff ist *Methan* (farb- und geruchloses Gas).

Methan ist Hauptbestandteil des Erdölgases und des Erdgases.

Methan verbrennt zu Kohlendioxid und Wasser.

Wenn bestimmte Bakterien organische Stoffe zersetzen (u. a. auch im Pansen der Kuh), bildet sich unter sauerstofffreien Bedingungen Methan (Sumpfgas).

Synthetisch ist Methan aus der Umsetzung von Aluminiumcarbid mit Wasser darzustellen.

Methan kann sich in Erdöllagerstätten leicht entmischen. Als Gas sammelt es sich in porösen Gesteinen darüber an.

$$CH_4 + 2\,O_2 \longrightarrow CO_2 + 2\,H_2O - 890{,}4\,kJ \cdot mol^{-1}$$

Beispiel:

Aus Klärschlamm und landwirtschaftlichen Abfällen entsteht unter Luftabschluß Methan als „Biogas“ (mögliche Energiequelle).

$$Al_4C_3 + 12\,H_2O \longrightarrow 4\,Al(OH)_3 + 3\,CH_4$$

Bei der Steinkohlebildung (Inkohlung) entwickelte sich Methan, das beim Abbau der Kohle austritt und mit der Bewetterungsluft die hochexplosive Mischung ***schlagendes Wetter*** bildet (5–14 % Methananteil ergibt eine explosive Mischung).

Bekannt sind bisher Ketten bis zu maximal 75 C-Atomen in einer Reihe.

> Die Fähigkeit der Kohlenstoffatome, sich miteinander verbinden zu können, führt zu verschieden langen Ketten (Verzweigungen und Ringe, siehe unten).
> Die Namen aller gesättigten KW tragen die *Endung* -an.

Mit zunehmender Kettenlänge steigen die Schmelz- und Siedepunkte an.

Die gesättigten, geradkettigen KW sind unter Normalbedingungen (Raumtemperatur und 1 bar)
- bis 4 C-Atome gasförmig,
- bis 16 C-Atome flüssig und
- ab 17 C-Atome fest.

Alkane (Auswahl)

Summenformel	vereinfachte Strukturformel	Strukturformel
Methan CH_4	–	H H–C–H H
Ethan C_2H_6	$CH_3{-}CH_3$	H H H–C–C–H H H
Propan C_3H_8	$CH_3{-}CH_2{-}CH_3$	H H H H–C–C–C–H H H H

Alkane (homologe Reihe)

Name	Summenformel	Schmelzpunkt °C	Siedepunkt °C	Zustand (Normalbedingungen)	Vorkommen u.a.	Verwendung u.a. als
Methan	CH_4	−182,6	−161,7	gasförmig	Erdgas Grubengas Sumpfgas Biogas	Heizgas Motortreibstoff Grundstoff für viele chemische Prozesse
Ethan	C_2H_6	−172,0	− 88,6	gasförmig	Erdgas Kokereigas „Topgase" der Erdöldestillation	Heizgas, Grundstoff für Ethen (Weiterverarbeitung z. B. zu Polyethylen)
Propan	C_3H_8	−187,1	− 42,2	gasförmig	Erdgas Kohlehydrierung	Heizgas Leuchtgas
Butan	C_4H_{10}	−135,0	− 0,5	gasförmig	Erdgas, Erdöl Benzinsynthese	Heizgas, Leuchtgas, Campinggas
Pentan	C_5H_{12}	−129,7	36,1	flüssig		
Hexan	C_6H_{14}	− 94,0	68,7	flüssig		
Heptan	C_7H_{16}	− 90,5	98,4	flüssig	Erdöl	Benzin (Heptan, Octan)
Octan	C_8H_{18}	− 56,8	125,6	flüssig		
Nonan	C_9H_{20}	− 53,7	150,7	flüssig	Braunkohlen-	
Dekan	$C_{10}H_{22}$	− 29,7	174,0	flüssig	teer	
Undekan	$C_{11}H_{24}$	− 25,6	195,8	flüssig		Dieselöl (Undekan,
Dodekan	$C_{12}H_{26}$	− 9,6	216,3	flüssig		Dodekan)
Tridekan	$C_{13}H_{28}$	− 6,0	(230)	flüssig		
Tetradekan	$C_{14}H_{30}$	5,5	251	flüssig		
Pentadekan	$C_{15}H_{32}$	10,0	268	flüssig		Heizöl (Pentadekan,
Hexadekan	$C_{16}H_{34}$	18,1	280	flüssig		Hexadekan)
Heptadekan	$C_{17}H_{36}$	22,0	303	fest		
Octadekan	$C_{18}H_{38}$	28,0	308	fest		
Nonadekan	$C_{19}H_{40}$	32,0	330	fest	Erdöl	Paraffin im engeren Sinn
Eicosan	$C_{20}H_{42}$	36,4	–	fest	Braunkohlen-	Kerzen
Heneicosan	$C_{21}H_{44}$	40,4	–	fest	schwelerei	Zündholzimprägnierung
Docosan	$C_{22}H_{46}$	44,4	–	fest		Isoliermittel
Tricosan	$C_{23}H_{48}$	47,4	–	fest		
Tetracosan	$C_{24}H_{50}$	51,1	–	fest		

Verzweigte Kohlenwasserstoffe

KW können auch Ketten mit einer oder mehreren *Verzweigungen* bilden.

Sie werden dann *Isomere* genannt.

> Isomere besitzen bei gleichen Bruttoformeln unterschiedliche Anordnungen (Strukturen).
>
> Sie unterscheiden sich in ihren chemischen Eigenschaften nur wenig, wohl aber in den *physikalischen* Werten.

Die geradkettigen Moleküle sind die „normalen" oder „*n-Kohlenwasserstoffe*", die verzweigten die „Isomere" oder iso-Kohlenwasserstoffe.

Verzweigungen sind vom Butan an möglich.

Beispiele:

n-Butan	vereinfachte Strukturformel, Schmelzpunkt
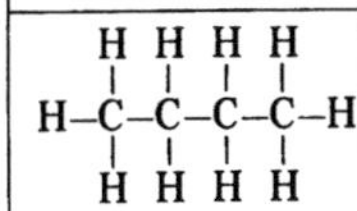	$CH_3-CH_2-CH_2-CH_3$ $-135\ °C$
i-Butan, Methylpropan	
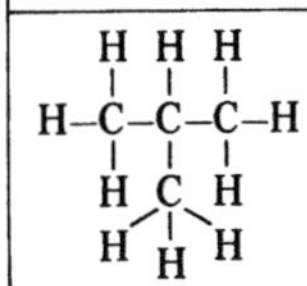	$CH_3-CH-CH_3$ (mit CH_3 am mittleren C) $-159\ °C$

Mit der Zahl der C-Atome in Kohlenstoffketten wächst die Zahl der möglichen Isomere sehr stark an.

C-Atome	5	6	7	8	9	10	11	12
Zahl der möglichen Isomere	3	5	9	18	35	75	159	355

Eine *systematische Benennung* geht nach folgenden Regeln:

Bei verzweigten KW unterscheidet man zwischen einer *Hauptkette* und einer oder mehreren *Seitenketten.*

Beispiel: i-Butan (gelesen Iso-Butan)

$CH_3-CH-CH_3$ ⟵ Hauptkette

$\quad\quad | $

$\quad\ CH_3$ ⟵ Seitenkette

Als Hauptkette gilt die *längste unverzweigte* C-Kette.

Die Seitenketten sind Kohlenwasserstoffreste (Alkyle oder Alkylgruppen). Sie bestehen aus ein- oder mehrbindigen Atomgruppen, die allein für sich nicht existieren. Man nennt sie deshalb auch *Radikale.*

Die Namen der Radikale leiten sich vom Stammnamen der Kohlenwasserstoffe ab.

Sie haben die *Endung* -yl und werden den Namen der Hauptkette vorangestellt.

Stammname	Formel	Radikalname	Formel
Methan	CH_4	Methyl	CH_3-
Ethan	C_2H_6	Ethyl	C_2H_5-
Propan	C_3H_8	Propyl	C_3H_7-
Butan	C_4H_{10}	Butyl	C_4H_9-
Ethen	C_2H_4	Ethenyl	$CH_2{=}CH-$

Die *Ziffer* vor dem Radikalnamen gibt an, bei welchem Glied der C-Kette die Abzweigung erfolgt.

Beispiel: i-Butan

2-Methyl-propan (systematischer Name)

$CH_3-CH-CH_3$

$\quad\quad |$

$\quad\ CH_3$

Die *Zählung* kann von beiden Seiten der Kette aus geschehen. Man wählt die kleinstmögliche bis zur Verzweigung.

Beispiel: i-Hexan

5. 4. 3. 2. 1.

$CH_3-CH_2-CH_2-CH(CH_3)-CH_3$ ← Stammname der Hauptkette: Pentan

Radikalname Methyl, Abzweigung an der 2. Stelle (Zählung von rechts wegen der kleinstmöglichen Ziffer.

Systematische Bezeichnung:

2 Methyl – pentan

- pentan → Stammname der Hauptkette
- Methyl → Radikalname der Seitenkette
- 2 → Abzweigung am 2. C-Atom

Mehrere gleichartige Seitenketten erhalten den Zusatz Di-, Tri-, Tetra- usw.

4. 3. 2. 1.

$CH_3-CH(CH_3)-CH(CH_3)-CH_3$

2,3 Di- methyl-butan

- butan → Stammname der Hauptkette
- methyl → Radikalname der Seitenkette
- Di- → Die gleiche Seitenkette kommt doppelt vor
- 2,3 → Abzweigungen am 2. und 3. C-Atom

10.4.1.2 Ungesättigte kettenförmige Kohlenwasserstoffe

Ungesättigte Kohlenwasserstoffe haben zwischen zwei Kohlenstoffatomen eine Doppel- oder eine Dreifachbindung.

Bei einer *Einfachbindung* gibt es die ⟵ relativ starke sogenannte σ (sigma)-Bindung.

Eine *Doppelbindung* enthält neben der σ-Bindung noch eine schwächere π (pi)-Bindung, die die Verbindung reaktionsfreudiger macht.

In *Dreifachbindungen* existieren zwei π-Bindungen neben der σ-Bindung.

Deshalb sind Dreifachbindungen noch reaktionsfreudiger.

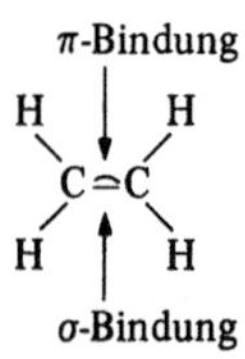

Ethen

$H-C\equiv C-H$ Ethin

In chemischen Formeln werden σ- und π-Bindungen üblicherweise nicht unterschieden.

Zum Beispiel zerfällt Ethin unter Druck (> 1,5 bar) explosionsartig. Durch Lösen in Aceton wird es besser transportierbar (Flaschengas). 100 ml Aceton lösen bei 12 bar ca. 30 *l* Ethin.

> *Ungesättigte Kohlenwasserstoffe* haben zwei oder drei Bindungen zwischen zwei Kohlenstoffatomen
> Sie reagieren daher leichter als gesättigte.

Alkene (Olefine)

Alkene besitzen eine Doppelbindung zwischen zwei C-Atomen.

Die Benennungen der Verbindungen der *Alkenreihe* enden mit den Buchstaben -en.

Allgemeine Formel:

Alkene $\boxed{C_nH_{2n}}$ (homologe Reihe)

> Im Gegensatz zu den Alkanen sind die Alkene sehr *reaktionsfreudig.*
>
> Die Doppelbindung zeigt sich dabei als die reaktionsfreudigste Stelle im Molekül.

Olefin – ölbildender KW

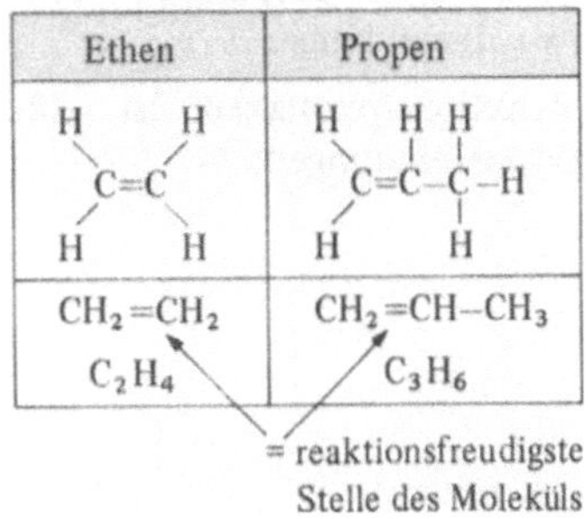

Eine Doppelbindung ist bestrebt, in eine Einfachbindung überzugehen. An die nach Öffnung der π-Bindung neu entstehenden Bindungsmöglichkeiten (Valenzen) können sich Atome oder kleinere Moleküle anlagern.
(→ Abschnitt 10.6.1)

Beispiele:

$CH_2=CH_2 + H_2 \longrightarrow CH_3-CH_3$
$CH_2=CH_2 + HCl \longrightarrow CH_3-CH_2Cl$
$CH_2=CH_2 + Br_2 \longrightarrow CH_2Br-CH_2Br$
(Entfärbung einer Bromlösung)

Diene (Alkadiene)

> Diene besitzen *zwei* leicht reaktionsfähige Doppelbindungen.

Sprechweise: di-en

Die Namen werden mit der Endung „dien" gebildet, unter Beibehaltung des Buchstabens „a" des Stammwortes.

Beispiele:

$H_2C=CH-CH=CH_2$ Butadien-(1,3)
$H_2C=CH-C(CH_3)=CH_2$ 2-Methylbutadien-(1,3) (Isopren)

Allgemeine Formel:

Diene $\boxed{C_nH_{2n-2}}$ (homologe Reihe)

Beide Stoffe dienen unter anderem zur Synthese von Kautschuk bzw. Buna. Isopren liegt im Naturkautschuk vor.

Mit der *Länge* der Kohlenstoffkette kann auch die Zahl der Doppelbindungen weiter zunehmen.

Beispiel:

Hexatrien-(1,3,5)
$CH_2=CH-CH=CH-CH=CH_2$.

Alkine

> Alkine haben in ihren Molekülen mindestens eine Dreifachbindung.

Beispiele:

$H-C\equiv C-H$	C_2H_2	Ethin
$H_3C-C\equiv C-H$	C_3H_4	Propin
$H_3C-CH_2-C\equiv C-H$	C_4H_6	Butin-(1)

Die Ziffer (1) gibt die Stellung der Dreifachbindung im Molekül an.

Die Namen enden mit „in".

Allgemeine Formel (bei einer Dreifachbindung):

Alkine $\boxed{C_nH_{2n-2}}$ (homologe Reihe)

Nach dem Orbitalmodell besteht die Dreifachbindung zwischen zwei C-Atomen (–C≡C–) aus einer stabilen σ (sigma)-Bindung und aus zwei weniger festen π (pi)-Bindungen.

Die Reaktionsfreudigkeit ist stärker als bei C=C-Doppelbindungen.

σ-Bindung	energiearm	stabil
π-Bindung	energiereich	weniger stabil

Ethin (Acetylen)

Der einfachste KW mit Dreifachbindung ist Ethin, besser unter dem Trivialnamen (Umgangsnamen) *Acetylen* bekannt.

Reines Ethin ist farb- und geruchlos.
Der Geruch des technischen Gases Ethin kommt von den Verunreinigungen, wie besonders von dem giftigen Phosphin, PH_3.

Ethin wird zur Synthese zahlreicher organischer Verbindungen gebraucht.

In der Technik findet es Verwendung beim Autogenschweißen und -schneiden.

Beim Verbrennen mit reinem Sauerstoff entstehen Temperaturen bis etwa 3000 °C.

Für die vollständige Verbrennung gilt folgende Gleichung:

$$2C_2H_2 + 5O_2 \longrightarrow 4CO_2 + 2H_2O - \Delta H_R$$
$$\Delta H_R = -2{,}62 \text{ MJ}$$

Vergleich der aliphatischen Kohlenwasserstoffe

	Gesättigte KW	Ungesättigte KW		
	Alkane	Alkene	Diene	Alkine
Allgemeine Formel	C_nH_{2n+2}	C_nH_{2n}	C_nH_{2n-2}	C_nH_{2n-2}
Bindungsarten	Einfachbindung	eine Doppelbindung	zwei Doppelbindungen	Dreifachbindung
Nach dem Orbitalmodell zwischen zwei C-Atomen ...	eine σ-Bindung	eine σ- und eine π-Bindung		eine σ-Bindung und zwei π-Bindungen
Reaktionsbestreben	Reaktionsträgheit	Reaktionsfreudigkeit bei den π-Bindungen		
Reaktionen	Substitution	Addition Polymerisation		Addition Polymerisation Reppesynthese
Verwendung als ... bzw. Ausgangsstoffe für ...	Mineralöle, Benzin Synthesen	Kunststoffe		Kunststoffe Alkohole

10.4.2 Ringförmige Kohlenwasserstoffe

In der Chemie werden alle Moleküle, die die Form eines geschlossenen Vielecks haben, als Ringe bezeichnet.

Gesättigte Ringform

Cycloalkane (Cycloparaffine)

Cycloalkane besitzen zwischen den C-Atomen nur Einfachbindungen.

Allgemeine Formel:

Cycloalkane C_nH_{2n}

Beispiele: Cycloalkane

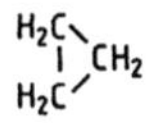

Cyclopropan C_3H_6

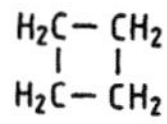

Cyclobutan C_4H_8

Cyclopentan C_5H_{10}

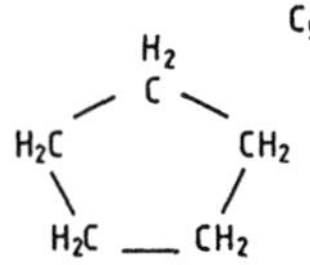

oder

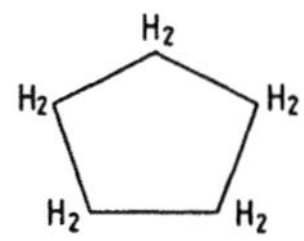

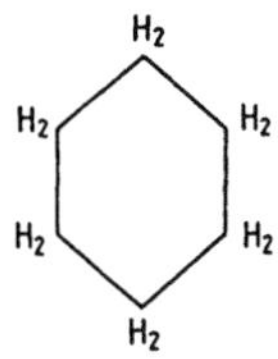

Cyclohexan
C_6H_{12}
(Lösungsmittel; klopffester Treibstoff)
Oktanzahl (Oz) = 83

Ungesättigte Ringform

Cycloalkene (Cycloolefine)

Cycloalkene sind ringförmige KW mit *einer* Doppelbindung.

Allgemeine Formel:

Cycloalkene C_nH_{2n-2}

Beispiele: Cycloalkene

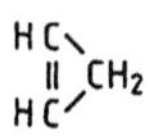

Cyclopropen

Beispiele: Cycloalkene

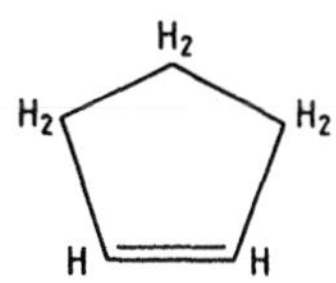

Cyclopenten
C_5H_8

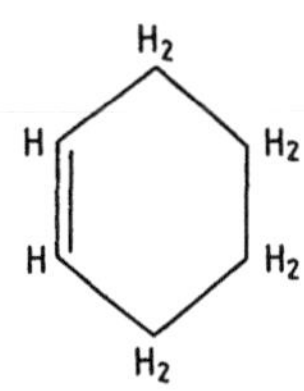

Cyclohexen
C_6H_{10}

Cyclodiene

In den ringförmigen Molekülen sind *zwei* Doppelbindungen.

Allgemeine Formel:

Cyclodiene C_nH_{2n-4}

Beispiele: Cyclodiene

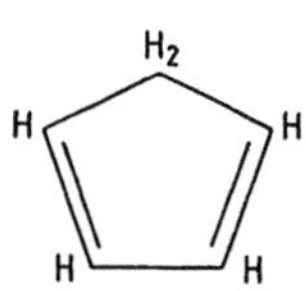

Cyclopentadien
C_5H_6

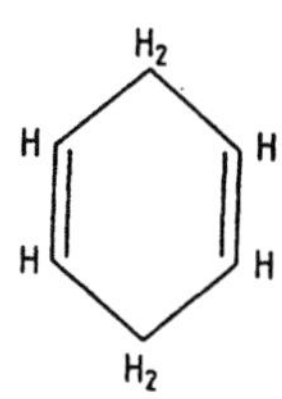

Cyclohexadien
C_6H_8

Aromaten (ein oder mehrere Benzolringe)

Eine besondere Stellung unter den ringförmigen KW nimmt das *Benzol* ein.

Benzol: C_6H_6

August Kekulé entdeckte 1865 die Struktur des Benzols als Ring.

Benzol und alle Verbindungen, die sich vom Benzol ableiten, werden *„aromatische Verbindungen“* oder *Aromaten* genannt.

Die Benennung ***aromatisch*** hängt damit zusammen, daß die ersten Benzolverbindungen in wohlriechenden, aromatischen Naturstoffen (z. B. Vanilin) entdeckt wurden.

Von der Zahl der möglichen Doppelbindungen her müßte Benzol ein ungesättigtes, wenig stabiles Molekül haben.

Im Gegensatz zu den bisher besprochenen ungesättigten KW verhält sich Benzol aber fast *„gesättigt“* und besonders *stabil* (energiearm).

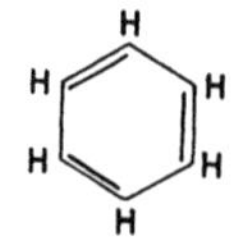

Benzol

Cyclohexatrien

C_6H_6

Die Strukturen und Reaktionsweisen der bisher besprochenen Ring-KW – auch Cyclo-Alkene und -Diene – sind denen der Ketten-KW sehr ähnlich.

Die Stabilität des Benzolmoleküls läßt sich zum Beispiel an der höheren Klopffestigkeit im Verbrennungsmotor aufzeigen.

Es gibt beim Kohlenstoffatom vier Valenzelektronen, von denen sich beim Benzolring drei in der (sigma)-Bindung befinden. Je C-Atom geht ein p_z-Elektron in den (pi)-Zustand). Die sechs (pi)-Elektronen sind dann keinem C-Atom mehr direkt zugeordnet, sondern bilden eine (pi)-Elektronenwolke, die dem ganzen Ring gemeinsam gehört (benzol-typisches, aromatisches System).

Die zusätzlich zu den sechs Einfachbindungen vorhandenen Elektronen treten miteinander in *Wechselwirkung* und verteilen sich gleichmäßig über den ganzen Ring (delokalisiert).

Das führt zu einem niedrigeren Energieniveau (151 kJ/ mol). Die *Bindungen* in aromatischen Ringen sind stabiler.

Strukturformeln für den Benzolring:

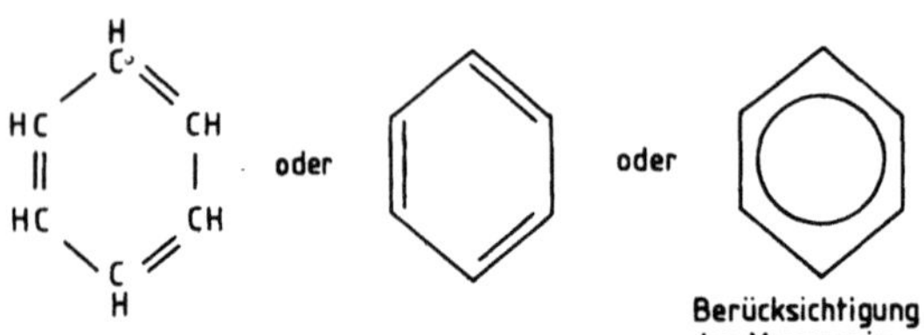

Berücksichtigung der Mesomerie (Delokalisierung der π-Elektronen)

Mesomerie bedeutet „mittlerer Zustand“ von Teilchen. Er wird beim Benzolring durch die Delokalisierung der π-Elektronen erreicht (energiearmer Zustand des Benzolmoleküls).

Benzol ist ein besonders wichtiger organischer *Grundstoff*. Er ist giftig und krebserregend.

Die Wasserstoffatome sind austauschbar gegen funktionelle Gruppen (→ Abschnitt 10.5).

Benzol (Vorsicht!)

Eigenschaften	Verwendung
leichter als Wasser	Lösungsmittel für Harze und Fette
in Wasser schwer löslich	Treibstoff
verdampft leicht	
brennbar, bildet explosive Gemische mit Luft	
elektrisch aufladbar	
Dämpfe sehr giftig und krebserregend.	

Kondensierte aromatische Verbindungen

Systeme von Kohlenstoffringen, die einen Teil der C-Atome gemeinsam benutzen, werden *kondensierte Ringe* genannt.

Von diesen und weiteren „Aromaten" leitet sich eine Vielzahl natürlicher und künstlicher Stoffe ab.

Beispiele:

Stoffe	Eigenschaften Verwendung
Naphthalin $C_{10}H_8$ 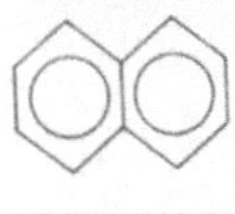	Mottenpulver Feueranzünder Rohstoff für technische Podukte (Gerbstoffe)
Anthracen $C_{14}C_{10}$ 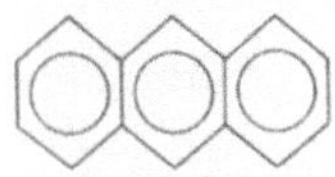	Rohstoff für Farbstoffe, Gerbstoffe
Benzypren $C_{20}H_{12}$ 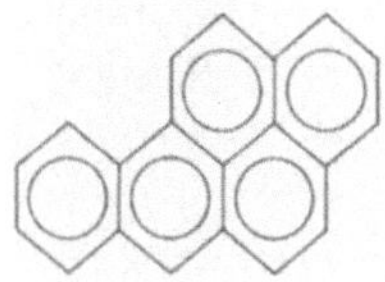	krebserregender Stoff im Zigaretten-rauch und Teer

Nichtkondensierte aromatische Verbindungen

Sie besitzen keine gemeinsamen Ringglieder.

Beispiele:

Stoff	Eigenschaften Verwendung
Diphenyl 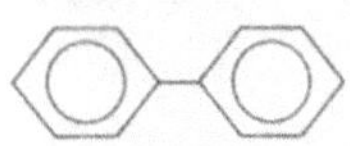	Stammsubstanz *vieler Farbstoffe,* gegen Schimmel-befall bei Citrus-früchten (Besprühung)

10.4.3 Kohlenwasserstoffe, Übersicht

Kettenförmige Kohlenwasserstoffe		Ringförmige Kohlenwasserstoffe	
Gesättigte KW	**Ungesättigte KW**	**Gesättigte Ringform**	**Ungesättigte Ringform**
Alkane (Paraffine)	*Alkene*	*Cycloalkane* (Cycloparaffine)	*Cycloalkene*
Nur Einfachbindungen	Eine Doppelbindung	Nur Einfachbindungen	Ringformen mit einer Doppelbindung
C_nH_{2n+2}	C_nH_{2n}	C_nH_{2n}	C_nH_{2n-2}
Beispiel: Ethan Summenformel: C_2H_6 Strukturformel: 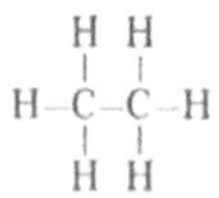 Vereinfachte Strukturformel: CH_3-CH_3	*Beispiel:* Ethen 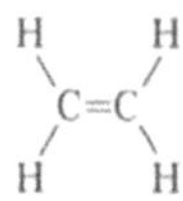 C_2H_4 $CH_2=CH_2$	*Beispiel:* Cyclohexan C_6H_{12} 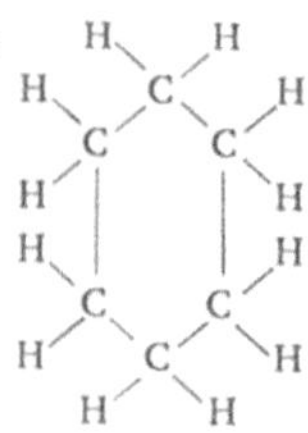	*Beispiel:* Cyclohexen C_6H_{10} 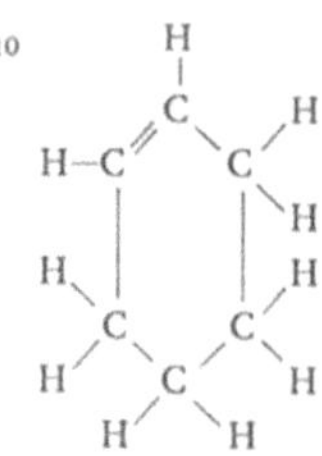
	Diene zwei Doppelbindungen C_nH_{2n-2} Beispiel: *Butadien* 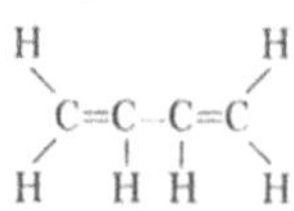 C_4H_6 $CH_2=CH-CH=CH_2$		*Cyclodiene* Ringform mit zwei Doppelbindungen C_nH_{2n-4} *Beispiel:* Cyclohexadien C_6H_8 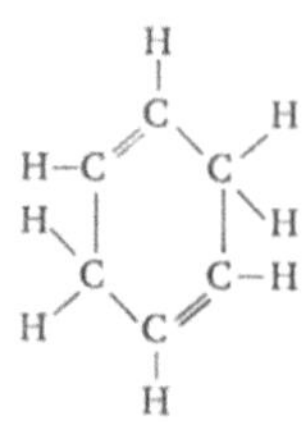

	Kettenförmige Kohlenwasserstoffe	Ringförmige Kohlenwasserstoffe
	Ungesättigte KW	**Benzol und -abkömmlinge**
	Alkine	*Aromaten*
	Dreifachbindung	Ein Benzolring oder mehrere Benzolringe
	C_nH_{2n-2}	Benzol C_6H_6
	Beispiel: *Ethin* (Acetylen) C_2H_2 H–C≡C–H CH≡CH	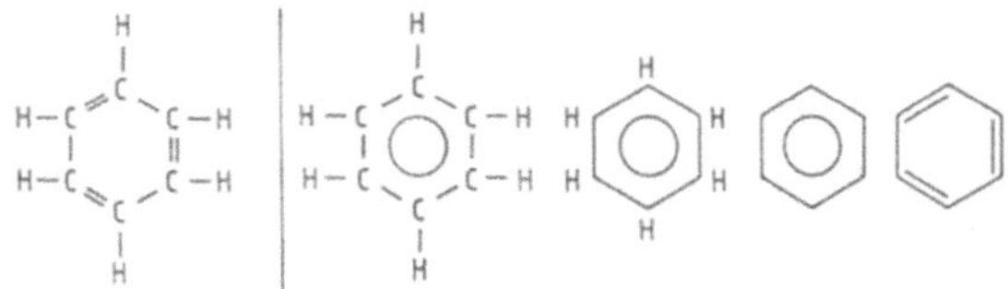 Nach Kekulé — Moderne Schreibweisen

10.5 Funktionelle Gruppen

Derivate

Organische Verbindungen, bei denen Wasserstoffatome durch andere Atome oder Atomgruppen *ersetzt* wurden, werden Derivate (Abkömmlinge) genannt.

Beispiele: (funktionelle Gruppen)

CH_3–Cl Monochlormethan

C–Cl_4 Tetrachlormethan

CH_3–CH_2–CH_2–OH Propanol

Funktionelle Gruppen

Als funktionelle Gruppen bezeichnet man solche Atome, Atomgruppen und Mehrfachbindungen, die eine Erweiterung oder Änderung des *Reaktionsverhaltens* hervorrufen.

Sie bestimmen den Charakter einer Verbindung.

CH_3–COOH Essigsäure, Ethansäure (COOH: funktionelle Gruppe)

CH_3–CH_2–NH_2 Äthylamin (NH_2: funktionelle Gruppe)

Anhand der „funktionellen Gruppen" kann man wesentliche Eigenschaften organischer Moleküle aus der Strukturformel „ablesen".

Beispiele:

Die Gruppen –OH, –COOH und –NH_2 erhöhen die Wasserlöslichkeit.

–OH	Hydroxylgruppe „alkoholisches" Verhalten
–COOH	Carboxylgruppe, enthält ein „azides", als Proton abspaltbares H-Atom → saures Verhalten
–NH_2	Aminogruppe, zieht ein Proton an → basisches Verhalten.
–Cl	fettfreundlicher

Übersicht (Auswahl funktioneller Gruppen)

Funktionelle Gruppe	Struktur der Gruppe	Formel der Gruppe	Stoffklasse Derivatname	Endung des Namens	Beispiel	Verwendung (Beispiele)
Hydroxyl-	R–OH	–OH	Alkohole	-ol	CH_3–CH_2OH Ethanol (Ethylalkohol)	In alkoholischen Getränken
Carbonyl- (endständig)	R–C(=O)–H am Molekülende	–C(=O)–H	Aldehyde	-al	CHO Methanal (Formaldehyd)	Desinfektions- und Konservierungsmittel
Carbonyl- (mittelständig)	R_1–C(=O)–R_2 im Molekül	–C(=O)–	Ketone	-on	CH_3–CO–CH_3 Propanon (Aceton)	Lösungsmittel für Acetylengas in Stahlflaschen
Carboxyl-	R–C(=O)–OH	–C(=O)–OH	Organische Säuren Grund: –C(=O)–O^- + H^+	-säure	H–C(=O)–OH Methansäure (Ameisensäure)	Weit verbreitet in der Natur: Ameisen, Bienenstachel, Brennessel usw. Technisch vielseitig verwendbar
					CH_3–C(=O)–OH Ethansäure (Essigsäure)	Speisegewürze Arzneimittel Farbstoffe Riechstoffe
Amino-	R–N(–H)–H	–NH_2	Amine	-amin oder Amino-	NH_2  Aminobenzol (Anilin)	Wichtiger Ausgangsstoff für viele Azofarbstoffe und Arzneien **Giftig!**

R = organischer Rest

Aminosäuren

Struktur	Beschreibung	Beispiele: Namen der Aminosäuren	Reste R	Aminosäure
R–CH(NH_2)–COOH Carboxylgruppe; NH_2 Aminogruppe	Von besonderer Bedeutung sind die α-Aminosäuren, weil sie die Bausteine der *Proteine* bilden	Glycin	H–	–CH(NH_3^+)–COO^-
Das Proton der Carboxylgruppe kann von der Amino-Gruppe gebunden werden.	Es handelt sich um *α-Aminosäuren*, wenn die Amino-Gruppe an dem C-Atom neben der Carboxylgruppe gebunden ist.	Alanin	CH_3–	–CH(NH_3^+)–COO^-
–CH–COO^- Anion; NH_3^+ Kation; „Zwitterion" Normalerweise liegen Aminosäuren in dieser Form vor (energiearm)	Wenn sich Aminosäuren an ihren funktionellen Gruppen unter Austritt von H_2O verbinden, entstehen Di-, Tri- usw. und Polypeptide.	Leucin	(CH_3)₂ H–C–CH_2–	–CH(NH_3^+)–COO^-
		L-Valin	(CH_3)₂ H–C–	–CH(NH_3^+)–COO^-

10.6 Organische Reaktionsformen

10.6.1 Addition

Aus zwei oder mehreren Ausgangsstoffen bildet sich unter Aufspaltung einer Mehrfachbindung ein neuer Stoff. Nebenprodukte entstehen nicht.

Additionsreaktionen liegen vor, wenn Doppel- oder Dreifachbindungen in Einfach- bzw. Doppelbindungen übergehen.

Meistens lagern sich Atome oder Molekül-Gruppen (Reste) an die verfügbaren Valenzen an.

Beispiele:

$CH_2{=}CH_2 + H_2 \longrightarrow CH_3{-}CH_3$
Ethen → Ethan

$CH_2{=}CH_2 + HOH \longrightarrow CH_3{-}CH_2OH$
Ethen → Ethanol

$CH_2{=}CH{-}CH_3 + HJ \longrightarrow CH_3{-}CHJ{-}CH_3$
Propen → 2-Jodpropan

$CH_2{=}CH{-}CH_3 + HCl \longrightarrow CH_3{-}CHCl{-}CH_3$
Propen → 2-Chlorpropanon

10.6.2 Substitution

Als Substitution bezeichnet man Reaktionen, bei denen Atome oder Atomgruppen einer Verbindung durch andere Atome oder Atomgruppen (Radikale) *ersetzt* werden.

Beispiele: $CH_4 + Cl_2 \xrightarrow{\text{Licht}} CH_3Cl + HCl$
Chlormethan

Formel und Name	Verwendung
$CHCl_3$ Trichlormethan Chloroform	Narkosemittel, Lösungsmittel
CCl_2F_2 Dichlordifluormethan, Freon 12	Kältemittel, Treibgas in Sprühdosen

10.6.3 Hydrierung (Sonderfall der Addition)

Die Anlagerung (Addition) von *Wasserstoff* wird Hydrierung genannt.

Dehydrierung ist eine *Abspaltung* von Wasserstoff aus chemischen Verbindungen.

Beispiele:

$CH_2{=}CH_2 + H_2 \longrightarrow CH_3{-}CH_3$
Ethen → Ethan

$CO + 2H_2 \longrightarrow CH_3OH$
Methanol

10.6.4 Esterbildung (Substitution)

Die Esterbildung verläuft in formaler Ähnlichkeit zur *Salzbildung* durch Neutralisation.

Es handelt sich aber *nicht* um Ionenreaktionen.

Ester entstehen aus Säuren und Alkoholen, wobei Wasser frei wird.

Esterbildung allgemein:

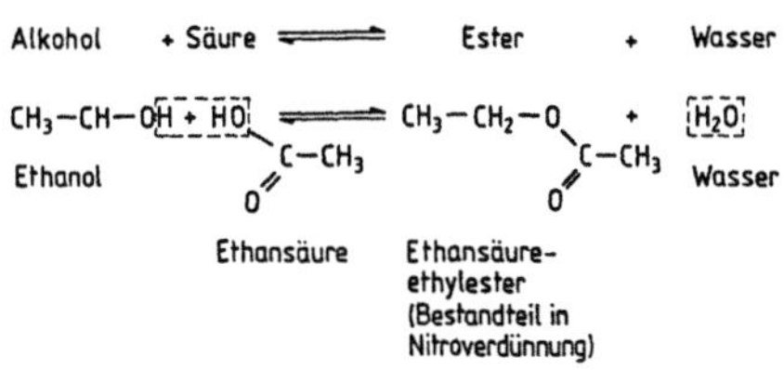

Die Reaktionen können sowohl mit organischen als auch anorganischen Säuren erfolgen.

(Zur Erhöhung der Ausbeute an Ester dienen wasseranziehende, anorganische Säuren, wie Schwefelsäure, Phosphorsäureanhydrid, um durch die Entfernung des Wassers auf der Produktseite das Gleichgewicht zugunsten der Esterbildung zu verschieben.)

Ester aus organischen Säuren:
Fruchtgeruch in der Natur und künstlich als Aromastoffe.
Geruchsstarke Lösungsmittel, zum Beispiel in Alleskleben und Nitrolacken. In Wachsen (höhere Alkohole + höhere Monocarbonsäuren) in der Natur auf Blättern, Blüten, Früchten, Bienenwachs (Fruchtester).

Zu den Estern zählen auch die Fette.

Fette und „fette Öle":
Höhere Monocarbonsäuren verestert mit Propantriol (Glycerin); fette Öle besitzen mehr ungesättigte Monocarbonsäuren mit niedrigen Schmelzpunkten.
Fette Öle sind in Pflanzen und Tieren (Palmkern, Leinsamen, Waltran, Lebertran) zahlreich verfügbar.

Fette Öle können durch Hydrierung in teil- und vollgesättigte Fette umgewandelt werden, wenn sie – wie überwiegend – ungesättigt sind (Fetthärtung, da die Schmelzpunkte höher werden).

Für die Ernährung sind bestimmte Fette mit *ungesättigten Fettsäuren* lebensnotwendig.

Beispiele:

	Fett-gehalt %	Gesät-tigte	Un-gesättigte
		Fettsäuren %	
Schmalz	99	38 ... 45	5 ... 12
Butter	82	49 ... 68	2 ... 5
pflanzliche Öle	100	10 ... 20	70
Margarine	80	30 ... 50	20 ... 50

Wichtige Ester entstehen auch mit anorganischen Säuren, wie z. B. Nitroglycerin (Trisalpetersäureglycerinester).

Ester mit anorganischen Säuren

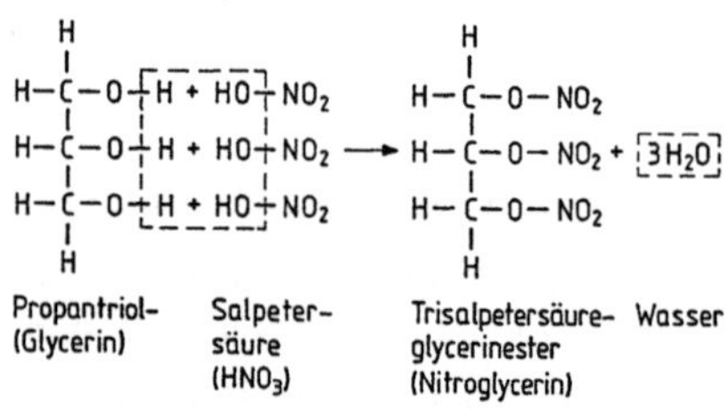

Nitroglycerin findet Verwendung zum Beispiel als Sprengstoff (Explosion durch leichten Stoß) und aufgesaugt in Kieselgur oder Kollodium als Dynamit (Nobel), Sicherheitssprengstoff.

10.6.5 Verseifung (Hydrolyse)

Bei der Verseifung handelt es sich um den *Umkehrvorgang* oder die Rückreaktion der Esterbildung.

Verseifung allgemein:

Ester + Wasser ⟶ Alkohol + Säure

Seifen

Werden Fette (oder fette Öle) mit Alkalien (z. B. NaOH) erhitzt, so erfolgt unter *Wasseraufnahme* die *Spaltung* der Ester in Glycerin und in das Salz der Fettsäure (z. B. Na-Salz).

Seifen sind die Metallsalze der Fettsäuren.

Die Technik der Verseifung tierischer Fette durch Soda (feste Natronseifen) oder Pottasche (weiche Kaliseifen, Schmierseife) ist schon über 3000 Jahre alt.

Im Prinzip hat sich bis heute kaum etwas geändert.

Technische Bedeutung haben besonders die wasserlöslichen Alkaliseifen (Na- und K-Seifen als Waschmittel, Li-Seifen in Schmierfetten).

Die wäßrige Lösung der Fettsäuresalze ist *schmutzlösend.*

Seifenwirkung

Ein Seifenmolekül hat eine *unpolare*, wasserfeindliche (hydrophobe) und eine *polare*, wasserfreundliche (hydrophile) Seite.

Seifenmoleküle setzen die Oberflächenspannung des Wassers (Dipolanziehung) herab, weil sie an der Wasseroberfläche mit ihrer unpolaren Seite herausragen. Sie verdrängen Wassermoleküle aus der Oberfläche.

Die „neue“ Oberfläche wird dann größtenteils von unpolaren Teilen gebildet, zwischen denen nur geringe Anziehungskräfte bestehen.

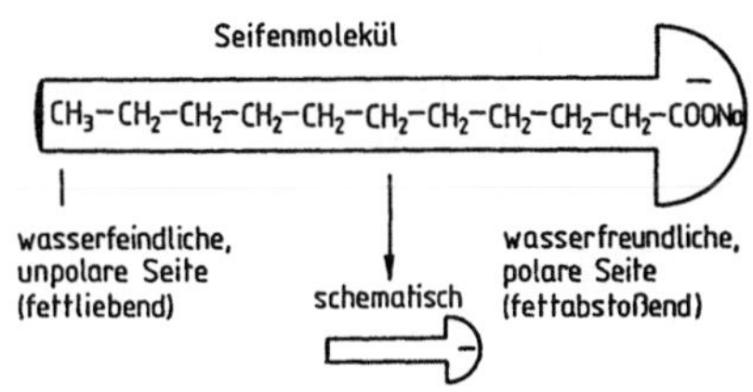

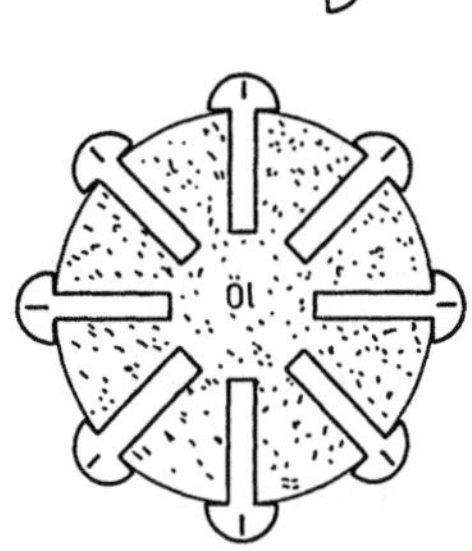

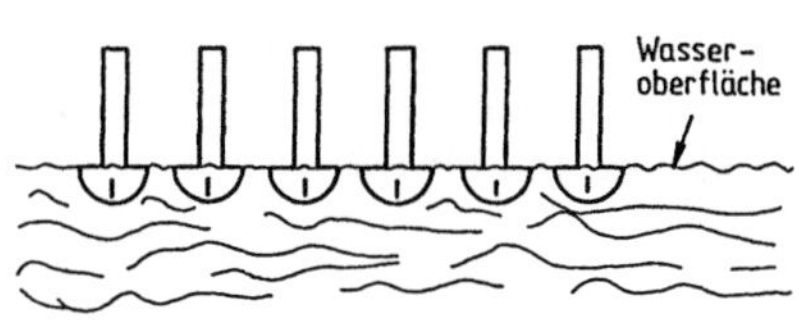

Innerhalb der Lösung bilden sich für den Waschvorgang günstige größere Seifenmolekülverbände (Mizellen, Kolloidteilchen).

Die Seifenmoleküle möchten mit ihrer unpolaren Seite dem Wasser entweichen. Sie dringen dabei in kleinste Hohlräume und in den wasserunlöslichen (hydrophoben, fettigen und fettähnlichen) Schmutz ein und umhüllen ihn. Sie *lösen* den Schmutz von seiner Unterlage und *verhindern* das Wiederabsetzen.

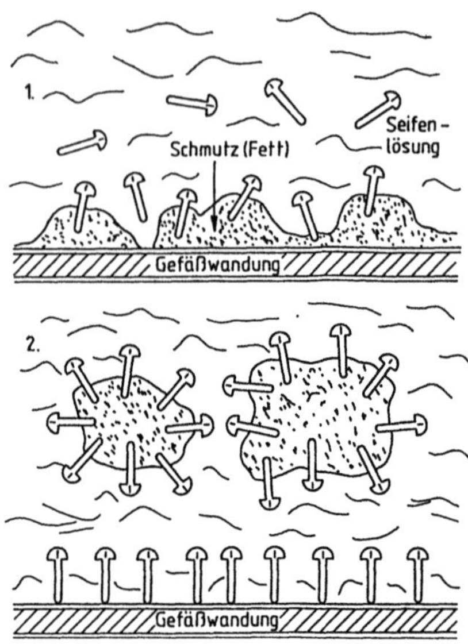

Die Erniedrigung der Oberflächenspannung des Wassers erhöht dessen Netzkraft und damit das Vordringen in Winkel und Poren (Wasserläufer, Mücken sinken auf „entspanntem" Wasser ein).

> Die Waschkraft der Seifen wird durch hartes Wasser herabgesetzt. (Hartes Wasser enthält Ca- und Mg-Salze.)

Calzium-, Magnesium- und Schwermetallionen bilden *schwer lösliche* Metallseifen, die ausflocken und dadurch unwirksam sind.

Die Wasserhärte wird angegeben in Millimol Gesamthärte je Liter. Damit wird ausgedrückt, wieviel Millimol Calcium- und Magnesiumsalze in einem Liter Wasser enthalten sind.

Härtebereich	1	bis 1,3	Millimol Gesamthärte
	2	1,3–2,5	Millimol Gesamthärte
	3	2,5–3,8	Millimol Gesamthärte
	4	> 3,8	Millimol Gesamthärte

10.6.6 Kondensation (Substitution)

> Als Kondensation wird die Zusammenlagerung zweier Verbindungen unter *Austritt* einfacher Moleküle, wie zum Beispiel Wasser, bezeichnet.

Diese Reaktionsart ist für die Herstellung einer wichtigen Gruppe von Kunststoffen von Bedeutung (Phenolharze, → Abschnitt 11.2.2) und auch bei der natürlichen Bildung von Zucker, Stärke, Zellulose und Eiweiß.

Beispiel:

$$1)\ CH_3{-}CH{=}O + CH_3{-}OH \longrightarrow CH_3{-}\overset{\displaystyle OH}{\underset{\displaystyle O{-}CH_3}{C}}{-}H$$

Acetaldehyd + Methanol — Halbazetal (allgemein)

$$2)\ \xrightarrow{+\,CH_3-OH} CH_3{-}\overset{\displaystyle O{-}CH_3}{\underset{\displaystyle O{-}CH_3}{C}}{-}H \quad + H_2O$$

Vollazetal (allgemein)

$$3)\ CH_3CH{=}O + H_2N{-}CH_2{-}CH_3 \longrightarrow$$
$$\longrightarrow CH_3{-}CH{=}N{-}CH_2{-}CH_3 + H_2O$$

10.6.7 Polymerisation (Addition)

Die Polymerisation ist eine Reaktionsart, bei der sich einfach gebaute ungesättigte Moleküle nach dem Aufspalten ihrer Doppel- oder Dreifachbindungen zu fast unendlich großen Makromolekülen (Riesenmoleküle) *zusammenlagern*.

Es entstehen keine Nebenprodukte (→ Abschnitt 11.2.1).

Beispiel:

$n\,CH_2{=}CH_2 \longrightarrow {+}CH_2{-}CH_2{+}_n$

Ethen (Ethylen) → Polyethen (Polyethylen)

(Poly = „viel")
(meros = „teil")

Polymerisation: Aufbau aus ***vielen***, meist gleichen Grundbauteilen (Monomere).

10.7 Versuche

Gesättigte Kohlenwasserstoffe

1. [V] Aluminiumcarbid (Al_4C_3) in einen Gasentwickler geben und mit einem Tropftrichter Wasser eintropfen. Das entstehende Gas in einem oder mehreren Reagenzgläsern auffangen (pneumatische Wanne).

[VE] Methangas entsteht: $Al_4C_3 + 12\,H_2O \longrightarrow 4\,Al(OH)_3 + 3\,CH_4$ (Methan)

2. [V] Das mit Methangas *gefüllte* Reagenzglas (Öffnung nach unten) vorsichtig einer Flamme nähern. Nach der Verbrennung Reagenzglas schnell umdrehen und etwas Kalkwasser einfüllen.
Zylinder abdecken und schütteln.

[VE] Methangas verbrennt zu Wasser und Kohlendioxid.
$CH_4 + 2\,O_2 \longrightarrow CO_2 + 2\,H_2O$
CO_2 trübt Kalkwasser.

Ungesättigte Kohlenwasserstoffe

3. [V] In einem Gasentwickler Wasser auf Calciumcarbidstückchen tropfen lassen.
Gas in einigen Reagenzgläsern auffangen (vgl. Versuch 1).
Reagenzglas mit der Öffnung nach unten vorsichtig einer Flamme nähern (siehe Versuch 2). **Vorsicht!** Ethin-Luftgemisch ist explosiv.
Gasentwicklung verlangsamt sich, wenn Wasser durch eine 20 %ige Kochsalz- oder Zuckerlösung ersetzt wird.

[VE] Bei der Gasentwicklung entsteht Ethin (Acetylen).
$CaC_2 + 2\,H_2O \longrightarrow Ca(OH)_2 + C_2H_2$ (Ethin).
Vollständige Verbrennung:
$2\,C_2H_2 + 5\,O_2 \longrightarrow 4\,CO_2 + 2\,H_2O$.

4. [V] Zwei Reagenzgläser mit Ethin füllen (siehe Versuch 3) und mit der Öffnung nach unten in Bechergläser halten, die mit Wasser beziehungsweise Aceton gefüllt sind.

[VE] Ethin löst sich erheblich besser in Aceton als in Wasser (Nutzung in Acetylengasflaschen).

5. [V] In einem Reagenzglas mit Calciumcarbidstücken Ethin entwickeln.
Öffnung des Reagenzglases mit einem Gummistopfen verschließen, in dem sich ein Glasröhrchen mit ausgezogener Spitze befindet.
Gegen Flammrückschlag muß im Röhrchen etwas Stahlwolle sein!
Ethin nach Luftverdrängung entzünden.
Vorsicht! Ethin-Luftgemisch ist explosiv.

[VE] Reines Ethin verbrennt unvollständig mit rußender Flamme.

Funktionelle Gruppen

6. [V] Etwas Ethanol (100 %ig) in ein Becherglas füllen und kleines Natriumstück hineingeben.
Vorsicht! Natrium reagiert aggressiv.

[VE] Natrium reagiert mit Ethanol.
$2\,C_2H_5OH + 2\,Na \longrightarrow 2\,C_2H_5ONa + H_2$.

7. [V] Ethanol in einer Abdampfschale entzünden. Verbrennungsgase oberhalb der Flamme durch einen Trichter auffangen und in eine Waschflasche leiten, in der sich Kalkwasser befindet.
Mit einer Wasserstrahlpumpe läßt sich die erforderliche Saugwirkung erzielen.

[VE] Das Kalkwasser wird trübe (Hinweis auf CO_2).

Organische Reaktionsform: Esterbildung

8. [V] In einem großen Reagenzglas reine Essigsäure (Eisessig) und Ethanol im Verhältnis 1 : 1 mischen (z. B. je 4 ml).
Etwa 1 ml konzentrierte Schwefelsäure zusetzen.
Das Reagenzglas mehrere Minuten in kochendes Wasser halten, bis ein angenehmer Geruch deutlich wahrnehmbar wird.

[VE] Es entstehen Ethansäureethylester und Wasser.
$CH_3CO\underline{OH} + C_2H_5O\underline{H} \longrightarrow CH_3COOC_2H_5 + H_2O$

Fette, Öle

9. [V] Jeweils einige ml Wasser, Ethanol, Benzin und Tetrachlorkohlenstoff in einzelne Reagenzgläser füllen und das Lösungsvermögen für kleine Fettstückchen (z. B. Schmalz) prüfen. **Vorsicht!** Tetrachlorkohlenstoff ist giftig und krebserregend.

[VE] Lösungsvermögen im Wasser nicht vorhanden, im Ethanol gering, im Benzin und Tetrachlorkohlenstoff gut.

Verseifung

10. [V] Etwa 3 g Butter und 10 ml 35 %ige Natronlauge ca. 25 Minuten lang in einer Porzellanschale kochen.
Ständig umrühren.
Verdampftes Wasser ersetzen.
Nach dem Abkühlen Seifenwirkung prüfen.
Vorsicht! Nur mit Schutzschirm und Schutzhandschuhe arbeiten.

[VE] Das Produkt löst sich im Wasser und führt durch Schütteln zur Schaumbildung.

10.8 Aufgaben

1. Weshalb kann Kohlenstoff eine sehr große Zahl von Verbindungen aufbauen?
2. Wodurch unterscheiden sich Graphit und Diamant?
3. Vergleichen Sie gesättigte und ungesättigte Kohlenwasserstoffe.
4. Was versteht man unter Isomeren?
5. Entwerfen Sie für Hexan mögliche isomere Strukturen.
6. Ermitteln Sie die allgemeinen Formeln für Alkane, Alkene, Diene und Alkine.
7. Wieviel Gramm Ethin entstehen aus 80 g Calciumcarbid?
8. Was versteht man unter Aromaten?
9. Berechnen Sie die relativen Molekülmassen von Naphthalin, Anthracen und Benzpyren.
10. Zeichnen Sie die funktionellen Gruppen der Alkohole, Aldehyde und Ketone.
11. Erläutern Sie kurz die Reaktionsformen Addition, Substitution, Hydrierung, Esterbildung und Verseifung.
12. Erklären Sie, weshalb sich Fett oder Öl im Wasser nicht lösen, in Ethanol geringfügig, im Benzin und Tetrachlorkohlenstoff gut.
13. Wie ist die Wirkung der Seifenmoleküle zu verstehen?

11 Kunststoffe

Kunststoffe bestehen aus *Makromolekülen.*

Ein Makromolekül ist aus vielen gleichen *Grundbausteinen* (Monomeren) aufgebaut.

Niedermolekulare Verbindungen haben selten eine relative Molekülmasse über 1000 u. Die relativen Molekülmassen der meisten Makromoleküle liegen zwischen 10^4 und 10^7 u.

Eine feste Abgrenzung zwischen niedermolekularen und makromolekularen Stoffen gibt es nicht.

Bei den Makromolekülen der Kunststoffe werden die Atome durch *Atombindung* zusammengehalten.

Größe und Struktur sowie funktionelle Gruppen der Makromoleküle (→ Kap. 9) haben einen wesentlichen Einfluß auf das chemische und physikalische Verhalten der Kunststoffe.

Beispiel: Vinylchlorid

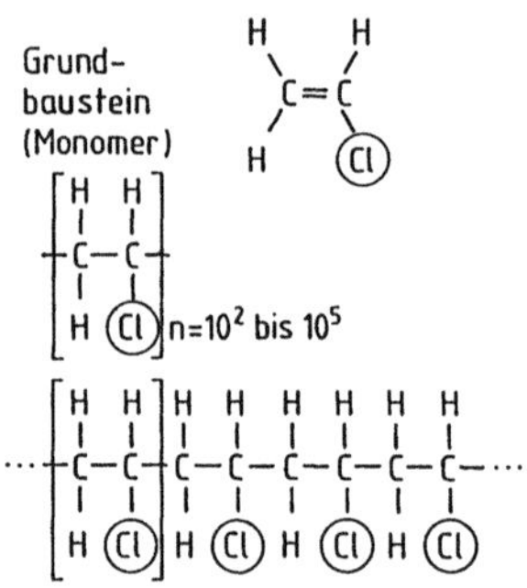

Aus Vinylchlorid wird durch Polymerisation Polyvinylchlorid PVC.

Beim Verbrennen von PVC können flüchtige giftige Chlorgase und Chlorwasserstoff entstehen.

Günstige Kunststoffeigenschaften

Geringe Dichte

Kunststoffe haben eine Dichte von 0,9 bis 1,5 kg/dm³, bei Füllstoffzusätzen bis etwa 2,2 kg/dm³.

Elektrische Nichtleitung

Kunststoffe haben im allgemeinen eine hohe elektrische Isolationswirkung.

Nur einige *Spezialkunststoffe* leiten den elektrischen Strom.

Chemische Beständigkeit

Kunststoffe besitzen im allgemeinen eine *sehr gute Korrosionsbeständigkeit*, häufig sogar gegen aggressive Chemikalien.

Unterschiedliche mechanische Eigenschaften

Kunststoffe können zum Beispiel weich, elastisch, fest oder hart sein.

Vorteilhafte äußere Merkmale

Kunststoffe haben glatte Oberflächen.

Sie sind durchgehend einfärbbar und unter bestimmten Bedingungen durchsichtig.

Ungünstige Kunststoffeigenschaften

Kunststoffe besitzen meistens eine *relativ geringe* mechanische Festigkeit und Wärmebeständigkeit.

Sie sind zum Teil brennbar und unbeständig gegen bestimmte Lösungsmittel.

11.1 Unterscheidung der Kunststoffe nach ihrer Herkunft

11.1.1 Natürlich bestehende makromolekulare Stoffe

Zu diesen Stoffen zählen Cellulose, Naturkautschuk, Proteine, Stärke u. a.

Baumwolle ist eine natürliche Cellulosefaser.

Die Gewinnung der Cellulose geschieht u. a. aus Holz für die Papierherstellung sowie aus Baumwolle und Flachs für Textilien.

Naturkautschuk wird aus dem Milchsaft des tropischen Gummibaumes gewonnen.

Beispiele:

Kettenaufbau der Cellulose

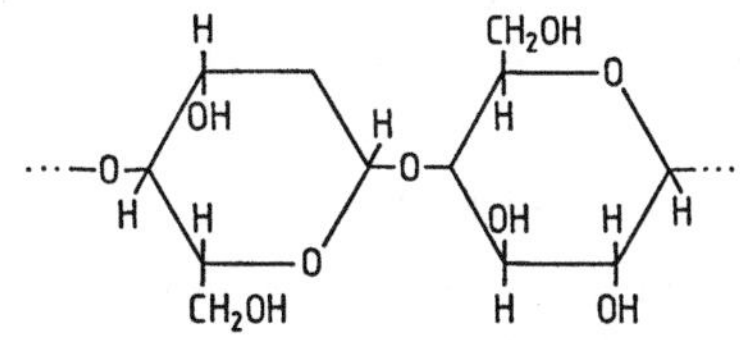

Baustein eines Kautschukmoleküls

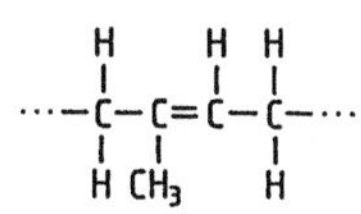

11.1.2 Abgewandelte Naturstoffe (halbsynthetische Kunststoffe)

Cellulose ist der *Ausgangsstoff* zur Herstellung von zum Beispiel Vulkanfiber, Kunstseide, Papier und Zellwolle.

Beispiele:

Vulkanfiber: Werkstoffe für Koffer, Dichtungsscheiben usw.

Kunstseide: Cellulose mit Essigsäure umgesetzt ergibt Acetatseide für Bekleidungsstoffe.

Naturkautschuk ist technisch kaum verwendbar.

Schwefeleinlagerungen durch *Vulkanisieren.*

Er wird durch Kälte spröde und durch Erwärmung schmierig.

Aus Naturkautschuk entsteht Naturgummi.

Beim *Vulkanisieren* werden Doppelbindungen geöffnet, an die Schwefelbrücken angelagert werden.

Schwefel kann mit seinen beiden Bindearmen Molekülketten miteinander verbinden.

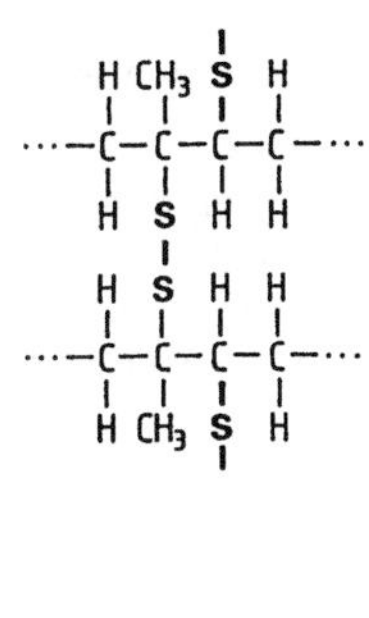

Geringer Schwefelanteil ⟶ Weichgummi
Hoher Schwefelanteil ⟶ Hartgummi

11.1.3 Vollsynthetische Stoffe (Kunststoffe, Synthesekautschuke)

Vollsynthetische Kunststoffe werden aus *einfachen Grundbausteinen* (Monomeren) durch chemische Reaktionen, wie

- Polymerisation,
- Polykondensation,
- Polyaddition

aufgebaut.

Die Vielzahl von unterschiedlichen Monomeren bietet dem Kunststoffchemiker die Möglichkeit, die verschiedensten Kunststoffe „maßzuschneidern", um Erfordernissen der Technik zu entsprechen.

Polymerisationsgrad

Der *Polymerisationsgrad* gibt die Zahl der einzelnen Monomere (nicht Atome) an, die zu einem Makromolekül verknüpft werden.

In technischen Produkten ist es nicht möglich, immer gleich große Makromoleküle zu bekommen. Man versucht, die Unterschiede möglichst gering zu halten.

> **Zusammenfassung**
>
> Nach ihrer Herstellung gibt es natürliche hochmolekulare Stoffe, abgewandelte Naturstoffe und vollsynthetische Stoffe (Kunststoffe).

11.2 Unterscheidung der Kunststoffe nach den Herstellungsverfahren

11.2.1 Polymerisation (→ Abschnitt 10.6.7)

Die Polymerisation wird durch geeignete *Startersubstanzen* oder Zufuhr von *Anregungsenergie* in Gang gesetzt. Der weitere Vorgang ist eine Kettenreaktion.

Bei der Polymerisation „klappen" die Doppelbindungen auf und ermöglichen neue Bindungen zwischen den Grundbausteinen (Monomeren).

Durch verschiedene Ursachen, die steuerbar sind, kommt es bei der Kettenbildung zu Abbruchreaktionen.

Die entstehenden Ketten können *linear oder verzweigt* sein.

Eine große Zahl der Polymerisations-Kunststoffe leitet sich vom *Ethen* und *Propen* ab. Einzelne oder mehrere Wasserstoffatome sind durch andere Atome beziehungsweise Atomgruppen ersetzt (*substituiert*).

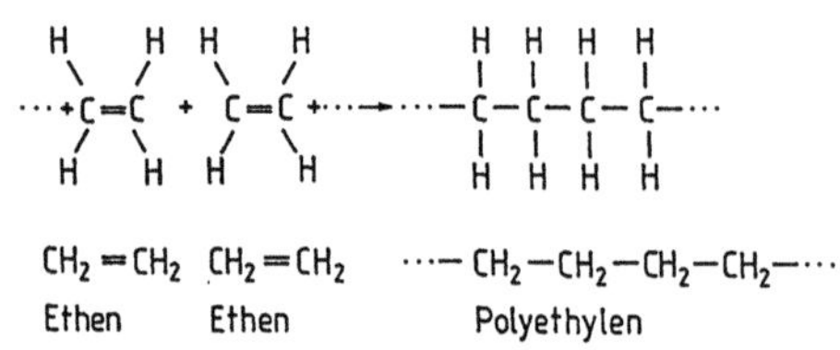

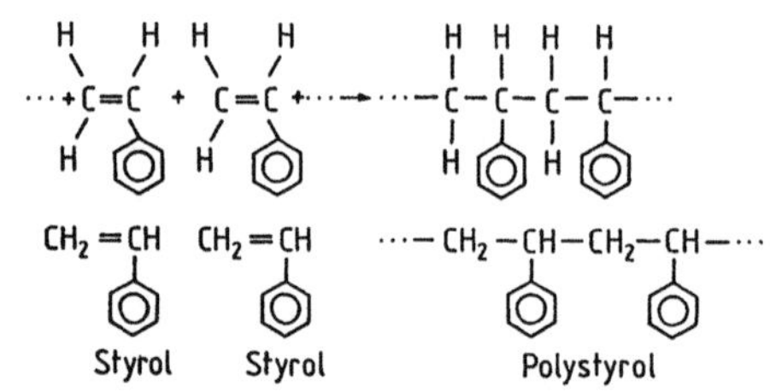

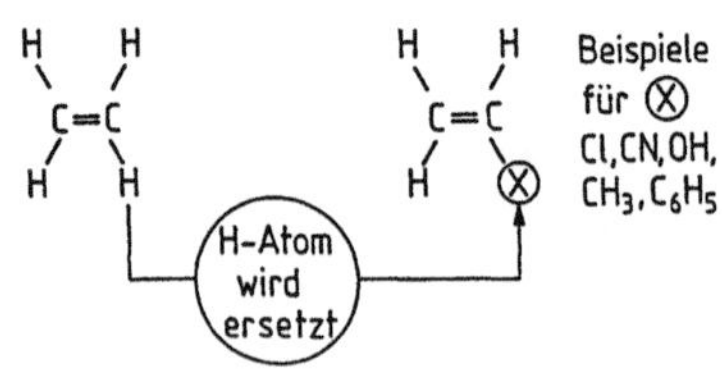

Zusammenfassung

Aus kleinen *Grundbausteinen* (Monomeren) entstehen *Polymere*, die vorwiegend in Kettenform vorliegen (siehe Thermoplaste).

Es werden weder Atome umgelagert noch ausgeschieden.

Die Polymerisationsreaktion ist exotherm.

Die Atome oder Atomgruppen der Ethylenabkömmlinge können regelmäßig (*isotaktisch*) oder unregelmäßig (*ataktisch*) zueinander an der Kohlenstoffkette sein (Taktizität).

Lineare und isotaktische Ketten können sich dicht *aneinanderlagern*.

Dadurch kommen *zwischenmolekulare* Kräfte („van der Waalssche Kräfte") besser zur Geltung (höhere Dichte, besser kristallin, höhere mechanische Festigkeit).

Kettenformen durch Polymerisation

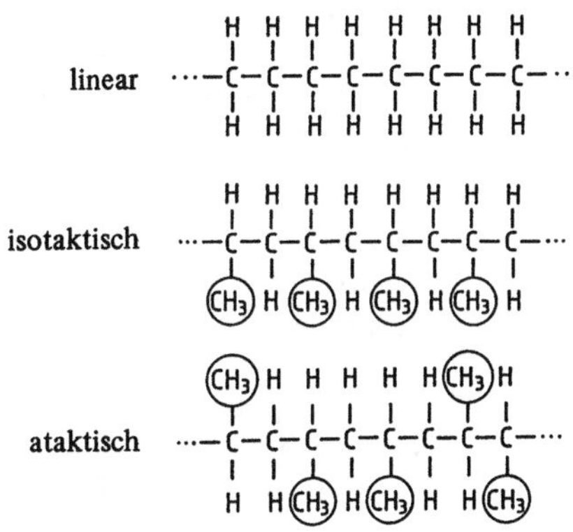

Polymere mit verzweigten Ketten sind sperriger gebaut und haben dadurch eine geringere Dichte. Das wirkt sich auf die Eigenschaften aus.

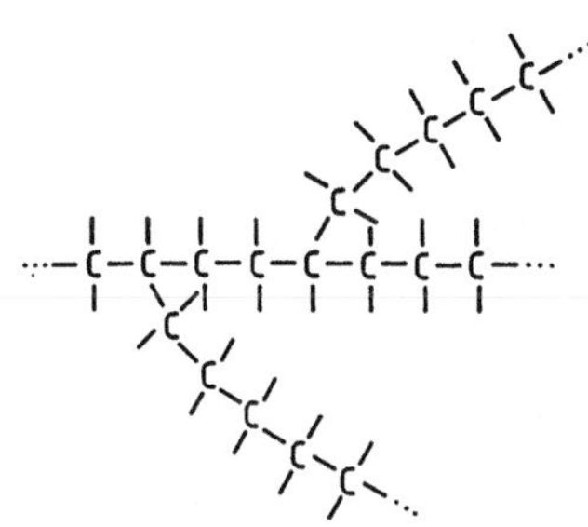

ND-PE aus Niederdruckverfahren
HD-PE aus Hochdruckverfahren

Vergleich von Hoch- und Niederdruck-Polyäthylen (HD- und ND-PE)

Sorte		ND-PE	HD-PE
Dichte	g/cm^3	0,945...0,965	0,915...0,924
Verzweigungen		gering	stark
Kristallinität	%	75...95	55...65
Schmelzbereich	°C	127...135	105...115

V Polymerisation von Styrol (Abzug!)

Vermischen Sie in einem Becherglas 30 ml Styrol und 3 ml Cumolhydroperoxid (Katalysator).

Erhitzen Sie in einem Sandbad die Mischung etwa 10 Minuten. Beim Abkühlen können Sie vor dem Erstarren Fäden herausziehen.

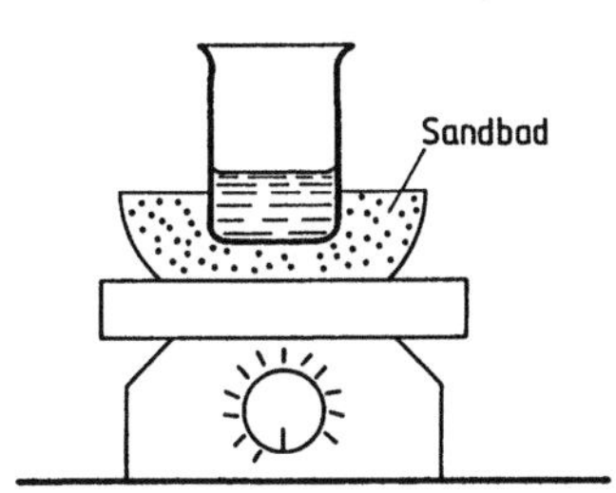

VE Es ensteht der Kunststoff Polystyrol.

Copolymerisation

Werden *verschiedenartige* Monomere gemischt und miteinander polymerisiert, so spricht man von Mischpolymerisation oder *Copolymerisation.*

Das Produkt ist ein Copolymerisat.

Die entstehenden Kettenmoleküle enthalten die Monomere meist in unregelmäßiger Reihenfolge. Die Mischketten geben den Copolymerisaten *neue Eigenschaften.*

Reine Polymere mit gegensätzlichen Eigenschaften ergeben oft Copolymere mit günstigen mittleren Eigenschaften.

Beispiel:

Polystyrol PS (rein) hart, spröde — **Polybutadien PB** gummiartig

↓

Copolymerisat SB
zähhart, schlagfest
(Campinggeschirr)

Beispiel: Copolymerisation

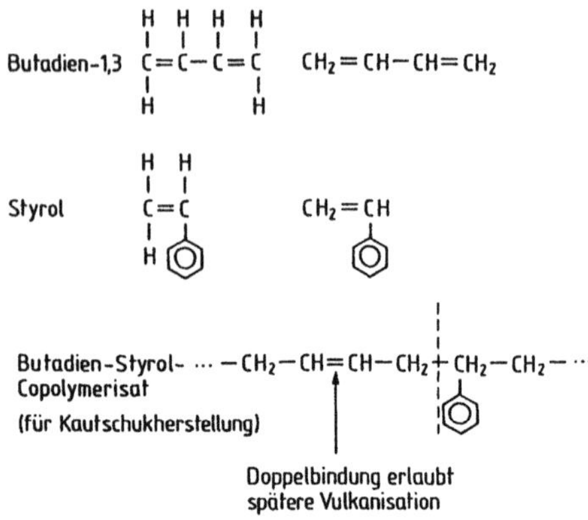

11.2.2 Polykondensation (→ Abschnitt 10.6.6)

Bei der Polykondensation lagern sich unter *Abspaltung kleiner Nebenprodukte* unterschiedliche Grundbausteine an reaktionsfähigen Stellen zusammen.

Als Nebenprodukte werden zum Beispiel Wasser oder Ammoniak ausgeschieden.

Beispiel: Phenolharz (raumvernetzt)

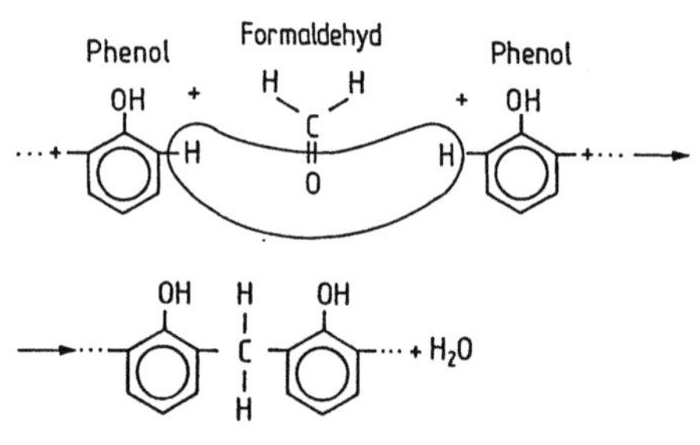

Können sich bei der Polykondensation die Grundbausteine an mehr als zwei Stellen verbinden, entstehen *räumlich vernetzte* Makromoleküle (siehe Duroplaste).

Phenolharz (raumvernetzt)

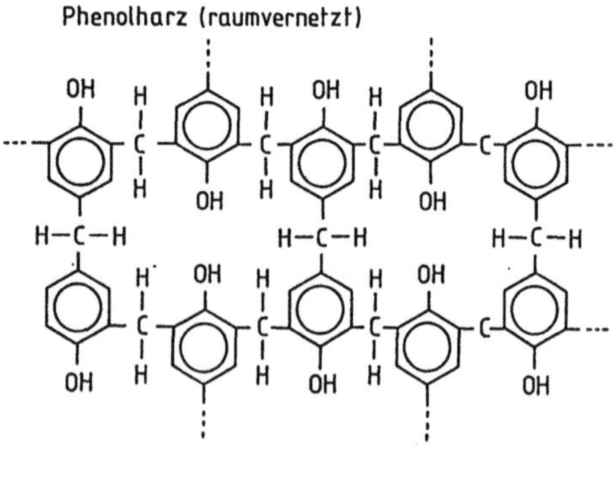

Versuch

Polykondensation von Phenol und Formaldehyd (Methanal)

Vermischen Sie in einem Becherglas 10 ml Phenol, 10 ml Formaldehyd und etwa 5 Plätzchen Natriumhydroxid.

Wie beim vorhergehenden Versuch wird die Mischung im Sandbad erhitzt (Abzug!).

Nach ca. 10 Minuten kann die zähflüssige Masse erstarren.

Vorsicht! Natriumhydroxidplätzchen nicht mit der Hand berühren. Die entweichenden Dämpfe sind brennbar und giftig (Abzug!).

Besitzen die Grundbausteine jeweils nur zwei reaktionsfähige Stellen, so entstehen *Kettenmolküle* (siehe Thermoplaste).

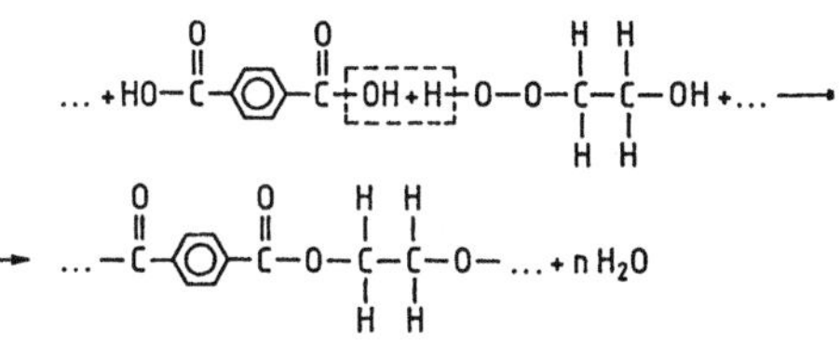

Zusammenfassung

Bei der Polykondensation bilden sich unter Austritt eines Nebenproduktes Makromoleküle.

Bei zwei Verknüpfungsstellen der Monomere entstehen Kettenmoleküle, bei mehr als zwei in einem der Reaktionspartner gibt es Raumnetzmoleküle. Das gilt für Polykondensation und Polyaddition.

11.2.3 Polyaddition (→ Abschnitt 10.6.1)

Bei der *Polyaddition* werden Einzelmoleküle zweier unterschiedlicher Stoffe zusammengelagert. Eine der beiden Ausgangsverbindungen muß ein *bewegliches Wasserstoffatom* haben, das die Anlagerung an die N=C-Doppelbindung der Isocyanatgruppe ermöglicht.

Es kommt lediglich zu *Umlagerungen.*

Im Gegensatz zur Polykondensation erfolgen *keine Ausscheidungen* von Nebenprodukten.

Beispiel: Polyurethan PU

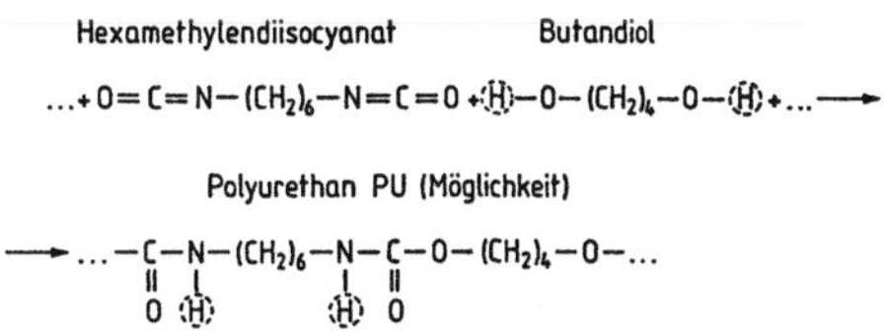

Bei Reaktionen mit Diisocyananten entstehen Makromolekülketten, bei Umsetzungen mit Triisocyanaten räumliche Netzstrukturen (fester).

[V] Polyaddition von Urethan

Geben Sie von den beiden Komponenten eines geeigneten Schaumharzes (z. B. Warenzeichen ISOVOSS oder MOLTOPREN) je 30 g in einen Papp- oder Kunststoffbecher.

Rühren Sie mit einem Stab die Mischung.

Vorsicht! Die Isocyanat-Komponente ist giftig. Nach Hautkontakt sofort mit Seife abwaschen.

[VE] Es entsteht der Kunststoff Polyurethan

Zusammenfassung

Bei der Polyaddition addieren sich verschiedenartige Moleküle durch Umlagerungen von Wasserstoffatomen, ohne daß Teile abgespalten werden.

Bei der Polyaddition und Polykondensation führen zwei reaktionsfähige Stellen in einem Monomer zu Fadenmolekülen und drei oder mehr reaktionsfähige Stellen in einem der Monomere zu Raumnetzmolekülen.

11.3 Unterscheidung der Kunststoffe nach ihrem thermischen Verhalten

11.3.1 Thermoplaste (Plastomere)

Kunststoffe, die sich *durch Erwärmung verformen* lassen, heißen *Thermoplaste.*

Es handelt sich dabei um *lineare oder verzweigte Kettenmoleküle,* die bei entsprechender Temperatur *gegeneinander* verschoben werden können.

Sie können *nach allen drei* Reaktionsarten entstehen.

Liegen die *Kettenmoleküle ohne System,* verfilzt, verknäuelt vor, ist die Struktur *amorph* (gestaltlos, ohne Ordnung).

Wenn Kettenmoleküle in Teilbereichen parallel liegen, nennt man sie *teilkristallin.*

Die Festigkeit steigt mit dem Grad (Anteil) der *Kristallinität.*

Liegen die Kettenmoleküle durch *Recken* fast vollständig parallel nebeneinander (*höhere Ordnung,* Kristallisation), so *steigt die Zugfestigkeit* sehr stark an.

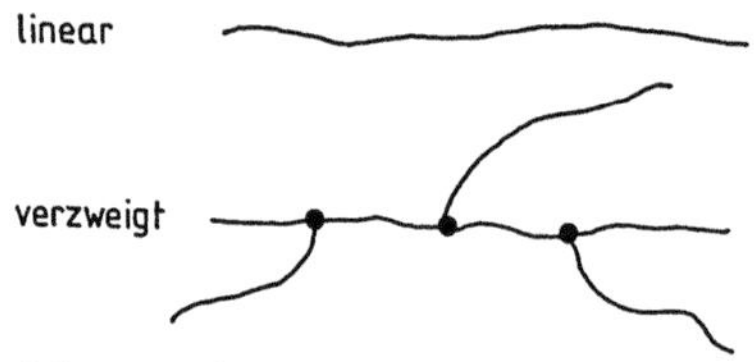

Schematische Strukturprinzipien

Die Wärme bricht keine chemischen Bindungen auf, sondern überwindet van-der-Waalsche Kräfte und Dipolwirkungen. Hitze kann thermoplastische Kunststoffe zerstören.

Vergleich: Wattebausch

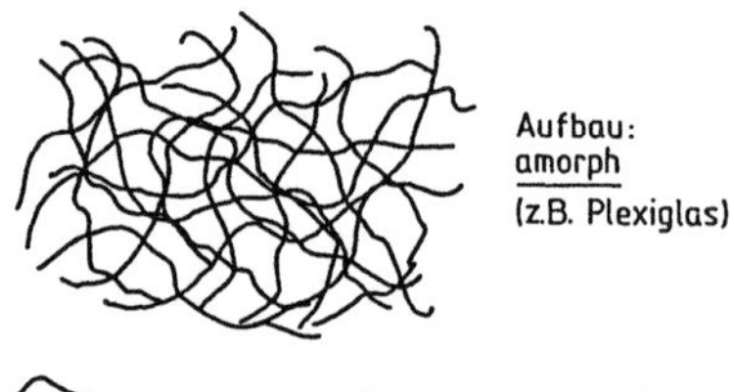

Vergleich: Schmiede- und Walzfasern beim Stahl

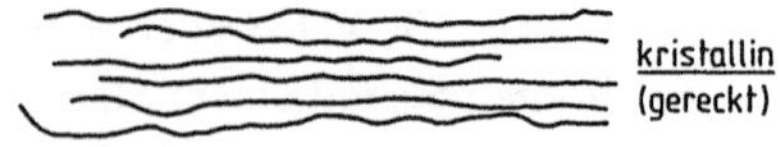

Anwendung:

Fäden und Folien aus Nylon, Perlon oder Polyester, auch aus Polyäthylen und isotaktischem Polypropylen.

Weichmacher

Weichmacher sind hochsiedende Lösungsmittel, deren Moleküle sich zwischen die Makromoleküle drängen (Quellen des Kunststoffes) und dort aufgrund polarer Wechselwirkungen wie Sprossen einer Leiter festgehalten werden und sowohl Abstand als auch Zusammenhalt der Ketten bewirken.

Dadurch wird der ursprünglich harte Kunststoff weicher und zähelastisch.

Weichmacher:

Phthalsäure- oder Phosphorsäureester

Beispiele:

PVC-hart: Abflußrohre, Regenrinnen, u. a.
PVC-weich: Kunstleder, Tischdecken, u. a.

V Prüfung eines thermoplastischen Kunststoffes.

Erwärmen Sie auf einer Blechplatte die Probe eines thermoplastischen Kunststoffes (z. B. Polystyrol).

Beanspruchen Sie bei unterschiedlichen Temperaturen die Probe auf Zug und Verformung.

VE Thermoplastische Kunststoffe werden durch Erwärmung weich, zäh und gut umformbar.

Zusammenfassung

Bei den Thermoplasten handelt es sich um Kettenmoleküle, die durch Erwärmung gegeneinander verschiebbar werden.

Sie können durch Polymerisation, Polykondensation und Polyaddition entstehen.

11.3.2 Duroplaste (Duromere)

Duroplaste entstehen durch *räumliche Vernetzung* der Makromoleküle (siehe Polykondensation und Polyaddition).

Herstellungsverfahren: Polykondensation, Polyaddition

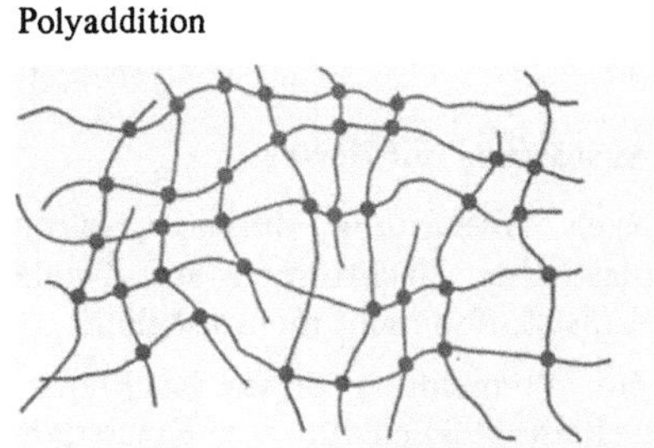

Meistens werden Duroplaste mit nichtreagierenden (inerten) *Zusatzstoffen* vermischt.

Diese Zusätze wirken sich sehr günstig aus (Verminderung der Schrumpfung durch Aufnahme der auskondensierten Nebenprodukte, besondere Eigenschaften).

Zusatzstoffe	Verbesserung folgender Eigenschaften
Gesteinsmehl	Wärmebeständigkeit
Holzmehl	Festigkeit, Zähigkeit
Papier	Zähigkeit
Baumwolle (Lumpen)	Zähigkeit
Glasfasern	Festigkeit

Die Aushärtung der Duroplaste kann in Stufen erfolgen.

Hersteller von Kunststoffteilen beziehen Formmassen und führen bei der endgültigen Formgebung nur noch die letzte Stufe der Aushärtung durch.

Beispiel: Phenolharz

1. Stufe: Phenol reagiert mit Formaldehyd (Primärprodukt „Resol")

2. Stufe: Kondensation zu größeren Moleküleinheiten unter Wasserabspaltung.
Nach dieser Stufe noch löslich und schmelzbar („Resitole").

Formmasse

Nach der *vollständigen Aushärtung* ist infolge der räumlichen Vernetzung eine *thermoplastische Verformung nicht* mehr möglich.

Duroplaste können im Gegensatz zu Thermoplasten nicht geschweißt werden.

Hohe Temperaturen zersetzen sie.

3. Stufe: Durch Erhitzung im Formwerkzeug erfolgt die Aushärtung (engmaschige räumliche Vernetzung, „Resite").

Fertigprodukt

V Prüfung eines duroplastischen Kunststoffes.
Erwärmen Sie auf einer Blechplatte die Probe eines duroplastischen Kunststoffes (z. B. Phenolharz).
Versuchen Sie, die Probe bei unterschiedlichen Temperaturen zu verformen.
Erhitzen Sie in einem Reagenzglas kleine Stücke der Probe bis zur Zerstörung.

VE Duroplastische Kunststoffe werden durch Erwärmung *nicht* verformbar. Hitze kann sie höchstens zerstören.

Aushärtung mit Härter

Nach Aushärtung durch Erwärmung ist ein plastisches Nachformen bei Zweikomponenten-Kunststoffen nicht mehr möglich.

Zur Vermeidung dieses Nachteils gibt es eine weitere Möglichkeit zur Herstellung von Duroplasten.

Die beiden Ausgangsstoffe für diese Duroplaste werden *Harz* und *Härter* genannt (meistens flüssig).

Sie setzen sich bei Normaltemperatur beim Vermischen zum duroplastischen Kuststoff um.

Am Verwendungsort werden sie vermischt und in Formen gegossen (Gießharz) oder als Klebeschicht aufgetragen.

Beispiele:

Harz	Härter
di- oder tri-funktionelle Alkohole	tri- oder di-funktionelle Isocyanate
Diepoxide	Di- oder Triamine oder -alkohole

Beispiele:

Ausschäumungen bei Hausisolierungen.
Kunstharzbeton (Polymerbeton).
Zwei-Komponentenkleber (z. B. für Metall und Stein).

Vergleich

Herstellung eines Kunststoffes vom Typ:	ist vergleichbar mit der Herstellung von:	Gemeinsames Verhalten	
Thermoplast	Glas	durch Erwärmen wird der Werkstoff wieder plastisch verformbar	
Duroplast – unter Druck und Temperatur	Porzellan, Keramik	erhält Festigkeit beim Erhitzen	danach ist keine plastische Verformung mehr möglich
– mittels Härter	Beton	bindet bei Raumtemperatur ab	

Zusammenfassung

Duroplaste sind gut mit Zusatzstoffen vermischbar. Auch Thermoplaste lassen sich mit Zusatzstoffen versehen.

Zusatzstoffe beeinflussen die Eigenschaften.

Nach der Aushärtung lassen sich Duroplaste nicht mehr plastisch verformen.

11.3.3 Elastoplaste (Elastomere)

Elastomere sind Kunststoffe, die sich bis zu ihrer Zerstörung *gummielastisch* verhalten.

Gummielastischer Zustand

- Dehnung um ein Vielfaches der ursprünglichen Länge
- Zurückfedern bei Entlastung in den Urzustand
- Wiederholbarkeit der Verformung und Rückformung

Sie sind im *ungestreckten* Zustand amorph aufgebaut.

Die Anzahl der *Vernetzungsbrücken* (chemische Bindungen) zwischen den *Zickzack-Ketten* darf bei Weichgummi *nicht hoch* liegen. Die Vernetzungen können nur durch Zerstörung gelöst werden.

Bei Belastung werden die Bindungswinkel an den C-Atomen der Ketten aufgeweitet.

Nach der Belastung streben sie in den energieärmeren Grundzustand zurück.

vor der Belastung

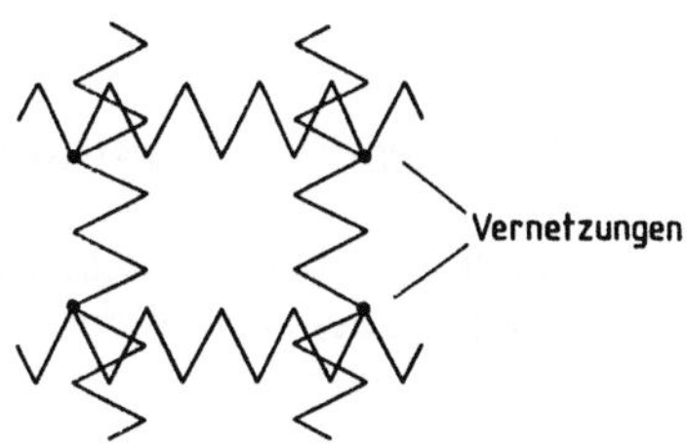

während der Belastung

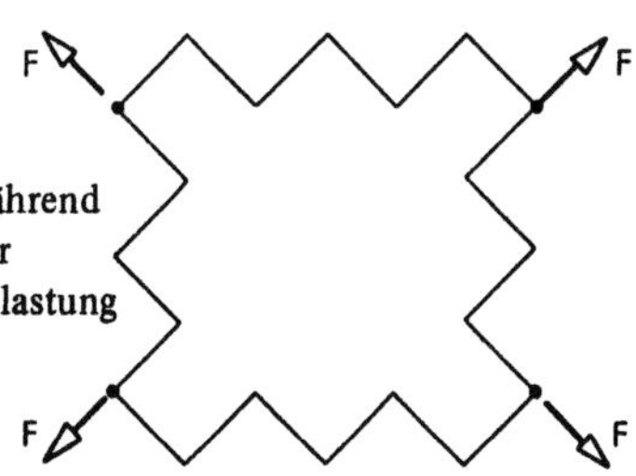

V

Prüfung eines gummielastischen Kunststoffes.

Prüfen Sie die Probe eines gummielastischen Kunststoffes (z. B. Polyurethan) zunächst auf Elastizität.

Erwärmen Sie die Probe auf einer Blechplatte und vergleichen Sie bei unterschiedlichen Temperaturen die jeweilige Elastizität mit der ursprünglichen.

VE Erwärmung verändert die Elastizität nicht nennenswert.

Zu große Hitze zerstört den Kunststoff.

Elastomere finden in der Technik vielseitige Verwendung.

Beispiele:

a) Hochelastische Polyurethane (→ 11.2.3) Schaumpolster.

b) Kautschuk, Gummi. Beim Synthesegummi handelt es sich um künstlich erzeugte (Polymerisation) kautschukartige Stoffe (verwandt mit dem Naturkautschuk), die durch Einbau von Schwefelbrücken (Vernetzung) weich- oder hartelastisch werden.

Der Name „Buna" hängt damit zusammen, daß monomeres Butadien ursprünglich mit Natrium als Katalysator polymerisiert wurde. Reifen, Schwingmetall (Gummiklotz zwischen Metallplatten), Beschichtungen.

c) Silikon-Kautschuk enthält statt der C–S-Brücken solche aus Si–O–Si-Atomen, geeignet für hohe Temperaturen.

Zusammenfassung

Elastomere verhalten sich gummielastisch, weil sie verknäulte Molekülketten besitzen, die nur an wenigen Stellen vernetzt sind.

Die Ketten können gestreckt und entlastet werden.

11.4 Neuartige Kunststoffe

Durch neuartige Entwicklungen lassen sich Kunststoffe mit *besonderen Eigenschaften* genau planen und herstellen.

Besondere Eigenschaften (Auswahl):

- Große Temperaturbeständigkeit
- Gute Zähigkeit bei tiefen Temperaturen
- Hohe Festigkeit
- Elektrische Leitfähigkeit

11.5 Kunststoffübersicht

Wichtige Thermoplaste (Auswahl)

Namen Grundbaustein	Handelsnamen (Auswahl)[1]	Herstellung [2]	Eigenschaften (Auswahl)	Verwendung (Auswahl)
Polyvinylchlorid PVC $-[CH_2-CH(Cl)]_n-$	Hostalit Vestalit Mipolam Vinnol Vinoflex	PM	PVC-hart; PVC-weich; beständig gegen die meisten Chemikalien (PVC-weich geringer)	Behälter für Lebensmittel; Rohre; Fassaden; Folien; Fußbodenbeläge; Apparate; Elektroisolierungen
Polyethylen PE $-[CH_2-CH_2]_n-$	Hostalen Vestolen Lupolen	PM	Geringe Dichte; durchscheinend bis milchig; einfärbbar, gesundheitlich unbedenklich	Gefäße (Kannen, Eimer, Flaschen, Kanister, Mülltonnen usw.); Folien; Spielzeug; Korrosionsschutzbeschichtungen
Polystyrol PS $-[CH_2-CH]_n-$ 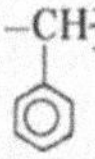	Polystyrol Vestyron Styroflex Styropor Styrofoam Styron Trolitul	PM	Sehr chemikalienbeständig; unbeständig gegen organische Lösungsmittel (z. B. Benzol, Verdünnung, Aceton)	Einfache Haushaltsartikel (z. B. Eierbecher, Kämme) verschäumt als Isoliermaterial (Bauwesen); Blumentöpfe, Folien; Fäden; Spritzgußteile
Polypropylen PP $-[CH_2-CH(CH_3)]_n-$	Hostalen PP Luparen Novden Vestolen P Profax	PM	Ähnliche Eigenschaften wie Polyethylen, aber härter, temperaturfester und weniger kältebeständig als PE	Biege-Scharniere für Maschinenteile, auch glasfaserverstärkt; Waschmaschinenteile; Folien; Spritzgußteile
Polytetrafluorethylen PTFE $-[CF_2-CF_2]_n-$	Hostaflon TF Teflon	PM	Äußerst korrosionsfest; Einsatzmöglichkeiten bei Temperaturen von − 100 °C bis 260 °C; beschränkt formbar; sinterfähig	Apparatebau; Dichtungen; Elektrotechnik; Haftung verhindernde Überzüge
Polyvinylacetat PVAC $-[CH_2-CH(OOC-CH_3)]_n-$	Mowilith Vinnapas Appretan	PM	Zähelastischer Kleber; mischfähig mit Steinmehl, Farbpigmenten, Zement, Ruß u. a.	Holzleim; Bindemittel für Anstrichfarben, Spachtelböden, Wandspachtelungen u. a.; Zusatz zu Mörtel und Beton; Schallplatten

[1]) warenzeichenrechtlich geschützt

[2]) Bedeutung: PM Polymerisation; PK Polykondensation; PA Polyaddition

Namen Grundbaustein	Handelsnamen (Auswahl)[1]	Herstellung [2]	Eigenschaften (Auswahl)	Verwendung (Auswahl)
Polymethacrylsäuremethylester PMMA $\{-C(CH_3)(COOR)-CH_2-\}$ $R = -CH_3, -C_2H_5$ oder $-C_3H_7$	Plexiglas Resarit Degalon Deglas Plexigum Acrylglas	PM	Hohe Zugfestigkeit; lichtdurchlässig; optisch hochwertig (glasklar); gut witterungsbeständig; Erweichung ab etwa 140 °C; in hochpolymerisierter Form nur noch bedingt thermoplastisch	Verglasungen; Sicherheitsglas; Apparateteile; Modelle; Leuchten; Haushaltswaren; Prothesen
Polyoxymethylen POM $\{CH_2-O\}$	Delrin Hostaform C Ultraform	PM	Kristallin, hart; Festigkeit und Zähigkeit fast wie bei Al und Zn	Zahnräder, Lagerschalen; Armaturen; stark beanspruchte Teile in Haushalts- und Büromaschinen; Beschläge
Polyamid PA PA_6 : z = 5 PA_{12} : z = 11 $\{N(H)-(CH)_x-N(H)-C(=O)-(CH_2)_y-C(=O)\}$ x = 6, y = 4 oder 8 $\{N(H)-(CH_2)_z-C(=O)\}$	Nylon Perlon Ultramid Vestamid Nomex	PK	Hohe Festigkeit, Steifigkeit, Härte und Zähigkeit; abriebfest; relativ gute thermissche Beständigkeit	Zahnräder; Lager; Gleitelemente; Laufrollen; Treibriemen; Transportketten; Maschinenteile; benzinfeste Rohre; Fasermaterial für Textilien; Angelschnüre; Seile; Borsten; Reißverschlüsse
Polycarbonat PC 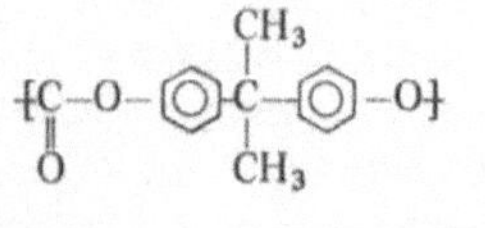	Macrolon	PK	Sehr zäh; fast glasklar; bis 90 °C, kurz bis 135 °C anwendbar; hohe Festigkeit; Kältebeständigkeit; Witterungsbeständigkeit; hohes elektrisches Isoliervermögen	Armaturen; Maschinenteile, dünne Elektroisolierfolien, Folien; splitterfeste Sichtscheiben; Formteile; Haushaltsgeschirr
Polyisobutylen PIB $\{CH_2-C(CH_3)_2\}_n$	Oppanol B_3-B_{200} Vistanex n = 3 – 200	PM	Ölig (B_3) bis rohgummiartig (B_{200}); wasser- und verrottungsbeständig	B_3-B_{100} Weichkleber; B_{200} Bahnen (Folien) für Korrosionsschutz und Bautenabdichtung (Dachhaut); dauerplastische Abdichtungskitte
Ethylen-Copolymerisate EEA EVA	 Lupolen V Zetafin	PM	Schmiegsam bis gummielastisch (40 ... 70 °C)	Schmiegsame Erzeugnisse; PVC-Weichmacher

Namen Grundbaustein	Handelsnamen (Auswahl)[1]	Herstellung [2]	Eigenschaften (Auswahl)	Verwendung (Auswahl)
Polystyrol-Acrylnitril SAN	Luran 52 Vestoran B	PM	Glasklar; wärmestandfest, beständig gegen Aromastoffe und Benzin	Haushaltswaren; Akkukästen; Feingerätebau
Polyacrylnitril PAN $[CH_2-CH]$ mit $C\equiv N$	Dralon Dolan Acrilon Orlon PAN-Faser	PM	Reckbar; hohe Reißfestigkeit bei einer relativ hohen Dehnung; als Kunstfaser kochfest; knitterfrei, leicht waschbar	Vollsynthetische Fasern; als Gewebe für Kleidung, Vorhänge, Zelte, Flaggen, Strümpfe, Seile; Fischernetze, Isoliermaterial; Transportbänder
Acrylnitril-Butadien-Styrol-Copolymere ABS	Novodur Terluran Vestodur	PM	Sehr schlagzäh wärmebeständig (80 ... 105 °C)	Maschinenteile; Transportbehälter; Autoausstattung; Gehäuse; Schutzhelme
Polyterephthalat PETP 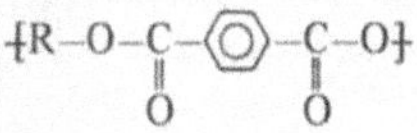	Trevira Terylene Hostaphan	PK	Zähfest (− 60 ... + 130 °C)	Kleidung; Folien; Formmassen; Abdichtungen; Elektro-Isolierungen; Tonträger; Seile
Polysulfone 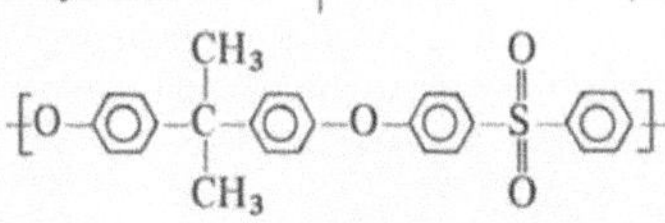		PK	Formstandfest (− 100 ... + 150 °C); thermisch stabil; selbstverlöschend	Maschinenteile; Rohre; Folien, Flugzeug- und Autoinneneinrichtungen; Haushaltsgeräte; Lackrohstoffe

Wichtige Duroplaste (Auswahl)

Phenoplaste PF Phenol, Resorcin, Kresol, Xylenol } + Formaldehyd	Bakelite Imprenal Resinol Luphen Durofol PAGHOLIZ Werzalit	PK (Aushärtung durch Druck und Hitze oder kalt mit saurem Katalysator	Vorwiegend härtbar; große Härte und Festigkeit sowie thermische und chemische Beständigkeit; hoher elektrischer Isolierwiderstand	Bindemittel für Holzwerkstoffe; Heißleime; Preßschichtholz; Elektroteile; Gehäuse; Zahnräder; Lager; Wandverkleidungen; Möbelteile
Aminoplaste HF (Harnstoffformaldehyd) MF (Melaminformaldehyd)	Resamin Urecoll Formica, Getalit, Resopal, Ultrapas } Schichtpreßstoffe	PK (Aushärtung wie bei PF-Harzen)	Völlig geruchs- und geschmacksfrei; lichtecht; in jedem Ton einfärbbar; hohe Kriechstromfestigkeit	Haushalts-, Tafel- und Gebrauchsgeräte; elektrotechnische Geräte; Beleuchtungskörper; Schichtstoffe (z. B. für den Innenausbau); Lacke; Klebstoffe (z. B. Kauritleim); Bindemittel für Spanplatten

Namen Grundbaustein	Handelsnamen Auswahl)[1])	Herstellung [2])	Eigenschaften (Auswahl)	Verwendung (Auswahl)
Ungesättigte Polyester UP	Leguval Palatal Vestopal	PM (Polyester in Styrol o. ä. gelöst und Katalysatoren (Härter)	Flüssig vergießbar; hervorragende mechanische Eigenschaften (teilweise mit Metallen vergleichbar) durch Verstärkung mit Glasfasern (sehr steif, hohe Festigkeit, schlagfest usw.)	Bindemittel für Kunstharzbeton;hochbelastbare Klebeverbindungen (auch bei Metallen); Glasfaser-Bänder, Matten, Stapelfasern und Gewebe (z. B. für Aus- und Umkleidungen, Bootskörper, Wellplatten)
Epoxidharze EP	Araldit Epikote Lekutherm Epoxin Trolon	PA (+ Härter)	Gute mechanische Eigenschaften; hohe elektrische Isolierwirkung; korrosions- und chemikalienbeständig; schlagzäh; abriebfest; gute Haftung auf anderen Stoffen	Vergußmassen; Lackrohstoff; Isolatoren; Kollektoren; Reparatur- und Verbundmasse für Beton; glasfaserverstärkt für Boote, Karosserien, Wannen usw.; Metall- und Betonkleber
Vernetzende Polyurethane PUR	Desmodur Desmphen Baydur Hostopor UP Vulkollan Moltopren	PA	Besonders geeignet, Kunststoffe mit bestimmten mechanischen und elektrischen Eigenschaften „gezielt zu konstruieren". Hohe Festigkeiten und Isolierwerte; chemische Beständigkeit	Spritzgußteile; Lacke; Bindemittel; Kleber; Fasern; Borsten; techn. Formteile; Kautschuk; Schaumstoffe (weich: z. B. Polstermaterial, hart; z. B. wärmeisolierender Stützstoff)
Silikone SI (Si als ketten- und ringbildendes Aufbauelement für C) 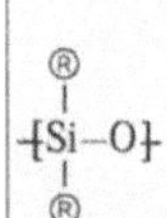 ® verschiedene organische Gruppen	Silopren Silastic	u. a. PK	Hohe thermische Beständigkeit (– 100 ... + 200 °C); je nach Molekülgröße und -struktur dünnflüssig, ölig, harzartig oder kautschukähnlich	Zahlreiche Anwendungsbereiche in verschiedensten Gebieten: Drahtlacke (bis 200 °C, wärmebeständige Überzüge, Silicon-Kautschuk)

11.6 Aufgaben

1. Was versteht man unter Makromolekülen?
2. Wie entsteht aus Naturkautschuk Naturgummi?
3. Was bedeutet der Polymerisationsgrad?
4. Vergleichen Sie die Herstellungsverfahren Polymerisation, Polykondensation und Polyaddition.
5. Erklären Sie, weshalb Thermoplaste durch Erwärmung umformbar werden.
6. Beschreiben Sie die Funktion der Weichmacher in Termoplasten.
7. Weshalb sind duroplastische Kunststoffteile nicht mehr durch Erwärmung verformbar?
8. Welche Aufgaben haben die Füllstoffe in Duroplasten?
9. Welche Vorteile ergeben sich aus einer stufenförmigen Aushärtung der Duroplaste?
10. Erkläutern Sie den gummielastischen Zustand der Elastoplaste.
11. Welche Rolle spielt die Anzahl der Vernetzungsstellen in einem Monomer für die Struktur des Polymers?

12 Kernchemie

12.1 Wichtige Elementarteilchen

Unter Elementarteilchen versteht man Teilchen, die kleiner und leichter sind als Atome (Beispiele: Protonen, Neutronen, Elektronen).

Während die Elektronen wirklich *elementar* vorkommen (keine Unterbausteine), bestehen Protonen und Neutronen aus *„Quarks"* als Unterbausteinen.

Im Atomkern wirken *starke Kräfte,* die im wesentlichen nicht elektrischer Natur sind.

Elektronen reagieren nur auf die elektromagnetischen Kräfte des Atomkernes (Plusladung der Protonen), für die anderen Kräfte sind sie *„blind"*.

> Protonen und Neutronen bestehen aus Quarks.
>
> Unter *Quarks* versteht man elementare *Urbausteine.*
>
> Im Atomkern wirken vornehmlich starke, *nichtelektrische Kräfte.*
>
> Elektronen reagieren nur auf die elektromagnetischen Kräfte des Kernes.

Große Atomkerne, wie die von Uran-235 oder Uran-233, lassen sich spalten.

Dabei wird ein geringer Anteil der Masse in Energie überführt. *Nach Einstein* ist die Energie, bezogen auf die überführte Masse, sehr groß ($E = m \cdot c^2$). (m = Masse, c = Lichtgeschwindigkeit)

	Relative Ladung	Relative Masse in u	Unterbausteine
Proton	+ 1	1,007276	Quarks
Neutron	0	1,008665	Quarks
Elektron	− 1	0,0005486	keine

Insgesamt sind 6 Quarks bekannt. Zwei davon ("up" und "down") bauen die Protonen und Neutronen auf.

Die Quarks in den Protonen und Neutronen werden durch *„starke Wechselwirkungen"* zusammengehalten, die wesentlich größer sind als die elektromagnetischen Kräfte, jedoch nur über *sehr kurze Abstände* wirken.

Starke Wechselwirkungen entstehen durch „Gluonen" (glue = engl. Leim). *Gluonen* haben *weder* Masse noch elektrische Ladung. Sie sind nur an ihrer Energie zu erkennen.

Diese Energie wirkt so intensiv, daß es nicht möglich ist, die Quarks eines Protons oder Neutrons auseinanderzureißen.

Die starken Wechselwirkungen in einem Proton oder Neutron reagieren auch auf die Quarks benachbarter Protonen und Neutronen (schwache Wechselwirkungen).

Diese Bindekräfte halten die Protonen und Neutronen im Atomkern zusammen.

Wird ein Kilogramm Uran-235 vollständig gespalten, so ergibt sich ein *Masseverlust* von etwa einem Gramm. Dieses eine Gramm Masse wird in eine Energie von etwa 24 Millionen Kilowattstunden umgewandelt.

Eine vergleichbare Energie entsteht, wenn 3000 Tonnen Kohle vollständig verbrannt werden.

12.2 Radioaktivität

12.2.1 Natürliche Radioaktivität

Neben stabilen gibt es auch *instabile* Nuklide.

Sie unterliegen einem Zerfall unter Aussendung von Strahlen (radioaktiver Zerfall).

> Natürliche Radioaktivität ist die Folge *spontaner* Kernumwandlung.
> Dabei werden α-, β- und (oder) γ-Strahlen frei.

Elemente, die radioaktive Strahlen aussenden, werden Radionuklide genannt.

Durch die Änderung der Kernladung entstehen *neue* Elemente.

Auch die neuen Elemente können wieder radioaktiv sein.
So bilden sich ganze *Zerfallsreihen.*

Alle natürlichen Isotope der Elemente 84–92 und einige Isotope der Elemente 81–83 sind Teile bestimmter Zerfallsreihen.

Die Elemente 84–92 haben nur radioaktive Isotope.

> Radioaktive Nuklide zerfallen und geben dabei *radioaktive Strahlung* ab.

Radioaktive Strahlen

α-Strahlen	β-Strahlen	γ-Strahlen
relativ große Teilchen	relativ kleine Teilchen	Energiequanten (Photonen)
2 Protonen und 2 Neutronen = Heliumkern (doppelt positiv	Elektronen, die aus dem Kern geschleudert werden	überschüssige Energie im Kern nach Aussendung von α- oder β-Teilchen
starke Wechselwirkung mit der Umgebung	geringe Wechselwirkung mit der Umgebung	sehr durchdringend Nutzung z. B. bei der Materialprüfung (Schweißnaht-Prüfung)
geringe Reichweite (einige cm) in Luft 2,5–9 cm	mittlere Reichweite (einige m) 150–850 cm	bedeutend größere Reichweite
nicht sehr hart	härter	sehr hart (kurzwelliges Röntgenlicht)

12.2.2 Künstliche Radioaktivität

Künstliche Radioaktivität ist die Folge eines Zerfalls von Atomen nach deren Beschuß mit energiereichen Teilchen, die in den Atomkern eindringen.

Neben den Nukliden, die von Natur radioaktiv sind, gibt es zur Zeit ca. 1500 künstlich hergestelle Radionuklide.

Sie werden aus nicht radioaktiven Nukliden in Kernreaktoren oder Beschleunigern hergestellt.

Im Kernreaktor entstehen durch die Kernspaltung von Uran kleinere Nuklide, die radioaktiv sind.

Beispiele für die Nutzung von Radionukliden:

1. **Technik**
   Verschleißmessungen an Maschinenteilen
   Prüfung des Abnutzungsgrades bei der Hochofenauskleidung
   Dickenmessung bei der Herstellung verschiedener Materialien, wie zum Beispiel Blech und Kunststoffolien
   Exakte Prüfung der Zinkschichtdicke beim Verzinken von Stahlblech
   Dichtemessung von Flüssigkeiten
   Unterscheidung verschiedenartiger Flüssigkeiten
   Untersuchung von *Schweißnähten* durch Gammastrahlen (Gammaradiographie: Zerstörungsfreie Materialprüfung)

Durch Neutroneneinfang werden schwerere Radionuklide gebildet (z. B. Neptunium, Plutonium).

Der Beschleuniger ist eine ringförmige Anlage, in der Elementarteilchen auf hohe Geschwindigkeiten gebracht und auf die gewünschten Materialien gelenkt werden. Damit lassen sich die unterschiedlichsten Radionuklide herstellen.

> Radionuklide sind Stoffe, die radioaktive Strahlen aussenden.
>
> Aus nichtradioaktiven Stoffen lassen sich in Atomreaktoren oder Beschleunigern radioaktive machen.

2. **Medizin**
   Überprüfung von ***Organfunktionen*** oder ***Krankheitsbildern*** durch Beimischung minimaler Spuren radioaktiver Substanzen zu chemisch gleichartigen Stoffen

   Beispiele:

   Tumorerkennung, Knochendichteprüfung, Stoffwechseluntersuchungen, Hirnaufnahmen usw.
   Krebsbehandlung
3. **Forschung**
   Aufbau und Funktionen wichtiger Körperzellen
   Stoffwechselvorgänge
   Verhaltensweisen von Viren
   Neue Methoden umweltschonender ***Schädlingsbekämpfung***
   Altersbestimmung von Gesteinen und kunsthistorischen Funden

12.2.3 Biologische Wirkungen radioaktiver Strahlung

Radioaktive Strahlen *können* zu Körperfrüh-, Körperspät- und Erbschäden führen.

Die *Wirkung der Strahlen* hängt von der Strahlenart, der Menge (Dosis) der empfangenen Strahlung, der zeitlichen Verteilung der Strahlenmenge, der räumlichen Verteilung der Strahlen im Körper und der persönlichen Strahlenempfindlichkeit ab.

Körperfrühschäden entstehen, wenn der Gesamtkörper kurzfristig mit mindestens $2{,}5 \cdot 10^{-1}$ Sievert Sv (25 000 Millirem mrem) bestrahlt wird.

Tödlich wird eine Kurzzeitbestrahlung ab etwa 7 Sv (700 000 mrem).

Für *Körperspät- und Erbschäden* ist eine Mindestdosismenge nicht eindeutig festzulegen.

Es fehlen statistische Untersuchungswerte für größere Bevölkerungsgruppen.

Bis zur *Erkennung* eines Krebsschadens können 15 bis 20 Jahre vergehen. Seine wirkliche Ursache bleibt dabei unsicher oder ungeklärt.

Als *Maß* für die biologische Strahlenwirkung gilt im Bereich des Strahlenschutzes die Einheit *Sievert* (Sv). Ab 1986 ersetzt das Sievert die bisherigen Einheiten Rem (rem) oder Millirem (mrem).

1 Sv = 1 J/Kg (J = Joule)

1 rem = 10^{-2} Sv
1 mrem = 10^{-5} Sv

Die natürliche Strahlenbelastung stammt aus der kosmischen Strahlung, der Erdstrahlung und aus der Strahlungsbelastung, die durch Aufnahme radioaktiver Nuklide mit der Nahrung und Atemluft wirkt.

Sie hat in der Bundesrepublik Deutschland für den Einzelmenschen im Jahresdurchschnitt einen Wert von etwa $1{,}1 \cdot 10^{-3}$ Sv (110 mrem).

Beispiele:

	Sievert pro Jahr Sv/a	10^{-5} Sv/a oder mrem/a
Bremen	$0{,}37 \cdot 10^{-3}$	37
Oberfranken	$1{,}21 \cdot 10^{-3}$	121
Granitreiche Gebiete in Frankreich	$3 \cdot 10^{-3}$	300
Indien (Kerala)	bis $27 \cdot 10^{-3}$	bis 2700
Brasilien (Atlantikküste)	bis $87 \cdot 10^{-3}$	bis 8700

Vergleich:

Die ***zusätzliche Belastung*** des Menschen durch künstlich erzeugte Radioaktivität in näherer Umgebung von Kernkraftwerken darf 10^{-5} Sievert pro Jahr (1 mrem/a) nicht überschreiten.

Alle Organismen besitzen die Fähigkeit, Strahlenschäden in den Zellen, auch im Erbmaterial, in gewissem Grade *reparieren* zu können.

Die Reparaturerfolge hängen besonders von der Gesamtstrahlendosis und der zeitlichen Streckung der Dosis ab.

Ohne diese Fähigkeit würden möglicherweise der Mensch und andere höhere Lebewesen *nicht überlebt* haben.

Beispiel:

Entsteht zum Beispiel durch kurzfristige γ-Strahlung ab 10^{-3} Sv (100 mrem) ein Schaden im Träger der Erbinformation einer Zelle (DNA), so kann diese Schädigung bereits in 10 bis 20 Minuten ***repariert*** sein.

12.3 Kernspaltung

Bei der Spaltung schwerer Atomkerne (z. B. Uran-235) entstehen mittelschwere Trümmerkerne (z. B. Krypton und Barium).

Außerdem werden zwei bis drei *Neutronen* frei.

Ein Teil der Masse wandelt sich in *Energie* um.

Hahn und Straßmann entdeckten 1938 die Urankernspaltung.

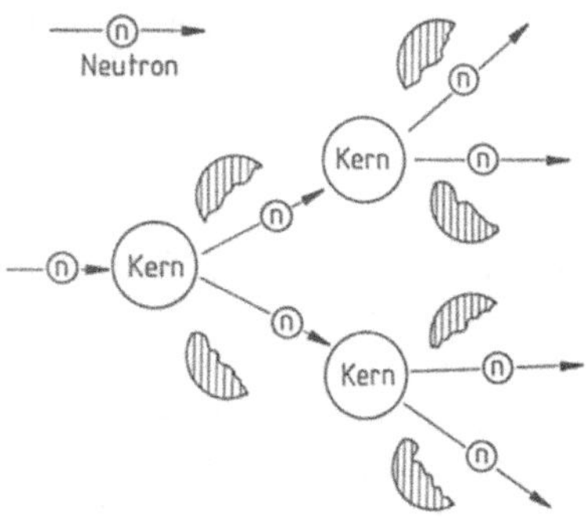

Die freiwerdenden Neutronen können weitere Kerne spalten und so zu einer *Kettenreaktion* führen, die bei der Atombombe schlagartig und im Atomreaktor gesteuert abläuft.

Es entstehen radioaktive *Spaltprodukte* und hohe *Energiebeträge.*

Die Kerne der neuen Atome sind instabil und zerfallen unter Aussendung radioaktiver Strahlen bis zur Bildung stabiler Nuklide.

Jeder Zerfallsprozeß ist begleitet von Energieabgabe.

Uranisotop oder Radionuklid Uran-235

Zahl der Protonen (92) *und* Neutronen (143)

$$\text{U-235} = {}^{235}_{92}\text{U}$$

Zahl der Protonen bzw. Elektronen (Ladungszahl)

Beispiel für eine Kernreaktionsgleichung:

$${}^{235}_{92}\text{U} + {}^{1}_{0}\text{n} \rightarrow {}^{89}_{36}\text{Kr} + {}^{144}_{56}\text{Ba} + 3\,{}^{1}_{0}\text{n} + \text{Energie}$$

12.4 Kernenergie durch Spaltprozesse

12.4.1 Urananreicherung

Natürliches Uran besteht hauptsächlich aus zwei Isotopen.

Uran-238
Uran-235

Isotop	Anteil	
U 238	99,3 %	spaltbar mit schnellen Neutronen
U 235	0,7 %	spaltbar mit langsamen Neutronen

Die Anreicherung des Uran-235 von 0,72 auf ca. 2–4 % erfolgt durch verschiedene physikalische Verfahren, für die Uran als *Uranhexafluorid* (UF_6) vorliegen muß.

Für *Leichtwasserreaktoren* ist eine Anreicherung des U-235-Anteils auf etwa 3 % erforderlich.

Nach der Anreicherung wird das UF_6 in *Urandioxid* (UO_2) übergeführt.

12.4.2 Leichtwasserreaktoren

In Leichtwasserreaktoren werden die bei der Kernspaltung freiwerdenden Neutronen *durch normales Wasser* abgebremst, um ihren Wirkungsquerschnitt erheblich zu vergrößern.

Gebremste Neutronen können mit 500mal größerer Wahrscheinlichkeit zu Wechselwirkungen mit Atomkernen kommen als schnelle Neutronen.

Wirkungsquerschnitt: scheinbare Fläche eines atomaren Zieles, als Maß für die Wahrscheinlichkeit eines erfolgreichen Treffers.

Die Neutronen, die auf Atomkerne von Uran U-235 oder Plutonium Pu-239 stoßen, können diese spalten.

Bei der Spaltung eines Kernes werden durchschnittlich zwei bis drei Neutronen frei, die mit großer Geschwindigkeit wegschießen.

Diese Bewegungsenergie wird zum Aufheizen eines Mediums (z. B. Wasser) genutzt.

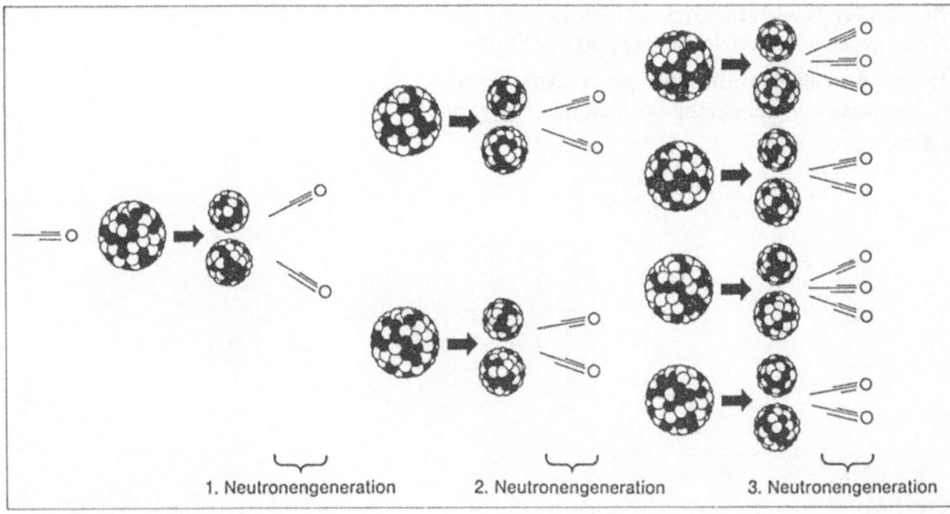

Kettenreaktion im Uran-235 Bild: KfA Jülich

Steuerstäbe sorgen durch Auffangen überschüssiger Neutronen dafür, daß für jedes Neutron, das bei einer Spaltung verbraucht wird, ein neues Neutron zur Verfügung steht.

So erfolgt eine *kontrollierte Kettenreaktion.*

Ein Teil der überschüssigen Neutronen bleibt im nichtspaltenden U-238 stecken und verwandelt etwas davon in das spaltbare Pu 239 (Brutprozeß).

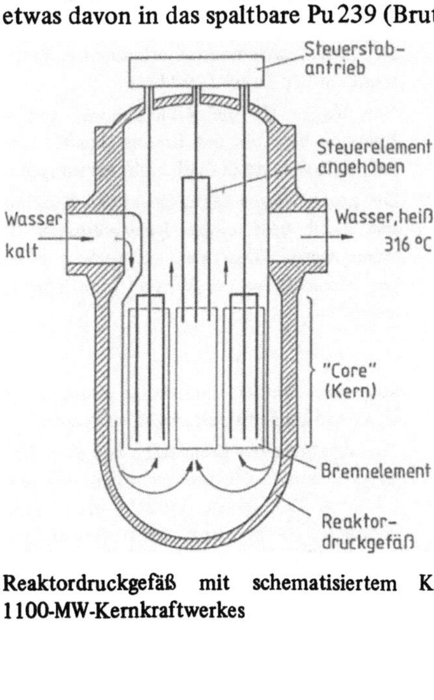

Reaktordruckgefäß mit schematisiertem Kern eines 1100-MW-Kernkraftwerkes

Daten aus dem Kernkraftwerk Biblis

Im Reaktorkern befinden sich 193 Brennelemente mit je einer Grundfläche von 23 cm X 23 cm und einer Höhe von etwa 5 m.

Jedes Brennelement besteht aus 236 Brennstäben mit je 1 cm Durchmesser und etwa 3,9 m Höhe. Ein Brennstab ist ein Rohr (Al-Zr-Legierung), das mit gepreßten und gesinterten Urandioxidtabletten gefüllt ist.

Zwischen den Brennelementen sind Steuerelemente angebracht, die aus je 20 Cadmiumstäben bestehen. Diese Cd-Stäbe können zur Steuerung der Spaltvorgänge (Einfangen freier Neutronen) unterschiedlich tief in den Bereich der Brennelemente eingefahren werden. In Notfällen rutschen sie nach unten und schalten den Reaktor ab.

Bei *Leichtwasserreaktoren* gibt es mehrere Barrieren gegen das Ausdringen radioaktiver Stoffe.

In der Bundesrepublik muß die *Notkühlung* vier unabhängig voneinander arbeitende Systeme haben.

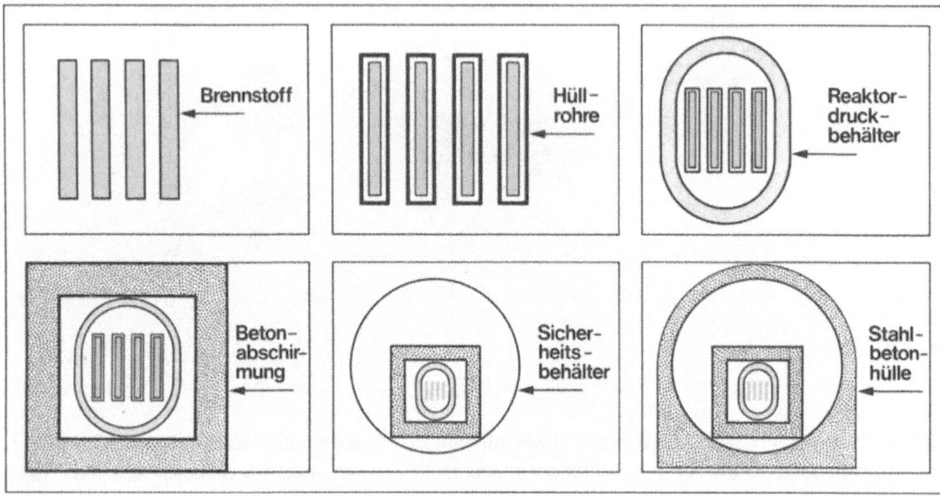

Die Sicherheitshüllen eines Reaktors Bild: KfA Jülich

Bei den Leichtwasserreaktoren haben sich die *Siedewasser-* und *Druckwasserreaktoren* durchgesetzt.

In beiden Fällen wird die bei den Spaltprozessen entstehende Wärmeenergie zur Erzeugung von *Wasserdampf* genutzt, der die Turbine zur Stromerzeugung antreibt.

Der beim Antrieb der Turbine abgekühlte Wasserdampf muß für die Kondensierung zu Wasser durch ein *externes Kühlsystem* Wärme nach außen abgeben (Kühlturm).

Beim *Siedewasserreaktor* steht das Kühlmittel (Wasser) unter relativ geringem Druck (70 bar). Der Wasserdampf treibt direkt eine Turbine an.

Der *Druckwasserreaktor* arbeitet mit einem relativ hohen Druck (160 bar).

Das Wasser für die Abnahme der großen Energiemenge von den Brennstäben (Primär-Kühlmittel) kann deshalb nicht verdampfen.

Die große Wärme des radioaktiven Kühlwassers wird über einen *Wärmetauscher* an einen zweiten Wasserkreislauf weitergegeben, der Wasserdampf bildet und eine Turbine antreibt.

12.4.3 Wiederaufbereitung

In Wiederaufbereitungsanlagen werden durch *mechanische* und *chemische Abläufe* Uran, Plutonium and Abfall getrennt.

Das Uran läßt sich wieder anreichern.

Der *radioaktive Abfall* kann zur Endlagerung zum Beispiel in stillgelegte Salzbergwerke oder Granit-Massiv gebracht werden.

Insgesamt werden nur wenige Prozente des Uran-235 im Kernspaltprozeß verbraucht.

Die abgebrannten Brennstäbe bestehen überwiegend aus U-238 und außerdem aus etwa 0,8 % U-235, etwas Pu-239 sowie einer geringen Menge nicht mehr verwertbarer radioaktiver Stoffe.

12.4.4 Schneller Brüter

Die wesentlichen Bereiche des Schnellen Brüters sind die innere Spalzzone (Kernbrennstoff) und der Brutmantel.

Der Schnelle Brüter arbeitet mit *schnellen, ungebremsten* Neutronen, die aber einen relativ kleinen Wirkungsquerschnitt haben.

Deshalb ist in der Spaltzone eine Anreicherung des Kernbrennstoffes mit Pu-239 erforderlich. Man arbeitet mit dem Ausgangsverhältnis 80% U-238 und 20% Pu-239.

Der *Brutmantel* besteht aus Natururan (0,7 % U-235) oder Abfalluran (etwa 0,35 % U-235).

Er enthält zunächst also keine praktisch nutzbaren Spaltstoffe.

Schematische Darstellung

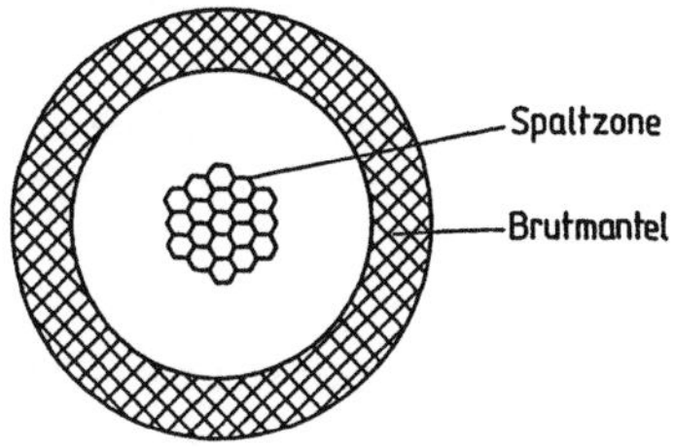

Kernbrennstoff:

Mischung aus UO_2 (Natururan) und PuO_2 im Verhältnis 5 : 1 in Tablettenform.

Die Tabletten sind in dünnwandige Rohre gefüllt, die gebündelt die Spaltzone ergeben.

Ist der Schnelle Brüter in Betrieb, kommen aus der Spaltzone schnelle Neutronen in den Brutmantel und verwandeln dort zu einem beachtlichen Teil U-238 in Pu-239.

Von diesem Pu-239 wird während der Reaktortätigkeit etwas wieder gespalten.

Durch zweimaligen β^--Zerfall (Zerfall eines n in ein Proton, ein Elektron und ein masseloses Elementarteilchen entsteht dann Pu-239.

Insgesamt wird im Brutmantel *mehr* Pu-239 erbrütet als in der Spaltzone U-235 verbraucht werden kann.

Nach der Entladung des Reaktors trennen *Wiederaufbereitungsanlagen* den Brutmantel in Plutonium, Uran und Endabfälle.

Eine Endlagerung der erbrüteten Plutoniummengen wäre wegen der hohen Toxizität (Giftigkeit) zu gefährlich.

Schnelle Brüter sind nur sinnvoll, wenn Wiederaufbereitungsanlagen zur Verfügung stehen.

Die Aufbereitung der Brütermaterialien ist aus Sicherheitsgründen aufwendiger als die Wiederaufbereitung der Abfälle aus Leichtwasserreaktoren.

Der *Hauptvorteil* des Schnellen Brüters besteht in der Nutzung des Abfall-Urans U-238 durch Umwandlung in Pu-239.

Langfristig lassen sich durch geplante Brutreaktoren etwa 30 % der sonst erforderlichen Uranerzmengen einsparen.

Die für eine Herstellung von *Atombomben* nötige hohe Anreicherung mit Pu-239 durch sehr komplizierte technische Verfahren ist aus wissenschaftlicher Sicht nicht auszuschließen.

Die *Kühlung* in Brutreaktoren kann mit Natrium in zwei Kreisläufen geschehen.

Im *ersten* Kreislauf wird das flüssige Natrium zwischen den Brennstäben hindurch zu einem Wärmeaustauscher gepumpt (Na wird radioaktiv).

Natrium leitet gut die Wärme und benötigt bei den entstehenden Temperaturen von 370 ... 540 °C keinen besonderen Außendruck, um ein Verdampfen zu verhindern.

Dort erfolgt die Wärmeübertragung an den *zweiten* Natriumkreislauf. Eine Berührung mit dem radioaktiven Na findet nicht statt.

Erst der zweite Na-Kreislauf heizt den Dampferzeuger auf, der dann eine Turbine zur Stromerzeugung antreibt.

Natrium

Schmelzpunkt	97,8 °C
Siedepunkt	892 °C

12.4.5 Hochtemperaturreaktor (HTR)

Als Brennstoff wird Uran-235 (Spaltstoff) und Thorium-232 (Brutstoff) verwendet.

Der *Brennstoff* befindet sich in Gestalt kleiner Körnchen in tennisballgroßen *Grafitkugeln.*

Der Grafit soll die schnellen Neutronen abbremsen (Moderator), das Entweichen von gasförmigen Spaltprodukten verzögern und die entstehende Hitze ableiten.

Die Beladung mit frischen Brennstoffkugeln und die Entladung verbrauchter Brennstoffkugeln kann ohne Betriebsunterbrechung erfolgen.

Aus Thorium-232 wird Uran-233 erbrütet, das wie Uran-235 als Spaltstoff geeignet ist.

Im Gegensatz zum Schnellen Brüter wird aber nicht mehr neuer Brennstoff (U-235) erzeugt als verbraucht (U-235).

Als Kühlmittel dient *Helium*, das bis auf 1000 °C erhitzt werden kann.

Durch diese Temperaturen erreicht der HTR einen hohen Wirkungsgrad.

Ein besonderer *Vorteil* des HTR ist zum Beispiel der Einsatz der Hochtemperaturwärme für Kohlevergasung und andere industrielle Prozesse.

Ein HTR für Versuchszwecke befindet sich in der Kernforschungsanlage Jülich.

In Schmehausen bei Hamm (NRW) steht der Thorium-Hochtemperaturreaktor THTR-300. Er enthält etwa 675 000 Grafitkugeln. Jede Kugel hat etwa 35 000 Brennstoffpartikel.

Ein Partikelkern besteht aus Brennstoff (Uran-Thorium-Oxid) (1 g U; 10 g Th). Er wird von mehreren dünnen Kohlenstoff- oder Siliciumcarbidschichten dicht und druckfest umschlossen.

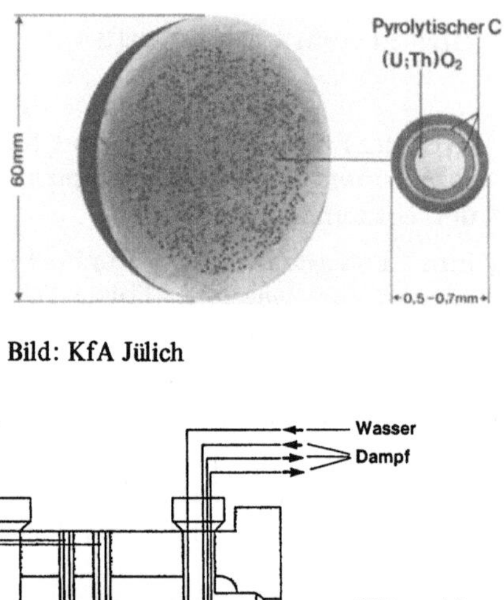

Bild: KfA Jülich

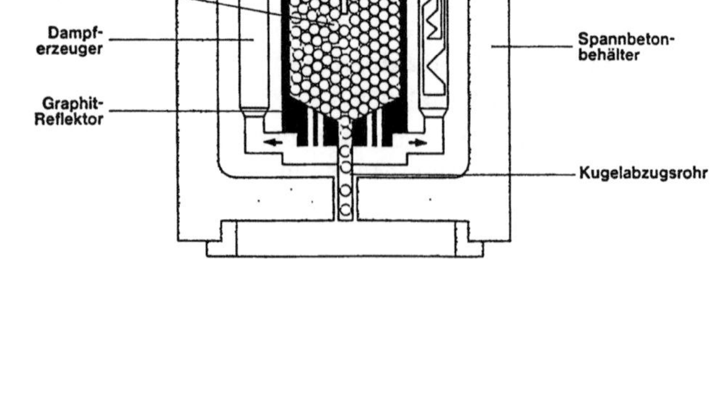

Bild: KfA Jülich

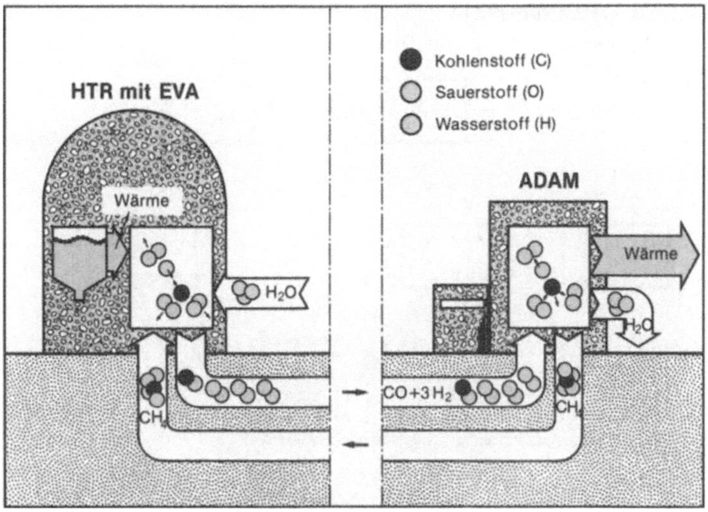

Kernkraftwerk mit Thorium-Hochtemperatur-Reaktor (Prinzipschaltung)

Im Versuchsstadium befindet sich ein *nukleares Fernenergiesystem* „EVA" und „ADAM", bei dem die große Hitze des HTR umweltfreundlich genutzt werden kann.

In der EVA-Anlage reagiert hocherhitzter Wasserdampf mit Methan zu Wasserstoff und Kohlenmonoxid.

Diese Gasmischung läßt sich durch Rohrleitungen im kalten Zustand über *weite Strecken* (bis 200 km) transportieren. Beim Verbraucher (ADAM-Anlage) kommt es zu einer Rückreaktion, Methangas wird zur EVA-Anlage zurückgeleitet, wo der Kreislauf wieder neu beginnt.

Die freiwerdende Energie läßt sich zur Erzeugung von Heizwärme oder für eine ortsnahe Stromversorgung nutzen.

Chemische Reaktionen:

EVA-Anlage

$H_2O + CH_4$ + Wärme $\longrightarrow 3\,H_2 + CO$ (endotherm)

ADAM-Anlage

$3\,H_2 + CO \longrightarrow H_2O + CH_4$ + Wärme (exotherm)

In der Kernforschungsanlage Jülich arbeitet seit 1981 ein Versuchssystem dieser Art mit einer Leistung von 10 Megawatt.

Es speist die produzierte Wärme in das Heizungssystem der Forschungsanlage ein.

12.4.6 Gesamtübersicht

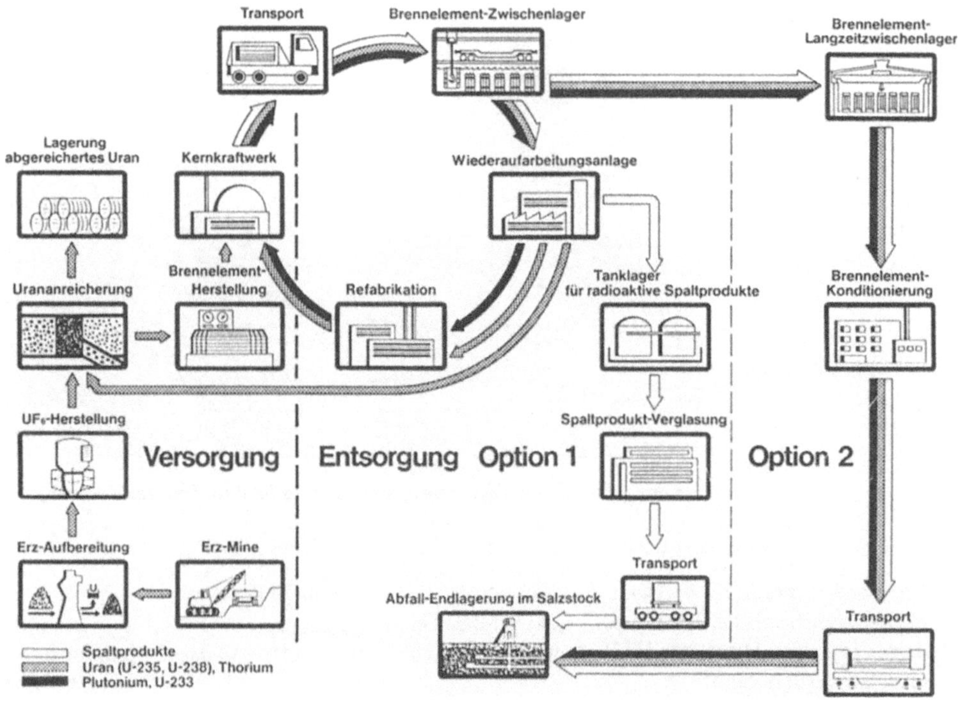

Die beiden Optionen des Kernbrennstoffkreislaufs (Option bedeutet Anwartschaft, Wunschäußerung)
Bild: KfA Jülich

12.4.7 Zusammenfassung

Große *Atomkerne*, wie zum Beispiel die von Uran-235, lassen sich durch Neutronen *spalten*.

Wenn mehr Neutronen freiwerden als beim Betrieb des Atomreaktors zur Spaltung nötig sind, erfolgt eine *Kettenreaktion*.

Sie wirkt sich bei der Atombombe in extrem kurzer Zeit aus.

In Atomreaktoren läuft eine gesteuerte Kettenreaktion ab.

Bei der Urananreicherung wird der Anteil des spaltbaren Uran-235 von 0,7 auf etwa 3,5 % erhöht.

Leichtwasserreaktoren benötigen das angereicherte Uran für kontrollierte Spaltprozesse.

Dabei werden schnelle Neutronen durch Wasser als Moderator abgebremst.

Die Reaktorwärme dient zur Bildung von Wasserdampf, der Turbinen für die Stromerzeugung antreibt.

In *Wiederaufbereitungsanlagen* werden die radioaktiven Spaltprodukte und Strukturhüllenmaterialien von den Brennstoffresten getrennt.

Diese Brennstoffe werden wieder angereichert.

Schnelle Brüter arbeiten mit ungebremsten Neutronen und dem Kühlmaterial Natrium.

Neben den Spaltprozessen mit Wärmeentwicklung (370 bis 540 °C) im Reaktorkern laufen in einer Ummantelung aus Uran-238 Brutprozesse ab. Dabei wird durch Einfangen schneller Neutronen nichtspaltbares Uran-238 in spaltbares Plutonium-239 umgewandelt, das nach einer Wiederaufbereitung neuen Spaltprozessen zur Verfügung steht.

Insgesamt kann im Brutmantel mehr Pu-239 aus U-238 entstehen als in der Spaltzone U-235 verbraucht wird.

Schnelle Brüter ermöglichen eine erheblich stärkere Nutzung des Natururans, sie bringen aber auch neue Gefahren.

Hochtemperaturreaktoren benötigen als Spaltstoff Uran-235 und als Brutstoff Thorium-232.

Beide Stoffe werden in Form kleiner Partikel in Grafitkugeln eingeschlossen.

Das Kühlmittel Helium läßt sich bis auf 1000 °C erhitzen.

Die hohe Temperatur kann zum Beispiel für die Kohlevergasung oder für Fernheizsysteme genutzt werden, stellt jedoch hohe Anforderungen an die Materialien.

12.5 Kernverschmelzung (Kernfusion)

Kernfusionen laufen zum Beispiel in der Sonne ab.

Sie setzen *sehr große Energien* frei.

In der Sonne sorgt die Schwerkraft für ein Zusammenpressen der Gase. Es kommt dabei zu einer Aufheizung bis zur Zündung der Fusion.

Im gezündeten Zustand halten sich der Gasdruck des Plasmas und die Schwerkraft die Waage (Temperatur ca. 10^8 K).

Eine künstliche Kernverschmelzung in Fusionsreaktoren könnte die Energieprobleme der Zukunft lösen.

Fusionsreaktoren könnten nach dem heutigen Kenntnisstand *relativ gefahrlos* sein, wenn kein Tritium entweicht.

Trotz eines weltweit gewaltigen Forschungsaufwandes rechnet man mit einer technischen und wirtschaftlichen Lösung erst im nächsten Jahrhundert.

Zur Zeit beträgt der Forschungsaufwand weltweit jährlich etwa 3 Mrd DM.

Rohstoffe würden reichlich zur Verfügung stehen.

Als *Rohstoffe* kommen schwerer Wasserstoff (Deuterium, D) und überschwerer Wasserstoff (Tritium, T) infrage.

Schwerer Wasserstoff (D) befindet sich in fast unerschöpflicher Menge in den Weltmeeren.

Normaler Wasserstoff hat als Kern nur ein Proton (kein Neutron). Beim Deuterium kommt ein Neutron hinzu.

Tritium enthält zwei Neutronen. Es muß künstlich aus Lithium erbrütet werden.

Für die Fusionsreaktionen sind *sehr hohe Temperaturen* erforderlich (ca. 100 Mio °C). Die Atome zerfallen dabei in Atomkerne und Elektronen. Diesen Zustand nennt man Plasma.

Mögliche Fusionsreaktionen:
D + D ⟶ He + n + 3,25 MeV
T + D ⟶ He + n + 17,60 MeV
Li + n ⟶ He + T + 4,80 MeV
(1 MeV = 1 000 000 eV, Elektronenvolt)

Vergleich:
$C + O_2 \longrightarrow CO_2 + 4{,}2\ eV$

Nur bei so hohen Temperaturen bekommen die Kerne die nötige Geschwindigkeit, um die Abstoßkräfte der elektrischen Kernladungen zu überwinden.

Erst dann können die nur über *äußerst kurze Entfernungen* wirksamen, sehr starken Bindungskräfte zwischen den Kernbausteinen wirksam werden.

Bisher ist die künstliche Kernfusion nur bei der *Wasserstoffbombe* möglich.
Eine Uran- oder Plutoniumbombe dient dabei als Zünder, um die erforderlichen Temperaturen zu erreichen.

Wie bei der Kernspaltung wird durch die Kernfusion ein *Masseanteil in Energie* umgewandelt.

Die freiwerdende Energie ist millionenfach höher als bei chemischen Reaktionen.

Das Plasma wird in starken Magnetfeldern erzeugt und eingeschlossen.

Der Fusionsreaktor muß die vom Plasma abgegebene Strahlung nach außen leiten und in nutzbare Wärme umwandeln.

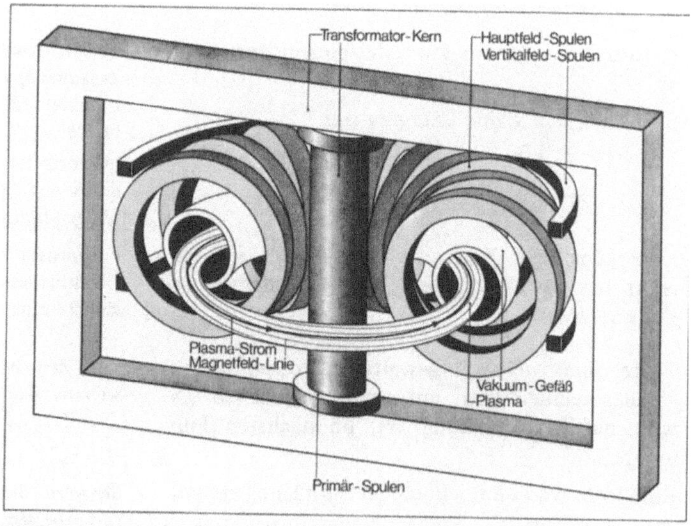

Prinzipskizze. Das einschließende Magnetfeld wird durch die Hauptfeld-Spulen, den im Plasma nach dem Transformatorprinzip induzierten Strom und die Vertikalfeldspulen erzeugt.

Bild: KfA Jülich

Zusammenfassung

Bei der Kernfusion werden die Atomkerne von schwerem und überschwerem Wasserstoff (Deuterium und Tritium) verschmolzen.

Bei der Verschmelzung werden die sehr starken Bindungskräfte der Kernbausteine freigesetzt.

Vorher müssen die großen elektrischen Abstoßkräfte durch sehr hohe Temperaturen überwunden werden.

Das Problem der Kernfusion zum Zwecke der Energiegewinnung ist technisch noch nicht gelöst.

12.6 Aufgaben

1. Welche Elementarteilchen haben keine Unterbausteine mehr?
2. Was bewirken die starken und schwachen Wechselwirkungen im Atomkern?
3. Weshalb wird bei der Kernspaltung Energie frei?
4. Wodurch unterscheiden sich die radioaktiven α-, β- und γ-Strahlen?
5. Was versteht man unter künstlichen Radionukliden?
6. Wie heißt die Einheit für die biologische Strahlenwirkung?
7. Weshalb kommt es bei der Kernspaltung zu Kettenreaktionen?
8. Welches Uranisotop ist für Kernspaltprozesse besonders geeignet?
9. Welche Aufgabe hat das Wasser in Leichtwasserreaktoren?
10. Welchen Vorteil haben gebremste Neutronen?
11. Wie kann in Leichtwasserreaktoren die Kettenreaktion kontrolliert werden?
12. Welche Barrieren gibt es in Leichtwasserreaktoren gegen das Ausdringen radioaktiver Stoffe?
13. Was geschieht in der Spaltzone eines Schnellen Brüters?
14. Welchen Zweck erfüllt der Brutmantel im Schnellen Brüter?
15. Wodurch erfolgt die Kühlung im Schnellen Brüter?
16. Welche Aufgabe hat der Kohlenstoff in den Grafitkugeln eines Hochtemperaturreaktors?
17. Welches Kühlmittel wird im Hochtemperaturreaktor genutzt?
18. Welche Vorteile bietet der Hochtemperaturreaktor?
19. Weshalb lassen sich Atomkerne so schwer verschmelzen?
20. In welchen „Gefäßen" können Temperaturen von 100 000 000 °C erzeugt und gehalten werden?
21. Welche Vorteile würden wirtschaftlich nutzbare Kernfusionsreaktoren bringen?

Anhang: Lösungen der Aufgaben

Zu Abschnitt 1.6

1. Schäden können durch Einatmen, Verschlucken oder Aufnahme durch die Haut (ohne Hautverletzung) entstehen.
2. Während ätzende Stoffe bei Berührung lebende Gewebe zerstören, können reizende Stoffe Entzündungen bewirken.
3. Stoffe sind explosionsgefährlich, wenn sie durch Erhitzung, Flamme oder Funken sehr schnell zur Reaktion gebracht werden.
4. Die obere Hälfte gibt Auskunft über die Gefahren (Gefahrennummer), die untere Hälfte erläutert den Stoff (Stoffnummer).

Zu Abschnitt 2.9

1. Zustandsänderungen sind physikalische Vorgänge, Stoffveränderungen sind chemische Vorgänge.
2. Bei der Änderung des Aggregatzustandes bleibt der Stoff erhalten. Es ist lediglich eine Änderung des Energieinhaltes der Teilchenbewegung.
3. Eine Phase ist ein homogener Teil eines Systems, der sich von anderen Teilchen durch eine sichtbare Grenzfläche abhebt.
4. In homogenen Gemischen lassen sich keine Phasen feststellen. Heterogene Gemische bestehen aus verschiedenen Phasen.
5. Kolloiddisperse Gemische besitzen submikroskopische, jedoch im Lichtstrahl erkennbare sehr kleine Teilchen. Ihre Teilchengröße liegt zwischen Durchmessern von 10^{-7} bis 10^{-5} cm.
   Grobdisperse Gemische besitzen mikroskopisch erkennbare Teilchen mit Durchmessern größer als 10^{-5} cm.
6. a) homogen: ursprünglich fest/flüssig: Salzlösung, Zuckerlösung
   b) heterogen: fest/fest: Granit, Pyrit in der Kohle
   c) homogen: flüssig/flüssig: Benzin (Gemisch verschiedener Kohlenwasserstoffe), Weinbrand (Alkohol in Wasser)
   d) heterogen: fest/gasförmig: Rauch, Staubwolke
   e) homogen: gasförmig/gasförmig: Luft (Gemisch aus Sauerstoff, Stickstoff, Kohlendioxid und Edelgasen)
   Heizgas: Methan + Stickstoff und einem Geruchsträger)
7. Legierungen sind Gemische von Metallen untereinander oder mit Nichtmetallen und intermetallischen Verbindungen.
8. Die Löslichkeit eines Stoffes ist gegenüber bestimmten Lösungsmitteln eine Stoffeigenschaft. Grundsätzlich gilt: polare Lösungsmittel lösen polare Stoffe. Und umgekehrt: unpolar löst unpolar.
9. a) Bei der Flotation erfolgt ein Trennen mit Hilfe einer Strömung und unter Zuhilfenahme unterschiedlicher Benetzbarkeit.
   Beim Schlämmen erfolgt Trennung aufgrund unterschiedlicher Sinkgeschwindigkeiten.
   b) Beim Dekantieren wird nach dem Absetzenlassen eines Feststoffes die flüssige Phase über die Kante des Gefässes abgegossen. Beim Filtrieren erfolgt die Trennung fester Teilchen von einer flüssigen Phase mittels einer porösen Schicht, die die festen Teilchen nicht hindurchläßt.

c) Destillieren bedeutet das Verdampfen einer Flüssigkeit und deren Verdichtung – Verflüssigung an an anderer Stelle hinter einem Kühler. Bei der Extraktion wird mittels eines Lösungsmittels ein (oder mehrere) Stoff(e) aus einer festen Phase oder auch einer nicht mischbaren flüssigen Phase herausgezogen, z. B. Tee aufgießen und warten, bis die löslichen Teile herausgezogen (extrahiert) sind.

d) Absorbieren betrifft nur das Verschlucken einer Strahlung. Adsorbieren betrifft das Aufnehmen von Gasen oder gelösten Teilchen eines Gemisches durch ein Adsorbens, wie Aktivkohle, infolge dessen sehr großer „inneren" Oberfläche durch teils einfache physikalische oder auch chemische Wechselwirkungskräfte.

10. Zu den physikalischen Eigenschaften eines Stoffes gehören jene wie Schmelzpunkt, Siedepunkt, Dichte, Farbe (ist in Hertz oder Wellenlänge meßbar), Löslichkeit in verschiedenen bestimmten Lösungsmitteln.
    Chemische Eigenschaften sind jene wie gutes oder schlechtes Reaktionsvermögen (mit Wärmeabgabe oder Wärmeaufnahme) mit den vielen einzelnen anderen Stoffen.
11. Analyse bedeutet Stoffzerlegung;
    Synthese bedeutet Stoffaufbau.
    Eine Analyse ist die chemische Zerlegung von Wasser in Wasserstoff und Sauerstoff mittels des elektrischen Gleichstroms, oder die Reaktion von Wasser mit glühender Kohle unter Bildung von Wasserstoff und zwei anderen Sauerstoffverbindungen, Kohlenmonoxid und/oder Kohlendioxid.
    Die Bildung von Kohlenmonoxid bzw. Kohlendioxid aus Wasser und Kohlenstoff ist eine Synthese.

Zu Abschnitt 3.10

1. Kein Atommodell kann die Vielfalt der Atome umfassend erklären.
2. Etwa 10^{13} Atome.
3. Bei chemischen Reaktionen erfährt die Atomhülle aus Elektronen Veränderungen.
4. Die Zahl der Protonen in den Atomkernen ist chemisch nicht veränderbar.
5. 1 : 1 : 0,0005.
6. Bei der Annahme, daß Atomdurchmesser und Kerndurchmesser in einem Verhältnis von 10000 : 1 stehen, ergeben sich folgende Werte:
   a) 20000 cm = 200 m
   b) $127\,567{,}76 \cdot 10^6$ m
7. Das Bohrsche Atommodell berücksichtigt die Heisenbergsche Unschärferelation nicht.
8. Durch Spektralanalyse.
9. Ein Orbital ist ein Wahrscheinlichkeitsraum, in dem sich bis zu zwei Elektronen mit hoher Wahrscheinlichkeit aufhalten.
10. Die Orbitalformen hängen von den Unterenergieniveaus der einzelnen Schalen ab.
11. Unter Spin versteht man den Eigendrehimpuls eines Elektrons.
12. Elektronen suchen in der Atomhülle immer die energieärmsten Zustände.
13.

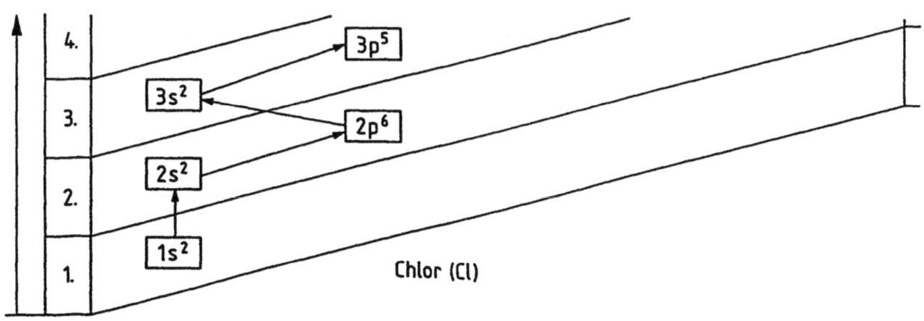

Bild A1

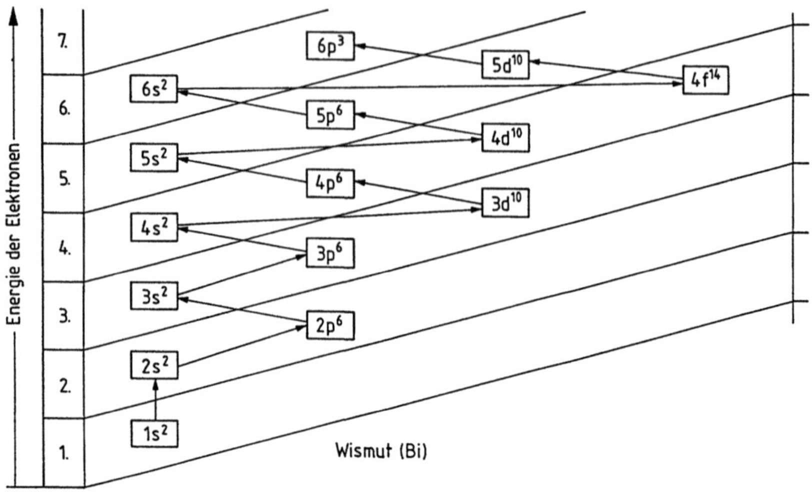

Bild A2

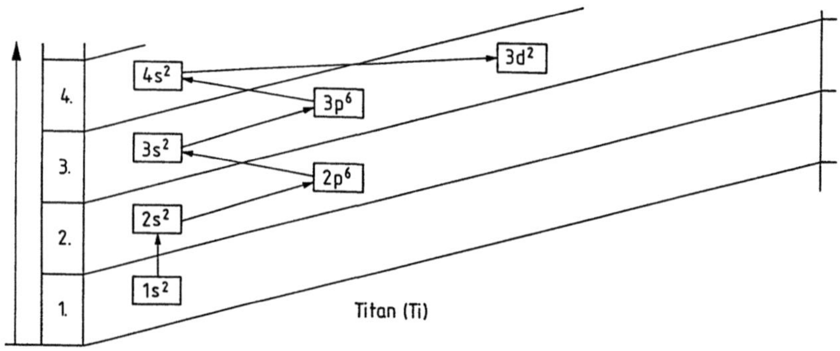

Bild A3

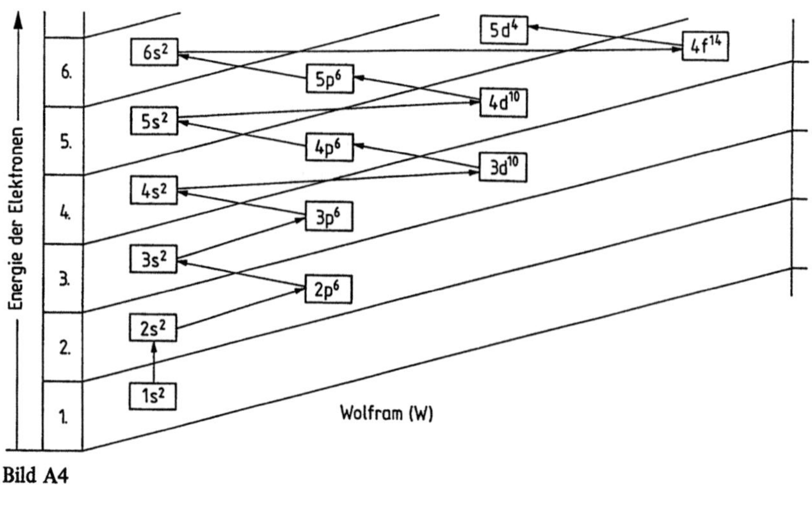

Bild A4

14. Im Gegensatz zum Bohrschen Atommodell berücksichtigt das Kugelwolkenmodell Aufenthaltswahrscheinlichkeitsräume für Elektronen.
Beim Vergleich mit dem Orbitalmodell fehlen unterschiedliche Formen für Wahrscheinlichkeitsräume.

15.

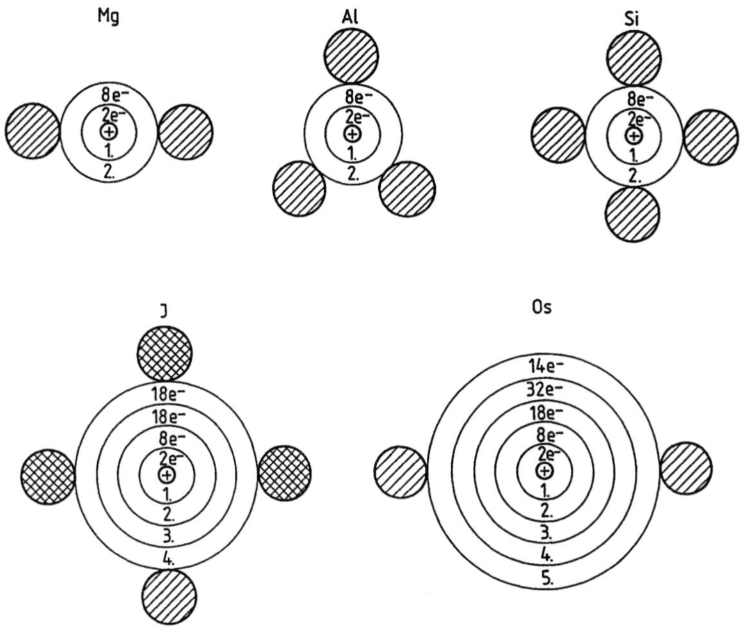

Zu Abschnitt 4.7

1. Die chemischen Elemente zeigen periodische (wiederkehrende) Eigenschaften, wenn man sie in einer Reihe hintereinander aufstellt. So haben die Elemente Lithium (3. Stelle), Natrium (11. Stelle), Kalium (19. Stelle) im Abstand von 8 chemischen Elementen ähnliche Eigenschaften.
2. Das chemische Verhalten wird durch die Elektronen auf den Elektronenschalen bestimmt.
Bei den Hauptgruppenelementen ist die äußerste Schale, bei den Nebengruppenelementen dazu die zweitäußerste und/oder drittäußerste Elektronenschale maßgebend.
3. Früher wurden die chemischen Elemente nach den „Atomgewichten", heutzutage werden sie nach der Zahl der Protonen eingeordnet.
4. Die waagerechten Zeilen heißen Perioden, die senkrechten Spalten Haupt- und Nebengruppen.
5. Die Benennung der Gruppen erfolgt nach dem ersten Glied der Gruppe, z. B. Lithiumgruppe, Berylliumgruppe usw.
Daneben ist auch die Benennung der Gruppen nach bestimmenden Eigenschaften üblich, z. B. Alkalimetallgruppe, Erdalkalimetallgruppe usw.
6. 105 chemische Elemente, das letzte heißt Hahnium.
7. Isotope sind Atome eines Elementes mit der gleichen Protonenzahl, jedoch unterschiedlichen Neutronenzahlen. Sie haben die gleichen chemischen Eigenschaften.
Reinelemente sind chemische Elemente, die in der Natur nur in einer Kernart auftreten, z. B. Aluminium.
Mischelemente sind chemische Elemente, die in der Natur in mehreren Kernarten auftreten, z. B. Kohlenstoff.

Die übliche Kennzeichnung eines chemischen Elementes erfolgt durch das chemische Symbol, die Massenzahl und die Ordnungszahl.

z. B. $^{12}_{6}C$ ← Massenzahl, ← chem. Symbol, ← Ordnungszahl

8.

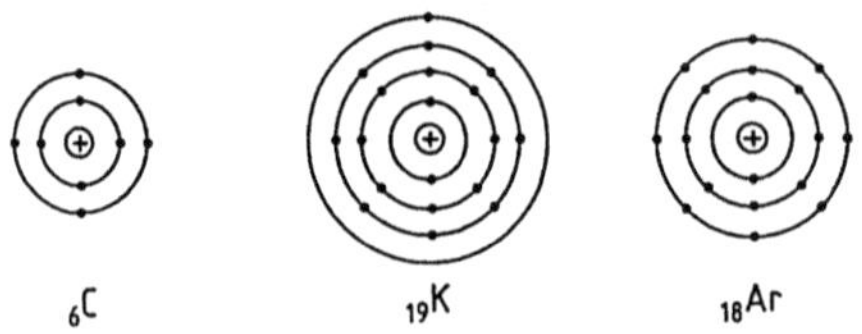

9.

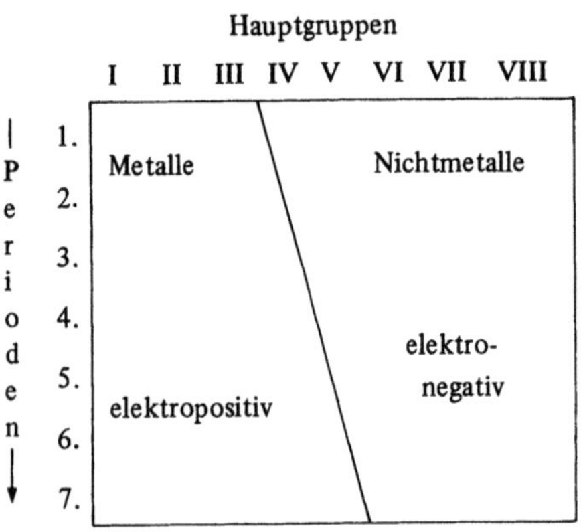

Schematische Übersicht des PSE

10. Unterscheidung Metalle – Nichtmetalle (Auswahl)

Metalle	Nichtmetalle
bevorzugte Abgabe von Elektronen	bevorzugte Aufnahme von Elektronen
elektrische Leitfähigkeit	keine elektrische Leitfähigkeit
gute Wärmeleitfähigkeit	schlechte Wärmeleitfähigkeit
Basenbildner	Säurebildner

11. Lithium, Natrium, Kalium haben auf der äußersten Elektronenschale jeweils nur 1 Elektron, das bevorzugt abgegeben wird. Es entstehen einwertige positive Metallionen.

12. Gruppe b → Halogene oder Fluorgruppe.

13. Alle 3 chemische Elemente gehören zu der Gruppe der Alkalimetalle. Natrium liegt zwischen Lithium und Kalium. Der Schmelzpunkt muß unter dem von Lithium mit 180,5 °C und über dem von Kalium mit 63,7 °C liegen, also bei 97,8 °C.
Begründung: Die zunehmende Abschirmwirkung der Kernladung durch die Elektronenschalen.

14. Innerhalb einer Periode wächst die Ionisierungsenergie von links nach rechts an, weil mit jedem weiteren Proton im Kern die Anziehungskraft auf die Elektronen zunimmt, die Abschirmwirkung der vorhergehenden Elektronenschale oder -schalen aber nicht größer wird.

15. Weil sich die Anziehungskräfte des Kerns nur noch auf 10 Elektronen verteilt und die Abschirmwirkung der 2. Elektronenschale wegfällt.

16. Aus dem Natriumatom wird unter Abgabe des 11. Elektrons aus der 3. Elektronenschale das Natriumion: $Na \rightarrow Na^+ + e^-$. Die 3. Elektronenschale fällt weg, daher werden die restlichen Elektronen vom Atomkern mit 11 Protonen näher herangezogen, der Ionenradius des Na^+-Ions nimmt gegenüber dem des Na-Atoms ab.
Beim Chloratom ist es genau umgekehrt: $Cl + e^- \rightarrow Cl^-$.
17 Protonen im Kern müssen 18 Elektronen festhalten, der Ionenradius weitet sich gegenüber dem Atomradius auf.
17. Die EN macht das Verhalten der chemischen Elemente bei chemischen Reaktionen durchsichtiger.
18.

	NaCl	HCl	MgO
EN	3,0–0,9	3,0–2,1	3,5–1,2
ΔEN	2,1	0,9	2,3
	Ionenbindung	Polare Atombindung	Ionenbindung

Zu Abschnitt 5.10

1. Unter der chemischen Bindung versteht man die Art des Zusammenhalts der Atomverbände, deren innere Kräfte und den räumlichen Aufbau.
2. Die Struktur eines Stoffes gibt deren Aufbau an. Damit ist die räumliche Anordnung von Einzelatomen zu Atomverbänden gemeint, z. B. bei Salzkristallen und bei Methanmolekülen.
3. a) Prinzip des Energieminimums,
b) Prinzip des Entropiemaximums.
4. Durch die Aktivierungsenergie E_A. Sie ist eine Art chemischer Hürde, die verhindert, daß chemische Reaktionen spontan in Richtung des geringeren Energiezustandes reagieren.
5. Bei Autoblechen handelt es sich in der Regel um Bleche aus Stahl (Eisen), die durch die Verarbeitungsverfahren künstlich auf ein höheres Energieniveau gebracht wurden. Der verrostete Zustand des Bleches ist der natürliche, energieärmere Zustand des Eisens.
6. Chlor befindet sich in der 3. Periode, in der 7. Hauptgruppe. Durch die Aufnahme eines Elektrons wird Chlor zum Chloridion. Dadurch nimmt es die Edelgaskonfiguration von Argon ein. Die Abschirmwirkung der Elektronen der 3. Schale ist im Verhältnis geringer als die Kraftwirkung der positiven Kernkräfte (EN = 3,0).
7. Unterscheidung durch die Bindungspartner:
Atombindung ⟶ Nichtmetall- + Nichtmetallatome, $\Delta EN < 1{,}8$
Ionenbindung ⟶ Nichtmetall- + Metallatome, $\Delta EN > 1{,}8$
Metallbindung ⟶ Metall- + Metallatome
8. Weil die Bedingungen für die Hauptbindungsarten von den meisten chemischen Elementen nicht voll erfüllt werden.
Grund: unterschiedliche Atom- und Ionenradien, unterschiedliche Wertigkeiten, größere Unterschiede in den Elektronegativitäten.
9. Weil die Elektronen nach der Oktettregel nur in der Ebene (planar) dargestellt werden und nicht räumlich.
10. Die zwischenmolekularen Kräfte der Wasserstoffmoleküle sind sehr gering. Erst bei Abkühlung des Gases auf − 259 °C sind die Wasserstoffmoleküle so dicht aufeinandergerückt, daß die zwischenmolekularen Kräfte wirken können und die Verflüssigung eintritt.
11. Infolge der Elektronen- und Wärmebewegung ergeben sich ständige Veränderungen der Ladungsschwerpunkte. Dadurch werden bestimmte Teile der Moleküle vorübergehend polarisiert. Es kommt zur Anziehung von eigentlich neutralen Atomen und Molekülen.

12. Besteht ein Molekül aus zwei ungleichartigen Atomen mit unterschiedlichen Elektronegativitäten, wie z. B. das Chlorwasserstoffmolekül HCl, so wird das bindende Elektronenpaar zu dem Atom mit der größeren EN hingezogen. Dadurch ist das Wasserstoffatom positiviert (δ^+) und das Chloratom negativiert (δ^-) worden. Ein Molekül mit 2 verschieden geladenen Teilen ist die Folge.

13.

NaCl	$MgCl_2$	$AlCl_3$	$SiCl_4$	PCl_3	SCl_2	Cl_2
Ionen-bindung		← zunehmende Polarisierung				reine Atom-bindung
ΔEN: 2,1	1,8	1,5	1,2	0,9	0,5	0

14. Nichtmetalle mit hohen Schmelz- und Siedetemperaturen sowie hoher Härte.
Grund: geringe Atomabstände und damit gleichgroße Bindungskräfte. So sind im Diamantgitter die Kohlenstoffatome durch 4 bindende Elektronenpaare miteinander verbunden.

15. $\Delta EN > 1{,}8$.

16.

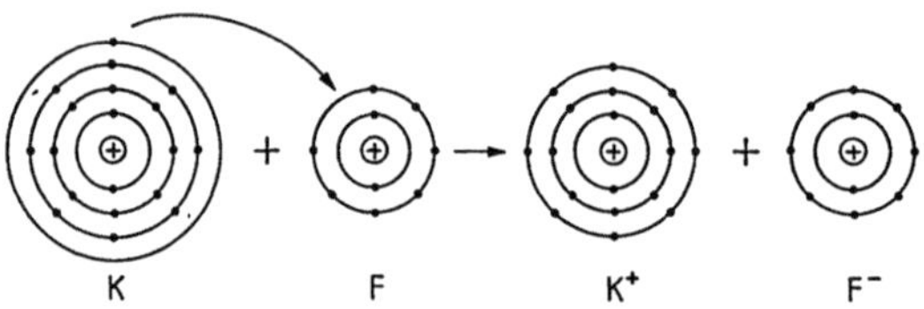

17.

Positive Ionenwertigkeit	H^+, Li^+, Na^+	Ca^{2+}, Mg^{2+}	Al^{3+}, B^{3+}
negative Ionenwertigkeit	F^-, Cl^-, Br^-	O^{2-}, S^{2-}	N^{3-}, P^{3-}

18. Elektropositive Elemente wie die Metalle, geben bevorzugt Elektronen ab. Dadurch wird die volle, vorher zweitäußere Elektronenschale zur äußersten Elektronenschale, die Edelgaskonfiguration ist erreicht. Elektronegative Elemente, wie die Nichtmetalle, nehmen bevorzugt Elektronen auf. Dadurch wird die äußerste Elektronenschale vollständig aufgefüllt, die Edelgaskonfiguration ist erreicht.

19. Eigenschaften von Ionenverbindungen:
a) Kristalliner Aufbau durch Wechsel der entgegengesetzt geladenen Ionen im Gitter,
b) hohe Schmelz- und Siedetemperaturen,
c) hohe Festigkeit durch starke elektrostatische Anziehungskräfte im Gitter,
d) Sprödigkeit durch nur geringe Verschiebung innerhalb des Ionengitters,
e) elektrische Leitfähigkeit in wäßrigen Lösungen und in der Schmelze durch die vorhandenen Ionen.

20. Die Lösung von Ionen im Wasser erfolgt durch die Wechselwirkungskräfte der Wasserdipole. Die Ionen werden in der Lösung von den Wasserdipolen umgeben. Diese Bindungskräfte zwischen den Ionen und den Wasserdipolen sind so groß, daß ein Teil der so gebundenen Wasserdipole als Hydratwasser in die feste Phase mit hinübergenommen wird.

21. Verantwortlich für die nach außen meßbare Temperaturveränderung der Lösung sind die beiden gleichzeitig ablaufenden Teilvorgänge der Loslösung von Ionen aus dem Ionengitter (endotherme Reaktion) und der nachfolgenden Hydratisierung der Ionen (exotherme Reaktion). Die Differenz bewirkt die Temperaturänderung der Lösung.

22. a) Überführung des festen Natriums in gasförmiges Natrium.
b) Spaltung der Chlormoleküle in Chloratome.
c) Ionisierung der Natriumatome.
d) Ionisierung der Chloratome.
e) Reaktion zu festem NaCl.

23. Die Verformbarkeit der Metalle hängt von der Art des Kristallgitters ab. Dabei können je nach Art des Kristallgitters z. B. kubischflächenzentriert → hexagonal, die einzelnen Atomschichten, sehr gut → gering aufeinander abgleiten.

24. Die elektrische Leitfähigkeit nimmt mit zunehmender Wärmebewegung der positiven Atomrümpfe ab, da sie den Elektronenfluß zunehmend behindern.
25. Die mechanische Festigkeit hängt von der Anzahl der Elektronen ab, die ein Metall ins Metallgitter abgegeben hat.
    K ⟶ 1 Elektron | Zunahme der Festigkeit
    Ca ⟶ 2 Elektronen |
    Al ⟶ 3 Elektronen ↓
26. Maßgebend sind das Leitungsband und das Valenzband nach dem Bändermodell. Bei den Metallen überlappen sich beide Bänder. Elektronen können von einem Band in das andere überwechseln → elektrische Leitfähigkeit. Bei Nichtmetallen ist der Abstand zwischen Leitungsband und Valenzband so groß, daß ihn Elektronen nicht überspringen können → keine elektrische Leitfähigkeit.

Zu Abschnitt 6.16

1. Um eine knappe und eindeutige Aussage zu erhalten.
2. Anorganische Chemie:

elektro-positives Element oder Gruppe links	elektro-negatives Element oder Gruppe rechts	=	Anordnung zur Benennung einer chemischen Verbindung

Beispiele:

Na	Cl	Natriumchlorid
$(NH_4)_2$	SO_4	Ammoniumsulfat

3. Ammoniumsulfat. Ammoniumgruppe NH_4 elektropositiv einwertig, daher Index 2 außerhalb der ( ).
   Sulfatgruppe SO_4 elektronegativ zweiwertig
4. Fe ⟶ 1 Atom Eisen
   ⟶ Stoffmenge 1 Mol = $6{,}022 \cdot 10^{+23}$ Atome
   ⟶ Molare Masse von 55,8 g
   ⟶ Metall
   ⟶ elektropositives Element
   ⟶ Basenbildner
   ⟶ Element der VIII. Nebengruppe
5. Die chemische Formel informiert über:
   - die am Aufbau der chemischen Verbindung beteiligten chemischen Elemente
   - das Mengenverhältnis der am Aufbau beteiligten chemischen Elemente
   - das Massenverhältnis der am Aufbau beteiligten chemischen Elemente.
6. Strukturformel:
   Zur Verdeutlichung der Bindungsverhältnisse in chemischen Formeln.
7. Zur üblichen Kennzeichnung der Valenzelektronen der äußeren Schale nach der Oktett/Dublett-Regel und damit der möglichen und tatsächlichen Bindungen.

8. $M(Fe_3O_4) = 3\ M(Fe) \quad + 4\ M(O)\ g$ Molare Masse
$= 355{,}8\ g \quad + 4 \cdot 16\ g$ des
$= 231{,}4\ g$ Fe_3O_4

Dreisatz oder Proportionen:

$$\frac{167{,}4\ g}{231{,}4\ g} = \frac{x\ g}{100\ g} \longrightarrow x = \frac{167{,}4 \cdot 100}{231{,}5} = \underline{72{,}34\ g}$$

In 100 g Fe_3O_4 sind 72,34 g Eisen enthalten.

9. a) Aufstellung von

$2\ Na + 2\ H_2O \longrightarrow 2\ NaOH \quad + H_2$ Reaktionsgleichung
$2 \cdot 23 + 2 \cdot 18 \quad = \quad 2 \cdot (23 + 16 + 1) + 2 \cdot 1$ Molare Massenbilanz

Proportionen:

$$\frac{5\ g\ Na}{46\ g\ Na} = \frac{x\ l}{22{,}43\ l} \longrightarrow x = \underline{2{,}43\ l\ H_2}.$$

Im Normzustand können 2,43 l Wasserstoff entstehen.

b) Thermische Zustandsgleichung der Gase:

$$\frac{v_0 \cdot P_0}{T_0} = \frac{v_1 \cdot P_1}{T_1} \longrightarrow \frac{22{,}43\ l \cdot mol^{-1} \cdot 1{,}013\ bar}{273\ K} = \frac{v_1 \cdot 1{,}013\ bar}{(273 + 25)\ K}$$

$\underline{v_1 = 2{,}65\ l.}$

Bei 25 °C sind das 2,65 l Wasserstoff.

10. 1 Liter Propangas wird vollständig zu Kohlendioxid und Wasser verbrannt.
Wie groß ist der Sauerstoffbedarf y in Litern bei 1 bar und 20 °C?
Welches Volumen nimmt das Abgas (CO_2 und H_2O) bei 1 bar und 500 °C ein?

$C_3H_8 + 5\ O_2 \longrightarrow$	$3\ CO_2$	$+ 4\ H_2O$		Reaktionsgleichung aufstellen,
$44\ g + 160\ g =$	$132\ g$	$+ 72\ g$		Molare Massen angeben.
$22{,}4\ l + 112\ l$	$67{,}2\ l$	$89{,}6\ l$		Molare Normvolumen angeben. Wasser soll dampfförmig vorliegen.
$1\ l \quad y_1\ l$	$y_2\ l$	$y_3\ l$		Tatsächliche Volumen.

Sauerstoffbedarf berechnen mit Dreisatz — Dreisatz Volumen.

22,4 l Propan verbrauchen 112 l O_2 — 6 entfällt, da nicht gesucht.

1,0 l Propan verbraucht $\frac{112\ l}{22{,}4\ l}\ O_2$

$y_1 = \underline{5\ l\ O_2}$

Umrechnen des Sauerstoffs von Normbedingungen auf 1 bar und 20 °C.

$$\frac{p_0 \cdot V_0}{T_0} = \frac{pV}{T} \longrightarrow V = \frac{p_0 \cdot V_0 \cdot T}{p \cdot T_0}$$

Umstellung der thermischen Zustandsgleichung der Gase

$$V = \frac{1{,}013\ bar \cdot 5\ l\ O_2 \cdot 293\ K}{1\ bar \cdot 273\ K}$$

20 °C = 293 K

$= \underline{5{,}44\ l\ O_2}$

Berechnung des CO_2 bei 1,013 bar und 0 °C.

$$\frac{22{,}4\ l\ C_3H_8}{1\ l\ C_3H_8} = \frac{67{,}2\ l\ CO_2}{y_2}$$

Volumenproportionen

$$y_2 = \frac{67{,}2\ l\ CO_2 \cdot 1\ l\ C_3H_8}{22{,}4\ l\ C_3H_8}$$

$\underline{y_2 = 3\ l\ CO_2}$

Umrechnung des Kohlendioxids auf 1 bar und 500 °C.

$$\frac{p_0 \cdot V_0}{T_0} = \frac{p \cdot V}{T} \longrightarrow V = \frac{p_0 \cdot V_0 \cdot T}{p \cdot T_0}$$ Umstellung der thermischen Zustandsgleichung der Gase

$$V = \frac{1{,}013 \text{ bar} \cdot 3 \text{ l } CO_2 \cdot 773 \text{ K}}{1 \text{ bar} \cdot 273 \text{ K}}$$ 500 °C = 773 K

$$\underline{V = 8{,}60 \text{ l } CO_2}$$

Berechnung des Wasserdampfes bei 1,013 bar und 0 °C.

$$\frac{22{,}4 \text{ l } C_3H_8}{1 \text{ l } C_3H_8} = \frac{89{,}6 \text{ l } H_2O}{y_3}$$ Volumenproportionen

$$y_3 = \frac{89{,}6 \text{ l } H_2O \cdot 1 \text{ l } C_3H_8}{22{,}4 \text{ l } C_3H_8}$$

$$= \underline{4 \text{ l } H_2O}$$

Umrechnung des Wasserdampfes auf 1 bar und 500 °C.

$$V = \frac{p_0 \cdot V_0 \cdot T}{p \cdot T_0}$$ Umgestellte thermische Zustandsgleichung

$$= \frac{1{,}013 \text{ bar} \cdot 4 \text{ l } H_2O \cdot 773 \text{ K}}{1 \text{ bar} \cdot 273 \text{ K}}$$ 500 °C = 773 K

$$= \underline{11{,}47 \text{ l } H_2O}$$

Der zur Verbrennung von 1 *l* Propan erforderliche Sauerstoff beträgt 5,36 *l*.
Das Abgasvolumen beträgt 8,9 *l* CO_2 und 11,47 *l* H_2O = 20,07 *l*.

11. Im Normzustand liegt 1 *l* Wasserstoffgas vor.
Es ist die Temperatur des Gases zu berechnen, wenn folgende Verhältnisse bestehen: $V/V_0 = 1{,}75$ und $p/p_0 = 0{,}5$.
Lösung: Umstellung der thermischen Zustandsgleichung nach T unter Beachtung der gegebenen Verhältnisse.

$$\frac{V_0 \cdot p_0}{T_0} = \frac{V \cdot p}{T} \longrightarrow T = \left(\frac{V}{V_0}\right) \cdot \left(\frac{p}{p_0}\right) \cdot T_0$$

$$T = 1{,}75 \cdot 0{,}5 \cdot 273 \text{ K}$$

$$T = \underline{238{,}88 \text{ K}} \qquad t = 238{,}875 - 273 \cong \underline{-34{,}1 \text{ °C}}$$

12. Die molare Masse von Wasser ist $M(H_2O) = (2 \cdot 1 + 16) \text{ g} = 18 \text{ g}$.
Annahme: 1 l = 1000 g ⟶ 10 l = 10000 g.
Zahl der Moleküle n in 10 l Wasser:

$$n = \frac{10000 \text{ g}}{18 \text{ g} \cdot \text{mol}^{-1}} = 555{,}\bar{5} \text{ Mole.}$$

1 Mol enthält $N_A = 6{,}022 \cdot 10^{23}$ H_2O-Moleküle
$555{,}\bar{5}$ Mole enthalten $555{,}\bar{5} \cdot 6{,}022 \cdot 10^{23}$ H_2O-Moleküle
= $\underline{3{,}34 \cdot 10^{26}}$ H_2O-Moleküle

Zehn Liter Wasser enthalten $3{,}34 \cdot 10^{26}$ Wassermoleküle.

13. Die Ursache liegt in der 2-fachen Wertigkeit des Eisens:

FeO	Eisen(II)oxid	2-wertig
Fe_2O_3	Eisen(III)oxid	3-wertig
Fe_3O_4	Eisen(II,III)oxid	2-, und 3-wertig

14. Das ideale Gas ist eine hypothetische Vorstellung. Die Masse des Gasmoleküls ist punktförmig konzentriert, es sollen keine Anziehungskräfte in einem kräftefreien Raum herrschen.
Das reale Gas weicht von dieser Annahme notwendigerweise ab, besonders mit steigendem Druck und Temperaturen in der Nähe des Siedepunktes.

15. Die Ursache ist die Anwesenheit von Wasser in den Verbrennungsgasen. Dieses muß die Feuerungsanlage dampfförmig verlassen, da es sonst zur Kondensatbildung und damit je nach Brennstoff zur Bildung schwefliger Säure ($H_2O + SO_2 \longrightarrow H_2SO_3$) kommt.
Anmerkung: Heutzutage gibt es bereits Kesselanlagen, die den oberen Heizwert durch geeignete Werkstoffe und entsprechende Verfahren ausnutzen können (→ Erhöhung der Wirtschaftlichkeit).

16. a) Verdampfungswärme r oder ΔH_v

$$\begin{aligned} r &= H_0 - H_u \\ &= (\Delta H_B)_{fl} - (\Delta H_B)_g = (-286{,}6 - (-242{,}2))\ \mathrm{kJ \cdot mol^{-1}} \\ &= \underline{-44{,}4\ \mathrm{kJ \cdot mol^{-1}}} \quad \text{(exotherme Reaktion)} \end{aligned}$$

b) Mit 1 Mol Wasser = 18 ergibt sich:

$$\begin{aligned} r &= \frac{44{,}4\ \mathrm{kJ \cdot mol^{-1}}}{18\ \mathrm{g \cdot mol^{-1}}} \cdot \frac{1000\ \mathrm{g}}{1\ \mathrm{kg}} \\ &= \underline{\underline{2488\ \mathrm{kJ \cdot kg^{-1}}}}. \end{aligned}$$

17. Der Heizwert von Propangas beträgt: $(H_0)_{prop} = 93574\ \mathrm{kJ \cdot m^{-3}}$ (gilt für Normbedingungen!)
$W_{erf} = 60000\ \mathrm{kJ \cdot m^{-3}}$

Gesucht wird V_0

Lösung mit Dreisatz:

$93574\ \mathrm{kJ} \mathrel{\hat{=}} 1\ \mathrm{m^3}$

$$60000\ \mathrm{kJ} \mathrel{\hat{=}} \frac{1}{93574} \cdot 60000\ \mathrm{m^3 \cdot h^{-1}}$$

$$V_0 \mathrel{\hat{=}} \underline{0{,}6412\ \mathrm{m^3 \cdot h^{-1}}}$$

Umrechnung auf 15 °C und 1500 mbar mit Hilfe der thermischen Zustandsgleichung der Gase:

$$\frac{p_0 \cdot V_0}{T_0} = \frac{p_1 \cdot V_1}{T_1}$$

$$V_1 = \frac{p_0 \cdot V_0 \cdot T_1}{p_1 \cdot T_0} = \frac{1{,}016\ \mathrm{bar} \cdot 0{,}6412\ \mathrm{m^3 \cdot h^{-1}} \cdot 288\ \mathrm{K}}{1{,}500\ \mathrm{bar} \cdot 273\ \mathrm{K}}$$

$$V_1 = \underline{0{,}45\ \mathrm{m^3 \cdot h^{-1}}}$$

Es werden stündlich 0,45 m^3 Gas bei den gegebenen Bedingungen verbrannt.

18. Zum Einleiten einer chemischen Reaktion.
a) Bei reaktionsträgen wie Methan CH_4 ist sie sehr hoch,
b) bei reaktionsflinken wie Azethylen C_2H_2 ist sie sehr klein.

Zu Abschnitt 7.8

1. Vielleicht aufgrund der Vorstellung, daß es praktisch unmöglich sein wird, die extrem verstreuten Reaktionsprodukte wieder einzusammeln und in umgekehrter Reihenfolge zu den gleichen Stoffen zusammenzubringen.

2. $Pb + PbO_2 + 4\,H^+ + 2\,SO_4^{2-} \underset{\text{Laden}}{\overset{\text{Entladen}}{\rightleftarrows}} 2\,PbSO_4 + 2\,H_2O$

3. Am Anfang überwiegt die Hinreaktion, nur wenige Reaktionsprodukte gehen die Rückreaktion ein. Mit der Zeit stellt sich ein Gleichgewichtszustand ein, in dem gleichviele Reaktionsprodukte gebildet werden, wie solche zerfallen. Das chemische Gleichgewicht, das dynamische Gleichgewicht, ist erreicht.

4. Aus Eisenerz wird über die Verhüttung und die nachfolgenden Verfahren der Stahlerzeugung Stahlblech hergestellt.
   Der Stahl ist somit künstlich auf ein höheres Energieniveau gebracht worden. Er hat das Bestreben (Prinzip des Energieminimums), den natürlichen energieärmeren Zustand wieder einzunehmen.
   Das ist der Zustand des verrosteten Eisens.
5.

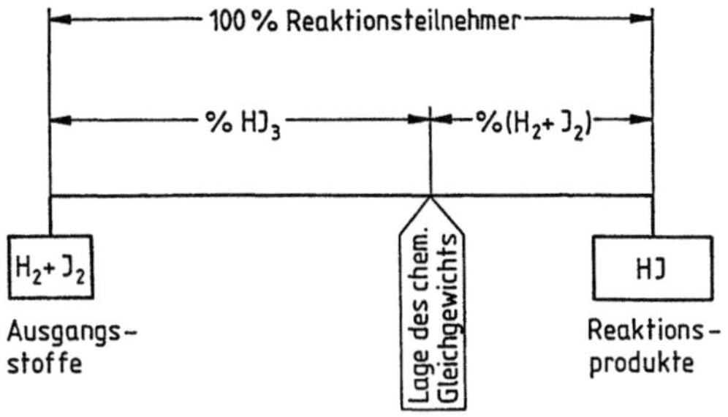

6. Druck, Temperatur, Konzentration } der Reaktionsteilnehmer
7. Wird auf ein chemisches Gleichgewicht ein äußerer Zwang ausgeübt, so verschiebt es sich derart, daß es dem äußeren Zwange ausweicht.
   Prinzip vom kleinsten Zwange.
8. Rasche Reaktionen: Verpuffungen, Explosionen, Neutralisation
   Mittelschnelle Reaktionen: Rosten von Eisen, Anlaßfarben beim Vergüten von Stählen
   Langsame Reaktion: Anlaufen von Silber, verantwortlich ist der Schwefelwasserstoff. (Anlaufen des silbernen Teelöffels beim Essen eines Eies.)
9. Z. B. zur Berechnung der Stoffmengenkonzentrationen der Reaktionsteilnehmer bei bekannter Gleichgewichtskonstante K.
10. $H_2 + J_2 \rightleftarrows 2\ HJ$. Verschiebung in Richtung der Reaktionsprodukte.
11. Die Reaktionsgeschwindigkeit hängt ab von:
    - Druck
    - Temperatur
    - Konzentration
    - Katalysator
    - Art der Stoffe und Reaktionstyp
12. Mit zunehmender Temperatur nimmt die Konstante K ab, daher verschiebt sich das chemische Gleichgewicht zu den Ausgangsstoffen.
13. Wird ein Reaktionsteilnehmer aus einem geschlossenen System entfernt, so reagiert das System derart, daß es den Mangel auszugleichen versucht. Es werden also Ester und Wasser nachgebildet, die Stoffmengenkonzentration der Ausgangsstoffe nimmt ab.
14. Für die Lage eines chemischen Gleichgewichtes ist es unerheblich, von welcher Seite (Ausgangsstoffe – Reaktionsprodukte) es sich einstellt. Es hängt nur von der Temperatur ab.
15. Wegen der Gefahr der Selbstentzündung.
    Durch den Druck der lagernden Schichten und des umgebenden Sauerstoffs steigt die Temperatur im Inneren der Kohlehalde an.

Zu Abschnitt 8.7

1. a) Silber (Ag), b) Wasserstoff (H)
2. Oxidationsmittel: höhere EN
   Reduktionsmittel: niedrigere EN
3. In der elektrochemischen Spannungsreihe nimmt von rechts nach links das Bestreben zu, Elektronen abzugeben.
4. Die Flammenhitze fördert die Oxidation. In ihrem reduzierenden Bereich können die Flammengase dem Kupferoxid Sauerstoff entreißen.
5. Die Oxidationszahlen sind besonders bei chemischen Reaktionen mit komplizierten Elektronenverschiebungen ein wichtiges Hilfsmittel zum Verständnis der Redoxvorgänge und des Verbindungsaufbaus.
6. Feinstäube können die Schleimhäute und Atemwege schädigen, sowie als Transportmittel für Umweltgifte dienen.
7. Erhöhte Brandgefahr!
   Auch üblicherweise schwer brennbare Stoffe können heftig verbrennen.
8. Spurenstoffe können für die Umwelt schädlich oder unschädlich sein.
   Neben der Stoffart spielt besonders die Konzentration eine große Rolle.
9. Der „saure Regen" entsteht überwiegend aus SO_2 oder SO_3.
   $SO_2 + H_2O \longrightarrow H_2SO_3$ (schweflige Säure); $SO_3 + H_2O \longrightarrow H_2SO_4$ (Schwefelsäure).
10. Persistente Stoffe sind sehr dauerbeständig.
    Z. B. Chlorkohlenwasserstoffe bauen sich in der Atmosphäre kaum ab. In höheren Schichten kann es zu Reaktionen mit Ozon (O_3) kommen, die zu einer schädlichen Ozonverminderung führen.

Zu Abschnitt 9.1.12 (Säuren und Basen)

1. Die Säure-Base-Definition von Arrhenius bezieht sich auf Stoffe, dagegen diejenige von Brönsted auf Funktionen der Stoffe.
2. Bei der Dissoziation von Chlorwasserstoff in Wasser bilden sich aus den Molekülen HCl und H_2O die Ionen H_3O^+ (= Hydronium-Ion) und Chlorid-Ion (Cl^-).
3. Säuren können aus Nichtmetalloxiden entstehen, die auch Säureanhydride heißen, durch die Reaktion mit Wasser,
   aus der Reaktion eines Salzes mit einer Säure, z.B.: Natriumchlorid und Schwefelsäure – Salzsäure-(Dämpfe) und Natriumhydrogensulfat (Verdrängen der leichter flüchtigen Säure),
   aus Halogenhydrid und Wasser – z. B. Chlorwasserstoff-Gas mit Wasser ergibt Salzsäure.
4. Eine 1-molare Schwefelsäure ist bedeutend stärker unter Bildung von Hydronium-Ionen dissoziiert als die 1-molare Essigsäure, die zu den schwachen Säuren zählt.
5. Königswasser wird gemischt aus 1 Raumteil konzentrierter Salpetersäure und drei Raumteilen konzentrierter Salzsäure. Die Lösung enthält daraufhin Nitrosylchlorid (NOCl), 2 Atome Chlor (so ist es „aktives Chlor") und Wasser entsprechend der Gleichung: $HNO_3 + 3\,HCl \longrightarrow NOCl + 2\,Cl + 2\,H_2O$.
6. Beim Lösen von Natriumhydroxid in Wasser bilden sich positive Natrium-Ionen, (Na^+), und negative Hydroxid-Ionen, OH^-. Die Konzentration an Hydronium-Ionen des vorher neutralen Wassers wird dadurch verringert, während die Hydroxid-Ionen-Konzentration entsprechend ansteigt.
7. Beim Löschen von gebranntem Kalk bildet sich aus Calciumoxid Calciumhydroxid, das teilweise in Wasser löslich ist und so zu alkalischer Reaktion der Lösung führt:
   $CaO + H_2O \longrightarrow Ca(OH)_2 \longrightarrow Ca^{2+} + 2\,OH^-$
8. Indikatoren für Laugen sind Phenolphthalein (wird rot) und Lackmus (von rot zu blau).
9. Kationen starker Basen gehören besonders der 1., aber auch der 2. Hauptgruppe an. Je höher die Atommasse in der Gruppe, desto stärker ist die Basizität der Metalloxide.

Zu Abschnitt 9.2.8 (Salze)

1. $KOH + HCl \longrightarrow KCl + H_2O$
   $Ca(OH)_2 + 2\,HCl \longrightarrow CaCl_2 + 2\,H_2O$
   $2\,Al(OH)_3 + 3\,H_2SO_4 \longrightarrow Al_2(SO_4)_3 + 6\,H_2O$
2. $NaNO_3$ Salpetersäure, HNO_3
   Na_3PO_4 Phosphorsäure, H_3PO_4
   $FeCO_3$ Kohlensäure, H_2CO_3
   AgBr Bromwasserstoffsäure, HBr
3. $NaHSO_4$ Natriumhydrogensulfat
   $Ca(H_2PO_4)_2$ primäres Calziumphosphat,
   Calziumdihydrogenphosphat.
4. Bei gleichem Kation (Kalium bzw. Natrium) nimmt die EN-Differenz der Partner und damit die Salzartigkeit des Salzes von Fluor zu Brom ab, somit auch dessen Schmelzpunkt (KCl: 772 °C; KBr: 742 °C; KJ: 677 °C) (bzw. NaF: 992 °C; NaCl: 800 °C; NaBr: 747 °C; NaJ: 662 °C).
   Dagegen weisen die Elemente der 1. Hauptgruppe untereinander nicht so große Unterschiede der EN-Werte auf wie sie innerhalb der Halogene auftreten. Ein entsprechender Unterschied der Schmelzpunkte der Salze verschiedener Elemente der 1. Hauptgruppe mit ein und demselben Anion der Halogen-Gruppe ist nicht zu beobachten.
5. Calciumcarbonat.

Zu Abschnitt 9.3.3 (pH-Wert)

1. Die Autoprotolyse ist die selbsttätige Bildung von beispielsweise Hydronium-, H_3O^+, und Hydroxid-, OH^--Ionen aus Wasser, flüssigem Ammoniak oder konzentrierter Schwefelsäure.
2. $c_{H_3O^+} \cdot c_{OH^-} = 10^{-14}$.
3. Bei pH 7 befinden sich gleichviel Hydronium- wie Hydroxid-Ionen in der Lösung.
4. Optische pH-Werte-Ermittlung erfolgt mittels Farbindikatoren, die ihre Farbe bei unterschiedlichen pH-Werten ändern.

Zu Abschnitt 9.4.14 (Elektrochemie)

1. Leiter 1. Ordnung sind Metalle. Bei ihnen sind Elektronen die Träger (und Transporteure) der Ladungen. Leiter 2. Ordnung sind Ionen, die in Schmelzen und in Lösungen beweglich sind.
2. a) Bei Gleichspannung wandern positive Ionen (Kationen) zur Katode und negative Ionen (Anionen) zur Anode.
   b) Bei Wechselspannung zittern die Ionen im Wechselfeld hin und her. Es kommt nicht zur Entladung von Ionen an den Elektroden.
3. An der Anode findet stets eine Oxidation statt. Entweder das Elektrodenmaterial oder Ionen in der Elektrolytlösung geben Elektronen ab.
   An der Katode findet stets eine Reduktion statt. Dort werden stets positiv geladene Ionen (Wasserstoff- oder Metall-Ionen) durch Übernahme von Elektronen entladen.
4. a) Die entstehenden Gase bestehen aus zweiatomigen Molekülen (O_2 und H_2).
   b) Gase enthalten bei gleichem Druck und gleicher Temperatur in gleichen Volumina die gleiche Anzahl von Teilchen (Atome bzw. Moleküle). (Satz von Avogadro)
5. Der fließende Strom erreicht im Versuch Nr. 1 bei 10 V Spannung nur sehr kleine Werte (um 0,0001 A). Gibt man – Versuch Nr. 2 – verdünnte Schwefelsäure hinzu, so ist ein bedeutend höherer Strom zu messen und dabei deutlich die Gasbildung an den Elektroden zu beobachten. (Je nach Menge und Konzentration der Schwefelsäure kann der Strom bei 0,01, auch 0,1 A liegen.)

6. Die Salzschmelze muß leichter als das Aluminium sein, um dieses gegen Luft-(Sauerstoff)zutritt völlig abzudecken und stets die notwendige Berührung mit dem eintauchenden Anodenmaterial zu haben, während die Wanne, auf deren Boden sich das metallische Aluminium sammelt, als Katode geschaltet ist.
7. Positive Partner der Paare: Kupfer-, Gold-, Kupfer-, Eisen-Pol.
8. a) + Pol ist Bleidioxid, PbO_2, – Pol ist Blei, Pb.
   b) + Pol ist Bleisulfat, $PbSO_4$, – Pol ist Bleisulfat, $PbSO_4$.
9. Elektrochemische Korrosion tritt ein, wenn ein unedleres Metall mit einem (auch nur geringfügig) edlerem Metall metallisch leitend (Leiter 1. Ordnung) und elektrolytisch (Leiter 2. Ordnung) leitend verbunden ist.
10. Die Zinkschicht auf Stahl (auch auf Eisen) bietet guten Korrosionsschutz, da Zink unedler ist als Eisen (negativeres Potential), sich selbst durch eine feste Oxidschicht schützt und im Falle der Verletzung der eigentlich geschlossen abdeckenden Zinkschicht bis auf die Eisenoberfläche das Eisen weiter katodisch geschützt wird. Zink opfert sich, sobald Elektrolytwirkung (ein Wassertropfen) zwischen Zink und Eisen auftritt. Zink wird zur Anode und Stahl/Eisen zur Katode.

Zu Abschnitt 10.8

1. Das Kohlenstoff-Atom ist in der Lage, bis zu vier einfache Bindungen mit Nichtmetallen, besonders auch mit sich selbst auszubilden. Zweifach- und Dreifach-Bindungen zu einem Bindungspartner sind ebenso möglich.
2. Diamant besitzt ein so gut wie endloses (im atomaren Bereich) Raumnetzgitter, während Graphit ein Schichtengitter besitzt, bei dem zwischen den Schichten bewegliche Elektronen die Gleit- und elektrische Leitfähigkeit ermöglichen.
3. In gesättigten Kohlenwasserstoffen (KWSt) sind alle vier Bindungen der Kohlenstoffatome abgesättigt, während ungesättigte KWSt Doppel- oder Dreifachbindungen zwischen Kohlenstoff-atomen besitzen, die verhältnismäßig leicht weitere Bindungspartner anlagern/aufnehmen können.
4. Isomere Verbindungen besitzen die gleiche Anzahl sowohl Kohlenstoffatome als auch Wasserstoff- oder andere Atome, sind jedoch zu anderer Struktur angeordnet.
5. $H_3C{-}CH_2{-}CH_2{-}CH_2{-}CH_2{-}CH_3$
   $H_3C{-}CH(CH_3){-}CH_2{-}CH_2{-}CH_3$
   $H_3C{-}CH(CH_3){-}CH(CH_3){-}CH_3$
   $H_3C{-}C(CH_3)_2{-}CH_2{-}CH_3$
   $H_3C{-}CH_2{-}CH(CH_3){-}CH_2{-}CH_3$
6. C_nH_{2n+2} (Alkane), C_nH_{2n} (Alkene), C_nH_{2n-2} (Diene und Alkine)
7. Aus 80 g Calziumcarbid können 32,45 g Ethin entwickelt werden.
8. Aromaten sind Kohlenwasserstoffe und deren Derivate, die einen „aromatischen" C-6-Ring mit drei Doppelbindungen, die nicht lokalisiert werden können, besitzen. Auch Benzol-Ring genannt.
9. Naphthalin: M = 128; Anthracen: M = 180; Benzpyren: M = 252.
10. Alkohole: R–OH, Aldehyde: R–C(H)=O, Ketone: R_2C=O (R, R' an C=O)
11. Addition: es treten zwei Verbindungen zu einer neuen zusammen, ohne daß ein Produkt abgespalten wird.
    Substitution: ein Bindungspartner wird gegen einen anderen ausgewechselt (substituiert).
    Hydrierung: Wasserstoff wird an eine Doppelbindung angelagert.
    Esterbildung: Das Proton einer Säure wird durch einen Alkohol-Rest unter Austritt von Wasser ersetzt.
    Verseifung: ist die Aufspaltung eines Esters unter Einwirkung von Wasser, so daß sich eine Säure und ein Alkohol bilden. Es ist die Umkehrung der Esterbildung.

12. Fett und Öl besitzen zu schwachpolare Molekülteile, um im polaren Lösungsmittel Wasser löslich zu sein. Ethanol besitzt im Ethylrest ein unpolares (= lipophiles) Molekülteil, das auf Fett bzw. Öl lösend einwirken kann. Benzin und Tetrachlorkohlenstoff sind so unpolar wie Fett und Öl es sind, wodurch beide Lösungsmittel Fett und Öl sehr gut lösen können.
13. Seifenmoleküle besitzen mit der negativ geladenen Carboxylgruppe ein polares (hydrophiles) und mit der Kohlenwasserstoff-Kette ein unpolares (lipophiles) Molekül-Ende. Mit dem lipophilen Teil vermag das Seifenmolekül (fetten) Schmutz vom Untergrund (Gewebefaser) abzulösen, zu mehreren zu umhüllen und im wäßrigen Medium in Schwebe zu halten. Das Abtrennen vom Gewebe ist der Reinigungsvorgang. Das polare Molekülende vermittelt die Netzwirkung mit dem Wasser.

Zu Abschnitt 11.6

1. Makromoleküle sind aus sehr vielen Grundbausteinen (Monomeren) aufgebaut.
2. Beim Vulkanisieren öffnen sich in den Makromolekülen Doppelbindungen.
   An diesen Stellen können Schwefelatome eingebunden werden.
   Sie ermöglichen die chemische Verknüpfung der Molekülketten untereinander.
3. Der Polymerisationsgrad gibt die Anzahl der Grundbausteine je Makromolekül an. In der Regel sind mit dem Polymerisationsgrad Durchschnittswerte gemeint.
4. Bei der Polymerisation entstehen durch Aufhebung von Doppelbindungen Kettenmoleküle, ohne daß es zu Atomumlagerungen oder Atomausscheidungen kommt.
   Während der Polykondensation werden kleine Moleküle (z. B. H_2O) ausgeschieden.
   Je nach Anzahl der Bindemöglichkeiten pro Grundbaustein entstehen Ketten- oder Raumnetzmoleküle.
   Bei der Polyaddition kommt es zu einer Umlagerung weniger Atome.
   Die entstehenden Makromoleküle können ketten- oder raumnetzartig sein.
5. Thermoplaste liegen in der Regel als lineare oder verzweigte Kettenmoleküle vor.
   Die Bindekräfte zwischen den Makromolekülen sind relativ schwach (z. B. van der Waals'sche Kräfte).
   Sie können ohne Veränderung der Molekülketten durch Bewegungsenergie aufgehoben werden.
6. Weichmacher bestehen aus Molekülen, die sich aufgrund polarer Wechselwirkungen einlagern. Sie sorgen zwischen den Kettenmolekülen für Abstand und Bindekräfte.
   Der Kunststoff kann dadurch z. B. weich oder zähelastisch werden.
7. Bei Duroplasten findet durch chemische Bindungen – nicht durch polare Anbindungen – eine starke räumliche Vernetzung statt, die eine plastische Verformung nicht mehr zuläßt.
8. Füllstoffe reagieren chemisch *nicht* mit den Makromolekülen.
   Sie vermindern die Schrumpfung und erhöhen u. a. Festigkeit, Zähigkeit und Wärmebeständigkeit.
9. Die vollständige Aushärtung erfolgt erst bei der endgültigen Formgebung der Kunststoffteile durch räumliche Vernetzung der Makromoleküle.
10. Da die Zahl der räumlich angeordneten Vernetzungsstellen relativ gering ist, können sich die verschlungen aufgebauten Makromoleküle bis zu einer Maximalbelastung elastisch verformen.
    Nach der Belastung versuchen die Makromoleküle, ihre ursprüngliche Lage wieder einzunehmen.
11. Zwei Vernetzungsstellen in jedem der Monomere ergeben bei Polymerisation, Polykondensation und Polyaddition Fadenmoleküle (Thermoplaste), drei oder mehr Vernetzungsstellen führen zu dreidimensionalen Raumnetzstrukturen (Duroplaste bzw. Elastoplaste).

Zu Abschnitt 12.6

1. Elektronen und Quarks.
2. Die starken Wechselwirkungen halten die Quarks in den Protonen und Neutronen zusammen. Schwache Wechselwirkungen sind für die Bindekräfte zwischen den Bausteinen des Kernes (Protonen bzw. Neutronen) verantwortlich.
3. Ein geringer Masseanteil wird in Energie umgewandelt.
4. α-Strahlen sind Heliumkerne und β-Strahlen sind Elektronen aus dem Zerfall eines Neutrons im Atomkern. Unter γ-Strahlen versteht man Energiestrahlen (Photonen, elektromagnetische Welle).
5. Nichtradioaktive Stoffe werden in Kernreaktoren oder Beschleunigern so beeinflußt, daß sie instabil werden und radioaktive Strahlen aussenden.
6. Sievert Sv (vor 1986: 1 Rem = 10^{-2} Sv oder 1 Millirem = 10^{-5} Sv) 1 Sv = 1 J/kg.
7. Bei der Spaltung schwerer Atomkerne werden 2 bis 3 Neutronen frei, die andere Kerne spalten können.
8. Uran-235.
   Auch das in der Natur sehr selten vorkommende U-233 ist unmittelbar spaltbar.
9. Das Wasser bremst die schnellen Neutronen ab und leitet die entstehende Wärme weiter.
10. Die Möglichkeit, auf U-235-Atomkerne einzuwirken, besteht nur für gebremste Neutronen.
11. Kontrollstäbe aus Kadmium, die Neutronen einfangen, lassen sich zwischen die Brennstäbe fahren, um das Verhältnis von wirkenden zu neuen Neutronen bei 1 : 1 zu halten.
12. Brennstoffhüllenrohre, Reaktordruckbehälter, Betonabschirmung, Sicherheitsbehälter, Stahlbetonhülle.
13. Wie im Leichtwasserreaktor wird der Brennstoff (Pu-239) gespalten.
14. Der Brutmantel besteht aus nichtspaltbarem U-238. Durch schnelle Neutronen aus der Spaltzone wandelt sich U-238 in Pu-239 um. U-238 wird über U-239,Np 239 zu Pu239 umgewandelt.
    Pu-239 ist wieder spaltbar.
15. Die Kühlung kann durch Natrium erfolgen.
16. Der Kohlenstoff soll die schnellen Neutronen bremsen, das Entweichen von Spaltprodukten verhindern und die Wärme weiterleiten.
17. Heliumgas von etwa 90 bar.
18. Durch die hohen Temperaturen (bis 1000 °C) entstehen günstige Wirkungsgrade bei der Stromerzeugung.
    Die hohen Temperaturen lassen sich auch industriell nutzen, z. B. bei der Kohlevergasung oder bei Fernheizsystemen.
19. Atomkerne müssen mit ungeheurer Geschwindigkeit zusammenstoßen, wenn die elektrischen Abstoßkräfte überwunden und die nur bei ganz kurzen Entfernungen auftretenden starken Kernkräfte wirksam werden sollen.
20. Das erforderliche Plasma (elektrisch leitend) wird durch sehr starke magnetische Felder eingeschlossen.
21. Vorteile:
    - Die Rohstoffe sind in fast unerschöpflicher Menge vorhanden.
    - Die Kernfusionsprozesse laufen relativ gefahrlos ab.
    - Bei der Fusion entstehen sehr große Energien.

    Nachteile:
    - Tritium darf dem Prozeß nicht entweichen. Die Abfallwärme auf der Erde wird größer.

Sachwortverzeichnis

GPSR Compliance

The European Union's (EU) General Product Safety Regulation (GPSR) is a set of rules that requires consumer products to be safe and our obligations to ensure this.

If you have any concerns about our products, you can contact us on ProductSafety@springernature.com

In case Publisher is established outside the EU, the EU authorized representative is:

Springer Nature Customer Service Center GmbH
Europaplatz 3
69115 Heidelberg, Germany

Batch number: 10584556

Printed by Printforce, the Netherlands